面向2030

中国机械工程技术路线图

CHNOLOGY ROADMAPS OF CHINESE MECHANICAL ENGINEERING

中国机械工程学会 编著

绿色
智能
超常
融合
服务

中国科学技术出版社
·北京·

图书在版编目（CIP）数据

中国机械工程技术路线图/中国机械工程学会编著.
—北京：中国科学技术出版社，2011.8（2013.8 重印）
ISBN 978-7-5046-5922-4

Ⅰ. ①中… Ⅱ. ①中… Ⅲ. ①机械工程-技术发展-研究报告-中国　Ⅳ. ①TH

中国版本图书馆 CIP 数据核字（2011）第 174246 号

选题策划	苏　青　吕建华
责任编辑	吕建华　许　英
封面设计	赵　鑫
责任校对	林　华　刘洪岩
责任印制	王　沛

出　　版	中国科学技术出版社
发　　行	科学普及出版社发行部
地　　址	北京市海淀区中关村南大街 16 号
邮　　编	100081
发行电话	010-62173865
传　　真	010-62179148
投稿电话	010-62176522
网　　址	http://www.cspbooks.com.cn

开　　本	787mm×1092mm　1/16
字　　数	470 千字
印　　张	19.5
彩　　插	16
印　　数	6001—9000 册
版　　次	2011 年 8 月第 1 版
印　　次	2013 年 8 月第 3 次印刷
印　　刷	北京九歌天成彩色印刷有限公司

书　　号	ISBN 978-7-5046-5922-4/TH·55
定　　价	88.00 元

（凡购买本社图书，如有缺页、倒页、脱页者，本社发行部负责调换）

编写组织机构

指导委员会

主　任　路甬祥
副主任　潘云鹤　陆燕荪
委　员　（按姓氏笔画排序）
　　　　王玉明　卢秉恒　包起帆　任洪斌　李忠海　李培根
　　　　李新亚　张林俭

专家委员会

主　任　宋天虎
副主任　朱森第　钟　掘　高金吉
委　员　（按姓氏笔画排序）
　　　　丁培璠　王立鼎　王至尧　王国彪　尤　政　冯培恩
　　　　朱剑英　任露泉　关　桥　李元元　李圣怡　李敏贤
　　　　沙宝森　林尚扬　屈贤明　胡正寰　柳百成　钟志华
　　　　徐滨士　曾广商　雷源忠　谭建荣　熊有伦　黎　明
　　　　潘健生

编写委员会

主　任　张彦敏

副主任　陈超志

委　员（按姓氏笔画排序）

王长路	王凤才	王晓浩	方建儒	左晓卫	石照耀
叶　猛	田利芳	史耀武	朱　胜	任广升	刘世参
刘志峰	刘忠明	刘战强	闫清东	江平宇	祁国宁
孙立宁	孙守迁	孙容磊	杜洪敏	李志刚	李涤尘
李　斌	李　鲲	李耀文	肖志瑜	吴　江	张元国
张立勇	张　伟	张　杰	张　洁	张德远	陈立平
陈国民	陈　明	武兵书	苑伟政	林建平	周　明
赵西金	赵海波	顾剑锋	徐四宁	徐　兵	黄天佑
黄　兴	商宏谟	董　申	蒋　鹏	韩　旭	韩志武
程　凯	褚作明	蔡茂林	谭　锋	熊　计	檀润华

责任编辑　田利芳

编写委员会秘书　田利芳（兼）

序 言

当今世界，科技创新日新月异，信息化、知识化、现代化、全球化发展势不可挡，新兴发展中国家快速崛起，国际经济和制造产业格局正面临新的大发展、大调整、大变革。我国制造业也将迎来新的发展战略机遇和挑战。

目前，我国制造业的规模和总量都已经进入世界前列，成为全球制造大国，但是发展模式仍比较粗放，技术创新能力薄弱，产品附加值低，总体上大而不强，进一步的发展面临能源、资源和环境等诸多压力。到2020年，我国将实现全面建设小康社会、基本建成创新型国家的目标，进而向建成富强、民主、文明、和谐的社会主义现代化国家的宏伟目标迈进。在人类历史上，大凡知识和技术创新，只有通过制造形成新装备才能转变为先进生产力。许多技术和管理创新也是围绕与制造相关的材料、工艺、装备和经营服务进行的。可以预计，未来20年，我国制造业仍将保持强劲发展的势头，将更加注重提高基础、关键、核心技术的自主创新能力，提高重大装备集成创新能力，提高产品和服务的质量、效益和水平，进一步优化产业结构，转变发展方式，提升全球竞争力，基本实现由制造大国向制造强国的历史性转变。

机械制造是制造业最重要、最基本的组成部分。在信息化时代，与电子信息等技术融合的机械制造业，仍然是国民经济发展的基础性、战略性支柱产业。工业、农业、能源、交通、信息、水利、城乡建设等国民经济中各行业的发展，都有赖于机械制造业为其提供装备。机械制造业始终是国防工业的基石。现代服务业也需要机械制造业提供各种基础设备。因此，实现由制造大国向制造强国的历史性转变，机械制造必须要先行，必须从模仿走向创新、从跟踪走向引领，必须科学前瞻、登高望远、规划长远发展。

中国机械工程学会是机械工程技术领域重要的科技社团，宗旨是引领学科发展、推动技术创新、促进产业进步。研究与编写中国机械工程技术路线图，是历史赋予学会的光荣使命。一段时间以来，机械工程学会依靠人才优势，集中专家智慧，充分发扬民主，认真分析我国经济社会发展、世界机械工程技术和相关科学技术发展的态势，深入研究我国机械行业发展的实际和面临的任务及挑战，形成了《中国机械工程技术路线图》。

《中国机械工程技术路线图》是面向 2030 年我国机械制造技术如何实现自主创新、重点跨越、支撑发展、引领未来的战略路线图。路线图力求引领我国机械工程技术和产业的创新发展，进而为我国建设创新型国家，实现由制造大国向制造强国的跨越，提升综合国力和国际竞争力发挥积极作用。

路线图的编写努力坚持科学性、前瞻性、创造性和引导性。科学性就是以科学发展观为指导，立足于科学技术的基础，符合科学技术和产业发展的大趋势。路线图不是理想主义的畅想曲，而是经过努力可以实现、经得起实践和历史检验的科学预测。前瞻性就是用发展的眼光看问题，不仅着眼于当前，而要看到 10 年、20 年后甚至更长远的发展。我们今天所面临的挑战和问题，很多都不是短期能够解决的，而是需要经过 10 年、20 年，甚至更长时间的持续努力才能根本化解。我们不仅要立足我国的发展，也要放眼世界的发展，对可能出现的科技创新突破、全球产业结构和发展方式的变革要有所估计。我们不仅要考虑已有的科学技术，还要考虑未来的科技进步与突破，如物理、化学、生物、信息、材料、纳米等技术的新发展，考虑它们对制造业可能产生的影响和可能带来的变化。对一些重要领域和发展方向、发展趋势要有一个比较准确的把握和判断。创造性就是根据我国国情进行自主思考和创新。路线图的编写是一个学习过程、研究过程、创造过程。我们既要学习借鉴国外的技术路线图，学习借鉴国外的成功经验和先进技术，又不完全照搬、不全盘模仿。路线图不仅要符合世界发展的大趋势，更要符合中国的实际国情。引导性就是要对机械制造技术和产业发展起引领和指导作用。路线图不是百科全书，也不同于一般的技术前沿导论，它是未来创新发展的行动纲领。路线图既要有清晰的基础共性、关键核心技术的提炼，同时也要有代表重大创新集成能力的主导性产业和产品目标，要适应企业行业的整体协调发展。路线图最终衡量的标准是先进技术是否能够转变成产业，是否能够占领市场。

《中国机械工程技术路线图》对未来 20 年机械工程技术发展进行了预测和展望。明确、清晰地提出了面向 2030 年机械工程技术发展的五大趋势和八大技术。五大趋势归纳为绿色、智能、超常、融合和服务，我认为是比较准确的。这 10 个字不仅着眼于中国机械工程技术发展的实际，也体现了世界机械工程技术发展的大趋势，应该能够经得起时间的考验。八大技术问题是从机械工程 11 个技术领域凝练出来的，是对未来制造业发展有重大影响的技术问题，即复杂系统的创意、建模、优化设计技术，零件精确成形技术，大型结构件成形技术，高速精密加工技术，微机电系统（MEMS），智能制造装备，智能化集成化传动技术，数字化工厂。这些技术的突破，将提升我国重大装备发展的基础、关键、核心技术创新和重大集成创新能力，提升我国制造业的国际竞争力以及在国际分工中的地位，将深刻影响我国制造业未来的发展。

编写路线图，还要考虑如何为路线图的实施创造条件。如果没有政府的理解和政策环境的支持，没有企业积极主动的参与和有关部门的紧密合作，如果不通过扩大开放，改革体制，创新机制，为人才育成和技术创新创造良好的环境，促进企业为主体、以市场为导向、产学研用结合的技术创新体系的形成，如果没有一系列有力举措和实际行动，路线图所描绘和规划的目标就可能只是寓于心中的美好愿望和一幅美丽的图景。我认为，创新、人才、体系、机制、开放是路线图成功实施的关键要素。

尤其值得关注的是，国际金融危机后，发达国家重视和重归发展制造业的势头强劲。美国总统科技顾问委员会（PCAST）2011年6月向奥巴马总统提交的《确保美国在先进制造业中的领导地位》报告，就如何振兴美国在先进制造业中的领导地位提出了战略目标和政策的建议，建议联邦政府启动实施一项先进制造计划（AMI）。AMI所建议的项目实施经费由商务部、国防部和能源部共同分担。项目基金最初每年5亿美元，4年后提高到每年10亿美元，并将在未来的10年里，实现美国国家科学基金委员会、能源部科学办公室和国家标准与技术院等三个关键科学机构的研究预算倍增计划，实现研发投入占GDP 3%的目标。着力为先进制造技术创新和产业的振兴提供更有吸引力的税收政策，建设可共享的技术基础设施和示范工厂等，加强对基础、共性、关键技术创新的支持，吸引和培养先进制造的创造人才，培育支持中小制造企业创新和发展等。

政府在推动机械工业发展中具有关键作用。政府的政策支持是机械工程技术路线图顺利实施的重要保障。路线图向政府及各有关部门提出了一些具体建议，包括制订中国未来20年先进制造发展规划、设立科技专项、创新科研体制机制、改进税收政策和投融资等，希望得到各方面的理解和支持，共同为我国实现制造强国的目标而努力。

人才是实现制造强国之本，教育是育才成才之源。在通向路线图目标的种种技术路径上，既需要从事基础前沿研究的科学家，也需要从事技术应用创新的工程师，还需要更多的优秀技师、高级技工等高技能人才。我们不仅要提高人才培养的质量，更要注重优化人才结构，发展终身继续教育。

对于中国机械工程学会而言，组织编写完成《中国机械工程技术路线图》只是迈出了第一步。只有路线图的研究成果得到政府和社会的大力支持，只有吸引企业和广大科技工作者的积极参与，路线图的实施才能成为广泛、深入、创造性的实践，路线图的目标才可能实现。因此，宣传普及、推介实施路线图是学会下一步更加重要而紧迫的任务。此外，路线图的持续研究、及时补充完善与修改，要成为学会今后长期、持续性的工作，成为学会建设国家科技思想库的重要组成部分。

期望《中国机械工程技术路线图》经得起实践检验，期望中国机械工程技术取得创新突破，期望中国机械工业由大变强，期望中国尽快成为制造强国乃至创造强国！

是为序。

2011 年 8 月

目 录

引 言 1

第一章 机械工程技术发展的国内外环境 3
第一节 后金融危机时代国际经济和技术发展形势的变化 3
第二节 我国经济转型升级迫在眉睫 4
第三节 我国机械工业发展态势 5
第四节 世界机械工程技术发展预测 9

第二章 机械工程技术五大发展趋势 18
第一节 绿 色 18
第二节 智 能 20
第三节 超 常 21
第四节 融 合 22
第五节 服 务 23

第三章 产品设计 26
概 论 26
第一节 创新设计技术 29
第二节 生态化设计技术 31
第三节 智能设计技术 34
第四节 保质设计技术 37
第五节 组合化系列化设计技术 40
第六节 文化与情感创意设计技术 42

第四章 成形制造 47
概 论 47
第一节 铸造技术 50

第二节　塑性成形技术 …………………………………………………… 56

　　第三节　焊接技术 ………………………………………………………… 63

　　第四节　热处理与表面改性技术 ………………………………………… 68

　　第五节　粉末冶金成形技术 ……………………………………………… 74

　　第六节　增量制造技术 …………………………………………………… 80

第五章　智能制造 ……………………………………………………………… 87

　　概　论 ……………………………………………………………………… 87

　　第一节　制造智能 ………………………………………………………… 90

　　第二节　智能制造装备 …………………………………………………… 96

　　第三节　智能制造系统 …………………………………………………… 103

　　第四节　智能制造服务 …………………………………………………… 108

第六章　精密与微纳制造 ……………………………………………………… 117

　　概　论 ……………………………………………………………………… 117

　　第一节　精密与超精密制造技术 ………………………………………… 117

　　第二节　微纳制造技术 …………………………………………………… 127

第七章　再制造 ………………………………………………………………… 138

　　概　论 ……………………………………………………………………… 138

　　第一节　再制造拆解与清洗技术 ………………………………………… 140

　　第二节　再制造损伤检测与寿命评估技术 ……………………………… 143

　　第三节　再制造成形与加工技术 ………………………………………… 147

　　第四节　再制造系统规划设计技术 ……………………………………… 152

第八章　仿生制造 ……………………………………………………………… 159

　　概　论 ……………………………………………………………………… 159

　　第一节　仿生机构与系统制造 …………………………………………… 161

　　第二节　功能性表面仿生制造 …………………………………………… 168

　　第三节　生物组织与器官制造技术 ……………………………………… 175

　　第四节　生物加工成形制造 ……………………………………………… 183

第九章　流体传动与控制 ……………………………………………………… 191

　　概　论 ……………………………………………………………………… 191

　　第一节　液压传动与控制技术 …………………………………………… 192

第二节	液力传动与控制技术	195
第三节	气动技术	198
第四节	橡塑密封技术	201
第五节	机械密封和填料静密封技术	204

第十章 轴 承 — 209

概 论		209
第一节	基于科学实验及理论分析的高性能轴承设计技术	211
第二节	面向制造全过程的控形控性制造技术	212
第三节	面向用户多样性安全、可靠及融合系统的服役技术	214
第四节	创新轴承结构技术	215
第五节	重大产品工程	216

第十一章 齿 轮 — 220

概 论		220
第一节	齿轮基础技术	223
第二节	关键设计技术	224
第三节	关键加工技术	225
第四节	齿轮材料及热处理技术	226
第五节	润滑、冷却与密封技术	227
第六节	关键工艺装备技术	227
第七节	齿轮技术路线图	229

第十二章 模 具 — 233

概 论		233
第一节	模具数字化设计制造技术	234
第二节	模具材料和热处理技术	237
第三节	冲压模具技术	241
第四节	塑料模具技术	243
第五节	锻造模具技术	247
第六节	铸造模具技术	250

第十三章 刀 具 — 255

| 概 论 | | 255 |

第一节　刀具材料技术 ………………………………………………… 259
　　第二节　刀具结构设计技术 …………………………………………… 263
　　第三节　刀具表面涂层技术 …………………………………………… 266

第十四章　影响我国制造业发展的八大机械工程技术问题 …………… 272
　　第一节　复杂系统的创意、建模、优化设计技术 …………………… 272
　　第二节　零件精确成形技术 …………………………………………… 274
　　第三节　大型结构件成形技术 ………………………………………… 277
　　第四节　高速精密加工技术 …………………………………………… 278
　　第五节　微纳器件与系统（MEMS） ………………………………… 280
　　第六节　智能制造装备 ………………………………………………… 282
　　第七节　智能化集成化传动技术 ……………………………………… 284
　　第八节　数字化工厂 …………………………………………………… 287

第十五章　机械工程技术路线图的实施
　　　　　　——走向美好的 2030 年 ……………………………………… 291
　　第一节　路线图成功实施的关键要素 ………………………………… 291
　　第二节　实施路线图的政策保障 ……………………………………… 293

后　　记 …………………………………………………………………… 296

引 言

我们正处在一个变革的时代。当今世界，科学技术日新月异，科技创新精彩纷呈，一场以信息、能源、材料、生物和节能环保技术为代表的科技革命和产业革命正在我们身边悄然发生，无时无刻不在影响和改变着我们的工作和生活方式。今后10~20年，世界科技和产业格局将发生重大变化，先进的科学技术和新的经济发展模式在展现美好图景的同时，也提出了巨大的挑战，为中华民族实现伟大复兴提供了历史机遇。工程技术是科学的实践和应用，我们只有坚持不懈地刻苦攻关，努力实现原创性突破，才能使我国工程技术跻身世界前列。

机械工程技术是工程技术的重要组成部分，它是以自然科学和技术科学为理论基础，结合生产实践中的技术经验，研究和解决在设计、制造、安装、使用维修各种机械中的理论和实际问题的应用学科。各种机械的发明、设计、加工与制造以及使用与维修所涉及的技术均属机械工程技术的范畴。

技术路线图是通过时间序列，系统描述技术创新过程中技术、产品和市场之间互动关系的一种规划方法。它通过研究技术创新的方向和态势，按照时间序列给出不同时间节点的发展重点、技术发展路径、实现时间等要素，确定影响未来主导产品（产业）的关键技术及其发展路径，为科学制订研发计划、有效组织产品研发、合理配置创新资源提供支撑。围绕机械工程技术提出未来20年技术发展方向、发展路径，制定机械工程技术发展路线图，对机械工程技术的未来发展具有重要指导意义。机械工程技术路线图分析了经济社会发展需求、机械工程技术研发、市场实现之间的关系，可以从未来市场实现出发组织技术研发，重点突破薄弱环节和关键技术，使未来机械工程技术研发的目标、应用前景和市场定位更加明确。在机械工程技术路线图制定过程中，综合集成了经济、社会、科技、企业等方面专家的意见和建议，达成共识，增强了指导性和权威性。

本书分为十五章，第一章、第二章论述了机械工程技术发展的国内外环境和五大发展趋势；第三章至第八章论述了机械工程技术中最重要的产品设计、成形制造、智能制造、精密与微纳制造、再制造、仿生制造六大技术领域的技术路线图；第九章至第十三章论述了在我国机械工业发展中处于基础地位、对主机和成套设备性能产生重大影响的流体传动与控制、轴承、齿轮、模具、刀具五大领域的技术路线图；第十四章凝练出了影响我国制造业发展的八大机械工程技术问题；第十五章提出了路线图成功实施的关键要素和政策保障。本次技术路线图的制订遵循以下原则：①具有前瞻性与可操作性，不仅能为政府决策服务，也能为企业制定发展战略和规划起到指导作用；②体现变革、跨越，把握机械工程技术"绿色、智能、超常、融合、服务"的发展方向；③以技术为切入点，并与相关学科发展、产业应用相衔接；④时间跨度为 2011～2030 年。

第一章 机械工程技术发展的国内外环境

第一节 后金融危机时代国际经济和技术发展形势的变化

一、新技术革命的步伐加快

全球进入空前的创新密集和产业变革时代，科学技术领域发生革命性突破的先兆愈加明显。信息技术向其他领域加速渗透并向深度应用发展，将引发以智能、泛在、融合为特征的新一轮信息产业变革，引领机械产品向智能化方向发展。增长模式深度调整的巨大压力，将促进新型环保节能技术、新能源技术加速突破和广泛应用，推动机械产品绿色化发展。同时，重大技术创新将更多地出现在学科交叉领域，各类技术之间的相互融合也将更加频繁，将会产生新的技术系统变革、重大学科突破以及新一轮科技革命及产业革命。可以预计，在今后的 5~20 年中，这些技术将发生重大创新突破，并将有可能引发机械工程技术的巨大变革，推动机械工业向绿色化、智能化、服务化方向发展。

在当前科技创新步伐不断加快的形势下，无论是发达国家，还是发展中国家，都在进一步调整科技政策，加大科技投入，以科技创新培育新的经济增长点和创造新的就业岗位。工业发达国家纷纷将科技创新提升为国家发展的核心战略，高度重视培育可能引领全球经济的新能源、新材料、生物技术、信息技术等高技术产业和新兴产业，抢占未来发展战略制高点的竞争将更趋激烈。美国奥巴马政府出台了《美国创新战略：推动可持续增长和高质量就业》，旨在进一步提高美国的持续创新能力。2006 年欧盟推出了《创建创新型欧洲》和《欧洲研究基础设施路线图规划》。日本政府于 2007 年通过《创新 25》报告，提出将日本发展成为世界领导者之一的创新型国家。英国于 2008 年出台《创新国家》白皮书，强调使英国成为世界上最适宜创新企业和创新公共服务发展的国家。

二、全球经济向绿色经济转型

全球气候变化、能源安全等重大问题已成为当前大国之间博弈的焦点。未来 20 年，新能源和绿色经济将成为引领科技和产业革命的重要方向，世界各国在新能源科技领域的投入加大，竞争日趋激烈。美国未来几年将投资 1500 亿美元支持新能源发展，英国和法国均出台了新能源科技创新政策和资金支持措施。中国承诺，到 2020 年将把单位国内生产总值（GDP）碳排放在 2005 年的基础上减少 40%～45%。能源安全问题促使各国在提高能效和发展新能源等方面加强部署，美国提出《清洁能源和安全法案》，日本制定《国家新能源战略》，欧盟出台《促进可再生能源利用指令》。发达国家凭借其科技优势，借助政治和外交手段，试图建立有利于维护自身竞争优势的国际技术标准和贸易规则。

三、各国经济发展战略加速调整

国际金融危机使世界经济进入一个新的调整期，发达国家逐步回归实业的态势加强，全球原有经济增长方式面临挑战，各国加速调整国家经济发展战略。全球总需求对世界经济增长的贡献将有所下降，美国及欧盟一些国家的储蓄率有所上升，消费方式的变化导致总需求对世界经济增长的拉动有所减弱，发达国家正在依此调整经济发展战略。出口导向型经济发展模式面临严峻考验，国际市场萎缩难以在短期内改变，提高内需比重将成为未来出口导向型国家拉动经济增长的重要战略。主要发达国家提出"再工业化"，即重新重视制造业。如美国奥巴马政府的总统科技顾问委员会在 2011 年 6 月提出《保证美国在先进制造业的领导地位》的报告，分析了美国制造业领导地位下降的影响、创新政策的需要以及如何保证美国在先进制造业领导地位的战略和建议，并提出美国启动"先进制造业振兴计划（AMI）"的具体方案。这使得发展中国家的国际市场将由此而受到挤压。就我国而言，外需市场萎缩将是一个较长时期的过程，这对我国依靠过剩生产能力的外向型发展模式是一个极大的挑战，如何增强内需对经济增长的贡献率，将是我国经济发展战略调整中需要解决的主要问题。

第二节　我国经济转型升级迫在眉睫

改革开放 30 年以来，我国综合国力明显增强，国民经济持续较快发展，工业化、城镇化、市场化、国际化步伐加快，对外贸易迈上新台阶，国家财政收入大幅度增加，国际地位明显提高。但纵观这 30 年的发展历程，多年来我国经济过度依赖于资源和资金的大规模投入，发展方式粗放。这种高投入、高消耗的发展模式虽然带来了经济高速增长，但却使我们付出了沉重的代价，带来了诸多问题：能源资源日渐短缺、环境污染日趋严重；过度依赖规模增长，劳动生产率低下；资源加工业增长过快，低水平产品生产能力过剩，产业结构不合理；技术对外依存度高，自主创新能力薄弱；对外市场依存度的加大，增加了市场风险。

在资源、环境约束更趋强化，要素成本趋于上升的今天以及金融危机后贸易保护主义兴起的背景下，我国经济粗放增长模式已难以为继。转变经济发展方式、调整产业结构、建立完善的技术创新体系、节能减排、走新型工业化道路已经迫在眉睫。我国仍处于社会主义初级阶段，发展仍是解决我国所有问题的关键，坚持科学发展，加快转变经济发展方式是我国经济社会领域的一场深刻、综合性、系统性、战略性的转变。第一，必须坚持创新驱动，把增强自主创新能力作为转变发展方式的中心环节，着力推进技术的重大突破，推动经济发展向主要依靠科技进步、劳动者素质提高、管理创新的方向转变，建设创新型国家。第二，必须立足绿色发展，大力推进节能降耗、减排治污，有效控制温室气体排放，促进形成低消耗、可循环、低排放、可持续的产业结构、运行方式和消费模式，增加可持续发展能力。第三，必须注重融合发展，充分发挥信息化在转型升级中的牵引作用，深化信息技术的集成应用，促进智能发展，积极发展生产性服务业，加速推进制造业服务化。

未来10年甚至更长一段时期，构建更具竞争力、更加资源节约、环境友好的产业结构和工业体系，促进经济由大变强、工业由大变强，仍是我国现代化建设、工业化进程中一项重要的历史任务。

第三节　我国机械工业发展态势

机械工业作为国民经济的装备部和人民生活物品的供应部，其发展基础、发展路径、发展水平都将对我国转变经济发展方式和提高人民生活质量产生重要的影响。

一、基本现状

通过"十一五"期间的努力，我国机械工业在产业规模、自主创新、结构调整等方面均取得了显著成绩。

（一）产业规模持续快速扩张

"十一五"期间，我国机械工业延续了"十五"的高速增长势头，产业规模持续快速增长。2010年机械工业增加值占全国国内生产总值的比重已超过9%；工业总产值从2005年的4万亿元增长到2010年的14万亿元，年均增速超过25%，在全国工业中的比重从16.6%提高到20.3%；规模以上企业已达10多万家，比"十五"末增加了近5万家，从业人员数量达到1752万人，资产总额已达到10.4万亿元，比

"十五"末翻了一番。我国机械工业销售额已超过日本和美国,跃居世界第一,成为全球第一机械制造大国。

(二) 重大技术装备自主化取得较大突破

"十一五"以来,围绕能源、材料、交通运输、农业及国防等领域发展的需要,开发出了一批具有自主知识产权的机械产品,如100万kW级超临界、超超临界火力发电机组;1000kV特高压交流输变电设备和±800kV直流输电成套设备;30万t/a合成氨设备;12000m石油钻机;五轴联动龙门加工机床、五轴联动叶片加工中心;1080t履带起重机。装备的国内市场自给率已经超过了85%,重大技术装备自主化取得了较大突破、保障能力明显增强。

(三) 产业结构调整取得一定进展

"十一五"期间,我国机械工业在资本结构方面已实现多元化发展,非国有资本在行业中的比重大大提高,行业内生的发展活力越来越强。国有大型企业在重大技术装备研制和生产中继续发挥着主力军的作用;民营经济表现出很强的抗风险能力,对机械工业的贡献率超过了50%(表1-1)。

表1-1 "十一五"期间机械工业企业资本结构变化情况* (单位:%)

	2005年 国有企业	2005年 民营企业	2005年 三资企业	2010年1~11月 国有企业	2010年1~11月 民营企业	2010年1~11月 三资企业
资产总计	41	34	25	31	44	23
主营业务收入	32	40	29	24	52	22
工业总产值	32	41	28	23	53	21
利润总额	27	39	34	27	45	26

* 表中数据按四舍五入取整。

随着重大技术不断取得突破,我国机械工业代表性产品的国际地位明显提升,高端产品所占的比重逐渐提高。如机床产值2009年首次跃居世界首位,机床行业产品结构不断优化,金属切割机床产值数控化率已经提高到50%以上;发电设备产量已连续4年超过1亿kW,遥遥领先于世界其他国家,其中超临界、超超临界火电机组所占比重超过40%。

(四) 国际竞争力不断增强

"十一五"期间,我国机械产品出口规模持续扩大,成为全球机械产品贸易发展的重要动力。2006年,我国机械工业对外贸易结束新中国成立以来持续数十年的逆差局面，实现历史性的转折，首次实现外贸顺差。随着我国机械工业国际竞争力的增强，机械工业贸易顺差不断扩大，2008 年达到 477 亿美元，创历史最高水平。我国机械工业优势行业产品的国际市场份额逐年提高。工程机械行业：2009 年销售额占全球销售额的 35.33%。发电设备行业：预计 2011 年出口水电机组、火电机组共 88 套、2222 万 kW，由出口 20 万 kW、30 万 kW 亚临界机组为主，发展到出口 60 万 kW 超临界机组。输变电设备行业：研制成功了世界领先水平的特高压输变电设备，建成世界第一条 1000kV 特高压交流试验示范线，并投入商业化运行。高压输变电设备远销德国、美国、加拿大、阿联酋、新加坡、菲律宾、印度等 30 多个国家和地区。港口机械行业：集装箱机械已进入 73 个国家和地区，占国际市场 78% 的份额。

二、主要问题

总体来看，当前我国机械工业尚没有完全摆脱粗放型、外延式发展的倾向，存在以下突出问题。

（一）自主创新能力薄弱，高端装备制造呈现失守困局

目前，我国机械工业拥有自主知识产权和自主品牌的技术和产品少，在许多高端产品领域未能掌握核心关键技术，对外依存度高。还不能生产大型民用飞机、深水海洋石油装备；90% 的高端数控机床，95% 的高端数控系统、机器人依赖进口；工厂自动控制系统、科学仪器和精密测量仪器对外依存度达 70%。据统计，2009 年我国装备制造业进口总额高达 1800 亿美元，绝大多数是高端产品与核心关键基础件。

（二）关键零部件发展滞后，主机面临"空壳化"

机械工业的高端主机和成套设备所需的关键零部件、元器件和配套设备大量进口；海洋工程装备的大多数配套设备依赖进口；航空工业所需发动机、机载设备、原材料和配套件的配套能力差；为高端数控机床配套的高级功能部件 70% 需要进口；大型工程机械所需 30MPa 以上液压件全部进口；占核电机组设备投资 1/4 的泵阀主要依赖进口，主机发展受到严重制约。

（三）现代制造服务业发展缓慢，价值链的高端缺位

我国机械工业的发展过度依赖单机、实物量的增长，为用户提供系统设计、系统成套、工程承包、远程诊断维护、产品回收再制造、租赁等服务业未能得到培育，绝大多数企业的服务收入所占比重低于 10%，主要业务属于价值链低端的加工装配环节。

要解决这些问题，必须依赖技术进步，必须依靠转变发展方式，这就为发展机械工程技术提出了迫切的要求和难得的发展机遇。

三、发展展望

经过 10 年甚至更长一段时间的努力，我国机械工业将实现由大国向强国的转变。主要标志是：

（1）国际市场占有率处于世界第一位。

（2）超过一半的产业（按工业总产值）国际竞争力处于世界前三位，成为影响国际市场供需平衡的关键产业。

（3）拥有一批具有国际影响力、资本和技术输出能力、进入世界 500 强的"旗舰级"国际化大企业集团。

（4）拥有一批国际竞争力和市场占有率处于世界前列的世界级装备制造基地。

要实现这一宏愿，未来一段时间我国机械工业将在以下几个方面进行攻坚。

（一）推进产业优化升级

发展包括系统设计、系统成套和工程承包、设备租赁、远程诊断服务、产品回收再制造等的现代制造服务业，实现由生产型制造向服务型制造转变。

推行"两化融合"，在机械产品中融入嵌入式技术、传感技术、软件技术、网络技术等，实现信息技术与机械技术深度融合，使产品的功能和性能大幅度提高。

推行绿色制造与节能减排，推广先进制造技术和清洁生产方式，提高材料利用率和生产效率，降低能耗和污染物排放，提高可持续发展能力。

（二）夯实产业基础

瞄准重大装备和高端装备发展的需求，解决轴承、齿轮、液压件、气动件、密封件及大型铸锻件等关键零部件发展滞后的问题。

针对铸造、锻压、焊接、热处理、表面处理、高速超高速切削/磨削等基础制造工艺，整合区域资源配置，在产业集聚区和中心城市建设区域性工艺中心，提高集约发展能力和水平，实现低排放、低能耗、专业化的协调发展。

（三）大力培育新兴产业

重点围绕新能源发电设备、智能电网及其设备、节能环保与资源综合利用设备、轨道交通设备、海洋工程设备、智能制造设备、工业燃气轮机和航空发动机及其制造设备、电子工业专用设备、物联网设备、医疗设备、新能源汽车等，加快培育和发展的进程，尽快形成一定规模的产业。

（四）做强做大优势产业

扶持一批具有明显优势的产业和大型、龙头企业，通过加大创新投入、优化产品结构等方式，提升产业核心竞争力，提高品牌影响力，使这些产业和企业的国际竞争力位居世界前列。重点推进清洁高效发电设备、高压超高压输变电设备、煤炭综采设备、工程施工机械、港口机械等已具有竞争优势的产业率先突破，实现由大变强。

（五）提升自主创新能力

加速清洁高效发电设备、超高压输变电设备、大型冶金成套设备、大型石化和石油钻采设备等重大成套装备、高技术装备和高技术产业所需装备的自主化进展。

完善自主创新体系，建立健全机械工业领域国家重点实验室、国家工程实验室、国家工程研究中心、国家工程技术研究中心建设，支持大型机械工业企业建设高水平的企业技术中心，并与研究院所和高等院校建立持续的战略合作关系，强化以企业为主体的技术创新体系。

第四节　世界机械工程技术发展预测

未来20年，随着科学技术的进步，世界机械工程技术将发生重大变革。基于此，美国、日本及欧盟等国的科技工作者近年来都对机械工程技术未来的发展进行了预测。

一、美国机械工程师学会预测

2008年4月16日，美国机械工程师学会和未来学研究所为在华盛顿召开的"全球机械工程之未来峰会"提供了一份报告。该报告认为：到2028年，机械工程的战略主题是：开发新技术，以应对能源、环境、食品、住房、水资源、交通、安全和健康等挑战；创造全球性的可持续发展工程解决方案，满足全人类基本需要；促进全球合作和区域适用技术的开发；使实践者体会到为了改善人类生活而发现、创新和应用工程技术方案的乐趣。表1-2是美国机械工程师学会提出的未来20年机械工程发展面临的挑战。

表1-2　美国机械工程师学会预测

对未来的预测	描　述
可持续发展	高速发展的经济加剧了全球环境压力，并且使能源、水以及其他高需求资源的争夺趋于白热化。为了保证经济的可持续发展，机械工程需要开发出新的技术和技能。地热、潮汐发电、氢能发电、风能发电和太阳能发电，将成为21世纪上半叶的重要工程。

（续表）

对未来的预测	描　　述
大型和小型系统工程	到2028年，工程师们将面对很多极大或极小两种截然不同的系统工程，这些工程需要工程师在更远程、更大时间跨度下，运用多学科知识协调解决各种问题。系统工程作为新兴领域将整合更多的机械工程知识和实践技能。
知识竞争优势	到2028年，个人和组织学习、创新以及接受并适应的能力将推动经济进步。为满足受教育者对于技术、管理、创新以及解决问题的能力和知识需求，机械工程教育结构将被重新调整。
合作优势	到2028年，在行业中占优势的将是那些善于合作的组织，21世纪将被定义为市场竞争与合作并存的世纪。
纳米生物的未来	纳米技术和生物技术是未来20年内技术发展的主流。到2028年，纳米技术和生物技术将应用到各个领域，从而影响人们的日常生活。未来的工程师将利用这些技术解决医药、能源、水资源管理、航空、农业以及环境管理等领域的紧迫问题。
规范创新	到2028年，全球经济下的创新仍然是一个复杂命题。在全球背景下，从根本上动摇知识产权保护制度及其他法规是不可能的。然而，随着越来越多的复杂技术需要更多的合作与专利分享，将会产生更多的变化，为创新者和那些把更新进行商业化应用的人们带来更多公正合理的益处。
工程的多样性	到2028年，对新技术的需求将使那些具有熟练技能、善于创新的机械工程师在全球范围内变得炙手可热，未来的雇主们将聘用与提拔那些有着独特背景与丰富经历的雇员，这些人能够在多元文化中成功地发挥最大潜能。
在家设计	到2028年，计算机辅助设计、材料学、机器人技术以及纳米技术和生物技术的进步将使得产品的设计与创造民主化。工程师们将能够为本地问题设计解决方案。个体工程师将更自由地使用本地的材料与劳动力来生产产品，为工程企业家创造复兴。在这种情形下，将会有越来越多的工程师在家办公，导致大型工程公司的结构更松散，并出现更多的个体工程企业家，而工程劳动力也会随着发生变化。
服务于占世界人口90%的穷人工程	到2028年，全球化以及新商业模式将日益推动机械工程为占世界人口90%最贫穷的人口服务。

二、日本机械学会预测

2008年日本机械学会预测了未来机械工程技术的发展，提出了未来20年将重点发展的10项机械工程技术（表1-3）。

第一章 机械工程技术发展的国内外环境

表1-3 日本机械学会对机械工程技术发展的预测

技术	前景展望
高温热流冷却技术	开发出可穿戴的轻便计算机，进一步减小计算机尺寸，开发便携式大功率激光机床工具。
热泵热水供应系统	该系统中的制冷剂、混合技术（工业锅炉和用户锅炉混合、太阳能热和地热混合）、降低噪声技术将提高系统效率、使用高性能绝缘材料减少对热水的需求、增加可再生能源发电的比例及CCS（二氧化碳捕获和储存）实现非碳能源发电。到2030年，居民生活热泵热水供应系统的数量将增加到2000万左右。2030年居民生活、商业和工业设施的二氧化碳排放量将减少至2900万t。
微纳生物力学	获得与动物实验中的自然再生组织等同的各种人造组织；获得与可移植到人体的自然组织等同的各种人造组织；获得与自身细胞再生的自然组织等同的各种人造组织。
汽车燃料效率	到2050年，燃料电池汽车和电动汽车将分享约40%的汽车份额，而混合发动机汽车将占据其余大部分市场份额。2100年，所有汽车将被使用氢燃料的燃料汽车和高效率电动汽车所取代。
工业机器人	机器人的应用领域将不断涌现，工业机器人的市场不断扩展。只有人类才可以开展的工作将不断减少，由机器人完成的自动化工作和人机合作工作将增加。机器人训练工作将变得简单，性价比将进一步提升。环境的结构化使机器人在工厂中的工作更轻松，同时将扩展工业机器人的应用领域。将研发非工业用途的机器人。
微纳加工技术	如原子级的二维和三维微纳加工在实践中得到应用，则能生产包括全彩色精细电子纸、几毫米厚的监视器、TB（1000GB）级存储记忆单元、超高效汽车和小型燃料电池等。
发动机热效率	随着目前全球变暖速度的加快，对提高二氧化碳减少直接相关的发动机热效率的要求越来越高，该领域的技术创新可能比预测的进展更迅速。到2025年，新型燃料电池车和混合动力汽车将得到广泛应用，尾气将变得更清洁，二氧化碳尾气排放量将减少20%~30%。
能源设备效率与发电量	2010~2020年，研制700℃及更高温度级的火电设备。大型高效燃气轮机的大型联合循环发电技术研制成功，氢燃料能源系统将扩大市场规模。2020~2030年，快中子增殖反应堆系统将投入实际应用。

(续表)

技术	前景展望
设计工程	设计技术从传统的独立技术转变为一体化技术（真正的计算机辅助设计和真正的系统工程）。
动态现象分析技术	以统一方式处理非线性动力学现象的一元化理论得到发展，开发出满足个人品位及老龄化社会需求的产品。

三、美国对制造技术的发展展望

（一）美国集成制造技术计划

1998 年，美国国家标准技术研究院（NIST）、美国国家科学基金会（NSF）、能源部（DOE）及美国国防部先进研究项目局（DARPA）等单位参与制订了"集成制造技术计划及其路线图计划"（简称"计划及路线图"）。"计划及路线图"展望未来制造业取得成功的 6 项条件如图 1-1 所示：①集成化的企业管理系统；②完全集成（Integrated）与优化（Optimized）的设计与制造；③柔性化与分布式的生产；④基于科学的制造（Science-Based Manufacturing）；⑤智能化的工艺与装备；⑥技术、制造与管理系统无缝联接、即插即用。

计划提出了四个关键技术的路线图，如图 1-2 所示：①制造业的信息系统；②建模与仿真；③制造工艺与装备；④企业集成技术（Technology for Enterprise Integration）。

图 1-1 未来制造业取得成功的 6 项条件

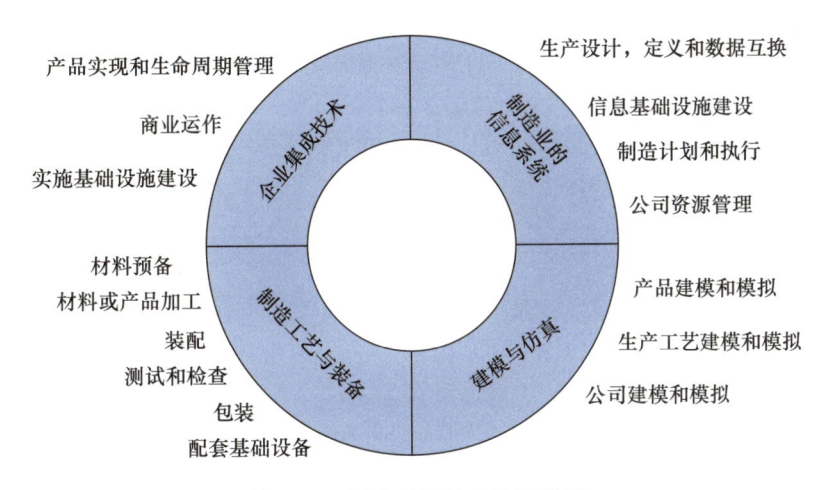

图 1-2　四个关键技术的路线图

(二) 美国对 2020 年制造业挑战的展望

1998 年美国国家科学研究委员会（National Research Council）出版的"2020 年制造业挑战的展望"中提出以下优先发展技术：

(1) 可重组制造系统（Reconfigurable Manufacturing System）

(2) 无废弃物制造 [Waste-free Processing（Minimize Waste Production and Energy Consumption）]

(3) 新材料工艺（纳米加工及先进净成形工艺）[New Materials Processes（Nano-fabrication and Improved Net Shape Processes）]

(4) 用于制造的生物技术（Biotechnology for Manufacturing）

(5) 企业建模与仿真（Enterprise Modeling and Simulation）

(6) 信息技术 [Information Technology（Convert Information into Knowledge for Effective Decision Making）]

(7) 产品与工艺设计方法（Product and Process Design Method）

(8) 强化机器与人的界面（Enhanced Machine-human Interfaces）

(9) 人员教育与培训（Workforce Education and Training）

四、欧盟先进生产装备研究路线图的预测

2006 年，欧盟"创新的生产设备和系统"（Innovative Production Machines and System）项目组发表了研究报告《先进生产装备研究路线图》，对先进机床和系统发展做出了预测。表 1-4 列出该报告预测 2010～2030 年涉及的 6 个领域、24 个关键使能特性、42 个技术子领域。

表1-4 先进机床和系统发展预测

领域	关键使能特性	技术子领域	实现时间（年）	愿景/目标
高速及快速响应制造技术	高速切削及其他新工艺	更高效的高速切削、高速粗加工、激光辅助切削	2015	超高速切削高速粗加工
	机床结构	自适应性	2020	高性能绿色机床
	功能部件和监测	创新的过程监测和测量技术、微型执行器和传感器以及新型智能基础件	2010~2015	全监控
		新型排屑系统、智能监控系统	2020	
	润滑剂和刀具	智能刀具/夹具	2010~2015	高速干切削
		高速加工的高压润滑系统、高速加工中的高效润滑	2015	
	智能制造	智能环境——电子辅助	2010~2020	智能环境
		虚拟制造	2020	
快速制造技术（RM）	可行的 RM 材料、RM 多材料工艺和计算机辅助设计、快速制造流程和标准的建立	适应性、可重构加工过程和系统	2010~2015	定制产品和零件制造
		下一代材料的分层制造	2010~2025	
		超快速分层制造、多向分层制造	2015	
精细加工技术	程控工具技术	ECF	2012	纳米制造
	表面处理和改性技术	洁净室技术	2015	各种材料的3D 几何形状
		制造工艺的微纳米技术	2010~2030	
	连接、焊接、装配和包装技术	装配工艺	2010~2015	柔性
	检验与控制技术	检验和控制	2010~2030	过程检验
	设计、建模和仿真	建模和仿真、新型集成机械理念	2012~2015	具有可接受标准的产业

第一章　机械工程技术发展的国内外环境

（续表）

领域	关键使能特性	技术子领域	实现时间（年）	愿景/目标
可重构制造技术	机床设计和制造工艺	集成的产品和工艺设计方法、敏捷性-柔性	2010~2015	可重构系统
		可重构制造工艺链设计	2012	
		面向可重组制造零部件设计新方法	2012~2015	
		模具、夹具等最小工艺装置和可重构工艺装置	2015	
	机床控制和通信	模块化开放式NC控制结构、多代理系统、人机交互界面	2010~2015	综合仿真、CAM和控制链
		增强的人机接口	2015~2020	
	机器人和传感器	移动机器人和操作器	2010~2012	自主机器人
		精密过程控制新型传感器和执行器技术	2012~2015	
可持续制造技术	生态效益产品设计方法论	新产品环境影响模拟：虚拟样机	2020	生态效益
		新产品的柔性化	2025	
		再制造工艺技术与模型	2025	
	生态效益生产工艺	高速切削条件下的微量润滑	2010~2015	无废物制造
		全部微量润滑生产、特种切削工艺、无废物制造	2015	
	刀具、机床及产品的新型材料	新型机床材料：轻型、可循环使用材料	2010~2015	无浪费生产系统
下一代材料加工技术	新型超大型加工	加工纤维增强塑料（玻璃钢）基复合材料，形成和优化复合材料的去除材料加工方法	2008~2015	新材料超大型加工系统
		超大型车削加工技术、超大型铣削加工技术	2015	

中国机械工程技术路线图

（续表）

领域	关键使能特性	技术子领域	实现时间（年）	愿景/目标
下一代材料加工技术	接触式工具纳米材料去除技术	纳米机床	2020~2030	混合型纳米制造系统
	非接触式工具纳米材料去除技术	智能材料的电火花加工（EDM）	2010~2020	
	复制技术	纳米成形	2030	
		纳米模具	2030	
	快速金属板材成形技术	金属板材快速成形、最小化工具与可重构工具	2015~2020	快速金属板材成形系统
	用于智能和功能梯度材料的粉末材料技术	智能材料和多功能梯度材料的粉末加工方法	2020~2030	粉末材料技术系统
	高性能和智能材料的连接技术	焊接高性能材料	2010~2015	完整连接
		智能材料的连接	2020	
		纳米装配	2030	

参 考 文 献

[1] 张相木，李东，屈贤明. 中国装备制造业发展报告2006~2008年[M]. 北京：机械工业出版社，2009.

[2] 李冶，屈贤明. 中国装备制造业发展报告2006~2007年[M]. 北京：中国计划出版社，2008.

[3] 中国工程院. 中国制造业可持续发展战略研究[M]. 北京：机械工业出版社，2010.

[4] 美国未来学研究会，美国机械工程师学会. 机械工程未来二十年发展预测[M]. 中国机械工程学会译，2008.

[5] 日本机械学会. 日本机械学会技术路线图. 中国机械工程学会译，2008.

[6] Visionary manufacturing challenges for 2020 [M]. USA：National Academy Press，1998.

[7] 中国机械工业联合会. 机械工业"十二五"发展规划纲要[R]. 北京：中国机械工业联合会，2010.

[8] 工业和信息化部. "十二五"装备制造业发展和结构调整的思路、目标、重点及对策研究[R]. 北京：工业和信息化部，2010.

[9] Updating research roadmap covering all APM research areas, I* PROMS FP6 Network of Excellence (500273), European Commission within the Sixth Framework Programme (2002－2006).

第一章　机械工程技术发展的国内外环境

编　撰　组
组长　屈贤明
成员
　　叶　猛　杜洪敏　陈　警　姚之驹
评审专家
　　朱森第　宋天虎　张彦敏　陈超志

第二章 机械工程技术五大发展趋势

机械工程技术与人类社会的发展相伴而行，它的重大突破和应用为人类社会、经济、民生提供丰富的产品和服务，使人类社会的物质生活变得绚丽多彩。未来 20 年，在市场和创新的双轮驱动下，机械工程技术的发展方向可归纳为绿色、智能、超常、融合、服务 10 个字。

第一节 绿 色

机械工业在制造过程中是消耗钢材大户，而机械产品在使用过程中则是消耗能源的大户。据全国经济普查数据，2004 年机械工业消费钢材 12510 万 t，占同期国内钢材产量的 39%；消费铜材 358 万 t，而国内产量只有 220 万 t；消耗铝材 152 万 t，占国内铝材产量（533 万 t）的 28%。机械产品使用过程的能源消费强度远高于生产过程，据统计，量大面广、耗能高的 21 类机电产品，电力消耗约占全国发电量的 60%，煤炭消耗约占全国煤炭产量的 50%，汽油消耗约占全国汽油产量的 58%，柴油消耗约占全国柴油产量的 40%。

进入 21 世纪，保护地球环境、保持社会可持续发展已成为世界各国共同关心的议题。实现机械工业的节能减排，不仅是自身可持续发展的需要，也是我国经济社会健康永续发展的需要。我国机械工业单位产品综合能耗与工业发达国家相比存在较大差距，尤其是热加工工艺明显滞后，我国每吨铸件铸造工艺能耗比国际先进水平高 80%，每吨锻件锻造工艺能耗比国际先进水平高 70%，每吨工件热处理工艺能耗比国际先进水平高 47%。加快机械工业从资源消耗、环境污染型向绿色制造的转变，是解决资源环境约束的必然趋势，也是机械工业可持续发展的必由之路。目前大力提倡的循环经济模式是追求更少资源消耗、更低环境污染、更大经济效益和更多劳动就业的一种先进经济模式。为适应循环经济和制造业可持续发展的要求，绿色制造应运而生。

绿色制造是综合考虑环境影响和资源效益的现代制造模式，其目标是在产品从设计、制造、包装、运输、使用到报废处理的整个产品生命周期中，废弃资源和有害排放物最小，即对环境的影响（副作用）最小，资源利用率最高，并使企业经济效益和社会效益协调优化。绿色制造过程如图 2-1 所示。

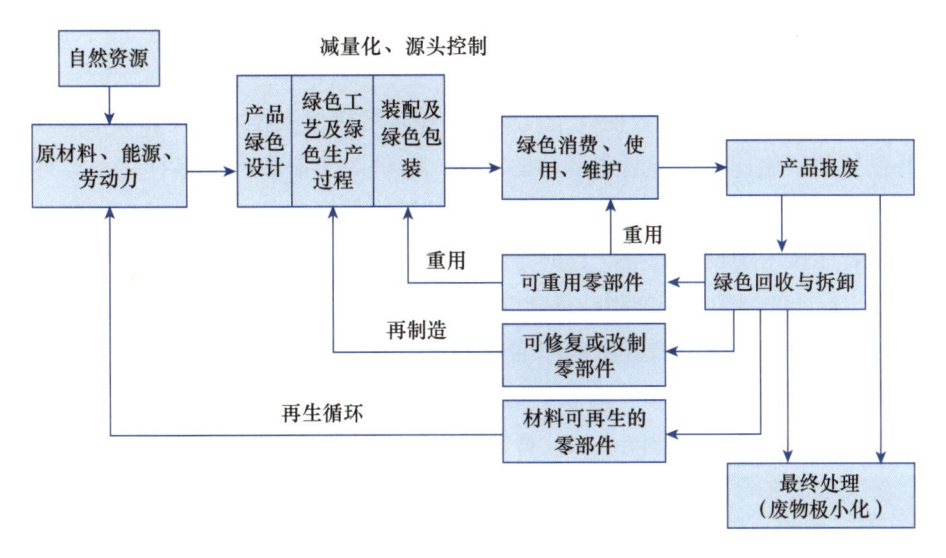

图 2-1　绿色制造过程

绿色制造强调通过资源综合利用和循环使用、短缺资源的代用以及节能降耗等措施实现资源的持续利用；同时减少废料和污染物的生成及排放，提高生产和消费过程与环境的相容程度，最终实现经济效益和环境效益的最优化。机械产品全寿命周期的绿色化是未来机械工程技术发展的重要方向。

（1）产品设计绿色化。为了适应节能、低排放的需求，应该建立面向能源和碳排放模型的生态化设计的知识库和数据库及相关技术规范和标准；为了适应对废旧机电产品回收、再制造的要求，必须在设计阶段就要考虑产品的易拆解、易回收、易修理。

（2）材料绿色化。用于制造过程的工艺材料绿色化发展很快，能给环境带来污染、威胁工人健康的工艺材料将被逐步取代。

（3）制造工艺绿色化。零件精确成形技术比起传统的成形工艺，材料利用率可提高 20%~40%，取消或大大减少了加工工时，实现了节能、降耗的目标，是一种很有推广应用前景的绿色制造工艺。

（4）包装绿色化。面向环境的产品包装设计、包装材料、包装结构和包装废弃物回收处理，将成为包装的主流发展趋势，宗旨是实现资源消耗和产生废弃物最小化。

（5）处理回收绿色化。以废旧零部件为对象的再制造技术成功解决了这些零件的磨损、裂纹、疲劳、外物损伤等失效问题，预期将在机械设备、医疗器械、家电产品、电子信息类产品领域广泛应用。

第二节　智　能

　　20 世纪 50 年代诞生的数控技术以及随后出现的机器人技术和计算机辅助设计技术，开创了数字化技术用于制造活动的先河，也解决了制造产品多样化对柔性制造的要求；传感技术的发展和普及，为大量获取制造数据和信息提供了便捷的技术手段；人工智能技术的发展为生产数据与信息的分析和处理提供了有效的方法，给制造技术增添了智能的翅膀。智能制造是制造自动化、数字化、网络化发展的必然结果。

　　智能制造技术是研究制造活动中的各种数据与信息的感知与分析，经验与知识的表示与学习以及基于数据、信息、知识的智能决策与执行的一门综合交叉技术，旨在不断提升制造活动的智能水平。智能制造技术涵盖了产品全生命周期中的设计、生产、管理和服务等环节。复杂、恶劣、危险、不确定的生产环境、熟练工人的短缺和劳动力成本的上升呼唤着智能制造技术与智能制造的发展和应用。可以预见，21 世纪将是智能制造技术获得大发展和广泛应用的时代。

　　智能制造作为一种新的制造模式，具有五大特征：

　　（1）自律能力。具有能获取与识别环境信息和自身信息，并进行分析判断和规划自身行为的能力。

　　（2）人机交互能力。智能制造是人机一体化的智能系统。人在制造系统中处于核心地位，同时在智能装置的配合下，更好地发挥出人的潜能，使人机之间表现出一种平等共事、相互理解、相辅相成、相互协作的关系。

　　（3）建模与仿真能力。以计算机为基础，融信息处理、智能推理、预测、仿真和多媒体技术为一体，建立制造资源的几何模型、功能模型、物理模型，拟实制造过程和未来的产品，从感官和视觉上使人获得完全如同真实的感受。

　　（4）可重构与自组织能力。为了适应快速多变的市场环境，系统中的各组成单元能够依据工作任务的需要，实现制造资源的即插即用和可重构，自行组成一种最佳、自协调的结构。

　　（5）学习能力与自我维护能力。能够在实践中不断地充实知识库，具有自学习功能。同时，在运行过程中具有故障自诊断、故障自排除、自行维护的能力。

　　令人鼓舞的是，智能制造装备已列入我国培育和发展的战略性新兴产业规划之中，并作为重点发展方向之一给予了高度重视。预计到 2020 年，我国将把智能制造装备产业培育成为具有国际竞争力的先导产业，总体技术水平迈入国际先进行列，部分产品取得原始创新的突破，基本满足国民经济重点领域和国防建设的需要。随着知识经济的到来，智能制造技术必将成为我国产业升级和跨越发展的关键使能技术。

第三节 超　常

现代基础工业、航空、航天、电子制造业的发展，对机械工程技术提出了新的要求，促成了各种超常态条件下制造技术的诞生。目前，工业发达国家已将超常制造列为重点研究方向，在未来20~30年间将加大科研投入，力争取得突破性进展。人们通过科学实践，将不断发现和了解在极大、极小尺度，或在超常制造外场中物质演变的过程规律以及超常态环境与制造受体间的交互机制，人们将向下一代制造尺度与制造外场的超常制造发起挑战。超常制造的发展方向主要体现在以下几个方面：

（1）巨系统制造。如航天运载工具、100万kW以上的超级动力设备、数百万吨级的石化设备、数万吨级的模锻设备、新一代高效节能冶金流程设备等极大尺度、极为复杂系统和功能极强设备的制造。

（2）微纳制造。对尺度为微米和纳米量级的零件和系统的制造。如微纳电子器件、微纳光机电系统、分子器件、量子器件、人工视网膜、医用微机器人的制造。

（3）在超常环境下制造。如在超常态的强化能场下，进行极高能量密度的激光、电子束、离子束等强能束制造。

（4）超精密制造。对尺寸精度和形位精度优于亚微米级、粗糙度优于几十纳米的超精密加工。如高速摄影机和自动检测设备的扫描镜，大型天体望远镜的反射镜，激光核聚变用的光学镜，武器的可见光、红外夜视扫瞄系统，导弹、智能炸弹的舵机执行系统。

（5）超高性能产品制造。如航空燃气发动机叶片在超过1300℃的环境中工作，其高温合金叶片需要采用单晶制造技术。海洋工程设备在高压、低温和强腐蚀的海水环境中工作，需要用防蚀涂层工艺制造。

（6）超常成形工艺。如制造超声传感器时使用的增量制造新工艺，用逐层添加材料的方法，替代了对超声探头长时间的切削和精细加工工艺。

科学技术的进步，将推动超常制造向深层次发展。如量子力学和激光器引发的微纳制造，超常态凝固科学推动的超常性能材料与零件瞬态制造，在数万吨级压力场下获得亚微米等轴晶演变的飞机大件强流变制造。未来科学技术的发展必将在各种高能量密度环境、物质的深微尺度、各类复杂巨系统中不断有新发现、新发明，将产生全新的超常制造技术，在以往无法想象的超常环境下，或采用超乎常规的制造工艺，制造出更超常的尺度、更高精度、更高性能的产品。

第四节 融 合

随着信息、新材料、生物、新能源等高技术的发展以及社会文化的进步，新技术、新理念与制造技术的融合，将会形成新的制造技术、新的产品和新型制造模式，以至引起技术的重大突破和技术系统的深度变革。例如，照相机问世后一百多年，其结构一直没有根本改变，直到 1973 年日本开始"电子眼"的研究，将光信号改为电子信号，推出了不用感光胶片的数码相机。此后日本、德国相继加大研制力度，不断推出新产品，使数码相机风靡全世界，形成了一个巨大的产业。又如，2009 年年底投资超过 100 亿美元的波音 787 梦幻客机试飞成功，其机身 80% 由碳纤维复合材料和钛合金材料制造，大大减轻了飞机重量，减少油耗和碳排放，引起全世界关注。美国苹果电脑公司在信息产品市场上异军突起，仅 2010 年第二季度就实现营业收入 135 亿美元，净利润 30.7 亿美元。苹果公司依靠其绝佳的工业设计技术，在智能手机和平板电脑等产品中融入文化、情感要素，深得广大消费者特别是青少年消费者的青睐。

在未来机械工业的发展中，将更多地融入各种高技术和新理念，使机械工程技术发生质的变化。就目前可以预见到的，将表现在以下几方面：

（1）工艺融合。车铣镗磨复合加工、激光电弧复合热源焊接、冷热加工等不同工艺通过融合，将出现更高性能的复合机床和全自动柔性生产线；激光、数控、精密伺服驱动、新材料与制造技术相融合，将产生更先进的快速成形工艺，金属材料直接快速成形是 10 多年来研究的热点，正在逐渐转向工业应用。

（2）与信息技术融合。信息技术深度融入机械产品，将出现更高级次的数控设备、数码产品和智能设备；信息技术深度融入制造过程，将催生出自下而上的产品协同设计和制造技术以及基于泛在网络的高度集成的企业信息系统。

（3）与新材料融合。先进复合材料、电子信息材料、新能源材料、先进陶瓷材料、新型功能材料（含高温超导材料、磁性材料、金刚石薄膜、功能高分子材料等）、高性能结构材料、智能材料等将在机械工业中获得更广泛的应用，并催生新的生产工艺。

（4）与生物技术融合。模仿生物的组织、结构、功能和性能的生物制造，将给制造业带来革命性的变化。今后，生物制造将由简单的结构和功能仿生向结构、功能和性能耦合方向发展。

（5）与纳米技术融合。纳米材料表征技术水平将进一步提高，新的光学现象很有可能被发现，导致新光电子器件的发明，对纳米结构的尺寸、材料纯度、位序以及成分的精确控制将取得突破性进展，相应的纳米制造技术将会同步前进。

（6）文化融合。知识与智慧、情感与道德等因素将更多地融入产品设计、服务过程，使汽车、电子通信产品、家用电器、医疗设备等产品的功能得以大幅度扩展与提升，更好地体现人文理念和为民生服务的特性。

可以预见，通过不同学科、不同技术的融合和集成创新，将有力地推动新的、甚至是原创性的机械工程技术和产品的不断出现。

第五节　服　务

长期以来，我国机械工业在生产型制造的导向下，将技术开发的重点完全放在为产品全生命周期"前半生"服务的产品设计、制造和装配方面，忽视了产品"后半生"更具附加值的售后服务支撑技术的开发。

工业发达国家机械工业早已从生产型制造向服务型制造转变，从重视产品设计与制造技术的开发，到同时重视产品使用与维护技术的开发，通过提供高技术含量的制造服务，获得比销售实物产品更高的利润。一些世界著名公司，制造服务收入占总销售收入的比例高达50%以上。近年来，我国越来越多的机械工业企业认识到发展制造服务业对企业发展的重要性，一些企业制造服务业务作为企业独立的业务板块，服务收入纳入企业年报财务数据。

特别值得注意的是，经过十余年的实验研究，一些企业开发的远程监控系统，已度过远程安全运行状态检测与管理的探索与试验期，进入了实用阶段。这些远程监控系统在机组系统健康管理服务方面，能够提供远程监测与故障诊断，并提供24小时持续监测服务，以保证机组安全稳定运行。一些工程机械制造企业开发的远程监控系统能实时监控施工设备的即时工况，并实现对施工进行管理干预。

未来20年，将是我国机械工业由生产型制造向服务型制造转变的时期，服务型制造将成为一种新的产业形态，制造服务技术将成为机械工程技术的重要组成部分，为产品"后半生"服务的机械工程技术将会引起人们更大的关注，并投入更多的人力和资金，一批新的与产品使用及维护有关的机械工程技术将应运而生，同时也将催生机械工业的制造服务新业态。

预计今后20年，我国为服务型制造服务的机械工程技术将呈现出三大转变：

（1）服务由局域扩展到全球。由于信息技术的发展和广泛应用，使得产品售后服务的地域范围得以扩大到全球。

（2）服务由离线转向在线。传感技术、非接触式检测技术及远程信息传输和控制技术的发展，使得原来只能离线进行的测量、检验、监控等服务业务，可以在线进行。

（3）服务由被动转向主动。传统的产品售后服务，往往是被动式的，即只有当设备出现故障，客户提出要求后，制造商和专业服务商才提供服务。如今由于各种先进技术的出现，使得设备远程监测和故障诊断成为可能，使产品制造企业可以提前向用户通报设备运行状态，并进行预防性维修，从而使服务从被动转为主动。

预计为服务型制造服务的机械工程技术将具有三大特点：

（1）知识性。从支持低附加值服务的技术向支持高附加值服务的技术发展，这些技术更具知识性和高技术性。如设备状态智能感知、信息远程传送及与控制系统的智能互联技术的研发，将推进机械产品远程监控与诊断技术及设备健康维护技术的广泛应用。

（2）集成性。通过技术集成达到服务功能集成。如机械产品服务系统技术的开发，是将实物产品和服务集成为整体解决方案销售给客户。又如包括机械设备操作运行服务、维护维修服务、设备再循环使用等服务技术的集成，将满足客户更高的需求。

（3）战略性。机械产品用户的需求已扩大到战略咨询领域。如机械设备剩余价值与寿命评估技术，是一项带有鉴证功能的管理咨询性质的服务。用户企业往往将评估结果作为制定发展战略或经营策略的依据，或者在资产重组等方面发挥重要的作用。

我国从事机械工程技术研发与应用的科技工作者，应该具有敏锐的眼光和创造力，及早关注机械产品使用、维护、改造升级、回收、再制造，即产品"后半生"所涉及工程技术的创新。

参 考 文 献

[1] 路甬祥. 走向绿色和智能制造——中国制造发展之路 [J]. 中国机械工程, 2010, (4): 379 - 386.

[2] 徐滨士, 刘世参, 张伟, 等. 绿色再制造工程及其在我国主要机电装备领域产业化应用的前景 [J]. 中国表面工程, 2006, 19 (5): 17 - 21.

[3] 张伟, 刘仲谦, 张纾, 等. 绿色制造与再制造技术研究与发展 [J]. 中国表面工程, 2006, 19 (5): 76 - 81.

[4] 钟掘. 极端制造——制造创新的前沿与基础 [J]. 中国科学基金, 2004.

[5] 中国工程院. 装备制造业自主创新战略研究 [M]. 北京: 高等教育出版社, 2007.

[6] 朱森第. 制造业两化融合六大实现途径 [OL]. 中国设备网, 2009.

第二章 机械工程技术五大发展趋势

编 撰 组
组长　屈贤明
成员
　　陈　警　叶　猛　林德生　杜洪敏
评审专家
　　朱森第　李敏贤　宋天虎　雷源忠

第三章 产品设计

概 论

机电产品设计是运用多学科基础理论、方法和技术成果，构思能全面满足市场和社会需求的产品概念和功能，进而制定和提供能据以制造成实物产品的完整技术文件的过程。

机电产品设计的基础是机械设计科学，简称机械设计学。它以数学、物理学（尤其是力学、电学）、材料学及信息学为基础以设计理论和方法学为核心，包括设计学、摩擦学、传动学、机构学、机器人学、仿生机械学、振动冲击噪声、机械强度学等学科内容。

机电产品设计技术是基于机械设计科学的，机电产品设计直接所需和可用的方法、工具及可操作的技术。其中包括产品设计的理论、方法和技术；计算机辅助产品设计软件、软硬件结合产品设计支持平台、产品设计规范和设计标准。基于互联网及物联网的各种产业和产品专用或通用的计算机辅助设计平台，包括各种共性与个性的设计信息与知识库的建设都需要先进设计技术的支持。这些平台既是先进设计技术的载体，也是实施先进设计技术的手段，更是应用于各种复杂机电产品设计的有力工具。

机电产品设计技术是机电产品创新的核心技术。市场和社会需求的不断提高既是产品创新的动力，也是产品设计技术持续发展的动力。科学技术各领域，尤其是信息、电子、材料、能源及设计自身科学技术的发展成果，既是机电产品创新的基础，也是产品设计技术持续发展的基础。

创新设计、生态化设计、智能设计、保质设计、组合化系列化设计及文化与情感创意设计技术是先进设计技术的重要组成部分。它们各有自己特定的适用范围和重点，但又密切相关，经常会被交叉融合地应用到一个产品的设计过程中。

创新设计研究各种设计和设计过程各个阶段中普适的或特用的，旨在促进产品创新的方法和技术。智能设计研究各种设计方法和设计进程中运用人工智能，以提高产品设计成效的共性及专用方法和技术。

生态化设计、保质设计和工业设计分别着力于提高或改善产品的技术性（质量

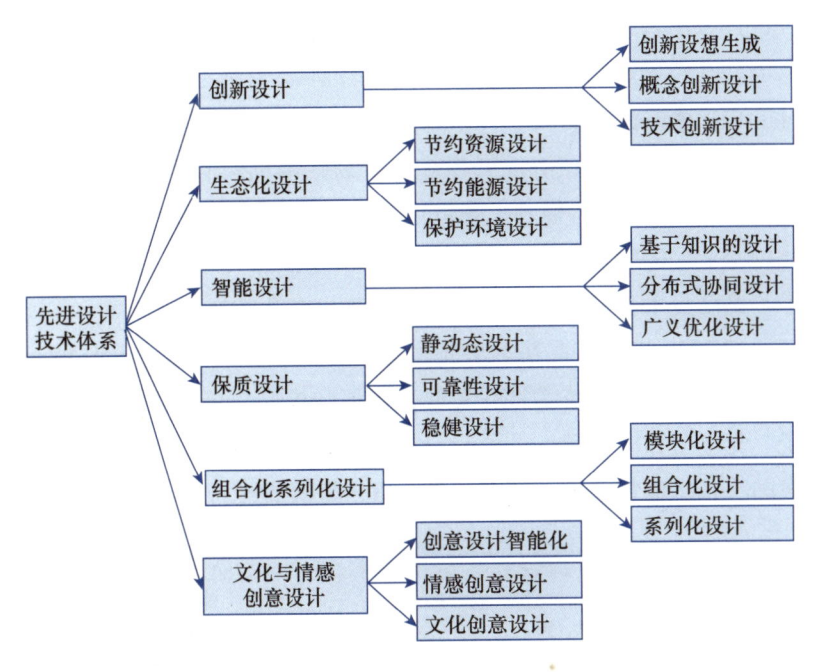

图 3-1　产品设计的技术体系

的可靠性和稳健性)、社会性（生态友好性）及经济性。这三种方法有相对独立性，但同时用于一个产品时可能需要协调的环节。

组合化系列化设计既追求整个产品族的优化，又要兼顾家族中每个产品的优化，可能同时用到其他五种设计技术。

不同产品在综合应用这些技术时会各有不同的侧重点。例如，在日用机电产品设计中，文化与情感创意设计和创新设计会处于首要的地位，生态化设计和保质设计也日益重要；在飞机、高铁等高速交通运输装备设计中可能就倒过来，首先要强调生态化设计和保质设计，创新设计与智能设计也起着十分重要的作用；在基础共性通用零部件设计中，组合化系列化设计首当其冲，其他设计技术，尤其是保质设计技术要紧跟而上。

中国曾经是世界工程设计的大国和强国，但在近代落伍了。1949~1958 年，我国主要采用苏联和东欧发达国家提供的设计文件进行机械产品仿造。1959~1978 年，我国机械设计和研发能力取得长足进步，完全自主研发成功以万吨水压机为代表的许多重大机电装备。1978 年以后，我国机械工业走上了以"引进、消化、吸收、再创新"为基本特征的发展道路。近十年开始强调技术自主创新，实施过程中重点偏向组合创新和集成创新，近年来开始强调原始创新和核心技术创新。

1970 年前后，我国开始了以 CAD 为特征的现代设计技术研究，1980 年后发达

中国机械工程技术路线图

国家的现代设计方法和技术迅速进入国内高校和研究院所。由于我国机械工业自主研发基础薄弱，高端研发人才匮乏，产学研合作体制机制不够完善，至今我国企业的产品设计能力大多不强，高校在先进设计技术方面的研究成果转化存在体制机制障碍。如今政府下决心改变经济发展模式，鼓励技术创新和产品创新，我国企业对"先进设计技术"的需求日益强烈，先进设计技术的发展及其在产品创新中的应用得到加强。我国企业已能制造许多高新技术产品，并在努力掌握其系统及核心零部件的设计技术。高新技术产品的制造装备的国产化也在不断取得进展。

可以预计到 2020 年我国将基本掌握大部分重大机电装备系统及其核心零部件的设计技术，通用的现代设计技术将在大型企业得到推广应用；到 2030 年我国将基本掌握微电子、光电子和微机械的核心设计技术，自主研发的设计工具软件将得到广泛应用，我国将在机电装备设计和制造领域进入世界先进行列。

需求与环境	未来产品应具有更加多样化、个性化、精细化和超常化的功能与性能；具有更高的效能比和性价比，更快的市场响应速度；具有更优的生态性，更丰富的文化内涵和情感表达。新型、重大装备要求通过分布、并行和协同的途径实现高效、优质的研发。为了更及时、更好地满足用户对产品的需求，必须发展先进设计技术。信息与网络技术、光电子技术、材料与能源技术、制造工艺技术的进步为先进设计技术的发展和应用提供了良好的环境。
典型产品或装备	航空航天装备，交通运输装备（例如大飞机、高速列车、高级轿车、高级船舶、特种运载装备），能源和动力装备（例如高效清洁发电装备），高速、高效、超精密数控机床及其他高端制造工艺设备，高精度机器人，电液控系统化数字化虚拟设计多功能机，微机械装备，信息产业装备，智能信息家电及数码电器产品，助老助残产品与装备，文化与情感创意产品等。
创新设计技术	实现产品创新设计过程的系统化和智能化 产品创新设想生成与选择技术的研发 概念创新与技术创新设计过程的建模 创新设计知识挖掘和基于知识的推理 创新设计支持平台研发、改进和完善
生态化设计技术	加强节约资源设计　加强节能减排设计　实现生态设计的智能化 易装拆、易分离、易回收、易修复设计技术研发　节能减排概念设计技术研发 轻量化设计技术研发　节能减排多寿命周期综合评价技术研发 生态化设计知识库及其标准化　生态化智能创新设计支持平台研发

2010年　　　　　　　　2020年　　　　　　　　2030年

（续）

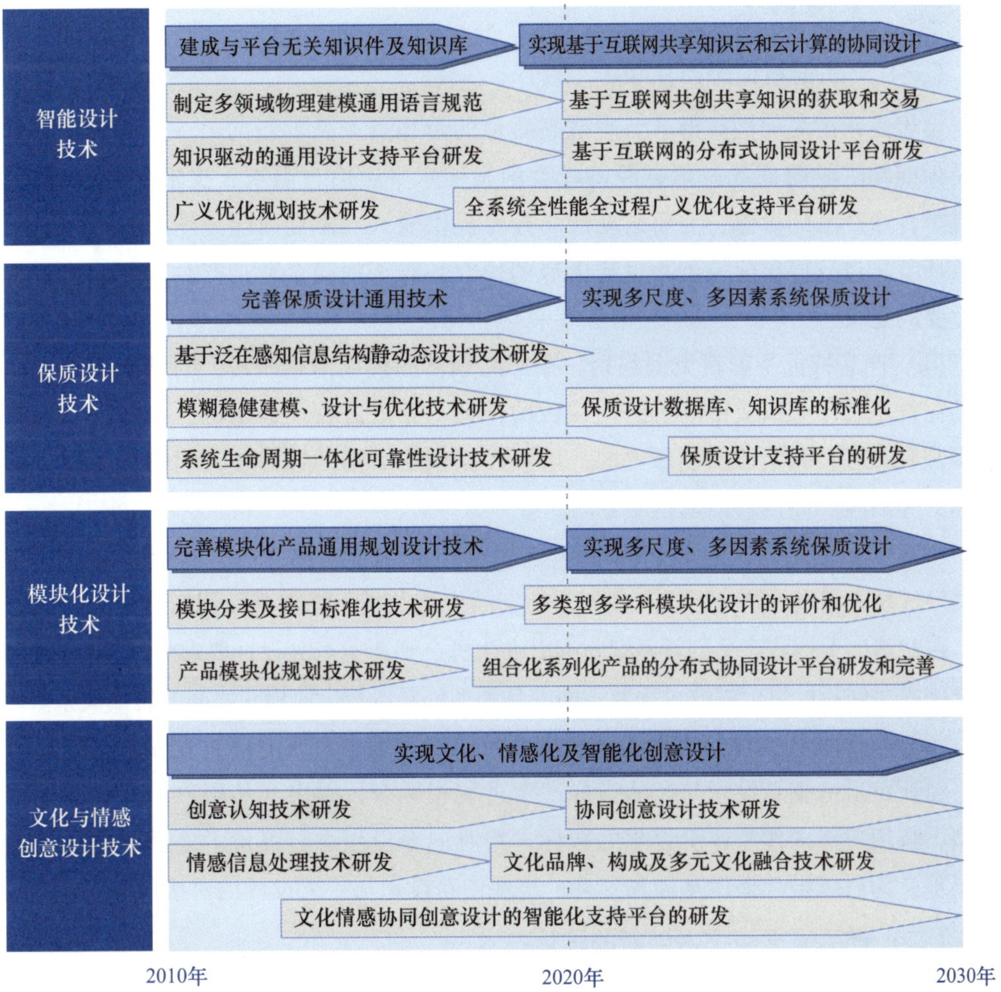

智能设计技术	建成与平台无关知识件及知识库 / 制定多领域物理建模通用语言规范 / 知识驱动的通用设计支持平台研发 / 广义优化规划技术研发	实现基于互联网共享知识云和云计算的协同设计 / 基于互联网共创共享知识的获取和交易 / 基于互联网的分布式协同设计平台研发 / 全系统全性能全过程广义优化支持平台研发
保质设计技术	完善保质设计通用技术 / 基于泛在感知信息结构静动态设计技术研发 / 模糊稳健建模、设计与优化技术研发 / 系统生命周期一体化可靠性设计技术研发	实现多尺度、多因素系统保质设计 / 保质设计数据库、知识库的标准化 / 保质设计支持平台的研发
模块化设计技术	完善模块化产品通用规划设计技术 / 模块分类及接口标准化技术研发 / 产品模块化规划技术研发	实现多尺度、多因素系统保质设计 / 多类型多学科模块化设计的评价和优化 / 组合化系列化产品的分布式协同设计平台研发和完善
文化与情感创意设计技术	实现文化、情感化及智能化创意设计 / 创意认知技术研发 / 情感信息处理技术研发 / 文化情感协同创意设计的智能化支持平台的研发	协同创意设计技术研发 / 文化品牌、构成及多元文化融合技术研发

2010年　　　　　　　2020年　　　　　　　2030年

图3-2　产品设计技术路线图

第一节　创新设计技术

一、概述

制造业创新的重要环节是创新设计（Innovative Design），即利用所有资源，设计出新功能、新原理、新结构、新系统或新子系统。创新设计要在模糊前端阶段提出孕育未来技术与产品的新设想，在概念设计阶段提出实现上述设想的系统或子系统的新原理，在技术设计阶段构建与系统或子系统新原理相适应的新结构。创新设想生成、概念创新设计、技术创新设计是创新设计的核心技术。

二、关键技术

（一）产品创新设想产生技术

设想是新产品的最初形式，生成高质量的设想是产品创新的第一步。新产品开发模糊前端阶段的任务是依据经济社会的发展水平、用户需求、技术发展等机遇，生成孕育新产品的设想，为后续新产品开发提供输入。模糊前端是产品创新中最薄弱的环节，进行模糊前端创新设想生成的研究，对于提高企业的产品创新能力，具有重要的意义。

（1）产品特征及创新类型判别。在产品创新的模糊前端阶段，归纳出不同类型产品在技术、产业以及市场等研究领域的特征，并以此特征为基础，提出产品创新类型判别方法，确定产品创新方向，增强产品创新活动的针对性，明确产品创新的目标，为后续产品创新活动指明方向。

（2）产品创新设想生成原理及过程。根据企业产品创新设计过程特点，以产品创新类型选择为起点，结合不同产品创新类型的模糊前端，提出产品创新设想生成的原理，在此基础上构建产品创新模糊前端由确认机会到产生产品设计要求的一体化过程，系统化描述创新设想生成的过程及不同产品类型创新设想生成模式之间的转换关系。

（3）创新设想选择与设计要求产生。面向产品设计要求的产生过程，将用户需求、经评价后的创新设想与产品指标产生过程相融合，提出产品用户需求获取流程模型，将用户需求作为评价设想的指标，并对创新设想进行评价；之后产生产品设计要求，为后续设计提供基础和支持，实现创新设想与后续设计的对接。

（二）产品概念和技术创新的设计技术

国际上已诞生了多种技术创新方法，应用较多的有苏联的 TRIZ、德国的面向问题的解决方法、美英面向产品的方法、日本通用产品开发方法等。这些技术创新方法已在制造业广泛应用，提升了企业的创新能力与市场竞争力。

（1）专利知识挖掘与基于知识的推理。创新设计需要利用跨领域的知识克服设计过程存在的冲突。专利覆盖了全球研究成果的 90%~95%，是知识收集过程中的重要信息源。创新设计过程要综合考虑知识类型和结构、知识搜索和推理方式，建立专利知识挖掘算法以及面向创新的知识模式和推理策略。

（2）概念创新与技术创新设计进程模型。概念创新设计的核心是产生待开发产品的工作原理，技术创新设计的核心是将所产生的工作原理转变成待开发产品的结构方案。通过多种技术创新方法的集成，充分利用各种方法中的优点，形成新的概念创新与技术创新设计系统化过程模型，以适应企业对技术进化及快速创新的需求。

第三章　产品设计

（3）计算机辅助创新设计软件平台。计算机辅助创新（CAI）软件已逐渐成为企业技术创新的必备软件工具。早期的 CAI 技术是 TRIZ 和计算机软件技术的简单结合，CAI 工具应用的好坏更多地取决于使用者对 TRIZ 的掌握程度。新一代的 CAI 软件应集 TRIZ、多工程领域中的创新技法、现代设计方法、自然语言处理技术、本体论和计算机软件技术为一体，为企业提供发明问题解决的结构化流程，帮助用户进行问题分析、解决及最优方案的产生，系统地解决创新中的技术难题。

三、技术路线图

| 需求与环境 | 我国是制造业大国，但体现行业竞争力的重大技术装备研发能力较弱，高技术含量、高附加值的技术装备和产品短缺，一些国民经济和高技术产业领域所需的重要装备依赖进口。企业需要通过创新设计提高其产品自主创新能力与市场竞争力。 |

产品创新设想产生技术：
- 产品创新设想产生与选择技术
- 产品特征及创新类型的判别
- 产品创新设想生成的原理及过程的构成
- 创新设想的选择与设计要求的产生

产品创新系统化技术：
- 产品创新系统化过程建模及创新设计支持平台建设
- 专利知识挖掘与基于知识的推理
- 概念创新与技术创新设计系统化过程建模
- 计算机辅助创新设计软件平台的建设

2010年　　　　　2020年　　　　　2030年

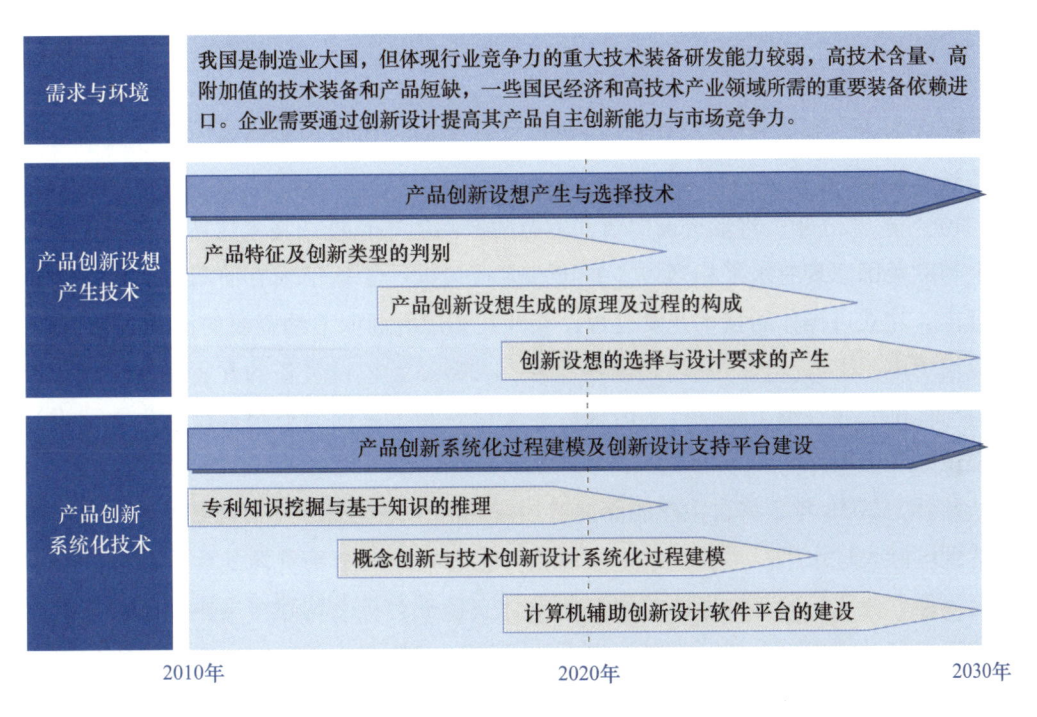

图 3-3　创新设计技术路线图

第二节　生态化设计技术

一、概述

生态化设计是在产品整个生命周期内，着重考虑产品的环境属性（可维护性、可拆卸性、可回收性、可重复利用性等），并将其作为设计目标，在满足产品生态要求的同时，保证产品应有的功能、使用寿命、质量等。产品生态化设计提出了面向人类、资源、能源与环境的设计思路和方法，强调资源的高效利用和循环利用，以

"减量化、再利用、资源化"为原则，以低消耗、低排放、高效率为基本特征。这种设计模式已在世界范围内达成共识，并得到了比较普遍的应用。

随着科技的进步，可持续发展的理念在我国已逐渐深入人心，制造业带来的环境问题及对资源与能源的过度消耗也日益受到重视。世界不同国家与地区的相关环保法律法规要求也越来越严格，从而迫使我国制造业，尤其是电子电器、汽车和装备制造业等必须面对这种挑战，同时必须采用生态化设计技术，以提高其产品的国际市场竞争力。

二、关键技术

（一）面向节约资源的生态化设计

迄今为止，面向节约资源的生态化设计技术尚未形成理论体系，设计支持工具有待进一步完善。

预计至 2020 年，将形成面向节约资源的产品生态化设计技术体系，其水平在整体上与欧美国家现有水平相当。主要技术途径包括：①基于现有面向节约资源的设计理论，建立可操作的技术开发进程；②开发实用的面向节约资源的设计支持工具，并应用于电子电器、汽车及其关键零部件、大型高端机械装备的开发；③形成设计规范与标准，并在整个机械行业内推广；④建立和丰富面向节约资源的生态化设计的知识库和数据库。

预计至 2030 年，将自主建成面向节约资源的生态化设计技术创新体系，在整体上达到国际先进水平。主要技术途径包括：①建立面向节约资源的生态化设计技术创新体系，建成面向节约资源的生态化设计支持平台；②构建多准则、多因素的冲突协调机制，实现面向节约资源的生态化设计过程的多学科协同；③建立面向结构稳健性的产品重用设计平台，提高产品更新换代中的结构稳健性，并形成相关技术规范与标准。

（二）面向节能的生态化设计

迄今为止面向节能的生态化设计技术绝大多数是针对具体行业、具体产品或具体问题进行局部的改进，存在着很多局限性，缺少普遍性和系统性。

预计至 2020 年，将形成面向低碳节能的生态化设计技术体系，其水平在整体上与欧美国家现有水平相当。主要技术途径包括：①形成产品全生命周期能耗与碳排放关联信息提取与量化模式，建立产品全生命周期能耗与碳排放模型；②建立机械加工过程中能耗与碳排放监控与分析平台；③建立面向能耗与碳排放模型的生态化设计的知识库和数据库；④开发产品或结构节能改进设计支持平台，并在行业内推广应用。

预计至 2030 年，将形成机械产品能量流—物质流—信息流的协同创新设计体系，其水平整体上达到国际先进水平。主要技术途径包括：①研究产品节能概念设计技术，开发相应的设计支持辅助工具；②研究产品服役阶段混合能量流分析方法，构建产品服役阶段多能域能量耦合界面建模与分析平台；③研究产品多寿命周期能耗综合评价技术，构建产品多寿命周期能耗综合评价与分析平台；④构建基于能量流、物质流、信息流的全局协同的系统稳定性分析与调控平台，实现机械系统的精确稳定运行。

（三）面向环保的生态化设计

面向环保的生态化设计技术把产品的整个生命周期过程甚至多生命周期过程的所有相关和确定的环境因素与企业的产品实现过程集成，而现有的技术应用效果还不显著，技术实施与推广的力度还不够。

预计至 2020 年，将形成基于多寿命周期思想的，面向资源能源节约与环境保护的生态化设计技术体系，其水平在整体上与欧美发达国家现有水平相当。主要技术途径包括：①建立有毒有害物质替代设计支持平台，并形成相关技术规范与标准；②开发实用化的多寿命周期环境影响的计算机辅助工具，并应用于相关产品；③构建产品多寿命周期环境影响评价基础数据共享平台，并保持与国外数据交换的通畅性。

预计至 2030 年，将建成较为完善的技术产业化应用体系。其水平整体上达到国际先进水平。主要技术途径包括：①建立产品全生命周期低碳设计平台，并形成相关技术规范与标准；②构建面向行业的技术产业化应用基地，其研究成果在行业内进行推广；③构建产品多寿命周期环境影响仿真平台，实现对产品多寿命周期显著环境影响因素的模拟。

三、技术路线图

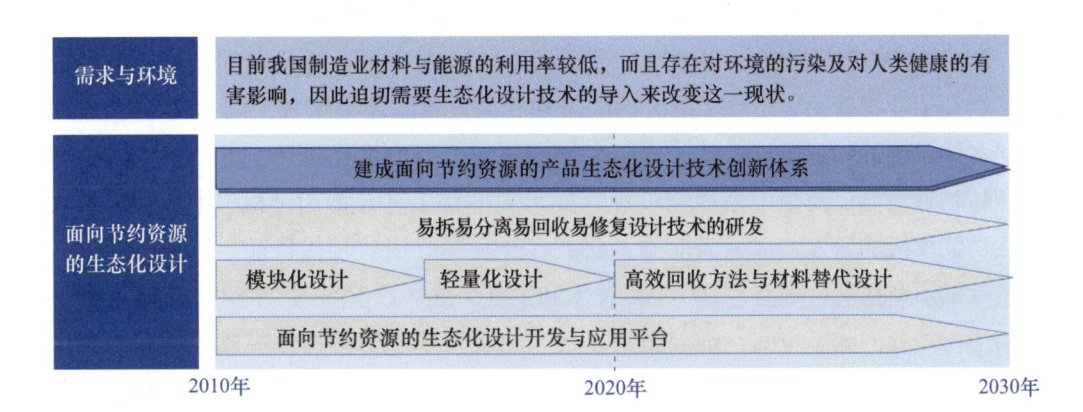

需求与环境	目前我国制造业材料与能源的利用率较低，而且存在对环境的污染及对人类健康的有害影响，因此迫切需要生态化设计技术的导入来改变这一现状。

面向节约资源的生态化设计	建成面向节约资源的产品生态化设计技术创新体系
	易拆易分离易回收易修复设计技术的研发
	模块化设计 → 轻量化设计 → 高效回收方法与材料替代设计
	面向节约资源的生态化设计开发与应用平台

2010年　　　　　　　2020年　　　　　　　2030年

（续）

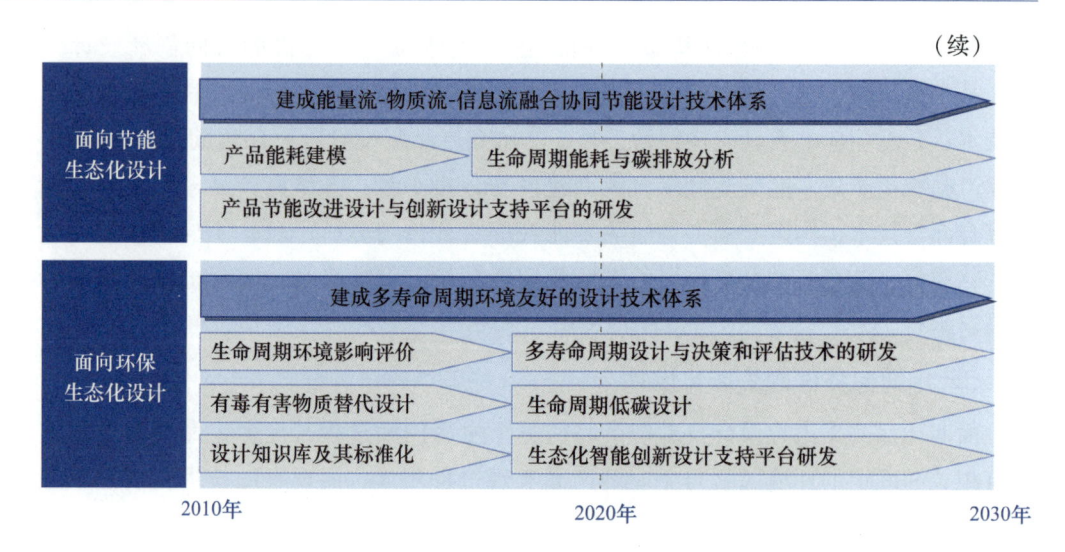

	2010年	2020年	2030年
面向节能生态化设计	建成能量流-物质流-信息流融合协同节能设计技术体系 产品能耗建模　　生命周期能耗与碳排放分析 产品节能改进设计与创新设计支持平台的研发		
面向环保生态化设计	建成多寿命周期环境友好的设计技术体系 生命周期环境影响评价　　多寿命周期设计与决策和评估技术的研发 有毒有害物质替代设计　　生命周期低碳设计 设计知识库及其标准化　　生态化智能创新设计支持平台研发		

图 3-4　生态化设计技术路线图

第三节　智能设计技术

一、概述

进入信息时代以来，以设计标准规范为基础，以软件平台为表现形式，在与信息技术、计算技术、知识工程和人工智能技术等相关技术的不断交叉融合中形成和发展的计算机辅助智能设计技术，已经成为现代设计技术最重要的组成部分之一。无论从事创新设计还是生态化设计，从事保质设计还是工业设计，或者进行组合化系列化设计，都需要经历建模、综合、分析、优化和协同等关键环节。智能设计就是要通过人工智能与人类智能相融合，通过人与计算机的协同，高效率地集成地实现上述环节，完成能全面满足用户需求的产品的生命周期设计。

20世纪90年代开始，以 C3P（CAD/CAE/CAM/PDM）为代表的计算机辅助设计工具在工业界普及，产生了巨大的经济和社会效益。近十年来，以 M3P 为代表的面向多体系统的动态设计、基于多学科协同集成框架的优化设计、基于本构融合的多领域物理建模以及全生命周期管理等技术和平台工具开始用于机、电、液、控数字化功能样机的研发，成为当前技术研究、开发和应用的时代特征。但是随着产品复杂性的不断提高，现有 CAD/CAE 技术和工具无法从数学本构上提供产品功能和性能描述所需要的状态空间，难以满足复杂产品多领域多学科物理集成分析和协同优化的需要，采用"软件封装知识，知识依赖软件"的开发模式限制了知识和软件两方面的发展与应用。在计算机辅助设计知识挖掘、提炼和使用，尤其在计算机辅助设计认知、创新思维、优化搜索、评价与决策等方面的研究进展还比较慢。

欧洲学者研发的下一代多领域统一建模语言 Modelica 具有领域无关的通用模型描述能力，能够实现复杂系统的不同领域子系统模型间的无缝集成。以美国为首的计算、控制、信息领域学者共同提出了信息—物理系统融合 CPS（Cyber – Physical System），旨在统一框架下实现计算、通信、测量以及物理等多领域装置的统一建模、仿真分析与优化。

二、关键技术

（一）基于知识的设计技术

市场需求的不断提升要求加快产品的创新。基于知识的设计旨在借助产品实例和专利知识的启发来有效地引导产品快速创新，人工智能和计算机技术的发展成果为提高基于知识的设计成效奠定了重要的技术基础和不断发展的动力。

预计至 2020 年，非数值设计知识挖掘、提炼、表达、存储和使用技术不断完善，并趋于规范化、标准化。完成多领域物理建模语言规范，建立并普及工业领域通用的基础性知识描述语言。建成实用的知识驱动的工业普适计算平台，知识以知识件形式独立于软件平台，并可按产品设计师的意图在普适性计算平台上重用和重构，生成特定的蕴涵知识的计算工具。

预计至 2030 年，制定面向问题的更加智能的与计算机无关的陈述式描述语言规范，广泛用于工业知识件的生产。建立独立于平台的，多层次、多功能模式、数值

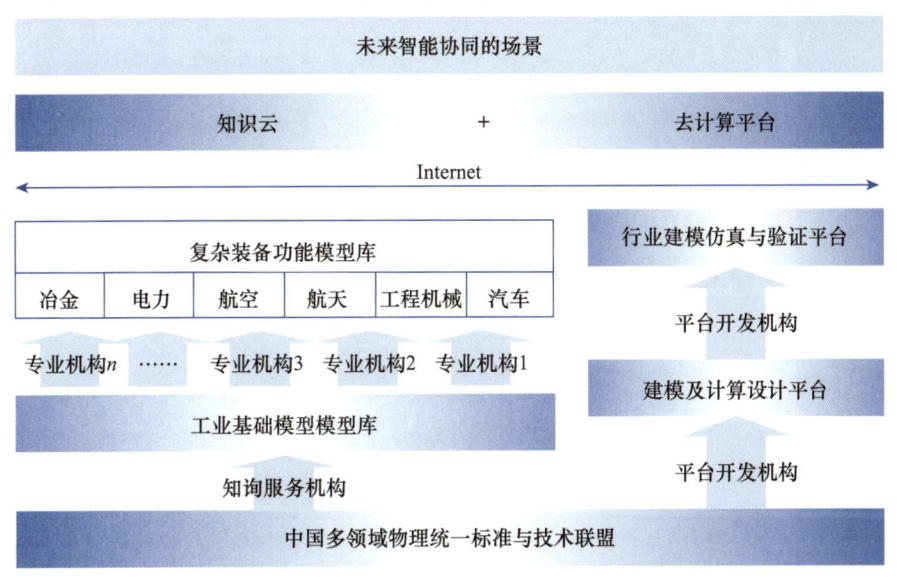

图 3 – 5　基于互联网的分布式协同设计平台

知识与非数值知识集成的模型库。实现知识件集成及知识驱动的可执行代码的自动生成。上述进展和成果将逐步与国际先进水平接轨。

（二）基于互联网的分布式协同设计技术

互联网技术的迅速发展推动基于知识的设计继续向全球性分布式协同设计发展。

预计至2020年，由于知识件与软件分离，将具有独立的知识产权，可如同今天的元器件一样能实行专业化的生产和交易。预计未来的智能设计，需要基于互联网构建开放的知识件生产和交易的社会化知识资源体系。预计至2030年，这种资源体系将借助互联网得到基本应用，建成能实现共创共享的知识云，进而建成基于云计算模式的分布式协同设计支持平台。上述进展和成果将逐步与国际先进水平接轨。

（三）广义优化设计技术

目前国内普遍使用的优化设计的搜索算法和支撑软件平台几乎都来自国外。有些文献发表一些改进算法，但大多没能推广，其普适有效性难以肯定。预计至2020年，我国在复杂系统多目标多学科优化建模和搜索技术方面可能产生与发达国家目前水平相当的方法和软件平台。预计至2030年，我国可能在优化规划技术、数值优化与非数值优化协同技术及智能优化平台建设方面产生具有国际先进水平的成果。

三、技术路线图

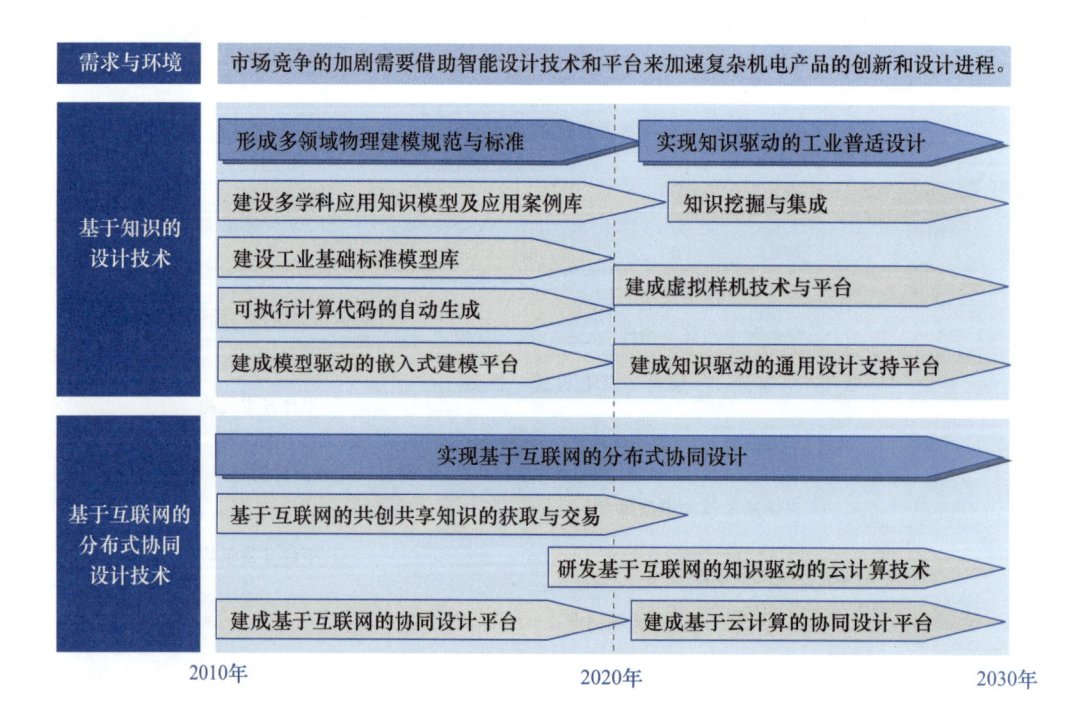

需求与环境	市场竞争的加剧需要借助智能设计技术和平台来加速复杂机电产品的创新和设计进程。	
基于知识的设计技术	形成多领域物理建模规范与标准	实现知识驱动的工业普适设计
	建设多学科应用知识模型及应用案例库	知识挖掘与集成
	建设工业基础标准模型库	
	可执行计算代码的自动生成	建成虚拟样机技术与平台
	建成模型驱动的嵌入式建模平台	建成知识驱动的通用设计支持平台
基于互联网的分布式协同设计技术		实现基于互联网的分布式协同设计
	基于互联网的共创共享知识的获取与交易	
		研发基于互联网的知识驱动的云计算技术
	建成基于互联网的协同设计平台	建成基于云计算的协同设计平台

2010年　　　　　2020年　　　　　2030年

第三章 产品设计

（续）

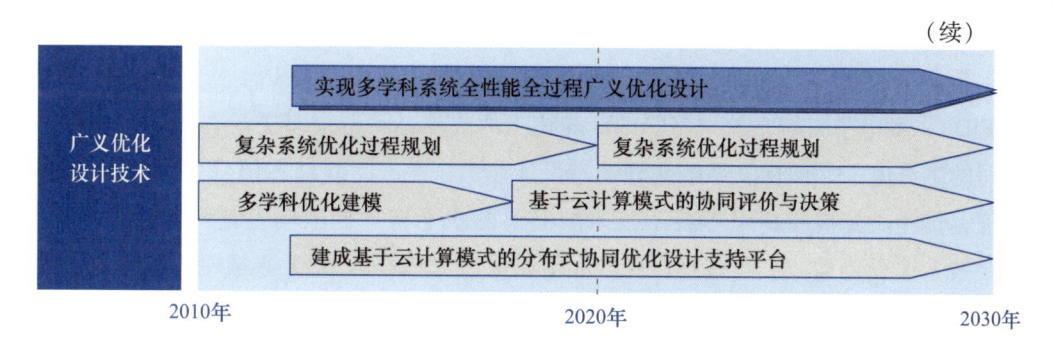

图 3-6 智能设计技术路线图

第四节 保质设计技术

一、概述

保质设计（Design For Quality，DFQ）技术主要考虑产品功能、性能、材料及其可加工性、零部件可装配性、可测试性、可靠性等影响其生命周期质量的众多因素，综合运用稳健设计、可靠性设计、结构静动态、瞬态和模态分析等技术，发现并解决质量问题源，确保按设计文件制作的产品实现用户对其性能和质量的全面需求。

在保质设计中需要考虑多学科、多领域的多元化协同作业。以汽车产业为例，发动机、底盘、车身、安全系统等关键零部件的质量保证涉及信息化技术、机电液一体化技术、传感器技术、控制技术、动力学、人工智能、人机工程等多学科知识。以特种装备为例，当前世界特种运载装备已进入柔性化、智能化、集成化设计和生产的新阶段，为了保证乘用人员的低伤亡率甚至零伤亡率，也需要充分发挥保质设计的重要作用。此外，大尺度设计、制造与装配中存在许多随机的和模糊的不确定性因素，利用保质设计技术，针对不确定性因素，研究数值分析方法和优化设计方法的准确性，寻找能解决具体问题的可靠性设计的重要途径，是实现大尺度、精密设备设计与制造的关键技术。

二、关键技术

在未来 20 年，保质设计有望在以下三个关键技术方面得到发展、突破和广泛应用。

（一）静动态设计技术

现有装备在静动态设计过程中，多采用理论模态分析技术和试验模态分析技术，不便于一体化、系统化、信息化和全球化生产。

预计至 2020 年，随着工业无线网络、传感器网络（WSN）、无线射频识别（RFID）、微电子机械系统（MEMS）等技术的成熟，将形成基于泛在感知的空间和时间的多维度、一体化、系统化静动态设计技术，在产品静动态信息的获取、识别、处理、传递、分析和利用等各个技术层面上的水平将达到欧美发达国家现有水平。主要技术途径包括：①实现新一代产品信息模型为核心的 CAX 集成平台技术；②建立材料结构功能一体化的设计平台；③通过网络化分布式智能设备的协同作业，让设计师能基于用户需求，通过智能控制设备实现产品的系统化、数字化虚拟设计。

预计至 2030 年，将形成面向用户的智能化和透明化动静态设计技术。主要技术途径包括：①建立基于多维度传感、计算和信息控制设备的人机交互的智能化设计平台；②建立基于泛在信息的可视化操作平台，实现虚拟在线的可视化操作和设计过程的透明化；③健全和完善面向用户的实时设计技术标准和规范。

（二）可靠性设计技术

我国在可靠性理论与应用方面与发达国家相比较落后，并且对可靠性设计的基础理论研究多，对工程应用的研究少，致使许多成果尚不能完整、成熟地应用在不同机械系统的可靠性设计中。

预计至 2020 年，产品制造将完成由单个零部件生产向系统化生产的过渡，面对很多极大或极小两种截然不同的系统工程，形成基于多维数、多方法、多因素的动态可靠性设计技术。主要技术途径包括：①在同时考虑多维问题不确定性因素中随机性和非概率性的动态可靠性设计技术方面得到突破；②基于先进的智能优化算法，发展基于多因素的动态可靠性设计技术，并在行业中推广应用；③制定动态可靠性设计的标准。

预计至 2030 年，将形成基于疲劳失效预测精确模型的全生命周期的动态可靠性设计技术。主要技术途径包括：①无故障性与耐久性设计相结合，定形与定量设计相结合的可靠性设计技术；②基于完善的产品可靠性设计数据库和多维数据交换技术，形成结构疲劳寿命的在线虚拟一体化可视化的可靠性设计技术；③制定面向行业的产品全生命周期的动态可靠性设计规范。

（三）稳健设计技术

现有以三次设计法为代表的传统稳健设计多基于正交试验法，并利用信噪比作为设计对象质量特性的度量，试验实施费时费力，难以推广应用。

预计至 2020 年，将形成适应现代工程需求的先进稳健设计技术，其水平在整体上达到发达国家水平。主要技术途径包括：①建立产品成本估算模型及数据库，实现成本与质量的数字化表征；②解决多稳健指标分析与决策、推理与寻优等问题，研发基于工程模型的计算机辅助稳健分析与优化和零废品设计的技术；③完善稳健设计的数据库和知识库。

预计至 2030 年，将充分适应现代产品设计的多功能、多约束、多目标、多领域、多维度、多尺度的复杂技术需求，并利用可视化的动态三维图形和多媒体虚拟技术实现智能化集成型稳健设计，整体达到世界先进水平。主要技术途径包括：①采用公共的 CAD/CAPP/CAM/CAA 软件平台，实现设计模型与制造模型的衔接，并根据稳健设计原则，建立智能型稳健优化设计模型；②利用并行工程原理统一信息管理，建立模糊稳健设计平台，并实现其面向用户需求、产品制造、装配、维护和经营管理的一体化设计功能；③建成智能化稳健设计集成系统，完成产品全生命周期的质量设计。

三、技术路线图

	2010年	2020年	2030年
需求与环境	质量是产品的生命。产品质量不仅仅是制造出来的，更是由设计决定的。保质设计技术正在越来越广泛地应用于产业发展的各个领域。		
静动态设计技术	突破一体化、系统化的静动态设计技术	突破智能化、透明化的静动态设计技术	
	实现信息模型的CAX集成	虚拟在线可视化操作和透明化设计	
	建成材料结构功能的一体化设计平台	智能化静动态设计支持平台研发	
	制定系统化虚拟设计的行业规范	制定面向用户的实时设计标准和规范	
可靠性设计技术	突破基于多维数、多方法、多因素的动态可靠性设计技术	突破全生命周期的动态可靠性设计技术	
	考虑多维问题不确定性因素的系统可靠性设计	无故障性设计和耐久性设计相结合，定形与定量设计相结合	
	考虑多方法、多因素的系统可靠性设计	在线一体化可靠性虚拟设计	
	制定可靠性标准	建成生命周期动态可靠性设计平台	

(续)

稳健设计技术	突破数字化稳健设计技术	突破智能化稳健设计技术
	成本与质量的数字化精确表征	建立设计与制造集成的智能化稳健设计模型，定形与定量设计相结合
	计算机辅助稳健优化设计和零废品设计	
	建立稳健设计数据和知识库并建立行业标准	建成智能化稳健设计集成软件平台
2010年	2020年	2030年

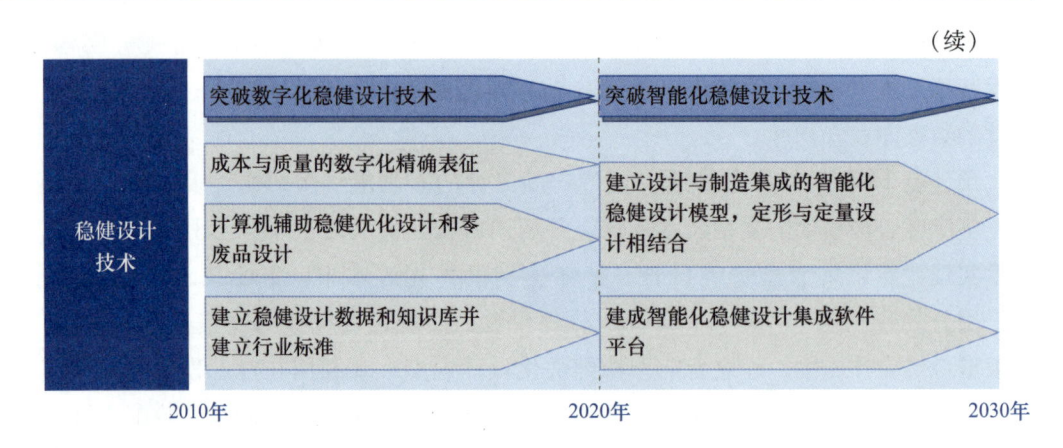

图 3-7　保质设计技术路线图

第五节　组合化系列化设计技术

一、概述

随着制造业内外环境变化和产品复杂性的增加，组合化系列化设计的内涵也在不断发展，其中大批量定制技术、可重组设计和可适应性设计技术等已经得到较普遍的应用。

在组合化系列化方面，我国与德、美、日等发达国家相比，设计水平差距较大，主要表现为重大装备的成套化、零部件产业化能力不足，对市场的响应速度较慢，研制成本较高。国务院《装备制造业调整和振兴规划》明确要求提升重大装备的自主研发能力，都需要应用组合化系列化设计技术。例如高档数控机床需要通过模块组合达到功能复合的要求，德国 Index 车削加工中心通过不同模块组合能够完成车、铣、钻、磨等多道工序。为经济地覆盖尽可能大的使用功率范围，组合化产品大多同时具有系列化特征。

二、关键技术

（一）产品模块化开发技术

产品模块化开发技术至今还缺乏系统化理论和可操作性，不便于推广应用。

预计至 2020 年，随着客户个性化需求的增强，将形成可指导企业进行产品模块化开发的技术，其水平与德国 Index、法国 Huron 等公司相当。技术途径包括：①消化吸收现有模块化设计理论，提出可操作的模块化开发步骤；②形成支持模块化开发的软件平台，在高档数控机床、高效清洁发电装备等产品的关键零部件开发中得到应用；③形成面向行业的技术指导规范，在整个机械行业进行推广。

预计至 2030 年，大批量定制将成为主流生产模式，将形成以客户需求为中心的模块化创新开发技术，部分产品的设计水平达到国际先进水平。技术途径包括：①将整机企业、各级模块生产企业、产品客户纳入模块化开发创新体系中，形成模块化创新开发平台，支持跨企业的协同模块化；②实现客户需求的描述、抽象和挖掘技术，推动整机企业和各级模块生产企业主动开展模块化；③形成面向行业的客户模块化定制规范，整个机械行业普遍具有以客户为中心的模块化创新开发能力。

（二）产品零部件组合技术

在已有模块化平台的基础上，通过组合技术可形成特定产品。

预计至 2020 年，将实现跨产品、跨企业协同的组合设计技术，其整体水平与现有 SIEMENS、GE 相当。技术途径包括：①建立产品和零部件的设计标准和接口体系，包括性能、材料、结构、工艺、检测、维修、拆卸等方面；②建立面向行业的统一零件库云服务平台；③建成跨产品、跨企业协同的零部件组合平台，快速选择最合适的零部件形成满足用户需要的成套装备；④支持客户对成套装备的虚拟化在线感知和体验能力，使客户能较早参与产品设计，提高产品的客户满意度。

预计至 2030 年，将形成面向产品性能指标的组合化技术，部分产品的设计达到国际先进水平。技术途径包括：①基于不同零部件组合的多学科指标体系，形成基于多学科优化仿真的产品组合模型；②建立定量的产品性能评价模型，获得对产品性能的持续改进能力；③实现面向产品性能指标的组合协同设计平台，根据特定性能参数快速组合成特定的产品。

（三）组合化系列化产品设计技术

几乎所有的组合化产品也是系列化产品，它们构成了一个综合交叉的产品体系，成为产品族。未来 20 年特别需要研发组合化系列化产品的总体规划和优化技术，建立跨产品的协同设计支持平台。

预计至 2020 年，将在一些装备领域掌握组合化系列化产品规划和优化的先进技术，并形成相应的支持平台，技术水平与发达国家的目前水平相当。

预计至 2030 年，在面向典型产品有效运行和不断完善的基础上，组合化系列化产品规划和优化的技术与支持平台将与特定产品对象分离，被提炼为跨产品的、通用的、智能化的、多主体协同的规划和优化技术及具有标准接口的平台构架。技术水平将进入国际先进行列。

三、技术路线图

| 需求与环境 | 个性化、绿色化和全球化的市场压力不断推进机械装备的系列化和组合化。 |

产品模块化开发技术
- 实现以客户需求为中心的模块化创新开发
- 制订模块化开发步骤
- 制定面向行业的模块化定制规范
- 实现客户需求的描述、抽象及挖掘
- 制定建设模块化创新开发的支持平台

产品零部件组合技术
- 跨产品、跨企业协同组合设计的实现
- 面向产品性能指标的组合设计的实现
- 制定产品和零部件的设计标准
- 多学科优化仿真的产品组合建模技术研发
- 成套装备虚拟化在线感知技术的研发
- 产品性能量化评价建模技术的研发
- 面向行业的统一零件库的云服务平台的建设
- 面向产品性能的跨产品、跨企业协同的零部件组合平台的实现

组合化系列化设计技术
- 组合化系列化产品的系统规划及其设计平台的实现
- 系列化产品型谱的规划和优化
- 组合化系列化产品的整体规划和优化
- 基础通用部件系列化及其平台的标准化
- 组合化系列化产品技术数据的规范化
- 组合化系列化产品协同设计支持平台的实现

2010年　　　　　　2020年　　　　　　2030年

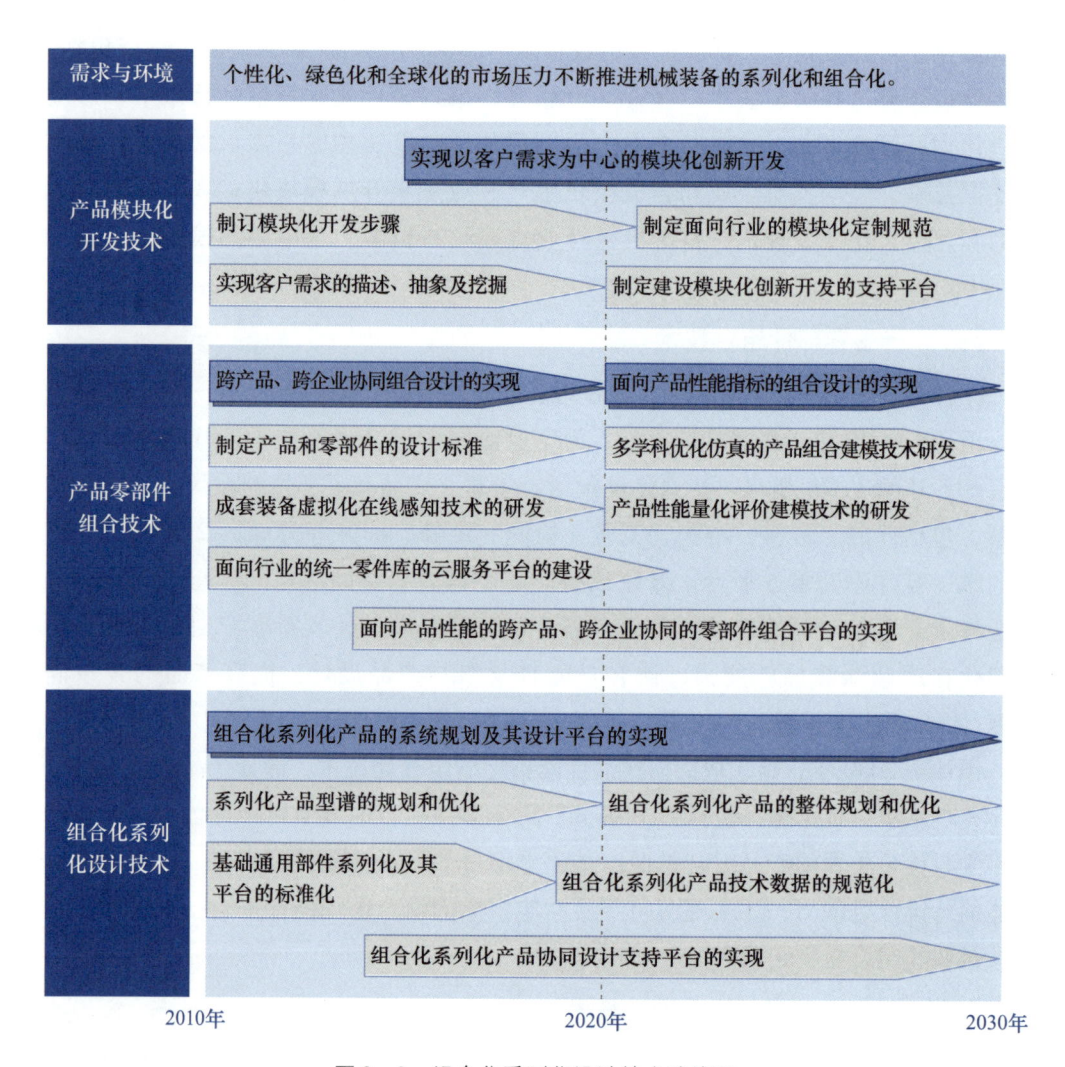

图3-8　组合化系列化设计技术路线图

第六节　文化与情感创意设计技术

一、概述

21世纪的市场竞争是科学技术的竞争，也是工业设计的竞争。面对越来越具开放性和创新性的国内外市场，许多发达国家和大型跨国公司将工业设计技术与竞争发展战略相结合，以求在激烈竞争中处于优势主导地位。中国工业设计起步较晚，

历经 30 多年的持续发展，信息家电、媒体娱乐、装备制造、文化创意等产业都表现出对工业设计的迫切需求。相关政府部门、企业人士、研究机构都越来越重视工业设计对产业转型升级的积极推动作用。工业设计以创新为核心价值，通过其独有的设计方法和理念寻求突破，业已成为提升产业创新能力、品牌形象、提高产品附加值的关键技术和不竭动力。

面向 2030 年，工业设计技术的重大科技问题展望如下：

（1）设计认知机制的解密。寻求符合人类心理和情感诉求的设计源码，研究人脑神经活动特征与设计思维之间的关系，建立设计认知神经基础以及设计行为计算模型。

（2）群体智能设计。研究快速汇集、组织和利用多领域设计智慧资源的技术，让工业设计这一复杂群体的创新活动智能化。

（3）研究创意产业形态。通过工业设计实现科技与文化的融合发展，有效提升国家软实力。

工业设计的内涵是开放的，其面临的环境也是开放的，这种开放性要求工业设计所涵盖的知识体系是多方位和多视角的。因此，应当充分认识工业设计的特质，把握工业设计产业的发展趋势，探索适合国情的工业设计技术发展和应用模式。

二、关键技术

（一）创意设计认知与计算技术

设计认知与计算技术属于科学与艺术结合的交叉研究领域，是以逻辑学、人工智能与认知科学为基础，对设计认知策略与思维过程、设计知识获取与表达以及群体创意协同设计实施计算建模的新兴技术，它不仅局限于"设计表达"，而旨在让计算机"主动"承担部分创意认知能力，从事类似于人的创意设计活动。其研究内容和基础技术主要包括：创意知识获取与表达技术、创新思维认知计算技术、智能协同创意设计技术、服务系统创意设计技术。

（二）情感创意设计关键技术

情感作为感知的表达过程中由外界刺激获取信息和向外界发出信息的一种能力，其认知的产生是人的不同感官通道交互与协调作用的结果。情感设计关键技术是协助设计师准确地把握用户对产品的感性需求，建立量化表达用户在物理层、心理层、体验层的情感的信息处理与认知模型，为创意设计提供准确的定位支持。其研究内容和关键技术主要包括：用户情感信息处理技术、情感设计审美评价技术、人机交互设计技术。

（三）文化创意设计关键技术

融合多元文化的工业设计技术旨在传承人类优秀文化的基因，通过在产品中巧妙地融入文化元素以实现创新，提高设计的文化内涵。它要求设计必须兼顾其功能需求、形式之美和文化之美，深入研究与发掘中外文化的内容与特质，尊重不同区域人们的审美要求，重视文化附加值的开发，努力把商业价值、文化价值和审美价值融为一体。其研究内容和基础技术主要包括：文化品牌特征库建构技术、多元文化优选融合设计技术、文化构成知识表达技术。

三、技术路线图

需求与环境	我国要在未来20年基本实现工业化，完成从制造业大国到制造业强国的转变，就要重视文化与情感创意设计，建设相应的设计服务平台，实现设计资源优化配置；需要强调"以人为本"的设计理念，满足用户在文化与情感体验方面的功能诉求，推动文化与情感创意设计在制造业产业转型升级过程中发挥重要作用。

创意设计认知与计算技术
- 实现协同创意设计及其智能化
- 研发创意知识获取与表达技术
- 研发创意思维认知计算技术
- 研发群体协同创意设计技术
- 研发服务系统创意设计技术
- 建成协同创意设计认知与计算服务平台

情感创意设计技术
- 实现人机协同的情感创意设计
- 研发人机交互设计技术
- 研发用户情感信息处理技术
- 研发情感设计审美评价技术
- 情感化设计的智能化支持平台建设

文化创意设计技术
- 实现基于文化品牌、构成及融合的创意设计
- 文化品牌特征库建构
- 研发文化构成知识表达技术
- 研发多元文化优选融合设计技术
- 建成多元文化融合设计支持平台

2010年　　　　　　　2020年　　　　　　　2030年

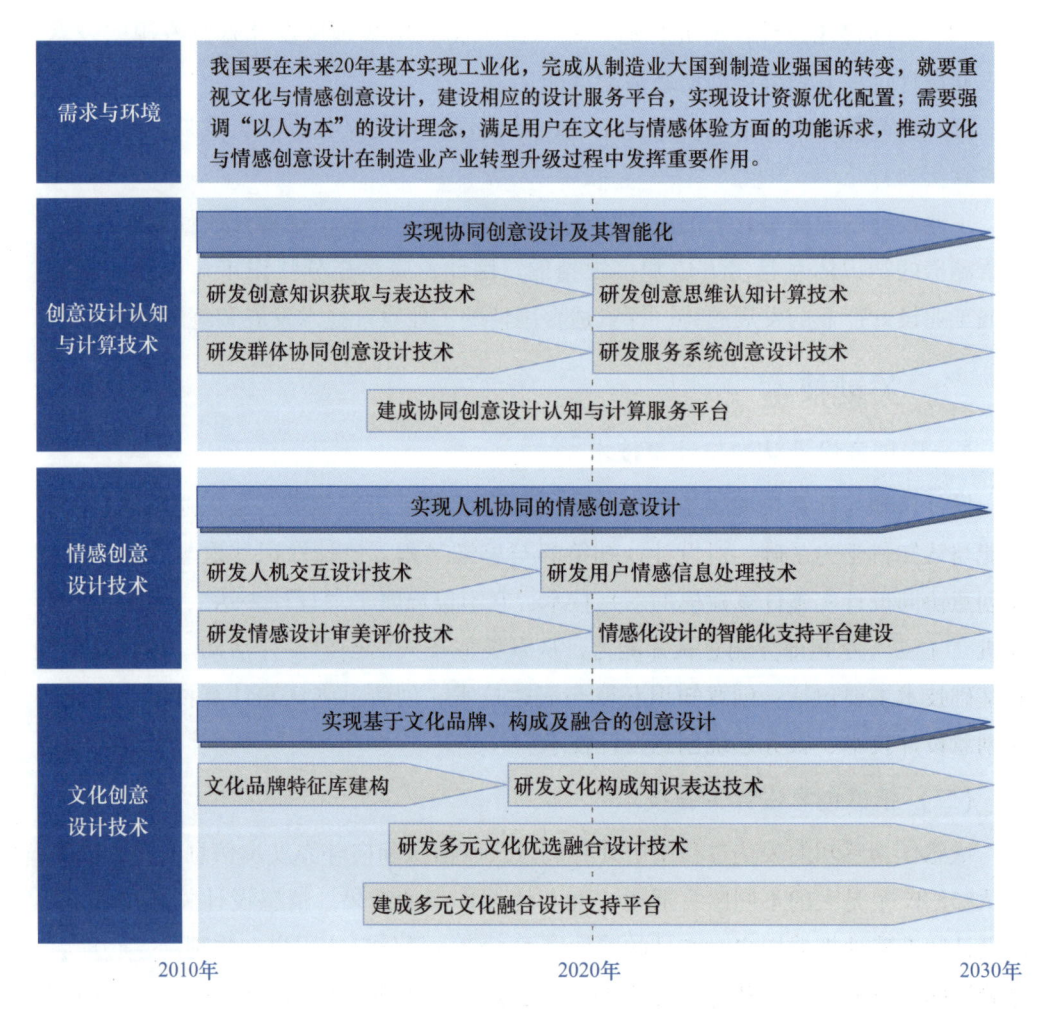

图3-9　文化与情感创意设计技术路线图

参 考 文 献

[1] Pahl G, Beitz W. Engineering Design [M]. Springer-Verlag London Limited, 2007.

[2] G. Altshuller. The innovation algorithm, Technical Innovation Center, Worcester, 1999.

[3] Birgit Verworn. A structural equation model of the impact of the "fuzzy front end" on the success of new product development [J]. Research Policy, 2009 (38): 1571 – 1581.

[4] Otto K, Wood K, Product design [M], New Jersey: Printice Hill, 2001.

[5] Runhua Tan, Jianhong Ma, Fang Liu, Zihui Wei. UXDs – driven conceptual design process model for contradiction solving using CAIs [J]. Computers in Industry, 2009, 60: 584 – 591.

[6] El Ferik S, Belhadj CA. Neural network modeling of temperature and humidity effects on residential air conditioner load. Proceedings of the Furth Lasted International Conference on Power and Energy Systems: 2004, 557 – 562.

[7] Ferreira J A, Popovic J. Modular technology concepts for 42V/14V automotive converters [J]. Power Electronics, 2005, 2.

[8] Matos, Maria J. Innovation and sustainability in mechanical design through materials selection. Materials and Design, 2006, 27 (1): 74 – 78.

[9] Takemae M. Product environmental data management system: ECODUCE, Fujitsu [J]. Scientific and Technical Journal, 2005, 41 (2): 160 – 165.

[10] Elmqvist H. Modelica – A unified object – oriented language for physical systems modeling [J]. Simulation Practice and Theory, 1997, 5 (6): 32 – 33.

[11] Fritzson P, Viklund L, Fritzson D, et al. High – level mathematical modeling and programming [J]. IEEE Software, 1995, 12 (4): 77 – 87.

[12] Ding Jianwan, Zhou Fanli. A component – based debugging approach for detecting structural inconsistencies in declarative equation based models [J]. Journal of Computer Science & Technology, 2006, 21 (3): 450 – 458.

[13] Hubka V. Design for quality. International Conference on Engineering Design [J]. Harrogate, 1989: 1321 – 1333.

[14] 吴昭同, 余忠华, 陈文华. 保质设计 [M]. 北京: 机械工业出版社, 2004.

[15] Taguchi G. Performance analysis design [J]. Int. J. of Production Research, 1978: 16 (6): 521 – 530.

[16] Chow E Y, Willsky A S. Analytical redundancy and the design of robust failure – detection systems [J]. IEEE Transactions on Automatic Control, 1984: 29 (7): 603 – 614.

[17] 李春田. 现代标准化前沿——模块化研究 [M]. 北京: 中国标准出版社, 2008.

[18] Carliss Y. Baldwin, Kim B Clark. Design rule: The power of modularity [M]. MIT Press, 2000.

[19] Karl T Ulrich, Steven D. Eppinger. Product design and development [M]. McGraw – Hill, 2007.

[20] Cross N. Designerly ways of knowing [M]. London: Springer – Verlag Ltd, 2006.

[21] John S Gero. Future directions for design creativity research [C]. International Conference on Design Creativity. Kobe, 2010.

[22] Mitsuo Nagmachi, Anitawati Mohd Lokaman. Innovations of Kansei engieering [M]. Boca Raton: CRC Press, 2003.

[23] Paul Stoneman. Soft innovation economics, product aesthetics, and the creative industries [M]. New York: Oxford University Press, 2010.

编撰组

组长 冯培恩

成员 谭建荣

概　论　冯培恩

第一节　檀润华　曹国忠

第二节　刘志峰　黄海鸿　鲍　宏

第三节　陈立平　冯培恩

第四节　韩　旭　侯淑娟

第五节　祁国宁　纪杨建　顾新建

第六节　孙守迁　徐　江　陆长德

评审专家（按姓氏笔画排序）

田　锋　刘向锋　刘　更　江平宇　李国栋　宋天虎　陈扬枝　范晋伟

段广洪　傅苏红　缪　谦

第四章 成形制造

概 论

成形制造技术（Materials Processing Technology）是采用物理、化学等方法使材料转移、去除、结合或改性，从而精确、高效、低耗、少无余量地制造优质半成品或精密零部件的制造技术。成形制造过程改变材料的形状与尺寸，控制甚至改善零件的最终使用特性。该类技术包括铸造成形技术、塑性成形技术、焊接成形技术、热处理及表面改性技术、粉末冶金成形技术等专业领域，也包含了基于上述单元技术的复合成形技术。

成形制造技术在制造业中有着广泛的应用，例如在现代汽车中，汽车重量的65%以上仍由钢材、铝合金、铸铁等材料通过铸造、锻压、焊接、热处理、粉末冶金等成形方法制造而成。成形制造技术对提高制造业产品质量与竞争力，对国防以及航空航天事业发展起着重要作用，同时对环境友好、节能减排降耗也有着重要的贡献。

随着国民经济的发展，对成形制造技术不断提出了更多更高的要求。汽车、石化、钢铁、电力、造船、纺织、装备制造等支柱产业的发展需要先进成形制造技术，如大型铸锻件的成形技术、轻合金的成形技术、先进热处理技术、粉末冶金成形技术、增量制造技术等。重大技术装备的发展需要各类成形制造技术的提升，如不锈钢铸件铸造成形技术、高温合金单晶叶片定向凝固技术、复杂结构件精密体积成形技术、重型先进锻压设备设计与制造技术、大型结构的自动化和智能化焊接技术等。在国防以及航空航天领域中许多特种性能、高精度、形状复杂的零部件都要求采用新型先进成形制造技术。

我国是成形制造技术与装备大国，就规模来说，铸造、锻压、焊接、热处理、粉末冶金等成形制造行业都已经居世界第一，但是我国还不是成形制造技术与装备强国。我国成形制造技术与装备水平总体上落后于世界先进水平 5~10 年，有的项目甚至落后 20~30 年；我国成形制造技术与装备整体技术自主创新和开发能力较弱。目前我国的成形制造技术与装备产业还属于生产过程能耗高、环境污染较为严重的行业。

中国机械工程技术路线图

综合国内外发展情况，成形制造技术发展的总趋势是：① 重大装备的需求凸显，要求成形制造技术向超常工况条件下（特大型化、特高参数）的零件成形方向发展；② 结构的轻量化，要求轻金属的成形技术快速发展；③ 成形工艺向不断产生新型加工方法以及复合工艺方向发展；④ 成形件精度有很大提高，成形制造精度由近净成形向净成形方向发展；⑤ 向数字化、信息化、智能化方向发展；⑥ 向资源节约、环境友好和可持续方向发展。

成形制造技术的发展目标是：① 大幅度提高我国成形制造技术的自主创新能力，提高我国成形制造技术与装备水平，自主知识产权产品的比重大幅度提高，初步改变大而不强的局面，使我国成形制造技术与装备进入世界强国行列；② 创造一批原创性的技术与产品，在一些有优势、有基础的领域，实现原创性的技术和装备的突破，在特大型及关键零部件的成形制造技术、轻金属先进成形制造技术、优质高效、节能环保先进成形制造技术中提供一批世界一流的创新成果；③ 成形制造技术与装备满足我国重大技术装备、汽车、造船、航空航天、电子、工程机械等国民经济重要产业的需求；④ 到2020年，在能源消耗、材料利用率、人均劳动生产率、产品精度、生产自动化、有害气体与废弃物排放等指标达到发达国家21世纪初的水平；2030年与先进工业化国家差距缩短到10年，达到发达国家21世纪20年代的水平。

需求与环境	成形制造技术是机械制造业的重要基础技术，是国防现代化的重要支撑技术，也是一种可持续发展的技术，对提高制造业产品质量与竞争力，发展国防以及航空航天事业有着重要作用。先进装备制造业的发展对成形技术提出了更高的要求，具有巨大的市场需求。
典型产品或装备	石化、冶金矿山、电力、造船、纺织装备；汽车、轨道交通；大型客机、航天设备；绿色成形制造装备。
大型装备关键零部件成形制造技术	目标：掌握大型装备关键零件成形制造核心技术，拥有自主知识产权，大型铸锻件国产化率达90%以上 → 目标：满足大型设备的需要，大型铸锻件国产化率接近100% 超大型钢锭材料成分纯净度与组织控制，内部缺陷形成机制与控制，大锻件模拟技术 → 成形过程中组织与性能控制技术。大型零件成形模拟与质量评价专家系统 大厚度铸锻件高效焊接成形与控制技术 铸造、锻压、焊接、热处理的全流程质量控制技术

2010年　　　2020年　　　2030年

第四章　成形制造

（续）

类别	内容	时间
轻合金及高温合金成形制造技术	目标：满足汽车、商用飞机等制造对铝、镁、钛等合金成形件的需求，使我国铝、镁、钛等合金成形生产技术达到世界先进水平	2010—2030
	目标：使我国单晶叶片制造技术接近或达到世界先进水平	2020—2030
	开发应用铸造铝、镁合金熔体高效和长效制备技术包括变质剂、细化剂、净化技术等	2010—
	船舶、飞机及军工等领域应用的大型复杂铝、镁、钛合金铸件的充型凝固技术	2020—
	轻合金成形新技术，大型件省力成形技术	2010—
	省力挤压成形技术短程流动开放式填充技术	2020—
	轻合金与高温合金焊接与热处理新技术	2010—
成形制造新技术	目标：发展成形制造新技术，提高成形制造产品质量、生产效率，减少对环境的污染	2020—
	板材管材、回转、冷温、热精锻成形技术	
	高效电弧焊技术、高能束焊接技术、搅拌摩擦焊技术	
	绿色高效清洁的真空热处理技术	
	粉末冶金零件的精密成形技术	
	增量直接成形制造技术	
成形制造过程数字化、信息化、智能化技术	目标：提升成形技术自动化水平，初步实现成形过程数字化、智能化	2010—2020
	目标：提升成形技术自动化水平，实现成形过程数字化、智能化	2020—2030
	成形生产过程的机器人应用技术	
	成形制造全过程数值模拟技术及软件系统	
	基于物联网技术，实现成形生产和管理系统的实时、在线控制与管理	

2010年　　　2020年　　　2030年

(续)

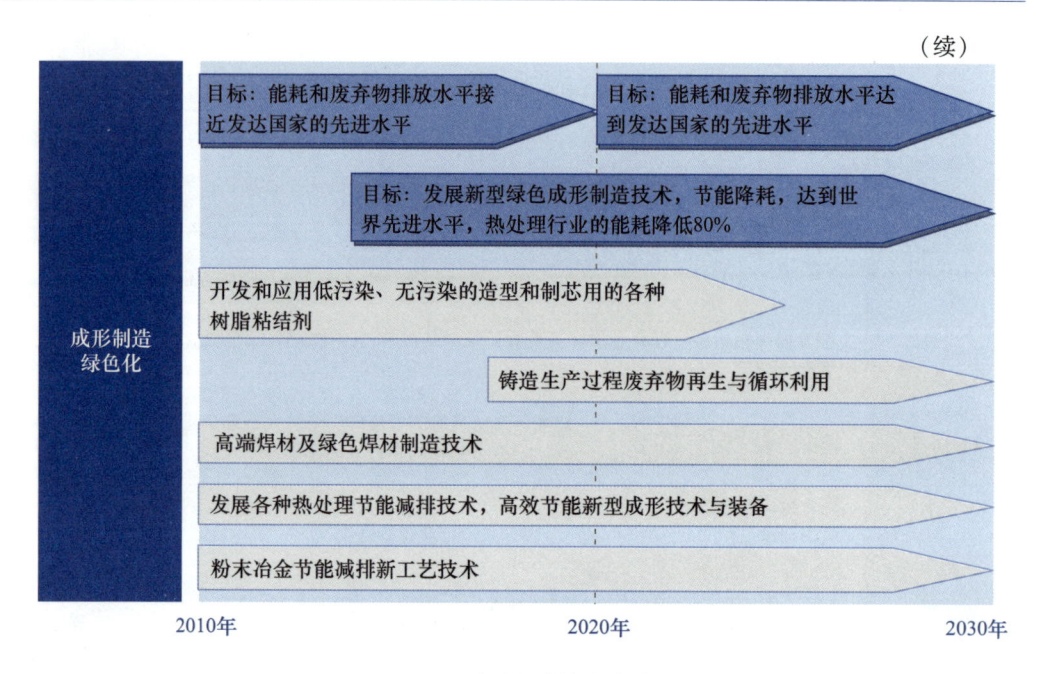

```
成形制造绿色化

目标：能耗和废弃物排放水平接近发达国家的先进水平     目标：能耗和废弃物排放水平达到发达国家的先进水平

                              目标：发展新型绿色成形制造技术，节能降耗，达到世界先进水平，热处理行业的能耗降低80%

开发和应用低污染、无污染的造型和制芯用的各种树脂粘结剂

             铸造生产过程废弃物再生与循环利用

高端焊材及绿色焊材制造技术

发展各种热处理节能减排技术，高效节能新型成形技术与装备

粉末冶金节能减排新工艺技术

2010年                    2020年                    2030年
```

图 4-1　成形制造技术路线图

第一节　铸造技术

一、概述

铸造是将液态金属注入型腔后凝固成形获得金属铸件的过程，是获得机械产品毛坯的主要方法之一，是机械工业重要的基础工艺。

铸造行业是国民经济发展的重要基础产业，是汽车、石化、钢铁、电力、造船、纺织等支柱产业的基础，是制造业的重要组成部分。汽车发动机的关键零件——汽缸体、汽缸盖，以及曲轴、凸轮轴等都是由铸件加工而成，汽车中铸件重量占整车重量的19%（轿车）~23%（卡车）；手机、笔记本电脑和许多照相机、录像机的壳体大多是铝镁轻合金铸件。在其他各种机械设备中，例如矿山冶金机械、农业机械、化工机械、发电设备等，铸件也占有相当大的比例，对主机性能的提高发挥着重要作用。没有高质量的铸件，就不可能有高性能的装备。

近30年，世界铸造技术发生了很大的变化，一方面是由于计算机技术的发展，另一方面是由于人类对生活环境的要求越来越高，这些因素促进了制造业和世界铸造技术的进步。当前，世界铸造技术的发展趋势主要表现在以下三个方面。

（1）优质：铸件品质得到不断提升。复合材料用于铸件生产，钢液的精炼技术、轻金属的半固态铸造得到应用。半固态铸造技术主要用于汽车用镁、铝合金件的生产，毛坯尺寸接近零件尺寸，机加工量小。金属基复合材料是近几年来迅速发展起来的一种高技术的新型工程材料，它具有高的比刚度、比强度、优良的高温性能、低的热膨胀系数以及良好的耐磨、减摩性，特别适用于汽车、飞机及多种高速机械。铸件趋于复杂化、高性能、全生命周期。

（2）高效：体现在企业的规模化、专业化、人均产量增加。铸造企业的设备系统自动化水平日益提高，从单机自动化发展到单元自动化，直到全系统自动化，特别是机器人、计算机技术（包括 CAD/CAM/CAE、网络技术、物联网技术）、传感—检测技术在铸造企业生产各个过程中的普遍应用。

（3）绿色：铸造行业是机械制造行业中能耗、污染高的行业，发达国家十分重视开发新的节能、清洁、低排放、低污染的铸造材料并投入生产使用，在生产全过程以循环经济的 4R 为行业准则，重视在企业的全体员工中树立"环境—健康—安全"的意识，强调"以人为本"，同时加大对企业中环境保护和节能减排的设备投入。

当前我国铸造技术的发展目标是，大幅度提高我国装备制造业发展所需的高端铸件的自主创新能力，在重大工程特大型及关键零部件的成形制造、轻金属成形制造、优质高效、节能环保成形制造技术领域提供一批世界一流的创新成果，为我国重大技术装备、汽车、造船、航空航天、电子、工程机械等国民经济重要部门提供强有力的技术支持；初步改变我国铸造行业目前大而不强的局面，使我国铸造技术水平进入世界铸造强国行列。

二、关键技术

（一）高端大型铸件的铸造技术

1. 现状

目前我国最大铸钢件浇注钢液 835t，最大铸锭 580t。已有百余家铸造企业能生产单件重 30t 以上的大型铸件，自主研发的大型水轮机、汽轮机及燃气轮机、风电等铸件在质量上与过去相比有较大提高，有些已接近国际先进水平，并为国外一些著名公司供应大型铸件。但是，我国大型铸件的内部质量仍然不易控制，波动大，毛坯加工余量大，工艺出品率低，加工周期长。与工业发达国家相比，我国大型铸钢件生产在产品品种、工艺水平、质量等级以及制造装备等整体水平方面均存在着较大差距。

2. 预测

随着国家对能源、航空航天、国防工业的继续加大投入以及对新兴产业发展中的高端装备对大型铸件的需求，尤其是高端紧缺大型铸件的国产化的需求，我国大型铸件生产、技术水平将在今后 20 年有较大突破。

3. 目标

掌握大型装备关键零件铸造的核心技术，拥有自主知识产权。形成大型装备关键零件铸造稳定生产制造能力，满足国民经济发展及国防安全保障的需求。推进大型设备成套化，增强创新能力，提升国际竞争力，达到工业发达国家先进水平。

（二）轻合金及高温合金的精密成形铸造技术

1. 现状

我国在复杂铝、镁、钛的轻合金铸造生产方面与发达国家的先进水平有较大差距，特别是在汽车发动机铸件生产方面，复杂铸件的压铸技术仍掌握在少数外资企业手中，国内大多数企业仍然采用砂型铸造或金属型铸造等效率低、质量差的技术。在大型铝、镁合金铸件生产方面，铸件充型凝固等关键技术仍有待突破。在制备大型复杂铝、镁合金铸件时，必须具备对大量合金熔体进行高效、长效变质细化处理等技术以及合金熔体的高效净化技术，而目前国内相关技术仍未取得突破。在铝基和镁基纳米复合材料的制备方面，国内外的研究水平差距不大，但国内在应用研究方面仍未受到足够的重视。我国钛合金精密铸造技术在一些复杂铸件的生产上还存在成品率偏低的问题，需要加强工艺研究，提高工艺稳定性。国际上的大型（最大尺寸达 2m）、薄壁（最小壁厚仅 1～2mm）、复杂（如整体机匣）生产技术已较成熟，我国在类似高难铸件生产方面尚需努力。考虑到高温环境下（工作温度超过 600℃）材料轻量化问题，TiAl 基合金在航空发动机耐热结构件上具有广阔应用前景，国际上已有成功应用先例，我国需要加快工业化应用步伐。

我国于 20 世纪 80 年代开始研制高温合金单晶叶片生产技术，目前已具备小批量供应设计试验用件的能力，但与国际先进水平相比还有较大差距。国际上的先进航空发动机均采用高温合金单晶涡轮叶片，一些精密铸造企业已拥有大批生产单晶零件的能力。另外，国际上的单晶高温合金材料不断发展，相对应的材料成形技术也同步进步。我国在此技术领域尚需要跟踪技术前沿，突出工程应用。

2. 预测

我国已是世界汽车生产和消费大国，我国的商用飞机制造也已走向世界舞台，这些行业对铝、镁合金复杂铸造有很大的需求，同时船舶、军工等行业对复杂铸件的轻量化也有迫切的需求。采用压铸、差压铸造、低压铸造及半固态铸造等技术可以提高复杂铝、镁合金铸件的生产效率和铸件质量，提高铸件成品率，因此有必要开发和应用铝、镁合金复杂铸件的先进成形技术。

涡轮叶片是航空发动机和高性能工业燃气轮机的核心零部件，直接关系到发动机整体性能的提高，单晶叶片的制造技术升级是高端装备制造业实现突破的重要领域之一。钛合金具有比强度高、耐高温、耐腐蚀、性能稳定等特点，广泛应用于航空、航天、船舶、化工等各领域，要求提供整体结构性好、可靠性高、加工余量小的大型、薄壁、复杂精密铸件，提高相应产品的生产能力也是航空制造实现突破的重要方面。

3. 目标

开发应用铸造铝、镁合金熔体高效和长效制备技术包括变质剂、细化剂、净化技术等；开发和应用适合制造铝、镁合金发动机缸体等复杂铸件的压铸成形技术和工艺，包括相应的装备制造技术；开发适用于船舶、飞机及军工等领域应用的大型复杂铝、镁合金铸件的充型凝固技术；开发和应用铝基和镁基纳米复合材料的高效制备和铸造成形技术，并在汽车等行业得到应用，使我国铝、镁合金铸件生产技术达到世界先进水平。

从定向凝固装备和凝固控制工艺方面寻求突破，实现高温合金单晶叶片的稳定生产，并配合单晶合金的研发升级，经过10～20年的努力，使我国单晶叶片制造技术接近或赶超世界先进水平。经过10年左右时间，全面掌握大型、薄壁、复杂钛合金精密铸件及钛铝基合金精密铸件的制造工艺，成品率达到发达国家先进水平。

（三）铸造过程数字化、信息化、智能化技术

1. 现状

信息化是提高成形制造技术水平的重要手段，模拟仿真、互联网、专用机器人、快速直接制造、物联网与在线检测等则是成形制造信息化的核心技术。成形制造过程的数字化、信息化和智能化，可实现铸件成形制造过程的工艺优化，确保成形零件的质量，预测成形零件组织、性能与使用寿命，显著缩短产品研发周期，降低产品生产费用，并大量节约资源与能源。目前我国铸造企业应用铸造过程数值模拟软件的企业还不够普及，应用水平还较低；在铸造企业中机器人的应用还太少，物联网等技术的应用还只是刚刚开始，与国外先进铸造企业还有很大差距。

2. 预测

采用数字化、信息化和智能化等信息化技术改造铸造生产过程和设备以实现铸件生产过程工艺优化，可以全面提升铸造技术水平，确保成形零件的质量，显著缩短研制周期和加快提升铸造企业自主创新能力。

3. 目标

深入研究先进铸造成形全过程（工艺—微观组织—机械性能—使用寿命）微观组织形核及生长机理及性能本构关系，多尺度优化分析数理建模方法和模拟技术，

全过程工艺模拟软件高效并行算法，模拟分析虚拟现实后处理系统，模拟软件系统信息化工程应用技术。宏观、微观模拟与缺陷预测，开发和完善具有自主知识产权的铸造成形全过程数值模拟软件系统，实现铸造成形全过程工艺模拟与优化。基于物联网技术，在一些大量流水生产的铸造生产过程（包括熔炼、造型、制芯、清理各工序）中应用在线检测技术以及企业管理信息系统，实现铸造生产和管理系统的实时、在线控制与管理；结合铸造工艺优化设计技术，在铸造企业生产与新产品开发过程中大量应用快速造型、制芯、模具加工等快速直接制造技术，显著缩短新产品的研发周期和试制成本；在铸造生产过程（包括从熔炼、浇注、造型、制芯、上涂料、精整等工序）中扩大机器人应用范围，以提高铸件质量、提高劳动生产率和降低成本。

（四）铸造过程节能减排技术

1. 现状

我国的铸件能耗与废弃物排放量与发达国家的先进水平相比有较大差距，特别是为数众多的小铸造企业，由于追求低成本、低价格和销路，在企业的节能与环保方面投入很少，许多废弃物没有进行再生利用，随意乱倒，污染环境；企业生产现场有害气体的排放和噪声更是没有经过治理，有害气体扩散到周边的环境中，工人的健康和安全也受到极大的损害。目前发达国家的铸造企业已经把环境、健康、安全作为企业发展的生命，环保排放标准越来越严格，企业加大了对铸造企业的环保、节能减排的投入，开发出许多环保型的原辅材料和设备。

2. 预测

随着全世界对环境、气候问题日益重视以及我国在今后 10~20 年里对节能减排和居住环境、劳动者健康、安全等方面的重视，铸造企业生产过程的节能减排技术、对劳动者健康和安全的保护技术是广大铸造企业面临的重大和紧迫课题。按照我国铸造行业中长期发展规划的要求，我国铸造企业将由目前的近 3 万家减少到近 1 万家；铸造企业平均年铸件产量也有大幅度增加；铸造企业的废弃物排放将大大减少；铸造企业目前耗能大的设备将迅速淘汰；铸造企业的工人劳动环境和健康保障将得到大大改善。因此，在铸造企业中尽量采用无污染、少污染的原材料，在生产过程中减少材料和能源消耗，尽量使各种材料在铸造企业中循环使用，少排放、甚至做到零排放。

3. 目标

开发出一系列环保原辅材料，包括各种无污染、少污染的黏结剂、涂料、各种调节剂、金属液处理剂；采用节能环保型熔炼设备；采用适合铸造企业的除尘、降噪技术和设备；开发和应用各种废弃物回收和再利用技术和设备；经过 20~30 年的

第四章 成形制造

努力，使我国铸造行业的能耗和废弃物排放水平达到或接近发达国家的先进水平。

采用高效率、高精度铸造设备，例如射压（或静压）造型线、大吨位压铸机、大熔化量长炉龄热风冲天炉的应用也是实现高生产率、生产优质铸件，从根本上实现节能减排的主要手段，因此开发有自主产权的以上各种现代化铸造设备也是铸造技术发展的主要方面。

三、技术路线图

高端大型铸件的铸造技术

目标：掌握大型装备关键零件铸造的核心技术，拥有自主知识产权，形成大型装备关键零件铸造稳定生产制造能力

特大型铸件冶炼、浇注及凝固控制技术
(1) 钢液精炼及浇注—成形过程中铸件成分及杂质控制技术
(2) 特大型铸件凝固过程控制技术
(3) 特大型铸件组织、缺陷、性能检测与评估技术

特大型钢锭冶炼、浇注及凝固控制技术

电渣熔铸先进成形技术

轻合金及高温合金的精密成形铸造技术

目标：铝、镁、钛合金铸件生产技术达到世界先进水平

目标：我国单晶叶片制造技术接近或达到世界先进水平

目标：全面掌握大型、薄壁、复杂钛合金精密铸件及TiAl基合金精密铸件的制造工艺，成品率达到发达国家先进水平

开发应用铸造铝、镁合金熔体高效和长效制备技术，包括变质剂、细化剂、净化技术等

开发和应用适合制造铝、镁合金发动机缸体等复杂铸件的压铸成形技术和工艺，包括相应的装备制造技术

开发适用于船舶、飞机及军工等领域应用的大型复杂铝、镁、钛合金铸件的充型凝固技术

单晶合金、钛合金、TiAl基合金等不同合金成形的专用陶瓷型壳、型芯制造技术；Ti合金、TiAl基合金先进熔炼及浇注设备

高温度梯度定向凝固设备；晶体取向控制技术及定向凝固技术

2010年　　　　　　　　　　2020年　　　　　　　　　　2030年

(续)

铸造过程数字化、信息化、智能化技术	目标：实现铸造过程数字化、信息化、智能化
	研究先进铸造成形全过程多尺度优化分析数理建模方法和模拟技术，模拟软件系统网络化工程应用技术
	开发和完善具有自主知识产权的铸造成形全过程数值模拟软件系统
	铸造生产过程的机器人应用技术
	快速、直接成形技术用于无模造型、制芯、铸造模具，直到无模铸件直接制造
	基于物联网技术，结合铸造生产过程在线检测技术以及企业管理信息系统，实现铸造生产和管理系统的实时、在线控制与管理
铸造过程节能减排技术	目标：使我国铸造行业的能耗和废弃物排放水平达到或接近发达国家的先进水平
	开发大熔化率（≥10 t/h）、长炉龄、外热式热风系列冲天炉
	水玻璃砂、黏土砂与树脂砂的再生处理与再利用
	开发和应用低污染、无污染的造型和制芯用的各种树脂粘结剂，尽量采用无机粘结剂代替
	开发高效率、高精度黏土砂造型线和大吨位合模力（≥3500 t）的铝合金压铸机

2010年　　　　　　　　2020年　　　　　　　　2030年

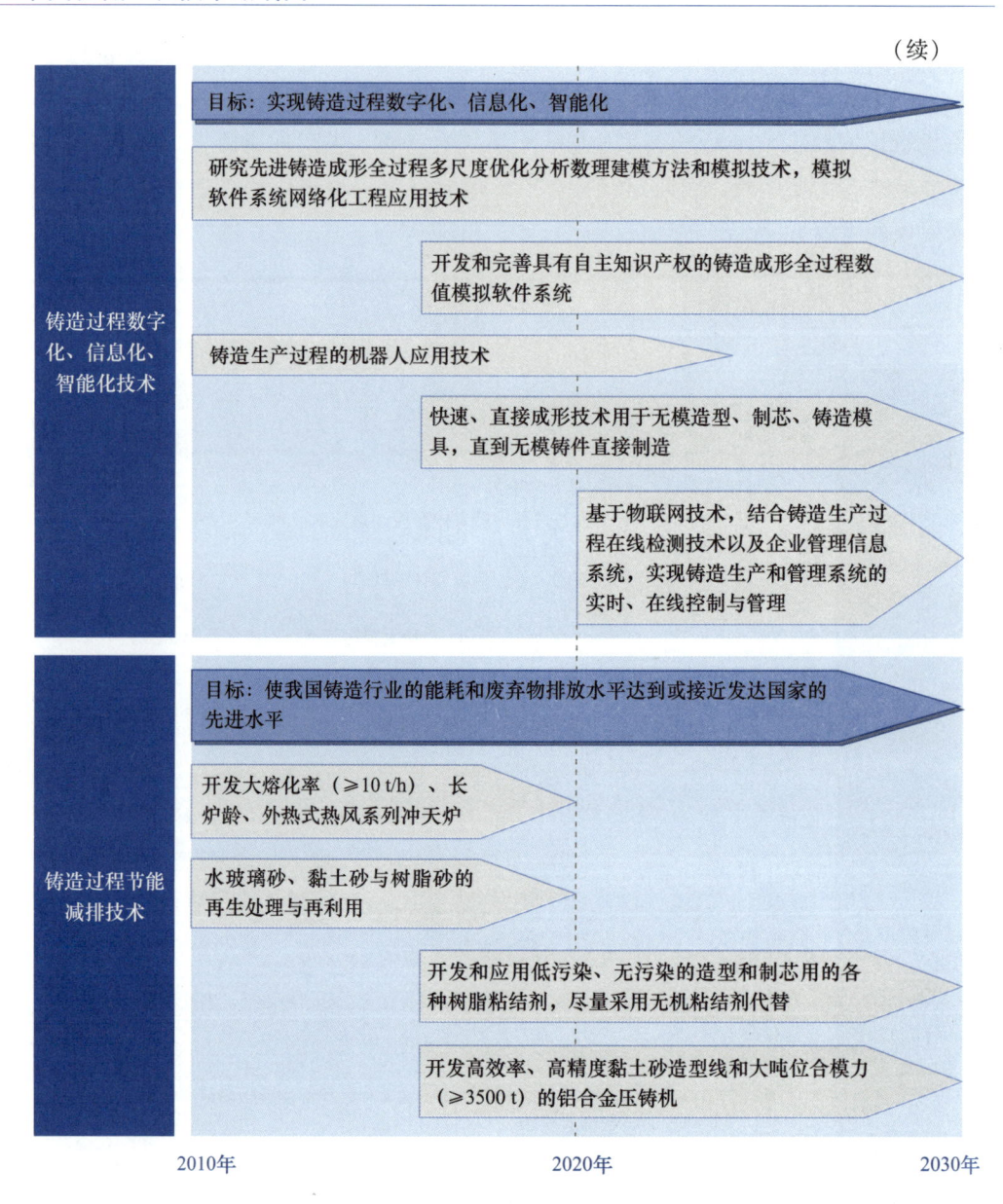

图 4-2　铸造技术路线图

第二节　塑性成形技术

一、概述

塑性成形是机械工程制造学科领域的一个分支。塑性成形是利用材料的塑性，一般通过模具施加作用力,使材料产生塑性变形,成形出所要求的具有一定尺寸与形状的零件毛坯或零件的成形制造方法。由于塑性成形不但能够制造出各种不同尺寸、不同形状的工件,而且通过塑性变形使材料组织改善,性能提高,因而成为一种重要零件毛坯或零件的成形制造方法。塑性成形制造有别于生产材料的塑性加工。前者用于生产零件毛坯或零件,后者用于生产原材料,如板材、管材、各种横截面的棒材与型材等。

在经济快速发展的推动下,我国塑性成形技术已有明显进步,工艺水平与成形装备均上了一个台阶。2010 年,锻件年产量已达到 960 万 t,板材管材成形件已超过 3000 万 t,生产规模已居世界领先地位。但是在能源消耗、劳动生产率、有害气体与废弃物排放、精细化生产等方面与先进工业化国家相比尚有较大差距。我国塑性成形技术仍处在追赶国际先进水平的进程中。

塑性成形技术的发展趋势是吸收数字化、信息化、新材料等新技术的成果,加快自身的技术进步,形成以精密高效、节能节材、环境友好、产品优良为主要特征的先进技术体系,迅速缩短与先进工业化国家的差距,为赶超国家先进水平奠定坚实基础。

2020 年,我国塑性成形技术在能源消耗、材料利用率、人均劳动生产率、产品精度、生产自动化、有害气体与废弃物排放等指标达到先进工业化国家 20 世纪末的水平;2030 年与先进工业化国家差距缩短到 10 年,达到先进工业化国家 21 世纪 20 年代水平。2020 年具体目标:冷温精密锻件占模锻件比例达到 12%,每吨锻件能源消耗降低 10%,大锻件自给率达到 80%,生产自动化达到先进工业化国家 20 世纪 90 年代水平,锻件材料利用率提高 3%~5%,冷精锻件精度达到 8 级精度。2030 年具体目标:冷温精密锻件占模锻件比例达到 15%,每吨锻件能源消耗降低 15%,大锻件自给率接近 100%,生产自动化达到先进工业化国家 21 世纪初水平,锻件材料利用率提高 5%~8%,冷精锻件精度达到 7~8 级。

二、关键技术

(一)大型锻件成形与质量控制技术

1. 现状

我国大型锻造装备能力已经超过日本、韩国、欧盟、俄罗斯,位居世界前茅,大型锻造技术水平也得到了明显提升。如二代加核电设备大锻件已全部试制成功并能部分批量生产,1000MW 级超超临界火电和三代核电的部分大锻件也试制成功,一些大型锻造的基础共性技术和锻造新技术、新工艺取得了阶段性成果。然而,与日本、法国等世界先进国家相比,我国的大型锻件制造技术水平仍存在较大差距,成形工艺水平差距明显，大吨位液压机能力没有得到充分发挥，尚未完全掌握制造优质大锻件的关键技术，绝大部分高端大锻件还不能批量稳定生产。我国大型锻件领域的技术研发及产品制造还处于被动发展的基本局面，成为制约重大技术装备制造业发展的瓶颈。

2. 预测

大型锻件广泛用于电力、冶金、石化、船舶、航空航天、重型机器、军工和基础件等方面，在国民经济发展、国防建设方面有极大需求。"十一五"以来，随着我国电力、石化和冶金工业及船舶制造业向高效率、大机组方向发展，尤其一些高端产品如大型水电、核电、火电、冶金等大锻件需求旺盛，大型锻件成形技术有较大的发展空间。

3. 目标

自主创新，完善并掌握大型锻件核心制造技术，行业技术水平进入世界先进行列，满足我国核电、火电等先进重大技术装备不断发展的要求。到2030年，达到先进工业国家21世纪20年代水平，力争达到国际先进水平。

（二）板材管材塑性成形技术

1. 现状

我国板材成形技术在数字化、信息化技术的应用方面相对落后，高性能材料复杂结构的冲压成形工艺不稳定，缺乏高精度复杂零件的工艺实践，尚未形成成熟的工艺规范；大型、精密、复杂零件冲压成形装备与工装模具仍需进口。先进高强钢在汽车上的应用刚刚开始，管材成形技术差距明显。国外应用内高压成形生产多种汽车零件，我国这方面的研发起步较晚。国外内高压成形设备合模力为5000~6000t，最高内压600MPa，实验室压力达到1000MPa，生产节拍26~32s/件。我国在设备上的差距较大。

2. 预测

2030年前，主要发展的板材冲压技术有：成形过程高效高精度CAE分析技术和基于知识的板材冲压成形智能化CAD/CAE系统开发、柔性化成形技术，难成形材料包括高强钢板与铝、镁合金板材冲压成形技术。管材成形技术也将有较大发展，超高压成形的成形压力将发展到600MPa，甚至1000MPa；采用加热加压介质成形异型截面零件；轻合金管材高压气胀成形；高压气胀成形将应用于钛合金复合材料、陶瓷等先进材料的成形。

3. 目标

力争实现汽车外覆盖件模具80%的自主研发，尽快建立板材热成形的国产化生产线，实现批量热冲压装备国产化零的突破。掌握热冲压零件和激光拼焊板冲压成形批量生产的工艺优化和质量控制技术，产品废品率降低至 0.5% 以下，高强钢板在汽车上的使用率超过 40%，汽车车身减重 10%。

在汽车行业，约 50% 封闭异型截面管件将代替冲焊结构零件。

（三）冷温塑性成形技术

1. 现状

目前，我国冷温塑性成形技术距国际先进水平尚有 15 年以上的差距。德国、日本的冷、温锻技术已实现了工艺、模具和设备的高度一体化集成，许多先进的冷、温锻精密成形工艺，如冷闭塞锻造、中空分流冷锻、多工位冷锻、多工位温锻成形，都是模具和设备功能集成化的工艺技术。我国目前 1000t 长行程冷锻压力机正处于研发阶段，大型温锻精密成形设备完全依赖从德国、日本进口。

2. 预测

未来 20 年中，根据汽车制造、航空航天、发电设备等支柱产业对冷温精确成形技术的需求，将逐步提高锻件的精密化、自动化、轻量化生产水平。新的冷成形方法与新的高强度高韧性模具材料将得到快速发展。

3. 目标

建立冷温精确塑性成形材料性能数据库；完善黑色金属冷温精确塑性成形技术；发展轻金属冷温精确塑性成形技术；掌握冷温精确塑性成形模具技术；自主开发大型温锻精密成形设备；开发冷温锻生产线自动化技术；建立冷温精确塑性成形工艺技术规范与标准；完成冷温精确塑性成形工艺、模具和设备的高度一体化集成，2030 年实现冷温精确成形件占模锻件总量的 15%~20%；冷精锻件精度达到 7~8 级。

（四）热精锻成形技术

1. 现状

目前国内的热精锻技术在产品数量和精度上已能满足汽车工业的一般需求，但在产品精度、材料利用率上与先进工业化国家相比尚有较大差距。在降低劳动强度，改善作业条件，提高劳动生产率和自动化程度方面差距明显，我国目前还是以人工操作为主，自动化技术水平比较低。在节能减排方面的专门研究开展的较晚，差距更大。

2. 预测

我国热精锻成形技术的发展余地很大。提高成形精度，提高材料利用率，提高自动化水平，降低能源消耗，降低污染物排放，仍然是研发的主要内容。今后 20 年，与上述要求相应的先进成形技术，如等温锻造技术、多向精密模锻技术、高温合金成形技术等，将得到快速发展。

3. 目标

在借鉴国外先进技术的基础上使我国的热精锻成形有创新性与独特性，与汽车工业的发展同步，热精锻成形技术达到国际先进水平，部分技术达到国际领先水平，形成有中国特色的热精锻成形技术体系。2020年，材料利用率提高3%~5%，每吨锻件能耗下降10%；2030年材料利用率提高5%~8%，每吨锻件能耗下降15%。

（五）回转塑性成形技术

1. 现状

我国回转成形技术种类齐全，应用范围比较宽广，是塑性成形领域中发展较快的门类之一。特别是成形辊锻、楔横轧、旋压等单项技术已达到国际先进水平。但在冷精密回转成形技术上，如冷摆动辗压、冷辗环、冷旋转锻造等技术上与先进工业国家相比仍有较大差距，主要表现是设备精度与刚度低，自动化程度低，产品精度低。

2. 预测

在热成形上，着力提高产品精度，开发径向锻造技术，发展自动化生产线，在冷成形技术上，提高工艺水平，着力提高设备设计与制造水平，扩大应用领域，缩小与先进工业国家的差距。

3. 目标

2020年，热回转成形技术全面达到国际先进水平，部分处于国际领先地位，冷回转成形技术大部分达到国际先进水平。2030年热回转成形大部分处于国际领先水平，冷回转成形全面达到国际先进水平，部分处于国际领先地位。

（六）轻合金精密成形技术

1. 现状

我国在轻合金先进成形技术，特别是相关的大型、薄壁、整体的复杂轻量化构件精确成形技术研究与开发方面，与国际先进水平相比还存在很大差距，制造成本高，产品质量差，铝合金锻件在中高档轿车上的应用不够广泛；钛合金大型复杂整体构件成形还没有掌握核心技术，又缺乏巨型装备，故需分段锻造，再焊接成整体后进行数控加工，导致可靠性差、制造周期长、钛材利用率非常低（甚至只有3%~5%）。

2. 预测

从高性能轻合金复杂构件形/性一体化制造的系统层面上开展对高性能超大规格

构件的制造新原理与组织性能调控技术的系统研究，主要解决不同成形方式和不同加载条件下轻合金复杂构件多场耦合精确成形成性机理与协同控制的技术难题，力求解决轻合金复杂成形成性多场多尺度全过程建模、仿真、优化与数字化精确成形关键问题，满足国民经济、国防建设与科学技术发展的需要。

3. 目标

到2030年，复杂构件无飞边整体成形，提高材料利用率10%~20%；大型构件省力成形技术，减少设备、模具投入20%~30%；优化工艺，热能综合利用，降低总生产成本30%以上。

三、技术路线图

大型锻件成形与质量控制技术

2020年目标：大锻件国产化率批量稳定生产90%以上，节约原材料10%，节能减排20%

- 超大型钢锭材料成分纯净度与组织控制
- 大锻件内部缺陷形成机制与控制
- 大锻件模拟与质量评价专家系统

2030年目标：大锻件国产化率批量稳定生产接近100%，节约原材料5%，节能减排30%

- 高性能材料成形特性与流动特征研究
- 锻造过程中组织与性能控制技术开发

板材管材塑性成形技术

2020年目标：建立板材成形模具智能化CAD/CAE系统，成形材料扩展到钛合金、高温合金、轻合金、高强钢等先进材料

2020年目标：汽车外覆盖件模具80%自主研发生产，建立板材热成形国产化生产线，使汽车车身减重10%

- 高性能材料本构关系与基础参数研究
- 多点成形技术
- 板材热冲压复合技术

2020年目标：管材内高压600MPa，材料抗拉强度780MPa，直径与厚度比达180；数控弯管铝合金壁厚少于2mm

- 内高压成形装备
- 超薄管成形规律与失稳控制
- 数控弯管精确成形技术

- 高性能材料本构关系与基础参数
- 基于整车平台的热冲压综合技术
- 先进板材成形技术的深入研发

2030年目标：管材内高压成形压力1000MPa，直径与厚度比达到400，管材抗拉强度1500MPa，数控弯管整体达到国际先进水平

- 弯截面管件内高压成形装备
- 高温低塑形材料多向加载协调控制技术
- 小弯曲半径高强管材数控弯曲成形技术

2010年　　　　2020年　　　　2030年

中国机械工程技术路线图

(续)

技术方向	2010年 → 2020年	2020年 → 2030年
冷温塑性成形技术	目标：掌握冷温精确成形技术，实现冷温精确成形占模锻件总量的10%~12%	目标：实现冷温精确成形工艺、模具、装备高度一体化集成，冷温精确成形占模锻件总量的15%
	1000t以下长行程多工位冷锻压机开发	2000t长行程多工位冷锻压机开发
	长寿命模具技术	轻金属冷温塑性成形行为及快捷成形工艺
	冷温精确成形机理与新成形方法。生产线高度自动化技术	
热精锻成形技术	目标：节材3%~5%，热模锻件公差13级，能耗降低10%	目标：节材5%~8%，热模锻件公差12级，能耗降低15%
	精密制坯技术	节能热锻成形综合技术
	自动润滑技术	精密复合锻造工艺
	长寿命模具设计制造技术	
	生产线自动化技术	
回转塑性成形技术	目标：热回转成形技术全面达到国际先进水平，冷回转成形技术部分达到国际先进水平	目标：热回转成形技术大部分处于国际先进水平，冷回转成形技术全面达到国际先进水平
	新的回转成形方法与装备	精密回转成形模具设计、制造
	冷回转成形装备	大型精密回转成形装备
	成形机理深入研究与应用，难成形材料回转成形工艺	
轻合金精密成形技术	目标：实现轻合金复杂结构件无飞边整体成形，提高材料利用率10%，减少设备、模具投入20%~30%	目标：工艺优化热能综合利用，降低总成本30%
	轻合金成形新技术，大型件省力成形技术	省力挤压成形技术短程流动开放式填充技术
	局部加载不均匀协调与调控技术	多场耦合下成形性一体化质量控制技术

图4-3 塑性成形技术路线图

第三节 焊接技术

一、概述

焊接是采用物理或化学的方法，使分离的材料产生原子或分子结合，形成具有一定性能要求的永久连接。

我国粗钢年产量已超过 6 亿 t，近 50% 的钢材需要焊接加工，焊接技术已渗透到制造业各个领域。由于焊接接头存在成分、组织及性能不均匀性，焊接接头又容易存在缺陷、应力集中及残余应力，因此焊接接头往往是结构的薄弱环节，焊接技术直接影响结构的寿命与安全。

近年来，重大工程和高端装备制造业的发展，推动了以高效电弧焊、激光复合焊、搅拌摩擦焊为代表的先进焊接技术的进步。新材料及新结构的应用也促进了钎接，甚至胶接等先进连接技术的发展。俗称"钢铁裁缝"的焊接离不开切割技术，等离子、火焰数控切割已广泛应用，激光切割备受关注。同时，焊接结构制造也面临能耗高、材料利用率低和资源与环境压力，迫切需求优质高效、节能环保的焊接新技术。

目前，我国焊接机械化与自动化总体水平较低，平均约为 50%（欧美及日本达到 80%）。重大装备制造急需的焊接机器人、焊接专机等先进装备主要靠进口，国产焊接装备质量虽然已有很大提高，但在自动化程度、稳定性和可靠性等方面仍有差距，核心技术缺乏自主知识产权。随着计算机、软件及网络技术的进步，焊接信息化技术在提升焊接装备自动化水平的同时，为焊接工艺及质量管理的智能焊接制造提供保障。我国焊材产量虽连续 14 年居全球首位，占世界总产量的 50%，但焊材中电焊条的比例约占 50%，而且焊材品种少，急需开发火电、核电等高端焊材及低尘、低毒绿色焊材。

随着国家产业结构调整和自主创新能力的提高，在自动化焊接装备和高端焊接材料方面，要从引进消化吸收，走自主创新之路，增强核心技术竞争力。未来 20 年，在能源、交通运输、航空航天、工程机械、国防军工等重点领域，机械化、自动化率将从目前的 60% 提高到 80% 以上，焊条在焊材消耗中的比例从现在的 50% 降到 30%；推进信息化技术在焊接装备、生产工艺和质量管理方面的应用；提高关键焊接装备的自给率；扩大高效电弧焊、激光焊、摩擦焊等先进焊接技术的应用范围；在焊接生产中贯彻节能、节材的绿色制造理念。

二、关键技术

(一) 焊接信息化技术

1. 现状

焊接信息化技术是以生产实践经验为基础，对焊接结构的设计、生产装备与工艺、产品质量及其使用寿命进行测量、分析、控制、评估、预测和管理的技术。目前，多种焊接装备与制造过程的在线测控嵌入式系统、焊接材料与工艺数据库、焊接结构 CAD、焊接 CAPP 和焊接应力与变形数值模拟等得到了越来越多的工业应用。

2. 预测

对大量焊接生产实践经验的知识库系统构建是信息技术实施的基础。由此形成焊接参数传感与特征识别、在线评定与决策能力；网络支持的焊接装备信息通信与协调的能力；焊接全过程模拟和基于结构性能仿真的优化设计能力；以机器人焊接为代表的焊接过程自适应、自规划的智能制造能力。

3. 目标

扩大嵌入式软件开发和应用，提高焊接自动化水平和效率；实现焊接结构设计、工艺、产品质量与性能的精量化控制和具有人工智能的现代焊接装备；提高数值模拟的工程效率和可靠性，推广基于网络和云计算的焊接虚拟制造技术。

(二) 高效电弧焊技术

1. 现状

电弧焊是当前的主要焊接技术。为了提高传统弧焊技术的生产效率，催生了以薄板高速焊、厚板高熔覆率焊和窄间隙焊等高效化弧焊技术的发展。它是在焊接物理、波形控制、数字化控制、传感技术、复合热源和参数精密控制技术基础上实现的，如钢的 STT 短路过渡焊、TIME 焊法，铝的双脉冲焊和等离子立焊，薄板 CMT "冷金属过渡"法，以及多丝焊等。目前，国内虽有一些研究成果，但在高端设备方面与国外有较大差距。

2. 预测

为了提高弧焊质量和效率，需要：①开发基于嵌入式数字化操作系统的多电极弧—源系统稳定性控制技术，并具备与机器人等自动化设备的网络接口，实现与信息技术的深度融合；②加强多能源耦合技术研究，使焊接电弧特性依焊接对象优化组合；③开发窄间隙焊等近净成形气体保护焊技术；④减少焊接飞溅、烟尘等的绿色弧焊技术。总之，要关注弧焊工艺与装备的专用性和多样性，以满足材料种类、结构特点和尺寸的特殊需求。

第四章　成形制造

3．目标

（1）在高效、精密弧焊高端装备方面，形成与国外产品的竞争能力。

（2）针对我国重大装备制造需求，研发具有自主知识产权的超精密、超大型弧焊专用装备，解决国外禁运和替代进口问题。

（三）高能束焊接技术

1．现状

高能束焊接技术通常包括电子束、激光及其复合焊接技术。电子束焊接是在高电压（6万~15万V）电子发射枪中将电子加速，在真空室内电子束与被焊材料相撞将电子动能转化为热能，使材料熔化而实现焊接。可用于各类金属材料薄件和厚件（达100mm以上）的焊接，在航空、航天及能源工程中已广泛应用。激光焊接是以高能量激光束作为能量载体，通过激光与材料相互作用实现材料冶金结合的绿色连接方法。目前，激光焊接主要用于20mm以下黑色金属及几毫米厚薄壁轻金属合金等结构的焊接；以聚焦光束直写为手段的微连接技术，焊接尺度为100μm量级，空间分辨率在几十微米尺度范围。

2．预测

未来10~20年，电子束焊接的发展方向：①精密、高性能焊接/加工；②重型、大厚度结构焊接的工程应用与新型装备的研制。激光焊接的发展方向：①光纤激光器最大功率有望超过100kW，单模光纤激光最大功率可达50kW，使单道熔深超过100mm成为可能；②激光—电弧复合焊接将得到广泛应用；③先进金属材料、复合材料、异种材料焊接；④随着超短脉冲激光技术的快速发展及激光与物质相互作用新效应的不断发现和创新应用，激光焊接技术将成为微/纳制造的新突破点。

3．目标

电子束焊接可实现超薄精密焊接和大型压力容器超厚结构（达300mm）的深穿透不开坡口焊接，研究开发高性能电子枪和电源与聚焦、扫描系统。激光焊接的材料厚度超过100mm，激光焊接将成为高端装备制造的关键技术。利用近场效应和非线性光吸收效应，可在纳米尺度掌控激光能量，实现纳米量级连接，推动高精度微/纳结构组成的大尺寸、跨尺度结构制造。

（四）搅拌摩擦焊技术

1．现状

搅拌摩擦焊利用机械工具与被焊材料的摩擦热及锻压力实现材料固相连接，是21世纪最具革命性的轻合金焊接技术。该技术在国内还处于发展初期，虽然已实现单道 0.5~40mm 厚度铝合金焊接，但是单位毫米厚度焊接锻压力还处于 5kN 水平，焊接需要重载机械设备。该技术可焊接各种铝型材和铸件，正向镁、铜、钛合金和钢材等的焊接扩展。搅拌摩擦焊工程化应用已取得一定成绩，但尚未达到普遍推广程度。

2. 预测

搅拌摩擦焊可满足轻金属材料连接的优质高效、低变形、节能需求。未来搅拌摩擦焊及其衍生技术，如搅拌摩擦点焊、搅拌摩擦角焊、静轴肩焊、双轴肩焊、塑流摩擦焊等将得到充分发展。核心焊接工具、工艺和装备将沿着柔性化、轻量化、精密化和智能化焊接趋势发展。建立相应标准、规范和性能数据库，为工程化产品设计和制造提供依据。

3. 目标

建立完整的搅拌摩擦焊技术体系。在 0.3~80mm 厚度范围内建立起轻合金材料搅拌摩擦焊性能数据库、工艺规范和技术标准，开发 5 轴联动空间曲线搅拌摩擦焊设备、30kN 搅拌摩擦焊机器人系统以及大于 15000r/min 的超高转速搅拌摩擦焊设备，在重大装备制造等诸多领域得到普遍应用。

（五）焊接材料技术

1. 现状

我国年产焊材约占世界总产量的一半。目前焊条、实心焊丝、药芯及金属芯焊丝、埋弧焊材的比例分别为 48%、30%、10%、12%。焊材对钢材的比例约为 0.7%。以低碳低合金钢为主的普通焊材价格竞争激烈，焊材结构与品种的配置急需调整。近年焊材品质虽有较大提高，部分船用药芯焊丝已取代进口，性能与国外名牌产品相当，但是高强、洁净、低碳、均匀化、细晶粒焊材的关键制造技术缺乏，药粉预处理、合金剂纯化、抗潮性等技术基础薄弱，低尘、低污染绿色焊材的工程化进展缓慢。

2. 预测

随着我国经济结构调整及所面临的能源、资源、环境压力，焊材总消耗量仍会增加，但增速放缓。随着以洁净化、细晶化、低碳化、强韧化为特征的新钢种推广应用，以及核电、海洋工程结构、国防军工等高端装备制造的需求，对焊缝金属的成分控制、杂质含量及性能提出了更高要求，对诸如高强韧钢、耐候钢、耐热钢、特种钢及新型不锈钢等焊接的高端焊材需求增加。加强对高端焊材制造关键技术研究，并掌握绿色焊材生产技术。

3. 目标

焊材对钢材的比例降低到 0.5%。焊材构成比例更趋合理：焊条 30%，实心焊

第四章 成形制造

丝35%，药芯及金属芯焊丝25%，埋弧焊材10%。掌握高端焊材制造的关键技术，满足重大装备制造需求的配套焊材。低尘、低污染绿色焊材得到工程实际应用。

三、技术路线图

焊接信息化技术

- 目标：提升焊接自动化水平，实现焊接过程质量特征信息的在线测控
- 焊接过程多场信息在线评定与决策的集成技术；焊接工艺（材料）数据库在线应用技术；焊接装备嵌入式软件技术
- 目标：焊接基础知识与信息的系统积累，实现结构设计、工艺与装备、产品质量与性能精量化
- 焊接结构尺寸与变形控制、焊接接头冶金与性能的定量测控，焊接工艺精确制定，焊接产品质量的定量评定知识库
- 目标：基于网络和云计算的焊接虚拟制造技术的应用与完善
- 开发适用于焊接多物理场耦合模拟的工程分析软件包，提高数值模拟计算的效率和可靠性

高效电弧焊技术

- 目标：气体保护焊接占整个焊接生产的比重超过50%
- 目标：满足航空航天及国防军工等重大装备成形加工关键弧焊技术需求
- 多电极电弧的弧源系统稳定性控制技术及数字化焊接嵌入式软件操作系统技术
- 多能源耦合技术及近净成形弧焊技术

高能束焊接技术（电子束、激光及复合焊接）

- 目标：电子束焊实现达300mm的超厚结构深穿透焊接
- 目标：激光焊接实现超过100mm厚板结构焊接，微连接尺度小于1μm；复合材料的激光焊接
- 研究开发电子束焊接用高性能电子枪和电源与聚焦、扫描系统
- 激光—电弧的协同机制及优化控制；窄间隙多层焊的层间缺陷形成机制及控制技术
- 先进材料的电子束、激光焊接性、成形与缺陷控制及组织性能调控技术
- 纳米尺度下，激光与物质的相互作用机制及纳连接理论

2010年　　　　2020年　　　　2030年

中国机械工程技术路线图

（续）

搅拌摩擦焊技术	
	目标：开发搅拌摩擦焊及衍生焊接技术——点焊、角焊、双轴肩焊、静轴肩焊等
	目标：建立包含基础技术、工艺技术、设备技术、规范、标准和数据库的搅拌摩擦焊技术体系
	在0.3~80mm厚度范围内建立起轻合金材料搅拌摩擦焊性能数据库、工艺规范和技术标准。开发钢材、钛合金等搅拌摩擦焊技术
	开发先进搅拌摩擦焊设备：5轴以上空间曲线设备、30kN重载机器人系统、15000r/min以上超高速设备、微结构精密设备、便携式设备等
	柔性工艺技术、动态变形控制技术
焊接材料技术	目标：合理焊材结构：焊条30%，实心焊丝35%，药芯焊丝25%，埋弧焊材10%。焊材对钢材的比例达到0.5%
	目标：突破高端焊材及绿色焊材制造技术
	药粉及合金剂预处理，提高抗潮性，降低烟尘，焊丝表面改性及绿色制造技术。 / 克服现有酸碱渣系固有缺点，开发实用化新渣系
	焊缝金属成分优化及显微组织的精确控制；焊缝金属洁净化、杂质和夹杂物控制技术与利用

2010年　　　　2020年　　　　2030年

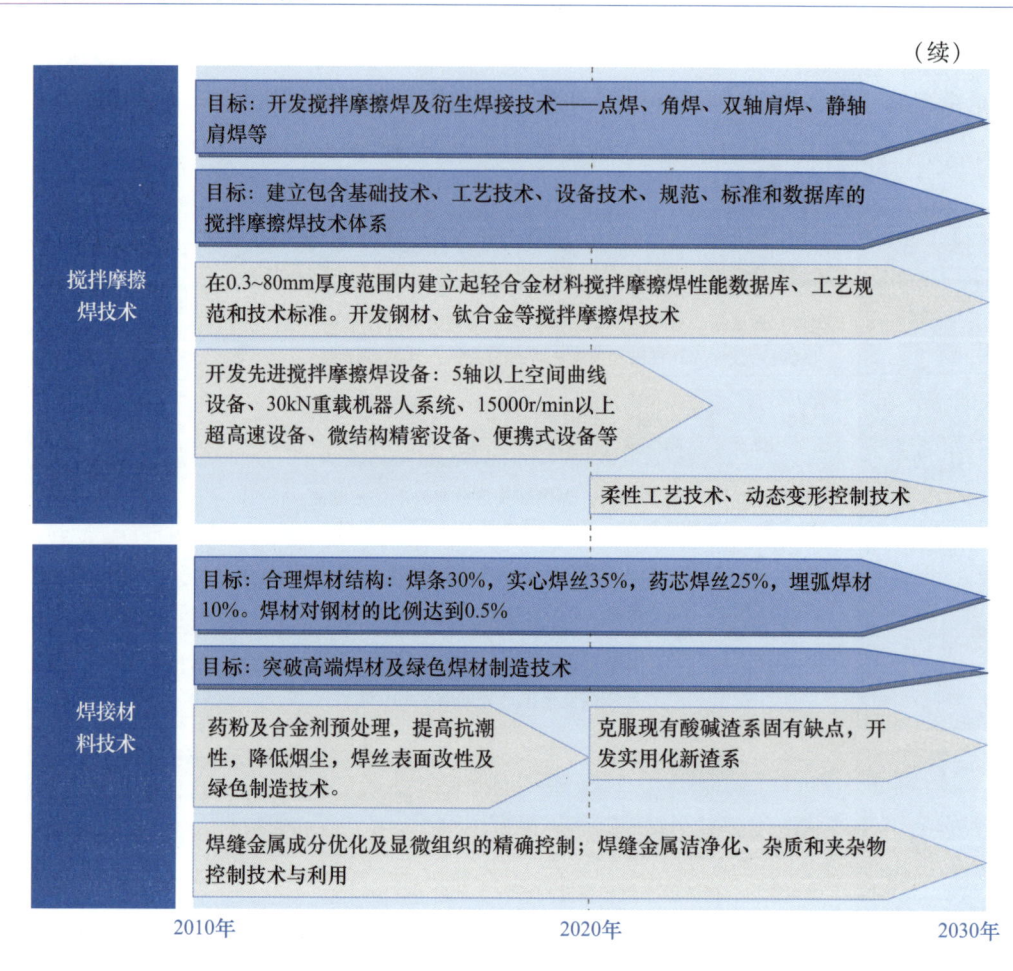

图4-4　焊接技术路线图

第四节　热处理与表面改性技术

一、概述

材料的性能主要取决于它的成分及其微观组织。热处理与表面改性是在材料制备与零（部）件制造过程中调整成分或微观组织来改善金属材料的力学性能、充分发挥材料潜力的最重要和最有效手段。它广泛应用于机械制造、汽车、航空航天、冶金、兵器、铁路、船舶、建筑、石油化工、电子电器等现代制造业。

先进热处理和表面改性技术在提高产品质量和可靠性、节能节材、实现清洁生产、增强市场竞争力等方面发挥着越来越重要的作用。我国热处理技术与发达国家相比存在很大的差距，主要表现在：①产品的使用寿命低、可靠性差；②热处理畸变控制水平低，毛坯制造的控形精度低，切削加工余量偏大，大量钢材变铁屑，造成资源浪费；③热处理装备的设计制造严重落后，高端热处理和表面改性工艺装备依赖进口。

热处理技术的总体发展趋势是高效化、精准化、智能化、柔性化和绿色化。具体体现在三个方面：

（1）热处理工艺技术：在保证零件热处理质量前提下，不断开发新工艺，实现工艺周期短、环境污染少、满足特殊材料的热处理需要、便于在线测量和自动控制。

（2）热处理工艺材料技术：开发环境友好、稳定性好、隔热换热效率高的新材料。

（3）热处理装备技术：在准确实现零件热处理工艺前提下，不断提高自动化程度、在线测量精度和运行可靠性；提高热处理质量、生产效率，节能；开发新装（设）备满足特殊材料（或零件）的热处理需要；以人为本，绿色环保。

当前我国热处理技术与表面改性发展的目标包括：

（1）继续推进少无氧化、少无脱碳热处理技术的开发和推广应用，使可控气氛热处理普及程度由目前的 50% 提高到 60%，真空热处理比重由目前的 9% 提高到 30%，开展高效、低排放、精确控制的淬火冷却技术及装备的研究。

（2）围绕国家重大装备中大型铸锻件的热处理技术进行自主创新，使重大装备产品的关键热处理工艺技术和装备均有国内自主知识产权。

（3）发展热处理与表面改性新技术（如激光及高能束等表面处理技术、新型感应加热技术、低压高温渗碳技术、燃料和电复合能源热处理技术、复合硬化膜镀渗技术等），形成技术装备的自主研发能力，并在重点产品制造企业中推广应用。

二、关键技术

（一）重大装备大型铸锻件热处理技术

1. 现状

大型铸锻件是新一代核电、火电等重大装备的核心构件。基于"提高效率、降低消耗、保护环境、安全可靠"的设计思想，新一代核电、火电等装备对锻件提出了"大型化"、"一体化"和"高性能化"等苛刻要求。虽然我国已具备世界一流的大型铸锻件热处理装备，但由于基础研究落后，大型铸锻件热处理仍然处在"以数量求成品、用消耗换质量"的"摸索制造"阶段，资源浪费巨大。跟发达国家相比，我国大型铸锻件的热处理关键技术尚存在较大差距，远不能满足我国大型装备发展的迫切需求。

2. 预测

未来 20 年，我国发电设备装机容量将继续快速增长，对核电、火电等电站装备的需求巨大，冶金、运输行业等对大型船舶、冶金矿山装备的需求也在日益增加。大型铸锻件热处理关键技术将取得创造性突破，大型铸锻件热处理技术将会全面提升。

3. 目标

围绕国家重大装备，解决大型铸锻件热处理技术的自主创新，使关键热处理技术具有自主知识产权；解决我国大型铸锻件热处理在偶然中求"成功"的盲目性，达到"技术成熟"和"高品质制造"；到2030年，我国大型铸锻件的热处理质量稳定性、节能降耗等方面达到国际先进水平。

（二）绿色清洁真空热处理技术

1. 现状

真空热处理是一种高效、优质、节能、清洁无污染的先进热处理技术，40余年来始终是国际热处理技术发展的热点。我国真空热处理工艺的研究和应用已经涉及真空退火、真空油淬、真空高压气体淬火、真空渗碳和渗氮、真空回火、真空离子渗碳（渗氮、渗金属）、真空喷涂等广阔领域，取得了长足的进展。目前已经进入技术领域不断扩大、工艺水平逐渐提高、真空热处理设备不断完善和智能化、新技术接连涌现的快速发展阶段。但与工业发达国家相比，我国真空热处理生产量在热处理生产总量中占的比重仍旧很小；真空热处理设备持续向高温高压方向发展，但自动化程度和控制精度等各项技术指标远低于国外。

2. 预测

随着我国制造业的快速发展、对材料热处理要求的提高以及新材料领域的发展，汽车、船舶、电子、新材料（钛、硅、镍合金、铝合金）等高端领域的真空热处理需求快速增长，国内真空热处理的发展具有广阔前景。具体表现为高档次的真空热处理设备不断开发和完善，创新真空热处理工艺不断出现，高压气淬等清洁高效工艺将大量使用代替油淬等传统工艺。

3. 目标

以真空热处理设备作为突破，开发高温高压、高自动化程度和高控制精度的高端真空炉，研发智能控制系统和网络管理系统，实现真空热处理工艺和设备的柔性化和连续作业，在此基础上开发基于热处理设备的适合于不同对象的各种高效创新热处理工艺。经过20年努力，使我国真空热处理技术在设备、工艺、使用范围等全方位达到国际发达国家水平。

（三）机械产品表面改性技术

1. 现状

多数机械产品由于与表面有关的摩擦磨损、腐蚀氧化以及疲劳断裂等导致失效或破坏，因此，材料表面改性技术日益受到重视。但我国目前的材料表面改性技术还是以传统工艺为主，如电镀、磷化、发蓝、发黑、涂装等，先进的气相沉积技术、高能束表面改性技术等落后于国际先进水平 10~30 年；表面改性层质量差、厚度薄，与基底间的结合强度差，主要以装饰膜和单一镀层为主，新型表面改性层研究开发缺乏自主创新能力，大多以跟踪为主，无法形成规模生产能力；国产的表面改性层镀膜装备大多是供科学研究的小型设备，工业化应用的表面改性层镀膜装备开发落后，高端镀膜设备仍依赖进口。

2. 预测

随着我国国民经济和科学技术的发展，为满足对机电产品高性能、长寿命和节能、环保提出的更高要求，高污染、高能耗的传统表面处理技术将逐渐由先进的气相沉积技术、高能束表面改性技术以及复合表面改性技术等取而代之；表面改性层由原先单一镀层发展为多组元、多层复合镀层，并且各类特种镀层、纳米镀层、超硬膜和功能薄膜以及有自主知识产权的、可进行大规模生产的高质量表面改性层镀膜装备的开发将得到迅速发展。可以预测，在未来 10~20 年表面改性技术必将渗透到国民经济和科学技术的各个领域，用于耐蚀、耐磨、强化、改性、装饰和修复等用途，并涉及光、电、磁、声、热、生物等相关领域，基体材料从金属材料扩展到无机非金属材料、有机高分子材料和复合材料等。

3. 目标

开发出一系列基于服役条件的"量身定做"的表面改性层，建立我国自己的表面改性层质量评定标准，并拥有自主知识产权的、可进行大规模生产高质量表面改性层的高端镀膜装备，以满足对机电产品高性能、长寿命和节能、环保提出的更高要求。经过 20~30 年的努力，我国材料表面改性技术水平将达到发达国家的先进水平。

（四）热处理智能控制与信息化技术

1. 现状

热处理智能控制技术是能够获得最优化产品性能的热处理工艺的智能设定和精确执行的技术，前者基于热处理过程中温度场、组织场、流场、浓度场、应力场等多场耦合数学模型的数值模拟甚至是在线计算、大量生产实践的数据及经验的知识推理，后者基于智能化仪表等的网络编程和计算机控制技术。热处理信息化技术则可全面推动对热处理产业的改造，推进热处理产业的技术创新。它正不断融入热处理的工艺生产、设备制造、远程服务以及企业管理等方面，全面形成热处理智能化生产体系，发挥热处理智能控制技术在产品制造诸多环节中的设计参与、信息提供、数据采集等方面的作用，实现精品制造和高效生产。热处理智能控制与信息化技术的发展有助于尽快缩短我国热处理产业与发达国家的差距，对于推动现代制造业的发展有着相当重大意义。目前我国还只是刚起步，与国外先进热处理企业相比还有很大差距。

2. 预测

热处理智能控制和信息化技术的实施，可实现热处理设备的虚拟制造及热处理虚拟生产、热处理工艺过程智能控制和热处理生产信息智能管理，建立热处理智能专家系统和远程热处理服务中心等。同时，还可结合产品计算机辅助设计、选材与热处理计算机模拟以及产品可靠性评估，构成产品创新设计平台，实现重量轻、体积小而又高度可靠的产品设计。基于热处理技术在成形制造领域不可或缺的广泛应用地位，热处理智能控制与信息化技术将在上述方面发生飞速发展。

3. 目标

开发热处理工艺过程数值模拟软件，用于热处理后微观组织、性能的预测，进而实现热处理工艺优化设计；提高热处理数值模拟的工程效率和精度，推广基于并行计算的热处理设备虚拟制造技术及热处理虚拟生产技术；以热处理信息化技术为核心，研发热处理生产管理与控制技术、热处理工艺过程控制技术、热处理生产信息管理技术和热处理智能专家系统，建立远程热处理服务中心，构建产品设计、可靠性分析、选材与热处理工艺优化、实行并行处理的产品创新平台，使我国热处理生产从质量可靠性、节能、排放等全方位接近国际领先水平。

（五）热处理节能减排技术

1. 现状

我国目前年热处理量约为 1 亿 t，按平均能量单耗 600kW·h/t 计，每年耗电为 600 亿 kW·h，相当于 8 个百万千瓦级电厂年发电量。热处理过程的有毒物质排放不仅包括废液、废气对生产现场所在区域的环境污染，还包括热处理使用的能源和资源在其生产过程中产生的温室气体排放。我国热处理行业的能耗与排放惊人，与发达国家相比差距明显。研发并采用先进材料热处理技术是实现我国机械制造业节能降耗、消除污染的重要途径。

2. 预测

基于我国对能源和环境可持续发展的大力追求，未来将会加快热处理行业的产业结构调整，限制高能耗、高污染、低效率、技术力量薄弱的热处理企业，研发和推广节能环保型热处理技术装备和先进材料热处理技术。

3. 目标

根据国内外热处理高新技术的发展趋势，对传统的热处理工艺进行改革，发展精密、高效、节能、清洁的热处理技术和装备。经过 20 年努力，使我国热处理行业

第四章　成形制造

的能耗和有毒物质排放水平达到或接近发达国家的先进水平，能源消耗减少 80%，热处理生产对环境的影响降到最低程度。

三、技术路线图

重大装备大型铸锻件热处理技术

目标：掌握重大装备大型铸锻件热处理的核心技术，拥有自主知识产权，形成重大装备大型铸锻件稳定生产制造能力

- 切断组织遗传、细化晶粒的锻后热处理技术
- 精确控制综合性能的最优化性能热处理技术
- 温度—微观组织—应力/应变耦合的热处理仿真技术
- 铸造、锻压、热处理的全流程质量控制技术

绿色清洁真空热处理技术

目标：掌握真空热处理各项关键技术，开发多功能精密柔性化真空热处理生产线，拥有自主知识产权，使我国真空热处理技术达到或接近国际先进水平

- 用于结构优化的真空炉CAD设计技术
- 真空热处理设备智能控制系统和网络管理系统开发
- 数学物理建模与人工智能相结合的真空热处理工艺优化CAE技术
- 加热与冷却均匀性、流场均匀性和渗层浓度可控技术

机械产品表面改性技术

目标：开发出一系列基于服役条件的"量身定做"的表面改性层

- 结合传统表面处理技术与近代高新技术，制备特定改性层，经济而有效地提高产品质量和延长使用寿命，且节能环保

目标：建立我国自己的表面改性层质量评定标准

- 建立各类表面改性技术工艺数据库，发展表面改性层各特性表征评价技术

目标：有自主知识产权、可大规模生产高质量表面改性层的高端镀膜装备

- 在引进、消化、吸收的基础上，开发适合我国国情、可供工业化应用的先进表面改性层镀膜装备

2010年　　　　　　2020年　　　　　　2030年

73

(续)

热处理智能控制与信息化技术	目标：热处理工艺过程的多场耦合数值模拟技术与专用软件
	热处理工艺过程多物理场、宏微观耦合数理建模，工艺—组织—性能关联和软件开发技术
	目标：热处理设备的虚拟制造和热处理虚拟生产
	热处理专用材料数据库开发，热处理工艺过程数值模拟与物理模拟相结合的验证平台的开发
	目标：热处理生产过程的柔性化、高效化、精准化和网络化
	热处理工艺过程智能控制技术；热处理生产信息管理技术；热处理智能专家系统开发；远程热处理服务中心建立
	构建产品设计、可靠性分析、选材与热处理工艺优化、实行并行处理的产品创新平台
热处理节能减排技术	目标：热处理行业的能耗降低80%，对环境影响降到最低程度；能耗和废弃物排放水平达到或接近发达国家的先进水平
	高效富氧燃烧技术和废热回收利用技术 / 开发以空气和水组合的无污染高效清洁冷却技术
	基于高效热传导和高温气体循环系统的加热技术和设备 / 减少CO、CO_2和NO_x的燃烧技术和后处理技术

2010年　　　　　　　　2020年　　　　　　　　2030年

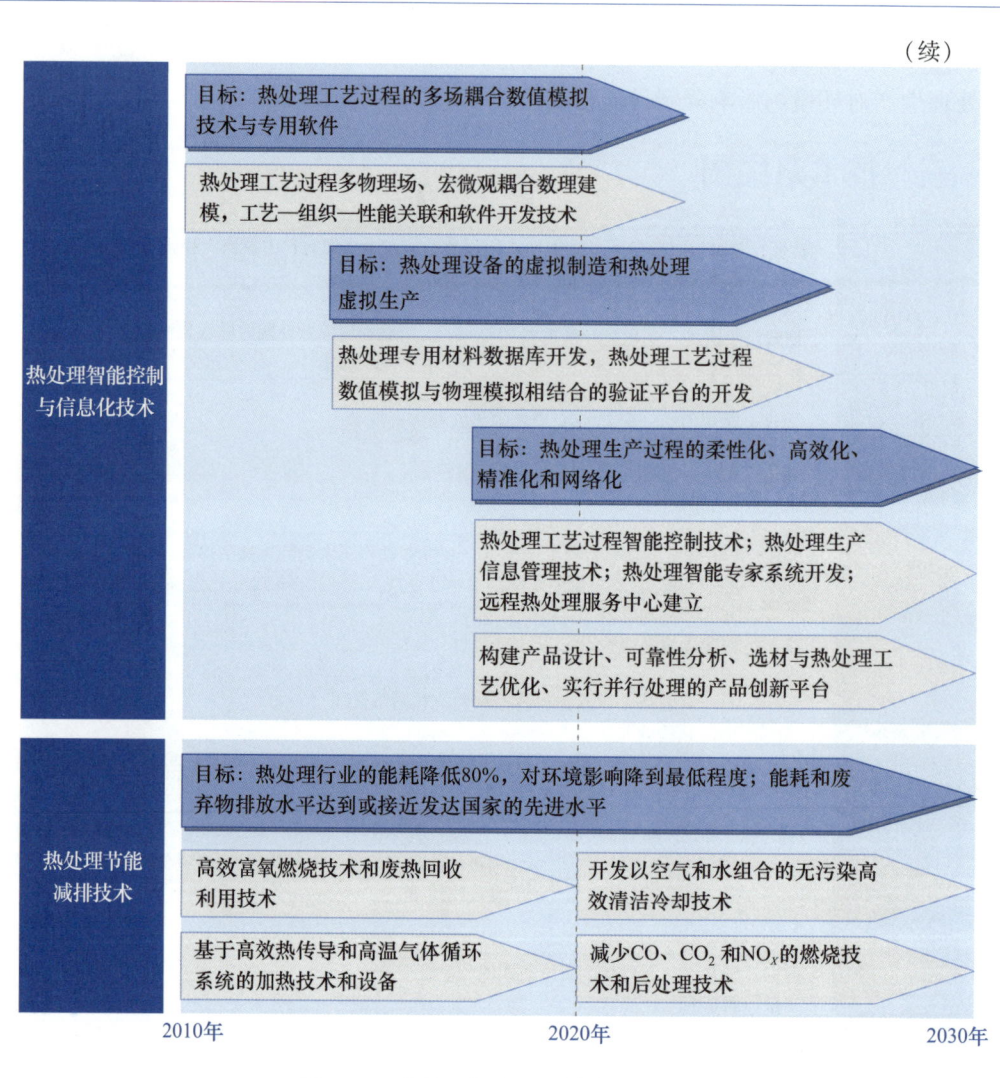

图4-5　热处理与表面改性技术路线图

第五节　粉末冶金成形技术

一、概述

粉末冶金是一类粉体与材料制备、零件近净成形的技术总称，具有绿色环保、节能、节材、高效、短流程、少/无污染的特点，在材料和零件制造业中具有不可替代的地位。粉末冶金技术是实现材料高性能化、复合化以及复杂形状精密成形的关键手段。粉末冶金材料具有独特的化学组成和物理、力学性能，而这些性能是用传统的熔铸方法无法获得的。粉末冶金是解决新材料问题的钥匙，在新材料的发展中起着举足轻重的作用。典型的粉末冶金零件包括汽车、家电和机械用铁铜基零部件，以及机加工用硬质合金刀具，其制造领域包括粉末制备、成形、烧结、新材料、新技术、新装备等。

发展粉末冶金技术是振兴我国民族工业的有力支撑。例如，在汽车行业，虽然粉末冶金零部件的比重不大，但往往应用于动力传输（各类齿轮）和发动机（连杆、座圈、轴承盖、链轮、曲轴等）的关键部件；2010 年我国汽车产量已超过 1800 万辆，然而，粉末冶金零件在中国汽车领域的应用并不广泛，单车平均用量为 3～4kg，而北美的用量目前已高达 19.5kg。因此，发展高性能粉末冶金零部件能够提高我国汽车工业的水平。发展粉末冶金技术还是保障国家安全的重要需求。粉末冶金材料及零部件在国防领域发挥了重要作用，从我国第一颗原子弹到神舟 5 号上都有许多关键粉末冶金零部件。

近 20 年来，国外粉末冶金零件的生产一直以相当高的速度增长，同时特别重视对高密度、高强度、高精度、复杂异型的零件的开发，并由此发展了不少粉末冶金新材料、新工艺，也由此推动了精密成形装备的迅速发展。发达国家如美国、瑞典、日本的粉末冶金零件的制造技术发展的突出标志表现在：①原材料粉末设计的合理化、制造技术的精细化；②零件形状的精密化、复杂化；③零件的高致密化、高性能化；④装备的自动化和智能化。国内粉末冶金零件制造技术的发展与国外先进水平相比，无论在材料性能、技术水平还是粉末冶金零件的质量、品种和生产能力上都与国外相比存在较大的差距。

未来 20 年，我国粉末冶金成形技术将紧抓国家进行产业结构调整和升级所带来的极好机遇，围绕国家的汽车、船舶、航空航天、机械、国防装备等产业发展对粉末冶金新材料、新技术、新产品的需求，解决制约国内高性能、高精度、高复杂粉末冶金零件发展的瓶颈问题，创新性地发展和完善粉末冶金先进成形技术，实现粉末冶金技术从重点跟踪仿制到创新跨越的战略转变，全面提升我国粉末冶金零件制造水平，提高国产粉末冶金零件的国际市场竞争力，使我国粉末冶金零件成形技术水平进入世界先进行列。

二、关键技术

（一）高品质粉末的制备技术

1. 现状

钢铁粉末是应用面广、消耗量大的粉末系列产品，近年来国内外得到了快速的发展。2010 年世界钢铁粉末总产量超过 100 万 t，我国钢铁粉末约占世界总产量的 22%～24%。钢铁粉末的发展趋势朝着高性能、高压缩性、多品种、专用化和环保方向发展。结构零件用钢铁粉末朝着无偏析黏结预混合粉、扩散预合金粉、高合金钢粉、易切削钢粉和特种专用高档钢铁粉末等方向发展。铜及其合金粉末的用量仅次于铁粉，2010 年全球产量在 10 万 t 以上，而我国产量达到 4.3 万 t，产量跃居世界第一，但在技术、装备、生产水平、产品系列化等方面与国外相比存在较大的差距。其他特种粉末（钨、碳化钨、钛、纳米粉末等）也是国民经济的重要基础材料，有广泛的应用前景。在综合利用资源、自动化生产、实现节能环保、提高质量稳定性等方面还需努力。

2. 预测

随着粉末冶金材料和制品质量的不断提高，对粉末的质量要求也越来越高。汽车、机械、航空航天、军工装备、电器等行业的快速发展，对高品质金属粉末的需求也越来越大。先进粉末的生产除了考虑性能和成本外，必须还要考虑节能、减排、降耗和绿色制造的因素。我国高品质的钢铁粉末和高温合金粉末制备将在技术和实践中取得较大突破。高质量钨粉和碳化钨粉、纳米和羰基粉末、低成本低氧钛及其合金粉末、难熔金属粉末等也会在数量和质量上获得快速增长和提高。

3. 目标

发展和完善先进的粉末制备技术，实现粉末制备的高性能化、系列化、专业化、标准化，达到节能减排、降低成本、自动化和环保型生产的目标，建立各种粉末性能数据库和质量标准，提高国产粉末的国际市场竞争力。

（二）粉末冶金零件的精密成形技术

1. 现状

粉末冶金机械零件是粉末冶金的主流产品。2010 年中国粉末冶金零件制品产量超过 16 万 t，但总体来说，技术水平不高，中低端产品较多，与国外先进水平相比存在较大差距。粉末冶金成形制造技术的发展与汽车工业的进步紧密相关。在性能和成本方面，粉末冶金零件制造技术越来越需要与精铸和精锻零件进行竞争，先进的粉末冶金零件成形技术是重要的发展方向。近年来，一系列粉末冶金成形新技术、新工艺层出不穷，并呈现出加速发展态势，试图构筑面向高致密、高性能、高效率、低成本和绿色制造的复杂精密零件的粉末成形技术体系。

2. 预测

粉末成形以材料制备—零件成形一体化制造为目标，综合运用材料、机械、计算机仿真模拟等科学领域的知识，重点解决零件的高性能化和尺寸精密化的问题，拓展粉末冶金零件的应用范围。未来 20 年，我国在高精度复杂零件冷压成形、高致密成形（温压、高速压制等）、（微）注射成形、凝胶注模成形及其工业化应用等方

第四章　成形制造

面取得较大进展。

3. 目标

发展和完善粉末冶金精密成形技术，实现粉末冶金成形技术向高密度、精密成形的战略转变，推动技术向生产力的转化；建立粉末冶金成形技术规范及质量标准；拓展粉末冶金零件在汽车、机械、军工、航天等领域的应用。

（三）粉末冶金高效烧结技术

1. 现状

粉末烧结影响材料的尺寸变化、显微组织演变和物理力学性能的特征，在很大程度上决定着零件的最终质量。粉末高效烧结包括传统烧结的节能改造、短流程和新能源烧结技术。粉末冶金材料和零件的快速发展带动了烧结技术的创新和发展。固相烧结、液相烧结、热压、热锻、热等静压、喷射沉积、烧结硬化、压力烧结、放电等离子烧结、超固相线烧结、微波烧结、选择性激光烧结、多场耦合烧结、热静液挤压等工艺和技术获得了广泛的研究和应用。而作为"工业牙齿"的硬质合金也获得了广泛的应用。目前，粉末冶金烧结技术的发展正朝着短流程、节能、高效和新能源的方向发展。

2. 预测

合金成分的均匀化是获得优良烧结合金材料的重要保证。随着粉末冶金烧结技术的不断发展，粉末冶金制品工业也得到快速增长。在粉末冶金行业重点推广高效、节能、环保烧结技术，制定正确有效的加工工艺，解决材料的高性能和尺寸控制问题。在不久的将来，我国会在汽车粉锻连杆、粉末高温蜗轮盘和高性能硬质合金微钻等方面取得重大突破，并实现工业化生产。

3. 目标

发展和完善粉末冶金烧结技术，实现粉末冶金烧结技术朝着节能、高效方向发展，推动先进烧结技术的转化；建立粉末冶金材料烧结性能数据库、工艺技术规范及质量标准；拓展粉末冶金零件在汽车、机械、军工、航天等领域的应用。

（四）粉末冶金零件后续加工与质量控制

1. 现状

粉末冶金零件涉及精度问题，故其质量控制显得非常重要。粉末冶金零件的后续加工与质量控制贯穿于整个制造过程之中。根据零件的不同要求，粉末冶金烧结材料的切削加工、零件浸渗、精整、表面处理和热处理等在粉末冶金零件制造中均是不可或缺的重要工艺，而所有这些，在国内均未开展深入的研究和制定相应的标准规范，与之对应的质量控制，包括检验和评估均有待建立和健全，才能保证零件的良好出品。

2. 预测

粉末冶金零件进行必要的后续加工及质量控制不仅不会对采用粉末冶金工艺制造的经济技术效益产生有害影响，相反地，合理地进行后续加工，可提高粉末冶金零件的质量和扩大粉末冶金零件的应用范围。铁基粉末冶金零件的表面质量和性能会获得明显提高。此外，硬质合金的后处理和深加工技术，包括热处理、深冷处理、涂层技术和超精密加工等也会获得快速发展。

3. 目标

提高粉末冶金烧结零件的物理和力学性能，改善粉末冶金零件表面的光洁、美观、耐蚀和耐磨性，提升烧结零件的尺寸精度，提高粉末冶金工艺的性能价格比和拓展粉末冶金零件的使用范围，建立粉末冶金后续加工与质量控制的工艺技术规范及标准。

（五）先进的粉末冶金装备制造技术

1. 现状

高端粉末冶金零件的需求推动了粉末冶金装备的迅速发展。具体包括粉末精密成形自动压机、先进模具和模架、辅助装备（机械手、送粉机构、加热系统等）、高效烧结装备。在粉末冶金零件制造过程中，成形、烧结设备对粉末零件的精度起着决定性的作用。国外目前已经普遍采用先进的机械压机和全自动 CNC 压机、先进的模架和辅助装备、先进组合式传输烧结炉等，明显提高形状复杂的粉末冶金零件精度和表面质量。我国的粉末冶金装备制造业还处于较低的水平，大部分先进的粉末成形和烧结装备需要从发达国家进口，导致国内粉末冶金零件产品制造水平较低、能耗较大的局面。

2. 预测

随着粉末冶金零件的质量要求越来越高，对粉末成形和烧结也提出了越来越苛刻的要求，以保证零件的精密性、稳定性和复杂性。国内外客户对高端粉末冶金零件的巨大需求以及国内粉末冶金装备制造水平较低，使国内的先进粉末装备市场需求很大。通过技术的吸收—消化—再创新，我国有望在全自动机械压机、CNC 压机、先进模架、组合式烧结炉、微波烧结炉等装备制造领域实现替代进口，并逐渐提高国际市场竞争能力。

3. 目标

发展和完善先进的粉末冶金装备制造技术，实现粉末冶金装备制造朝着高效率、高质量、低能耗方向发展，推动国产粉末冶金装备的广泛应用和发展，建立粉末冶金装备技术标准。

三、技术路线图

类别	2010年 — 2020年 — 2030年
高品质粉末的制备技术	目标：发展和完善先进制粉技术，实现高性能化、专业化｜目标：建立数据库，实现标准化，达到节能减排、自动化生产的目标
	钢铁粉末制备：低氧高纯铁粉；高压缩性部分扩散预合金粉；无偏析粘结处理预混合粉；超细高纯高合金钢粉
	铜及其合金粉末制备：低消耗零排放绿色制造；自动化生产控制
	其他粉末制备：高温合金粉末；高质量钨粉和碳化钨粉；纳米和羰基粉体；低成本低氧钛及其合金粉末等
粉末冶金零件的精密成形技术	目标：发展和完善先进成形技术，建立技术规范及标准，达到高效、精密目标，实现平均每辆汽车用粉末零件达到8～10kg
	成形基础研究：粉体弹塑性变形控制理论；摩擦、润滑和流变学；致密化机理；数值模拟和仿真
	精密成形技术：高精度复杂零件冷压成形；高致密成形（温压、高速压制等）；（微）注射成形；其他特种成形
	开发出模拟仿真软件，建立和完善网格计算平台，提高可靠性
粉末冶金高效烧结技术	目标：发展和完善先进的烧结技术，提高烧结质量控制水平，实现高性能、高效、节能、环保的目标
	基础研究：烧结尺寸控制；杂质脱除；成分、组织、力学和疲劳性能；外场辅助烧结理论与数值模拟
	高性能粉末冶金材料烧结：高精度复杂零件烧结控制；烧结硬化；高合金钢热固结；汽车连杆和齿轮的粉锻等
	特种烧结：放电等离子烧结；喷射沉积；超固相线烧结、微波烧结；多外场耦合固结；液相烧结、热压、热等静压、压力烧结、热静液挤压等
	粉末高温蜗轮盘和高性能硬质合金工具制造

中国机械工程技术路线图

（续）

粉末冶金零件后续加工及质量控制	目标：可灵活实现零件的后续加工与质量控制，保证良好出品，建立质量标准，满足不同的实际需要
	改善烧结材料的切削性；封孔浸渗；精整；表面处理；热处理等
	硬质合金后处理和深加工技术：热处理、深冷处理、涂层、超精密加工等
先进粉末冶金装备制造技术	目标：发展和完善先进的装备制造技术，达到自动化、智能化、高效和节能的目标，建立标准，实现替代进口和提高国内企业的竞争能力
	基础研究：模具、模架、装备设计基础；液压与控制、在线专家系统
	装备制造：全自动机械压机；CNC压机；组合传输烧结炉；先进辅助装备
	其他装备制造：制粉、后续加工、检测、粉锻装备；其他热固结装备

2010年　　　　　　　　　　　2020年　　　　　　　　　　　2030年

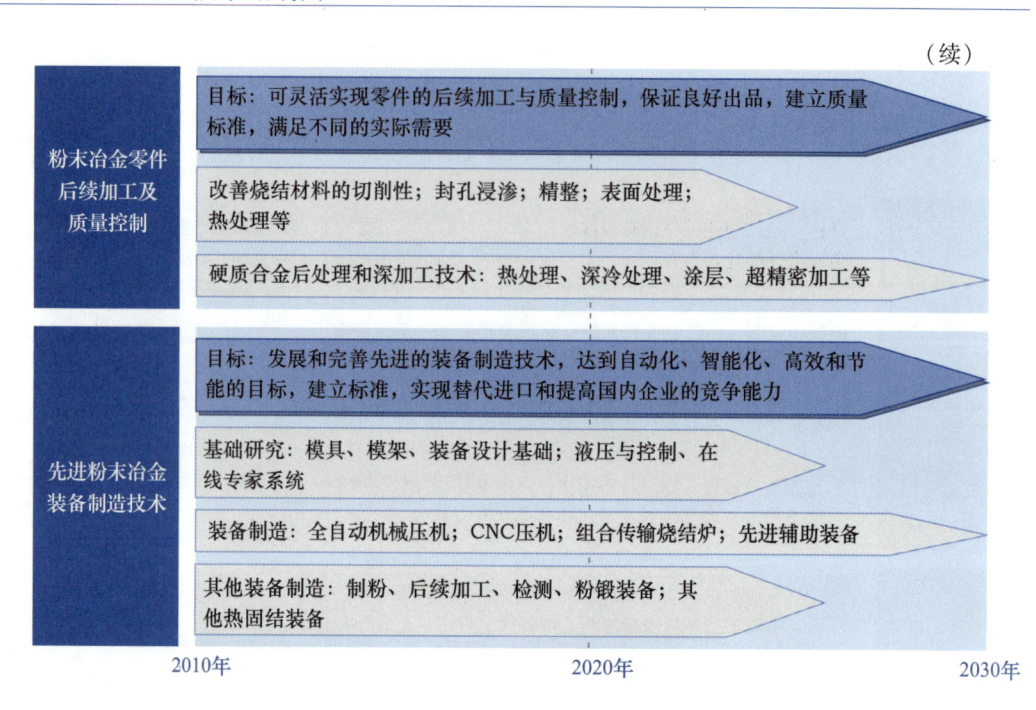

图 4-6　粉末冶金成形技术路线图

第六节　增量制造技术

一、概述

增量制造技术（Additive Manufacturing，AM）是采用材料逐渐累加的方法制造实体零件的技术，相对于传统的材料去除—切削加工技术，该方法是一种"自下而上"（Bottom-up）的制造方法。近20年来，增量制造技术取得了快速的发展。"快速原型制造"（Rapid Prototyping）、"增量制造"、"实体自由制造"（Solid Freeforming Fabrication）等——各异的名称分别从不同侧面表达了这种制造技术的特点。这一技术不需要传统的刀具、夹具和多道加工工序，在一台设备上可快速而精密地直接制造出任意复杂形状的零件，从而实现"自由制造"，解决许多过去难以制造的复杂结构零件的成形问题，并大大减少了加工工序，缩短了加工周期。而且越是复杂结构的产品，其优越性越显著。

增量制造原理与不同的材料和工艺结合形成了许多增量制造设备。目前已有设备种类达到20多种。这一技术一出现就取得了快速发展，并在各个领域都取得了广泛应用，如消费电子产品、汽车、航天航空、医疗、军工、地理信息、艺术设计等。其特点是实现单件或小批量的快速制造，这一技术特点决定了快速成形在产品创新中具有显著作用。

  增量制造发展有美好的发展前景，也面临着巨大挑战。目前最大的难题是材料的物理与化学性能制约了其实现技术。例如，在成形材料上，目前主要是有机高分子材料和金属材料。金属材料直接成形是近十多年的研究热点，正在逐渐得到工业应用，难点在于如何提高精度。新的研究方向是用增量制造技术直接把软组织材料（生物基质材料和细胞）堆积起来，形成类生命体，经过体外培养和体内培养去制造复杂组织器官。

  增量制造技术发展趋势有三个方面：

  （1）向日常消费品制造方向发展。三维打印技术是国外近年来的发展热点。该设备称为三维打印机，将其作为计算机一个外部输出设备而应用。它可以直接将计算机中的三维图形输出为三维的塑料零件。在工业造型、产品创意、工艺美术等方面有着广泛的应用前景和巨大的商业价值。

  （2）向功能零件制造发展。采用激光或电子束直接熔化金属粉，逐层堆积金属，形成金属直接成形技术。该技术可以直接制造复杂结构金属功能零件，制件力学性能可以达到锻件性能指标。进一步的发展方向是陶瓷零件的快速成形技术和复合材料的快速成形技术。

  （3）向组织与结构一体化制造发展。实现从微观组织到宏观结构的可控制造。例如在制造复合材料零件中，使复合材料组织设计制造与外形结构设计制造同步完成，从而实现结构体的"设计—材料—制造"一体化。美国正在开展梯度材料结构的人工关节、陶瓷涡轮叶片等零件增量制造的研究。

  增量制造技术出现为许多新产业和新技术的发展提供了一种快速制造技术。在生物假体与组织工程上的应用，为人工定制化假体制造、三维组织支架制造提供了有效的技术手段。为汽车车型快速开发和飞机外形设计上提供了原型的快速制造技术，缩短了产品的开发周期。例如，国外增量制造技术在航空领域应用量超过8%，而我国的应用量则非常低。增量制造技术尤其适合于航空航天产品中的零部件单件小批量的制造，具有成本低和效率高的优点，在航空发动机的空心涡轮叶片、风洞模型制造和复杂精密结构件制造方面具有巨大的应用潜力。因此，增量制造技术与企业产品创新结合，是增量制造技术发展的根本方向，也是实现创新型国家的锐利工具。增量制造的发展目标是实现微纳米级的制造精度，有效提高大构件的制造效率，发展多材料和多工艺复合的控形控性制造技术。

二、关键技术

（一）精度控制技术

1. 现状

增量制造的精度取决于材料增加的层厚和增量单元的尺寸及精度控制。增量制造与切削制造的最大不同是材料需要一个逐层累加系统。每层厚度直接决定了零件在累加方向的精度和表面粗糙度。增量单元的控制直接决定了制件的最小特征制造能力和制件精度。在现有的增量制造方法中，多采用激光束或电子束累加成形技术。通过激光或电子束光斑直径、成形工艺（扫描速度、能量密度）、材料性能的协调，控制增量单元的尺寸，是提高制件精度的关键技术。

2. 预测

随着激光、电子束技术以及光投影技术的发展，未来将重点发展两个关键技术：一是激光光斑控制技术，采用逐点扫描方式使增量单元达到微纳米级，从而提高制件的精度；二是平面投影技术，投影控制单元随着液晶技术的发展，分辨率逐步提高，增量单元更小，可以实现高精度和高效率制造。

3. 目标

实现增量层厚和增量单元尺寸减小 10~100 倍，从现有的 0.1mm 级向 0.01~0.001mm 级发展，制造精度达到微纳米级。

（二）高效制造技术

1. 现状

增量制造在向大尺寸构件制造方向发展，例如金属激光直接制造飞机上的钛合金框梁结构件，框梁结构件长度可达 6m，目前制作时间过长，如何实现多激光束同步制造，提高制造效率，保证同步增量组织之间的一致性和制造结合区域质量是发展的关键。此外，为提高效率，增量制造与减量制造（去除加工制造）结合，发展增量制造与减量制造复合技术是提高制造效率的关键。

2. 预测

为实现大尺寸零件的高效制造，发展增量制造多加工单元集成技术，例如，对于大尺寸金属零件，采用多激光束（4~6 个激光源）同步加工，成形效率提高 10 倍。对于大尺寸零件，研究增量制造与减量制造结合的复合关键技术，各工艺方法发挥其优势，同时提高加工质量和效率。

3. 目标

增量制造零件尺寸达到 20m，制件效率提高 10 倍。形成增量制造与减量制造结

第四章　成形制造

合，使复杂金属零件的高效高精度制造技术在机械工业中得到广泛应用。

（三）复合材料增量制造技术

1. 现状

现阶段增量制造主要是制造单一材料的零件，例如单一高分子材料和单一金属材料。目前正发展陶瓷材料零件增量成形技术。随着零件性能要求的提高，复合材料或梯度材料零件成为迫切需要发展的产品。例如，未来人工关节需要具备 Ti 合金和 CoCrMo 合金的复合结构，使人工关节具有良好的耐磨性（CoCrMo 合金）和生物相容性（Ti 合金）。由于增量制造具有微量单元的堆积过程，每个堆积单元可以通过不断改变材料，实现一个零件中不同材料的复合，实现控形和控性制造。

2. 预测

未来将发展多材料的增量制造，成形过程中多材料组织之间的同步是关键，例如不同材料如何控制相近的温度范围进行物理或化学转变，如何控制增量单元的尺寸和增量层的厚度。不同材料的复合技术，包括金属与陶瓷的复合，多种金属的复合，细胞与生物材料的复合，是实现宏观结构与微观组织一体化的关键。

3. 目标

实现不同材料在微小制造单元的复合，达到陶瓷与金属成分的主动控制，实现生命体单元的受控成形与微结构制造。从结构自由成形向结构与性能可控成形方向发展。

三、技术路线图

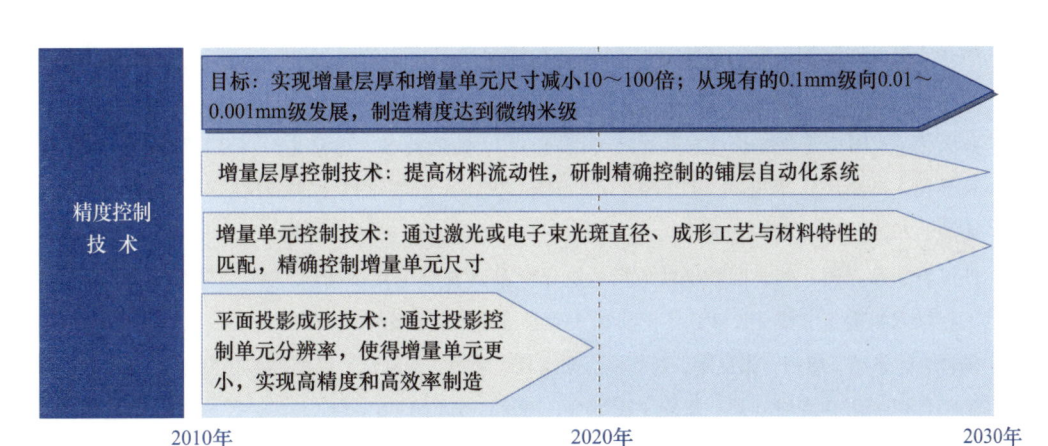

精度控制技术		2010年	2020年	2030年
	目标：实现增量层厚和增量单元尺寸减小10～100倍；从现有的0.1mm级向0.01～0.001mm级发展，制造精度达到微纳米级			
	增量层厚控制技术：提高材料流动性，研制精确控制的铺层自动化系统			
	增量单元控制技术：通过激光或电子束光斑直径、成形工艺与材料特性的匹配，精确控制增量单元尺寸			
	平面投影成形技术：通过投影控制单元分辨率，使得增量单元更小，实现高精度和高效率制造			

(续)

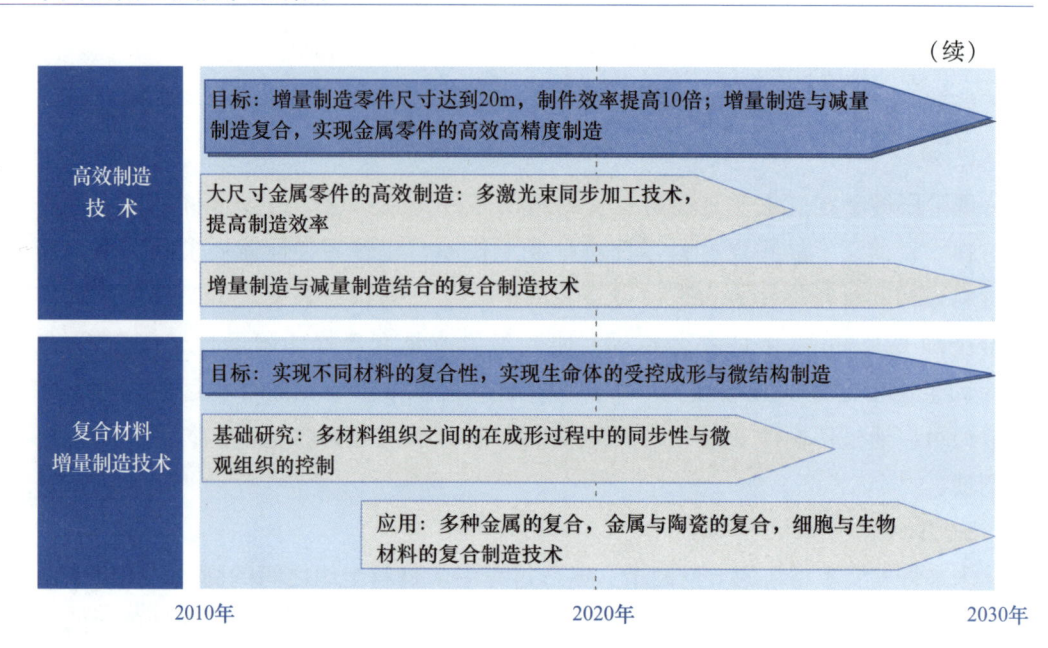

图 4-7　增量制造技术路线图

参 考 文 献

[1] 国家自然科学基金委员会工程与材料科学部. 机械工程学科发展战略报告（2011－2020）[M]. 北京：科学出版社，2010.

[2] 中国科学技术协会. 2010－2011 机械工程学科发展报告（成形制造）[M]. 北京：中国科学技术出版社，2011.

[3] 中华人民共和国国务院. 国家中长期科学和技术发展规划纲要（2006－2020）[M]. 北京：中国法制出版社，2006.

[4] 黄天佑. 我国铸造业的长远发展思路与措施 [J]. 铸造技术，2007（10）：1277－1280.

[5] 黄天佑，刘小刚，康进武，沈厚发，柳百成. 我国大型铸钢件生产的现状与关键技术 [J]. 铸造，2007（9）：899－904.

[6] 任广升，徐春国，等. 回转塑性成形特点分析及其发展的重要意义 [C] // 第 11 届全国塑性工程学术年会论文集. 长沙：中国机械工程学会塑性工程分会，2009.

[7] 杨合，孙志超，詹梅，郭良刚，刘郁丽，李宏伟，李恒，吴越江. 局部加载控制不均匀变形与精确塑性成形研究进展 [J]. 塑性工程学报，2008，15（2）：6－14.

[8] Ming－Zhe Li, Zhong－yi Cai, Zhen Sui, Xiang－Ji Li. Principle and applications of multi－point matched－die forming for sheet metal [J]. Proceedings of the Institution of Mechanical Engineers, Part B, Journal of Engineering Manufacture, 2008, 222（5）：581－589.

[9] 张庆芳,李明哲,蔡中义,胡志清. 多点数字化成形技术的发展及应用 [J]. 航空制造技术, 2010, (7): 42 – 44.

[10] 苑世剑,刘钢,何祝斌,等. 内高压成形机理与关键技术 [J]. 数字制造技术, 2008, 6 (4): 1 – 34.

[11] Jeswiet J, Geiger M, Engel U, et al. Metal forming progress since 2000 [J]. CIRP Journal of Manufacturing Science and Technology, 2008, 1: 2 – 17.

[12] 林忠钦,李淑慧,于忠奇,等. 汽车板精益成形技术 [M]. 北京: 机械工业出版社, 2009.

[13] K W Guo. A Review of Micro/Nano Welding and Its Future Developments [J]. Recent Patents on Nanotechnology, 2009, 3 (1): 53 – 60.

[14] Richard L. Houghton. Heat Treating Technology Roadmap Update 2006. Part I, Process & Materials Technology. Heat Treating Progress, 2006, (5/6): 54 – 57.

[15] Stephen Sikirica and Douglas Welling. Heat Treating Technology Roadmap Update 2006. Part II, Energy & Environmental Technology. Heat Treating Progress, 2006, (9/10): 56 – 59.

[16] George Pfaffmann. Heat Treating Technology Roadmap Update 2006, Part III, Equipment & Hardware Materials Technology. Heat Treating Progress, 2006, (11/12): 22 – 25.

[17] Heat Treating Technology Roadmap Update 2007, Vision 2020: Looking Ahead. Heat Treating Progress, 2007, (1/2): 56 – 57.

[18] 樊东黎. 美国热处理技术发展路线图概述 [J]. 金属热处理, 2006, 31 (1): 1 – 3.

[19] 樊东黎,潘健生,徐跃明,佟晓辉. 中国材料工程大典 (第15卷): 材料热处理工程 [M]. 北京: 化学工业出版社, 2006.

[20] 韩凤麟,马福康,曹勇家. 中国材料工程大典第14卷粉末冶金材料工程 [M]. 北京: 化学工业出版社, 2006.

[21] German R M. Powder Metallurgy & Particulate Materials Processing [M]. Princeton, New Jersey, USA: Metal Powder Industries Federation, 2005.

[22] Terry Wohlers. Additive Manufacturing and 3D Printing State of the Industry: Annual Worldwide Progress Report, 2011.

编 撰 组

组长 李敏贤

成员

概　论　李敏贤

第一节　柳百成　黄天佑　沈厚发　康进武　熊守美　吕志刚　荆　涛

第二节　任广升　苑世剑　刘建生　胡亚民　钟志平　蒋　鹏　张治民

第三节　史耀武　宋永伦　雷永平　陈树君　殷树言　肖荣诗　吴世凯

　　　　　　栾国红　粟卓新　常保华
第四节　顾剑锋　蔡　珣
第五节　李元元　肖志瑜
第六节　李涤尘　田小永　鲁中良

评审专家（按姓氏笔画排序）
　　　　印红羽　巩水利　李冬琪　李社钊　李晓星　宋天虎　张伯明　武兵书
　　　　姚可夫　都　东　贾成厂

第五章 智能制造

概 论

当今世界正进入知识经济时代。知识是财富，是人类智慧的结晶。它可以共享共创、无限增值，是最宝贵的可持续发展资源。知识和信息可使人们更有效地利用物质资源，提高资源的循环利用、增值利用、节约利用和清洁利用水平，扩展资源的利用途径。

智能制造是研究制造活动中的信息感知与分析、知识表达与学习、智能决策与执行的一门综合交叉技术，是实现知识属性和功能的必然手段。智能制造技术涉及产品全生命周期中的设计、生产、管理和服务等环节的制造活动，其技术体系主要包括制造智能技术、智能制造装备技术、智能制造系统技术、智能制造服务技术。

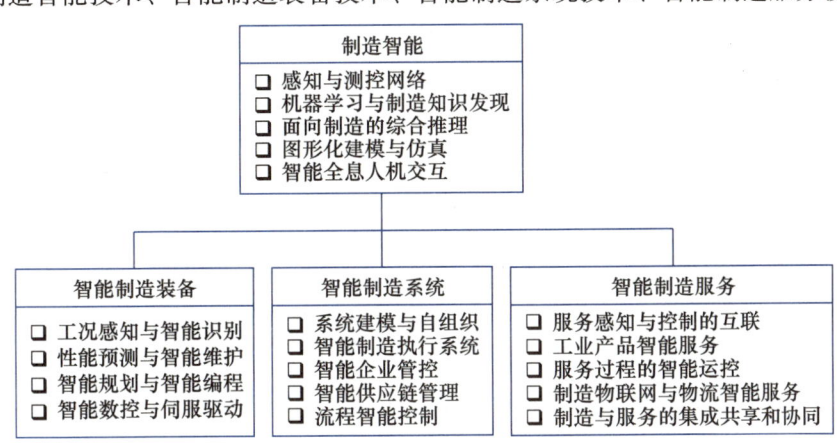

```
制造智能
□ 感知与测控网络
□ 机器学习与制造知识发现
□ 面向制造的综合推理
□ 图形化建模与仿真
□ 智能全息人机交互

智能制造装备                智能制造系统                智能制造服务
□ 工况感知与智能识别       □ 系统建模与自组织         □ 服务感知与控制的互联
□ 性能预测与智能维护       □ 智能制造执行系统         □ 工业产品智能服务
□ 智能规划与智能编程       □ 智能企业管控             □ 服务过程的智能运控
□ 智能数控与伺服驱动       □ 智能供应链管理           □ 制造物联网与物流智能服务
                          □ 流程智能控制             □ 制造与服务的集成共享和协同
```

图 5-1 智能制造技术体系

制造活动中包含着大量的数据、信息、经验和知识。这些数据、信息、经验和知识可能是定性和定量的、精确和模糊的、确定和随机的、连续和离散的、时域和空间域的、显性和隐含的、具体和抽象的。它们的表达模型可能是同构和异构的，存储形式可能是集中和分布的。它们是专家智能在制造活动中的结晶，是企业长期积累的宝贵智力财富，是企业发展与创新的重要基础。制造技术追求的永恒目标之一就是更加有效、充分地利用这些数据、信息、经验和知识，不断提高制造活动的智能水平。

20世纪50年代诞生的数控技术，以及随后出现的机器人技术和CAD技术，开创了数字制造的先河，加速了制造技术与信息技术的融合，从此信息成为制造技术必须面对和研究的新对象，成为制造技术发展的重要驱动力之一。

传感与控制技术的发展与普及，为大量获取和有效应用制造数据和信息提供了方便快捷的技术手段。新型光机电传感技术、MEMS技术、可编程门阵列和嵌入式控制系统技术、智能仪表/变送器/调节器/调节阀技术、集散控制技术等，显著提高了对制造数据与信息的获取、处理及应用能力，强化了信息在离散/连续制造技术中的核心作用。

人工智能技术是推动智能制造技术形成与发展的重要因素。人工智能技术中的知识表示、机器学习、自动推理、智能计算等与制造技术相结合，不仅为生产数据和信息的分析和处理提供了新的有效方法，而且直接推动了对生产知识与智慧的研究与应用，为制造技术增添了智慧的翅膀。

互联网、物联网及射频识别（RFID）技术促进了分布智能制造技术的发展，扩展了智能制造的研究领域。分布智能控制/集散智能控制理论推动了离散与连续制造技术的进步。互联网技术彻底打破了地域，制造企业从此拥有了广阔的全球市场、丰富多样的客户群、数量庞大的合作资源。快速组织异地产品设计、生产、销售和服务，实现合作企业之间的共享、共创和共赢等，既向分布智能制造技术提出了严峻挑战，也为其提供了广阔的发展空间。

数学作为科学的共性基础，是通向一切科学大门的钥匙，它直接推动了制造活动从经验到技术，再向科学的发展。近几十年来，数理逻辑与数学机械化理论、随机过程与统计分析、运筹学与决策分析、计算几何、微分几何、非线性系统动力学等数学分支学科正成为推动智能制造技术发展的动力，并为数字化分析与设计、过程监测与控制、故障诊断与质量管理、制造中的几何表示与推理、机器视觉等问题的研究提供了基础理论和有效方法。数学不仅为智能制造技术奠定了坚实的理论基础，而且还是智能制造技术不断向前发展的理论源泉。

冷战结束后，世界经济环境与格局发生了根本转变，世界经济已从设备、资本竞争转向知识竞争，知识正逐步成为生产力中最活跃、最重要的因素。知识是一种可持续发展资源，知识的不断获取、积累、融合、传递、更新、发现及应用能为企业创造巨大财富、提升企业在竞争中的优势地位并使企业不断发展壮大。以知识为核心的智能制造正成为制造技术的重要发展方向。

智能制造技术是市场的必然选择，是先进生产力的重要体现之一。智能制造技术可以提高能源和原材料的利用效率、降低污染排放水平，提升产品的性能、文化/知识含量以及技术附加值，增强企业的设计能力和市场响应能力，提高生产质量、效率和安全性。智能制造技术不仅推动了机械制造、航空航天、电子制造、化工冶

第五章　智能制造

金等行业的智能化进程，而且还将孕育和促进以制造资源软件中间件、制造资源模型库、材料及工艺数据库、制造知识库、智能物流管理与配送等为主要产品、为制造企业提供咨询、分析、设计、维护和生产服务的现代制造服务业。智能制造技术的研究与发展，必将催生一批智能制造企业，引领我国制造业实现自主创新、跨越发展。

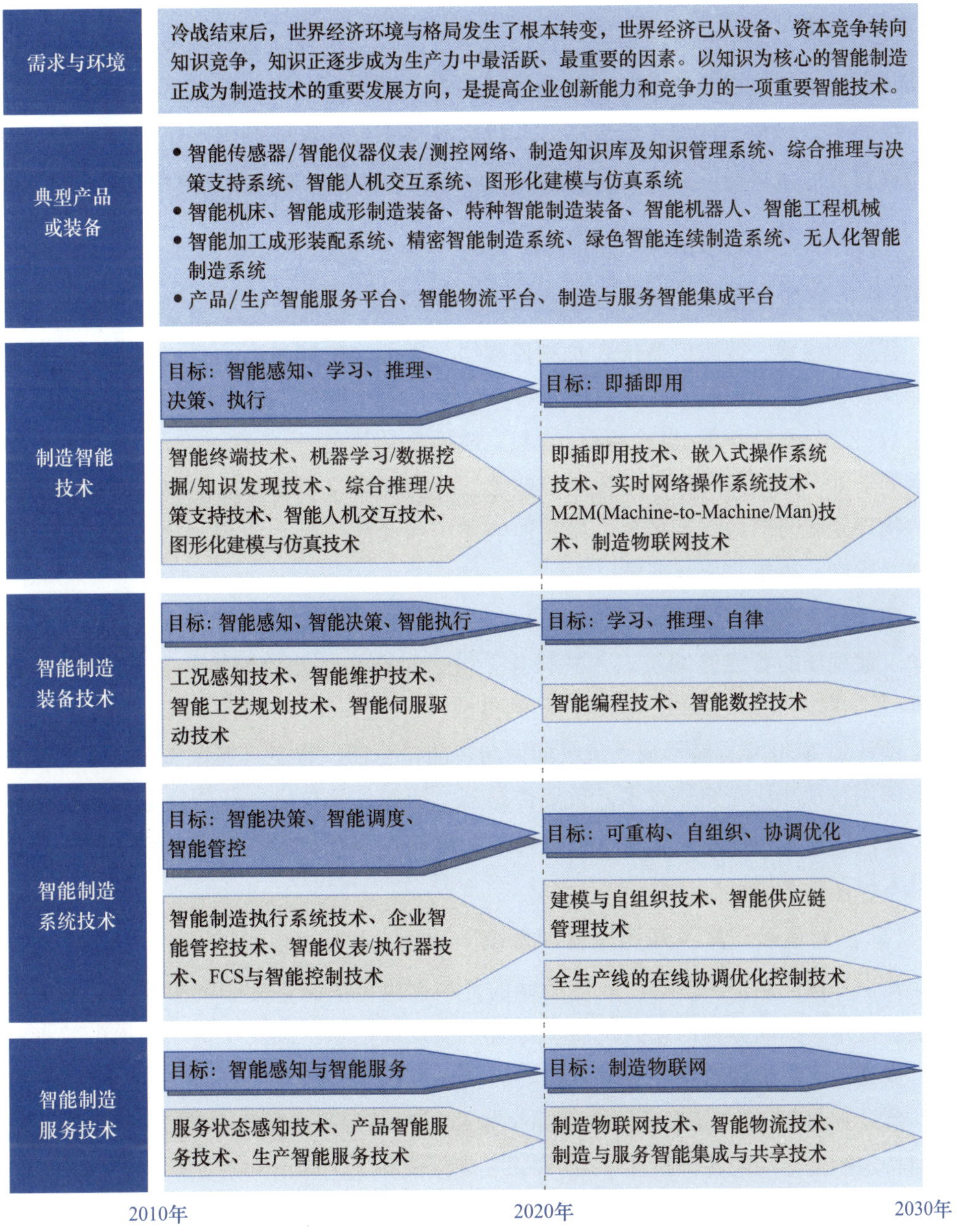

需求与环境	冷战结束后，世界经济环境与格局发生了根本转变，世界经济已从设备、资本竞争转向知识竞争，知识正逐步成为生产力中最活跃、最重要的因素。以知识为核心的智能制造正成为制造技术的重要发展方向，是提高企业创新能力和竞争力的一项重要智能技术。
典型产品或装备	• 智能传感器/智能仪器仪表/测控网络、制造知识库及知识管理系统、综合推理与决策支持系统、智能人机交互系统、图形化建模与仿真系统 • 智能机床、智能成形制造装备、特种智能制造装备、智能机器人、智能工程机械 • 智能加工成形装配系统、精密智能制造系统、绿色智能连续制造系统、无人化智能制造系统 • 产品/生产智能服务平台、智能物流平台、制造与服务智能集成平台

阶段	2010年—2020年	2020年—2030年
制造智能技术	目标：智能感知、学习、推理、决策、执行 智能终端技术、机器学习/数据挖掘/知识发现技术、综合推理/决策支持技术、智能人机交互技术、图形化建模与仿真技术	目标：即插即用 即插即用技术、嵌入式操作系统技术、实时网络操作系统技术、M2M(Machine-to-Machine/Man)技术、制造物联网技术
智能制造装备技术	目标：智能感知、智能决策、智能执行 工况感知技术、智能维护技术、智能工艺规划技术、智能伺服驱动技术	目标：学习、推理、自律 智能编程技术、智能数控技术
智能制造系统技术	目标：智能决策、智能调度、智能管控 智能制造执行系统技术、企业智能管控技术、智能仪表/执行器技术、FCS与智能控制技术	目标：可重构、自组织、协调优化 建模与自组织技术、智能供应链管理技术 全生产线的在线协调优化控制技术
智能制造服务技术	目标：智能感知与智能服务 服务状态感知技术、产品智能服务技术、生产智能服务技术	目标：制造物联网 制造物联网技术、智能物流技术、制造与服务智能集成及共享技术

图 5-2　智能制造技术路线图

第一节　制造智能

一、概述

制造智能主要指制造活动中的知识、知识发现与推理能力、智能系统结构与结构演化能力。制造智能技术主要包括智能感知与测控网络技术、知识工程技术、计算智能技术、感知-行为智能技术、人机交互技术等。工业测控网络和云计算技术为制造智能的实现提供了一个动态交互、协同操作、异构集成的分布计算平台。

二、未来市场需求与产品

（一）智能传感器、智能仪器仪表及测控网络

智能传感器、智能仪器仪表及测控网络是智能制造的基石。智能传感器、智能仪器仪表带有微处理机，具有信息采集、存储、处理和通信能力，实现了自校零/自标定/自校正/自动补偿/自检验/自诊断、数据自动采集/预处理、判断/决策和网络通信的功能。测控网络为分布智能传感器、智能仪器仪表和智能控制器等提供了统一的物理互联与信息交互平台，具有即插即用和灵活的组态功能，支持快速构建分布智能感知、决策与执行系统。

预计到2020年，将形成面向不同制造活动的各类智能传感器、智能仪器仪表，面向工业现场的智能终端及嵌入式操作系统，工业实时测控网络和智能网络设备，RFID及物联网设备与系统，上述产品的机械/电气接口标准和通信/网络协议。

预计到2030年，将形成系统级的面向智能传感器、智能仪器仪表、智能终端的即插即用技术和泛在感知技术，智能传感器、智能仪器仪表、智能终端驱动技术标准，支持制造系统即插即用和系统重构的实时操作系统和实时网络操作系统，智能全息人机交互系统。

（二）制造知识库及知识库管理系统

知识是智能制造的核心。制造活动的复杂性决定了制造知识的多样性，各种知识表示技术，面向异构信息的机器学习与知识发现技术，以及异构知识库的管理技术将成为市场需求的热点。

预计到2020年，将形成面向产品全生命周期的海量异构分布数据库管理系统，面向特定制造活动的各类机器学习/知识发现系统和工艺知识库系统。

预计到2030年，将形成面向海量异构分布制造信息的具备多种学习功能的智能数据库系统，面向特定产业的异构分布知识发现与管理系统，基于云计算的异构分

（三）制造过程综合推理与决策支持系统

推理是智能制造的灵魂，是系统智慧的直接体现。制造信息的非完整、不精确、不确定、异构特性，需要不同的推理模型、推理技术以及决策支持系统，面向特定制造环节和产业的综合推理技术与系统成为解决复杂制造对象自动推理和决策支持问题的必然选择。

预计到 2020 年，基于智能计算的推理与决策支持系统在工艺规划、设备与过程控制、生产调度、故障诊断、系统管理与客户服务等不同制造环节中大量应用，数理逻辑推理、统计推理、运筹学等经典数学方法在一些典型制造问题上取得成功应用。

预计到 2030 年，抽象代数与几何推理理论大量用于制造活动的表示与推理中，几何物理混合约束的复杂曲面数控加工自动编程系统、机器人规划与执行系统、基于制造资源的图形化建模与仿真集成开发系统进入市场。

三、关键技术

（一）感知与测控网络技术

1. 现状

CAN、Profibus、FF、LonWorks 和 WorldFIP 等开放式工业现场总线标准及符合这些标准的各种工业传感器、智能控制器等在不同领域得到应用，IEEE 关于现场通信与智能传感器的系列标准继续得到众多通信、传感与控制设备制造商的支持。集中、分布、混合式智能制造体系结构与技术将不断完善。

2. 挑战

技术标准是企业核心利益和发展战略问题，因此，多种标准与协议将长期并存，系统级的异构资源的集成与管理是需要长期面临的挑战。智能终端、智能工业实时网络设备仍需加强研究，RFID 及物联网技术尚缺乏公认的标准体系，面向智能终端的支持即插即用和系统重构的实时操作系统和实时网络操作系统技术尚待深入研究和继续完善，基于云计算的分布智能制造体系结构、任务描述及管理技术还处于概念阶段。

3. 目标

研究基于 MEMS 技术、新材料技术和信息技术的微型多功能集成智能传感与传输技术、RFID 和物联网智能终端技术；攻克支持传感、监控、决策和执行的开放式智能终端操作系统技术，开发基于工业现场总线的即插即用技术和实时网络操作系统技术以及面向工业现场总线、无线网络、互联网的实时网络操作系统技术；构建基于 M2M（Machine-to-Machine/Man）和制造物联网的全新制造模式，开发基于 M2M 和制造物联网的产品设计、生产、管理和服务技术。

（二）机器学习与制造知识发现技术

1. 现状

借助先进传感与信息技术，制造企业获取并存储了海量产品设计信息、生产过程信息、车间/企业管理信息、客户服务信息等，这些信息既是企业生产经验的累积，更是企业进一步发展的基石。目前，已开发了大量的数据库管理系统，如 PDM、ERP、CRM 等，实现了对企业不同信息资源的自动化管理。机器学习、数据挖掘、知识发现技术能够从数据和信息中自动提炼知识并升华为智能策略，在生产工艺、调度管理知识的发现中有一定的应用。

2. 挑战

制造信息种类多、属性多、特征复杂，随着企业各类信息的不断累积，现有的数据分析与管理技术难以应对，导致日益严峻的数据灾难，迫切需要研究新的数据分析与管理技术，移动网格计算、云计算等分布计算理论与技术尚需突破，同时，异构海量制造数据库的管理技术也需进一步完善。另一方面，为了从积累的丰富数据中挖掘出有用知识并加以充分利用，各类机器学习与数据挖掘技术、知识库管理技术、分布学习与分布知识库管理技术等，是亟须解决的关键技术。

3. 目标

解决异构数据库/知识库之间的冲突及一致性维护问题，开发面向制造活动的多种经验与知识表示技术及异构知识的交互访问技术，实现异构数据库/知识库之间透明访问；开发 Internet 环境下异种系统平台的数据库/知识库的 API 和统一用户界面，实现对异构数据库/知识库的直接 Web 访问；针对特定的制造活动，开发工艺知识库系统，研究高效、分布、异构数据挖掘技术与知识发现技术。

（三）面向制造的综合推理技术

1. 现状

为解决制造活动中的不确定、不精确、非完整信息的自动推理问题，已开发了大量的基于智能计算的切削控制、故障诊断、工艺规划、生产调度系统等，部分系统已投入应用并取得较好效果。统计推理、时域频域分析等数学方法在解决故障诊断、质量分析问题上取得较好效果。数理逻辑推理、运筹学在一些简单的调度问题、决策分析等制造问题中得到应用。

2. 挑战

神经网络的结构设计和学习律问题，模糊隶属函数、模糊规则和去模糊化问题

第五章　智能制造

以及基因编码和遗传算子问题等，缺乏客观、系统的设计方法；由于不能证明收敛性，智能计算方法在切削控制、机器人控制、实时调度等实时系统中的应用面临系统发散的巨大风险。数理逻辑推理、运筹学理论在解决复杂推理问题时面临指数爆炸。如何在抽象代数、几何推理模型中融入力、温度等物理约束，基于视觉的控制与推理问题等仍需深入分析。面向异构信息的综合推理理论和技术还有待进一步研究。

3. 目标

建立不确定、不精确、非完整制造信息的分布/混合智能推理技术，开发面向力/振动、位移/速度、功率、温度、压力、视觉等多传感器信息融合的智能控制技术与实时综合推理技术，研究抽象代数、计算几何、微分几何在数控加工、自动装配、逆向工程、机器视觉、形位测量与误差评定等问题中的应用。

（四）图形化建模与仿真技术

1. 现状

图形化编程通过导入、拖放基本图素并定义图素之间的连接关系和交互信息而完成系统建模和程序的自动生成，它提供了直观、快速、高效、可靠的系统建模、编程与仿真方法，是建模、仿真技术的发展方向。Simulink 提供了控制和信号处理图形化建模功能；ADAMS、SimMechanics 等为多体系统的运动学、动力学提供了图形化建模、仿真和分析方法；UGⅡ提供了基本的图形化数控编程功能，实现了产品设计和制造的无缝集成；基于多体、多学科、多领域的集成 M3P 平台开始应用于机、电、液、控数字化建模与仿真；组态软件在流程工业、电力系统等图形化建模与仿真中取得成功应用。

2. 挑战

制造系统中包含功能各异、数目庞大的各种设备/工作站、零件/材料、工装夹具等制造资源，资源之间的作用关系复杂，研究不同层次和不同属性的制造资源或系统需要分别建立功能模型、几何模型、物理模型等，建立制造资源和系统的信息化模型以及资源间的作用/约束关系和信息交互标准仍是一件长期和困难的工作，面向制造资源的图形化建模、规划、编程与仿真技术同样需要深入系统的研究。

3. 目标

建立制造资源不同属性以及资源间相互作用/约束的抽象描述方法，研究资源的功能模型、几何模型、物理模型以及模型之间的作用/约束关系和信息交互标准，开发制造资源软件中间件，建立制造资源模型库。研究主流 CAD 软件模型导出与转换方法，分析 CAD 模型与制造资源的融合与集成，建立面向制造资源库的图形化建模、规划、编程与仿真集成开发平台。

（五）智能全息人机交互技术

1. 现状

图形、图像、视频、语音、触屏等人机交互方式与装置彻底改变了人们对计算机的使用方式，并将进一步改变制造系统中的人机交互方式。数据手套、数据头盔已在装备制造、汽车、航空航天器、医疗设备的设计、仿真中取得应用。触觉反馈装置和三维显示技术得到广泛研究和关注。

2. 挑战

真三维显示技术尚未进入实用阶段，视网膜直接显示技术仍处于实验室研究阶段。三维全息几何信息的建模及其在真三维显示装置的应用、全浸入式的"人在场景中"的三维场景重构和显示技术等还有待完善。实时图像处理技术、基于机器视觉的刚/柔体空间状态感知与运动识别、脑机接口、生机信号接口技术仍面临严峻挑战。能对操作者施加运动、力、温度、振动等物理作用效应的新一代人机交互技术与装置基本处于萌芽状态。

3. 目标

利用 LED 技术、激光全息技术、视网膜扫描技术实现真三维场景显示，开发有机电致发光等新一代显示产品，开发实时鲁棒视频处理技术和基于机器视觉的刚/柔体空间状态感知与运动识别技术，完善脑机接口、生机接口与生理信号模式识别技术，利用电/磁场力效应原理、融合温度、振动等物理信息开发具有物理作用效应的新一代人机交互技术，最终实现全浸入式的"人在场景中"智能人机交互系统。

四、技术路线图

需求与环境	设计、生产、管理和服务中的数据、信息、经验和知识是企业长期积累的宝贵智力财富，它们可能是定性的和定量的、精确和模糊的、确定和随机的、连续和离散的、显性和隐含的、具体和抽象的，它们的表达模型可能是同构和异构的，存储形式可能是集中和分布的。有效地感知、分析、描述、获取、创建与应用制造中的知识是提高企业运行质量和创新能力的必由之路。
典型产品或装备	• 智能传感、智能仪器仪表与实时测控网络　　• 制造资源中间件及制造资源库 • 制造知识库及知识库管理系统　　　　　　• 基于制造资源的图形化建模与仿真系统 • 制造过程综合推理与决策支持系统　　　　• 智能全息人机交互系统

第五章　智能制造

（续）

技术领域	2010年—2020年	2020年—2030年
感知与测控网络技术	目标：智能传感器/传感网络/物联网增加智能终端/测控网络 MEMS及智能传感技术、智能终端技术，工业实时传感/测控网络和物联网技术	目标：支持即插即用和系统重构的实时网络操作系统 即插即用技术、工业设备驱动技术、可重构技术、实时网络操作系统技术
机器学习与制造知识发现技术	目标：异构分布数据库/智能数据库 工艺知识库技术，冲突消解与一致性维护技术，异构数据库透明访问技术，数据挖掘技术	目标：异构分布知识发现/知识管理系统 异构知识表示技术和交互访问技术，直接Web访问技术，分布异构机器学习与知识发现技术
面向制造的综合推理技术	目标：复杂对象的智能控制系统、基于智能计算的推理与决策支持系统 面向力/振动、位移/速度、温度、压力、视觉、功率等多传感器信息融合的智能控制技术和推理/决策支持技术	目标：异构分布知识综合协同推理系统，几何物理混合约束推理系统 针对数控加工、自动装配、逆向工程、机器视觉、形位测量与误差评定等问题的综合协同推理与几何物理约束推理技术
图形化建模与仿真技术	目标：制造资源中间件/制造资源库 制造资源的表示技术，资源的几何、物理、功能建模技术，制造资源与CAD模型的集成技术	目标：图形化建模规划编程仿真集成系统 制造资源间相互作用/约束的抽象描述方法，基于资源的图形化建模、规划、编程与仿真技术
智能全息人机交互技术	真三维显示技术，实时鲁棒视频处理技术，基于视觉的刚/柔体空间状态感知与运动识别技术	目标：智能全息人机交互系统 脑机接口、生机接口技术，状态感知与运动识别技术，具有物理作用效应的新一代人机交互技术，全浸入式"人在场景中"三维重构和显示技术

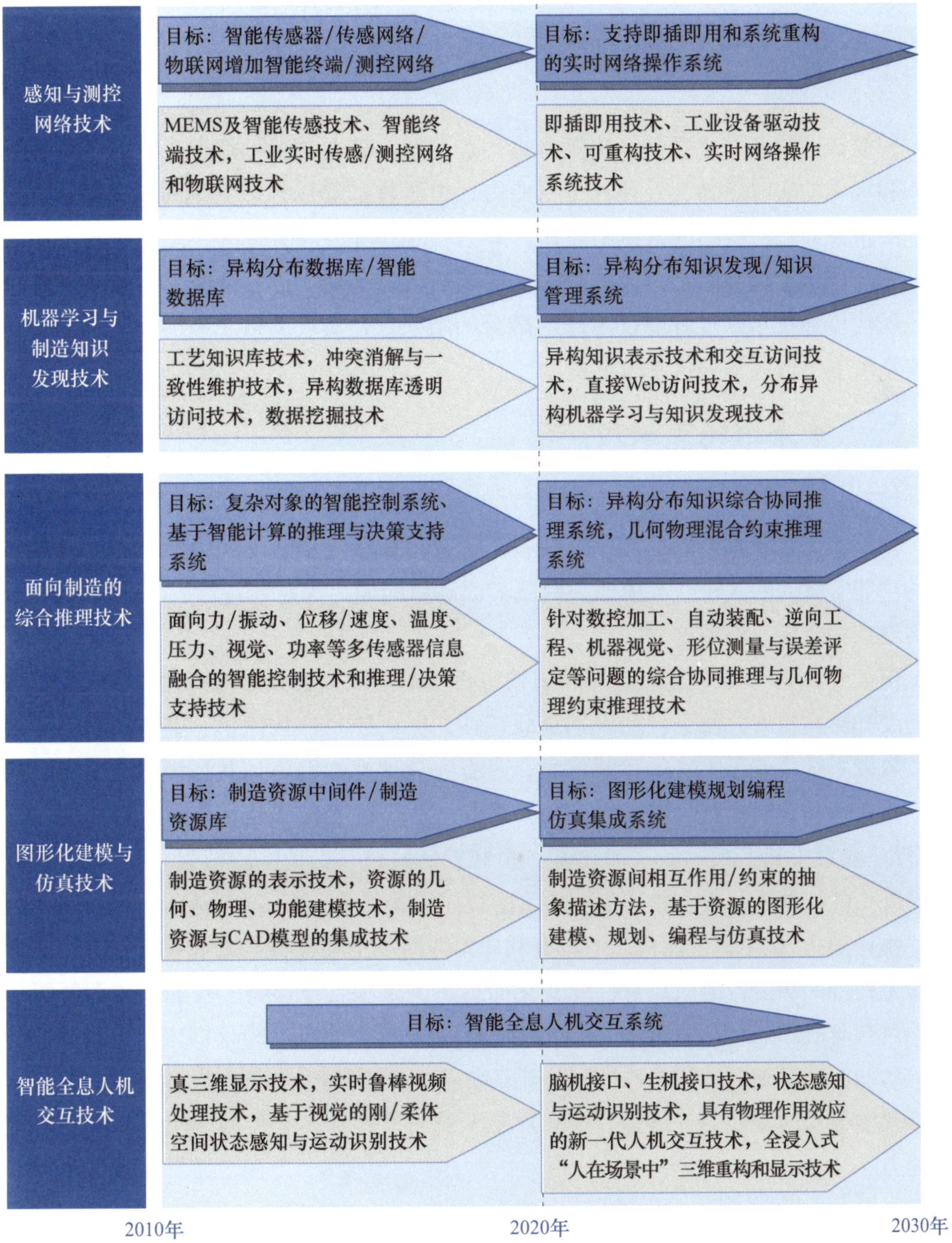

图5-3　制造智能技术路线图

第二节 智能制造装备

一、概述

智能制造装备具有感知、决策、执行等功能，其主要技术特征有：对装备运行状态和环境的实时感知、处理和分析能力；根据装备运行状态变化的自主规划、控制和决策能力；对故障的自诊断自修复能力；对自身性能劣化的主动分析和维护能力；参与网络集成和网络协同的能力。智能制造装备是先进制造技术、数字控制技术、现代传感技术以及智能技术深度融合的结果，是实现高效、高品质、节能环保和安全可靠生产的下一代制造装备。

二、未来市场需求及产品

（一）智能机床

智能机床是最重要的智能制造装备，具有感知环境和适应环境的能力，智能编程的功能，宜人的人机交互模式，网络集成和协同能力等智能特征，将成为未来 20 年高端数控机床发展的趋势。

预计到 2020 年，智能机床采用直线电机和电主轴使机械结构简化，可达到更快的速度和更高精度，便于自动识别负载特性，保证控制参数优化，实现误差综合补偿。数控系统集成了丰富的传感信息，具有完备的感知网络，其环境适应能力、检测诊断能力和实时插补运算能力有很大提升。新一代智能数控系统将具有加工工况（振动、负载、热变形等）实时感知、负载智能监控、振动主动抑制和刀具磨/破损监控等功能。基于几何与物理复合约束的智能化编程系统将实现商品化。

预计到 2030 年，智能机床还具有利用感知网络主动分析、定量评估整机性能参数变化趋势的功能；面向自身性能变化的自主决策和自律控制、智能维护和补偿功能；对自身故障/亚故障状态进行自诊断自修复功能；工件/刀具/机床加工安全智能保护功能；加工参数的智能选择和基于互联网/物联网的生产管理服务等功能；基于虚拟现实技术的零件加工过程分析和加工导航功能；具有参与制造网络集成和协同的能力。

（二）智能成形制造装备

铸造、塑性成形、复合材料铺放与加工等成形制造装备的发展趋势是数字化、信息化及智能化。智能成形装备具有信息获取、模型预测、决策控制功能，具有自学习和自适应能力。

第五章 智能制造

预计到2020年，提高成形制造装备的工艺适应能力，如单晶及定向凝固叶片的智能化熔炼和凝固。增强模型预测、工艺优化和决策控制能力，实现塑性成形工艺要求的变速/变载成形模式、模糊控制和自学习功能。提高复合材料铺放装备的灵巧性、适应性和智能水平，开发智能铺放工艺规划系统。

预计到2030年，大型模锻装备、大型铝镁合金压铸装备、精密塑性成形装备具有自学习、自适应等功能。大型复合材料铺带/铺丝装备等具有完善的工艺感知和决策功能，能实时主动设置铺放工艺参数、实现智能控形控性铺放。智能成形制造装备具有通过感知网络全面获取力、速度、应力、应变、温度等信息，构成分布式网络智能成形制造单元。

（三）特种智能制造装备

特种智能制造装备是为满足超精密加工、难加工材料加工、巨型零件加工、多工序复合加工、高能束加工、化学抛光加工等特殊加工工艺的要求而发展起来的，并将广泛应用于航空航天产品制造、超大规模集成电路制造、能源装备制造、海洋装备制造、大型光学镜片制造等领域。这些装备是基于科学发现的新原理、新方法和专门的工艺知识发展起来的，适应超常加工尺度、精度、性能、环境等特殊条件。

预计到2020年，智能技术将广泛用于研究新的特种生产工艺、智能工艺规划、物理量的在线精密测量、环境感知、智能决策控制等问题，大幅提升装备适应超常工作环境（超高压、超净、超高温）和超常工艺（超精密、高能束）的能力。

预计到2030年，针对超大规模集成电路制造、航空发动机制造、先进安全核能发电设备制造、大型水轮机/燃气轮机制造、风力/太阳能发电设备制造、海洋工程装备制造、高能束加工装备制造等特种制造要求，将全面提升装备的适应能力和智能水平，降低能耗和污染排放。

（四）智能机器人

智能机器人能根据环境和任务的变化，实现主动感知、自主规划、自律运动和智能操作。工业机器人和自动引导小车（AGV）能代替人从事某些单调、频繁和重复的长时间作业，或是在危险、恶劣的环境下作业，它将成为现代制造系统中的典型装备。力/视觉反馈扩展了机器人对环境的感知能力，提升与环境的交互能力，工业机器人已采用力/位混合控制、阻抗控制、视觉引导的位置控制等智能技术。在未来20年里，机器人与环境的交互更加紧密，需要进一步提升机器人对自身状态和作业环境的实时感知能力，提高机器人决策的自律性，增强对环境和任务的适应性，同时智能机器人技术将不断向康复、医疗、服务和国防领域扩展。

预计到2020年，具有视觉感知和视觉伺服功能、力反馈和力/位混合控制功能的工业机器人将广泛应用于航空发动机、集成电路、汽车、计算机和家用电器等各种自动生产线中，智能 AGV 在非结构环境中得到广泛应用，智能机器人在真空和超净环境中得到推广。

预计到 2030 年，多机器人协作系统、智能规划与执行系统、具有多种感知功能的工业灵巧机械手将在实际生产中得到应用。模块化/可重构/网络化康复机器人、服务机器人、智能高端医疗装备、军用特种机器人产品将不断涌现。智能机器人的自律控制和人机交互技术进一步完善，并向无人汽车/无人飞机驾驶领域扩展。

（五）智能工程机械

复杂、恶劣、不确定的作业环境迫切需要提升工程机械的智能水平，以增强设备的可靠性和作业的安全性，提高工程质量和生产效率。熟练工人的短缺和艰苦的工作环境要求提供更便捷、更人性化的智能作业辅助操作系统。大规模的现场施工也对作业机群的智能化管理和调度提出了更高的要求。

预计到 2020 年，工程机械将实现单机智能化，具有针对环境和作业特征的智能辅助行进与作业操作系统、智能状态检测与故障诊断系统、自适应动力与燃油控制系统、GPS 导航/精密定位与实时通信系统。

预计到 2030 年，将建立作业机群协作施工系统，机群监测与控制系统和单机系统实现无缝链接，具备完善的信息通信功能、作业数据的统计与智能分析功能、机群定位与工况分析功能、资源优化与智能调度功能、作业信息管理功能。

三、关键技术

（一）装备运行状态和环境的感知与识别技术

1. 现状

装备运行特征和作业环境的实时感知与识别是智能制造装备的必备功能。新型传感技术和 RFID 识别技术、高速数据传输与处理技术、视觉导航与定位技术等都是智能技术研发的热点。RFID 与传感器结合与集成不仅具有感知与识别功能，还有传输和联网功能。数控机床和机器人的各种感知功能越来越丰富，并组成无线传感网络和嵌入式互联网。

2. 挑战

（1）制造过程复杂，环境恶劣的要求。负载、温度、热变形和应力应变的实时高精测量、零件的高精高效的在位测量、装备性能劣化的实时感知等亟需新型传感技术和识别技术的突破。

（2）装备的自律控制要求。由于感知对象的多样性和多维性，基于视觉等多源信息的三维环境建模和图像理解能力亟待提升，运动图像的去抖/去模糊能力有待增强。

（3）感知系统组网要求。装备的感知和识别系统具有高精高速数据传输、安全处理和容错能力，异构信息无缝交换能力。

3．目标

（1）新型传感技术。突破高灵敏度、高精度、高可靠性和高环境适应性的传感技术，采用新原理、新材料、新工艺的传感技术，完善微弱传感信号提取与处理技术，光学精密测量与分析仪器仪表。

（2）识别技术。低功耗小型化 RFID 制造技术，超高频和微波 RFID 核心模块制造技术和装备，完善基于深度的三维图像识别技术，物体缺陷识别技术。

（3）实时视觉环境建模、图像理解和多源信息融合导航技术，力/负载实时感知和辨识技术，应力应变在线测量技术，多传感器优化布置和感知系统组网配置技术。

（二）性能预测和智能维护技术

1．现状

在复杂的制造环境下，性能预测和智能维护是装备可靠运行的关键，为此需要提高监控的实时性、预测的精确性、控制的稳定性和维护的主动性。面向复杂工况的状态监控技术和装备性能预测技术等是当今制造装备研发的热点，已开发了初级的智能化产品和功能模块，如振动监测模块、刀具磨/破损监控模块等，其功能和智能水平尚需进一步提高。

2．挑战

（1）监测信号与运行状态间存在复杂的关系，难以实时准确地表征运行状态和加工状态的重要特征。

（2）复杂环境中系统整体功能的安全评估技术的研究刚刚起步，寿命预测技术研究仍不成熟。

（3）装备性能演化机制的研究刚刚起步，装备性能指标体系尚待完备，其性能指标与制造过程状态特征的映射关系有待深入研究。

3．目标

（1）突破在线和远程状态监测和故障诊断的关键技术，建立制造过程状况（如振动、负载、热变形、温度、压力等）的参数表征体系及其与装备性能表征指标的映射关系。

（2）研究损伤智能识别，自愈合调控与智能维护技术，完善损伤特征提取方法和实时处理技术，建立表征装备性能、加工状态的最优特征集；最终实现对故障的自诊断自修复。

(3) 实现重大装备的寿命测试和寿命预测，对可靠性与寿命精确评估。

(三) 智能工艺规划和智能编程技术

1. 现状

机床和机器人的规划与编程应综合考虑机器结构、工件几何形状、工艺系统的物理特性和作业环境，优化加工参数和运动轨迹，保证加工质量和提高加工效率。而现有编程系统主要是面向零件几何的编程，没有综合考虑机床、工装和零件材料的特性等，不能适应加工条件、应力分布、温度变化的不确定性。实现智能工艺规划和智能编程还需要逐步积累专家经验与知识，建立相应的数据库和知识库。

2. 挑战

（1）由于机床、机器人和工程机械的机械结构十分复杂，系统刚度和应力分布对位姿的依赖性，界面行为的不确定性，机电液的复杂耦合关系，由于成形加工中复杂的多场耦合问题，要建立精确的全功能和全性能工艺系统模型比较困难，有时还要借助虚拟现实环境，进行模拟与仿真。

（2）构建加工工艺数据库及工艺参数优化专家系统，需要进行大量的实验。实现工艺数据库与工艺系统模型的集成、定性知识与定量知识的融合与推理还面临一定困难。

（3）专家经验与计算机智能的融合技术作为工艺决策的重要基础，有待完善，加工工艺系统的自治配置和自治运行仍比较困难。

3. 目标

（1）深入研究工艺系统的各子系统之间的复杂界面行为和耦合关系，建立工艺系统和作业环境的集成数学模型及其标定方法，实现加工和作业过程的仿真、分析、预测及控制。

（2）建立面向典型行业的工艺数据库和工艺知识库，完善机床、机器人和工程机械的模型库，逐步积累专家经验与知识，实现工艺参数和作业任务的多目标优化。

（3）完善专家经验与计算智能的融合技术，提升智能规划和工艺决策的能力，建立规划与编程的智能推理和决策的方法，实现基于几何与物理多约束的轨迹规划和数控编程。

(四) 智能数控系统与智能伺服驱动技术

1. 现状

机床和机器人的智能化也反映在数控功能的不断丰富和提升，如视觉伺服功能、力反馈和力/位混合控制功能、振动控制功能、负荷控制功能、质量调控功能、伺服参数和插补参数自调整功能、各种误差补偿功能等。工程机械的自适应动力与燃油控制系统、GPS 导航/精密定位与实时通信系统等都是近年研发的热点。伺服系统 PID 参数的快速优化设置问题，各轴伺服参数的匹配和耦合控制问题尚待进一步解决。

2. 挑战

（1）精度达纳米级，加速度超过 10g 的精密、高速、高加速运动控制技术；视觉伺服、视觉精密定位技术；重载、大惯量条件下的快速动作响应与精度控制技术。

（2）切削过程中的切削力、热、振动对加工精度和表面质量的影响机制和刀具的磨损机理较为复杂，难以建立精确预测模型和提出合理的调控策略。

（3）非结构作业环境下机器人与环境的交互能力和智能作业能力；人工智能、计算智能和虚拟现实等智能化技术的发展与实现尚存在许多瓶颈问题。

3. 目标

（1）完善智能伺服控制技术，运动轴负载特性的自动识别技术；实现控制参数自动优化配置；实现多轴插补参数自动优化控制；实现各种误差在线精密补偿；实现面向控形和控性的智能加工；基于智能材料和伺服智能控制的振动主动控制技术；面向成形的伺服驱动与数控技术。

（2）机群控制系统和单机系统实现无缝链接，作业机群具备完善的信息通信功能，机群管理调度系统具有作业信息管理功能、资源优化配置功能和智能调度功能，机群能高效协作施工。

（3）完善机器人的视觉感知和视觉伺服功能、力反馈和力/位混合控制功能；突破基于伺服驱动信号的实时防碰撞技术，非结构环境中的视觉引导技术，实现自律运动、无人驾驶和灵巧操作。

（4）运用人工智能与虚拟现实等智能化技术，实现语音控制和基于虚拟现实环境的智能操作，发展智能化人机交互技术。

四、技术路线图

需求与环境	智能装备具有感知、决策、执行等功能。日益复杂的制造活动要求装备能对运行状态和环境实时感知、处理和分析，能根据装备运行状态的变化自主规划、控制和决策，能自诊断和自修复，能对自身性能劣化进行主动分析和维护，能参与网络集成和网络协同。智能、高效、高质量和安全是当今制造装备追求的目标，是制造装备竞争的核心。
典型产品或装备	• 智能机床　　　　　　　• 智能机器人 • 智能成形制造装备　　　• 智能工程机械 • 特种智能制造装备

中国机械工程技术路线图

（续）

装备运行状态和环境的感知与识别技术	目标：工况实时感知	目标：视觉感知
	高灵敏度、高精度、高速度、高可靠性、高环境适应性传感技术	运动图像的去抖/去模糊技术
	实时智能信号处理与辨识技术	视觉环境建模与图像理解技术
		多源传感器信息融合技术
	成形过程中材料的应力应变传感技术	

性能预测和智能维护技术	目标：性能预测	目标：智能维护
	装备性能演化机制及分析技术	装备损伤智能识别与故障自诊断技术
	系统整体功能的安全评估技术、重大装备的寿命测试和寿命预测技术	装备自愈合与智能维护技术

智能工艺规划和智能编程技术	目标：智能工艺规划	目标：智能编程
	工艺系统和作业环境集成建模与仿真技术	
	工艺参数和作业任务的多目标优化技术	规划与编程的智能推理和决策技术	几何与物理多约束的轨迹规划和数控编程技术
	材料/成形过程与工件性能的关联建模技术	

智能数控系统与智能伺服驱动技术	目标：智能伺服驱动	目标：智能数控
	精密、重载、高速、高加速运动控制技术	视觉伺服技术	视觉感知技术
	力反馈控制和力/位混合控制技术	语音控制和基于虚拟现实环境的操作
	振动控制、负荷控制、质量调控、伺服参数和插补参数自调整技术
	面向成形的伺服驱动与数控技术	

2010年　　　　　　　　　　2020年　　　　　　　　　　2030年

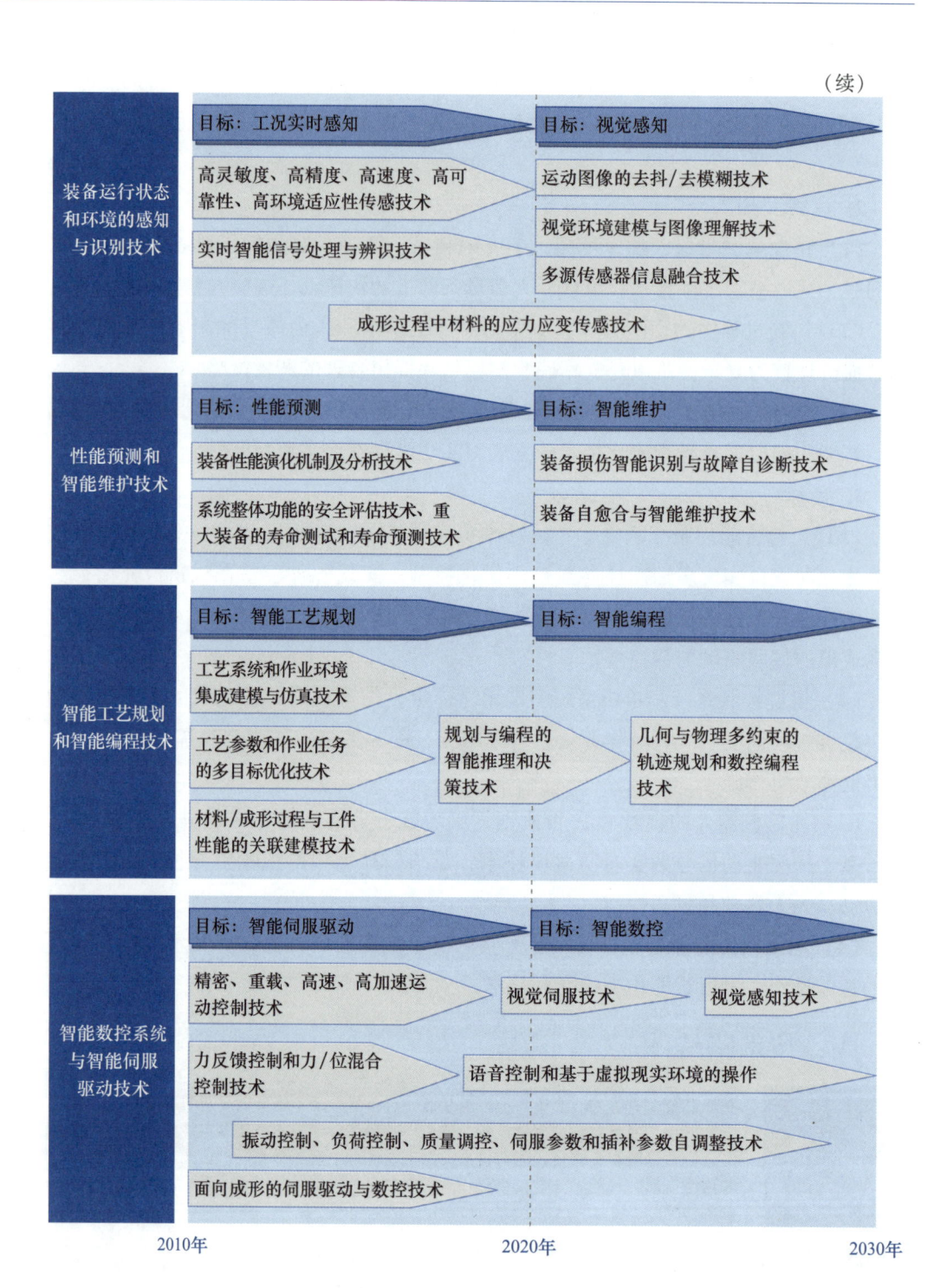

图 5-4　智能制造装备技术路线图

第三节　智能制造系统

一、概述

智能制造系统是一种由智能机器和人类专家共同组成的人机一体化智能系统，它在制造过程中能进行诸如分析、推理、判断、构思和决策等智能活动。通过人与智能机器的合作共事，扩大、延伸和部分地取代人类专家在制造过程中的脑力劳动。智能制造系统最终要从以人为决策核心的人机和谐系统向以机器为主体的自主运行转变。智能制造系统的出现是技术驱动和需求拉动双重作用的结果。在新一代信息技术的驱动下，在个性化、绿色化、高端化和全球化市场压力下，智能制造朝智慧制造、U－制造、新一代智能制造、泛在智能制造等方向发展，从自上而下、集中式的制造模式向自下而上、分布化的制造模式方向发展。

二、未来市场需求及产品

（一）智能柔性加工成形装配系统

复杂产品的零部件数以万计，制造系统日益复杂庞大。零部件的加工、生产调度、物流管理、质量控制、企业间的协调配合等对制造系统的智能化、柔性化和敏捷化等提出了更高要求。

预计到2020年，具有智能感知、规划和控制功能的航空发动机制造系统、大型复合材料制备/铺放/成形/加工系统、汽车自动生产线、大型核泵/水轮发动机/燃气轮机制造系统等将相继出现。智能管控系统、智能全球运营系统等将在大型离散制造企业和企业集群中得到应用。

预计到2030年，推出基于泛在网络的高度专业化和协同化的敏捷智能制造系统、飞机/船舶智能制造装配系统。

（二）精密超精密智能制造系统

精密超精密电子制造系统是智能传感器、RFID、高性能测控芯片、核心电子器件、高端通用芯片、大尺寸液晶显示器件的重要制造装备，未来市场需求十分旺盛。

预计到2020年，超大规模集成电路制造系统、RFID制造与封装生产线、大功率半导体激光制造系统、大尺寸TFT－LCD液晶显示屏生产线等将广泛采用智能传感、智能规划、智能控制、智能质量检测技术。

预计到2030年，精密视觉、微力传感装置在电子制造、MEMS制造等精密装备和系统中的智能规划、高速高精运动控制、产品质量检测与分析等领域将得到推广应用。

（三）绿色智能连续制造系统

石化、冶金、建材、印染、造纸等连续制造业能源/水资源消耗大、污染排放高，对可持续发展提出了严峻挑战。在环境友好型、资源节约型社会建设过程中，需要大力开发低能耗、低资源消耗、零污染、零排放的绿色智能连续制造关键技术与系统。

预计到 2020 年，将出现支持网络通信功能的智能仪表/变送器/调节器/调节阀。冶金、印染、造纸等行业的智能张力/位移协调控制系统、超高速高精同步智能控制系统、高性能智能测控装置、面向连续制造业的智能优化运行系统、制造系统故障诊断与预知维修系统将出现，同时还有固体废弃物智能分选装备、智能化除尘装备、污水处理系统、智能工业清洗系统。

预计到 2030 年，将现出面向化工、冶金、建材、印染、造纸等行业的现场总线分布智能控系统、生产线在线协调优化控制系统、产品质量控制系统、智能企业管控系统与安全生产系统。

（四）无人化智能制造系统

随着劳动者保护法规的日益完善、企业社会责任的不断加强和员工素质的不断提高，高浓度有害物资、强辐射、高温等危险有害环境中的无人化智能制造系统的需求越来越迫切，德国宝马公司已利用 RFID 技术实现了车辆自动喷涂、装配的定制化和准时化。

预计到 2020 年，自动喷漆、自动焊接、核电站维修等危险有害作业广泛采用无人化智能制造系统，智能制造单元将大量涌现。

预计到 2030 年，在染织、人体有害物质涂覆、电镀、化工、冶炼、粉碎、电子电器废品回收处理等作业现场将广泛采用无人化智能制造系统。

三、关键技术

（一）制造系统建模与自组织技术

1. 现状

现代制造系统规模日益庞大复杂，影响系统运行性能的因素多，建模周期长、鲁棒性差，不能适应快速多变的市场环境，迫切要求使用新的建模方法，要求制造系统具有可重构和自组织能力。

2. 挑战

（1）DEDS、Petri 网、Multi-Agent 在变结构制造系统的建模方面存在一定的困难。

（2）各种变化和应对措施对制造系统性能的影响不够明确；激烈竞争和多变制造环境导致系统运行风险急剧上升；制造系统规划需要协调企业内外部资源、消解冲突。

（3）制造系统与产品、工艺等紧密相关，产品更新速度加快，新技术和新工艺等发展速度加快，制造系统的演化必须与产品、工艺保持同步。

3. 目标

实现制造资源的即插即用和可重构制造系统；开发面向功能模型的制造系统自组织与自协调技术；建立面向可重构模型的系统实时动态运控方法。

（二）智能制造执行系统技术

1. 现状

制造执行系统（MES）是企业资源规划（MRP）和车间作业控制的桥梁，旨在加强 MRP 的执行功能。智能制造执行系统采用智能化技术实现 MRP 与生产现场各种控制装置的无缝连接。MES 正在企业推广应用，传感技术和物联网技术的发展将显著提高数据实时获取能力，云计算、实时数据库和人工智能技术的发展将提高海量数据的智能分析能力，各种仿生智能算法的发展将提高车间智能调度能力。

2. 挑战

（1）车间级系统的状态变量多、决策变量多，状态/决策变量与系统性能关系复杂，系统建模困难、最优决策难。

（2）车间级系统需要处理和分析的数据量大、数据变化快，海量实时数据分析与处理方法面临挑战。

3. 目标

实现车间状态的实时检测、智能分析和知识挖掘，为不同用户提供个性化的分析结果，集成机器智能和人的智能，各显其能，相辅相成。根据车间状态和优化目标，实现对各种任务、刀具、装备、物流和人员的智能调度；对制造质量进行在线智能监控，及时发现潜在的质量问题，并提出智能化解决方案。解决车间计划层与控制层的智能互联技术、主动系统重构技术，以适应制造环境和制造流程的改变，快速开展新品制造。

（三）智能企业管控技术

1. 现状

企业管控包括产品研发和设计管理、生产管理、库存/采购/销售管理、服务管理、财务/人力资源管理、知识管理、产品全生命周期管理等。智能企业管控系统将使企业信息集成化、管控智能化、人机一体化，并提高企业信息集成能力和海量数据的智能分析能力，增强分散、无序、含有噪声的知识的处理与应用能力，提升产品生命周期管理和制造服务能力。

2. 挑战

（1）企业中的异构系统快速集成与管控难。

（2）企业中的非结构化数据、信息和知识的结构化处理、集成和分析难。

（3）企业系统需要管控的对象多，对实时性要求高，人和系统的集成和管控难。

3. 目标

实现企业透明化，及时发现企业存在的问题；实现管控集成化，提供企业生产管理、执行等信息系统集成方案和智能管控平台；实现知识有序化，使企业知识有序关联，提高知识的搜索和主动推送水平。

（四）智能供应链管理技术

1. 现状

智能供应链管理系统面向企业间的集成，包括协同研发和设计管理、协同生产管理、协同服务管理、协同知识管理等。云计算、物联网等技术的发展和应用提高了企业间供应链海量信息的集成、管理与分析能力。供应链管理过程的标准化问题受到高度重视，供应链管理效率逐步提高。3D零件库的智能化步伐正有序推进。

2. 挑战

（1）供应链管理涉及的企业多，企业之间协调困难，需要智能的优化协调方法。

（2）零件库中的零部件数量"爆炸"，零件利用效率低，需要智能的方法促进零部件的有序化。

（3）供需企业多，各自使用的概念和名称差别较大，导致供需双方匹配难，需要解决异构信息的智能方法。

3. 目标

利用新一代信息技术，建立信息集成平台，促进企业间的信息流畅通，支持制造资源的优化配置、供需双方的快速匹配和网络化协同设计制造，提高产品设计和制造的效率，支持制造业提供高效率、高精度、环境友好型和能源节约型的装备和产品。

（五）智能控制技术

1. 现状

在流程生产智能化方面，已出现大量数字化模型，如高炉炉况预报模型、石化行业催化重整集总反应动力学模型等。高炉冶炼专家系统、石化装置的先进控制系统等在实践中取得较好的应用成果。智能控制是提高流程工业经济效益的主要手段之一，建立智能化流程工业企业，必须加强流程工业自动化系统软、硬件装备的研发，发展全流程生命的在线协调优化控制技术、工艺数模智能化技术、管理信息化技术和流程分析测试新技术等。

2．挑战

为实现可持续发展，石化、冶金等行业提出了严格的安全、节能、环保和成本控制目标，如何实现从单元/设备级的先进集散控制，到车间级的多目标实时协调优化，再到企业级的生产安全、质量控制、智能管控与决策优化、预知维修，最终实现系统、人与控制的深度协调是流程工业面临的巨大挑战。

3．目标

研究高性能神经网络控制、模糊控制、专家系统控制等智能控制算法和智能控制器，开发推广智能传感器、仪器仪表、变送器、调节阀、执行器技术。

研究流程制造中的智能感知、质量预测、预知维修、决策优化、自组织和人机交互技术，研究全生产线的在线协调优化控制技术，推广FCS、智能控制和智能优化运行技术在流程工业中的应用，实现全流程安全、优化生产。

开发资源循环利用和绿色环保生产技术，实现优质、高效、低耗、清洁、敏捷、柔性生产。

四、技术路线图

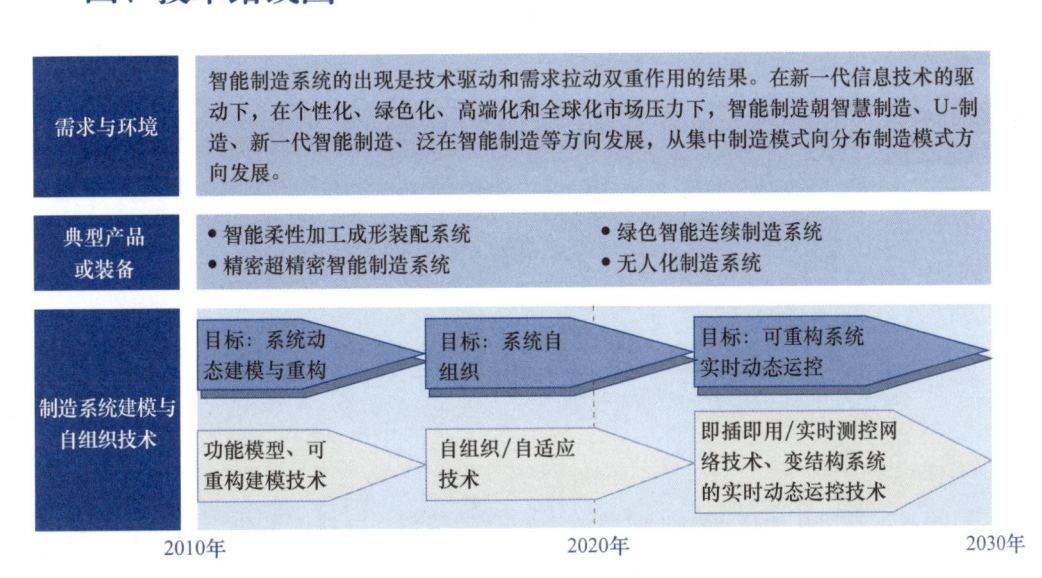

需求与环境	智能制造系统的出现是技术驱动和需求拉动双重作用的结果。在新一代信息技术的驱动下，在个性化、绿色化、高端化和全球化市场压力下，智能制造朝智慧制造、U-制造、新一代智能制造、泛在智能制造等方向发展，从集中制造模式向分布制造模式方向发展。		
典型产品或装备	• 智能柔性加工成形装配系统 • 精密超精密智能制造系统	• 绿色智能连续制造系统 • 无人化制造系统	
制造系统建模与自组织技术	目标：系统动态建模与重构 功能模型、可重构建模技术	目标：系统自组织 自组织/自适应技术	目标：可重构系统实时动态运控 即插即用/实时测控网络技术、变结构系统的实时动态运控技术
	2010年	2020年	2030年

（续）

智能制造执行系统技术	目标：制造资源智能化、物流监控与自动化	目标：制造执行系统的智能化
	车间状态的在线智能监控	车间物流自动化技术/智能车间调度技术/动态调度技术
	车间数据挖掘、知识发现技术	车间计划层与控制层的智能互联技术
智能企业管控技术	目标：企业信息集成	目标：智能企业管控
	异构信息集成	企业管控决策支持技术、多目标优化技术
	智能数据挖掘技术	集成动态智能企业管控技术
智能供应链管理技术	目标：信息/物流/资金/生产计划集成管理	目标：供应链智能管理
	海量3D零件库技术、物流跟踪与管理技术、资金流管理技术、集成管理技术	面向多供应链物料配置自适应优化技术
		全流程集群协同优化和自维护技术
智能控制技术	目标：安全绿色流程制造	目标：智能流程企业
	智能传感技术、智能仪器仪表技术	现场总线分布智能控制技术
	变送器/调节阀/执行器智能控制技术	质量控制与预知维修技术
	智能化的安全节能环保技术、全生产线在线协调优化控制技术、智能流程企业管控技术	

2010年　　　　　　　　　　　2020年　　　　　　　　　　　2030年

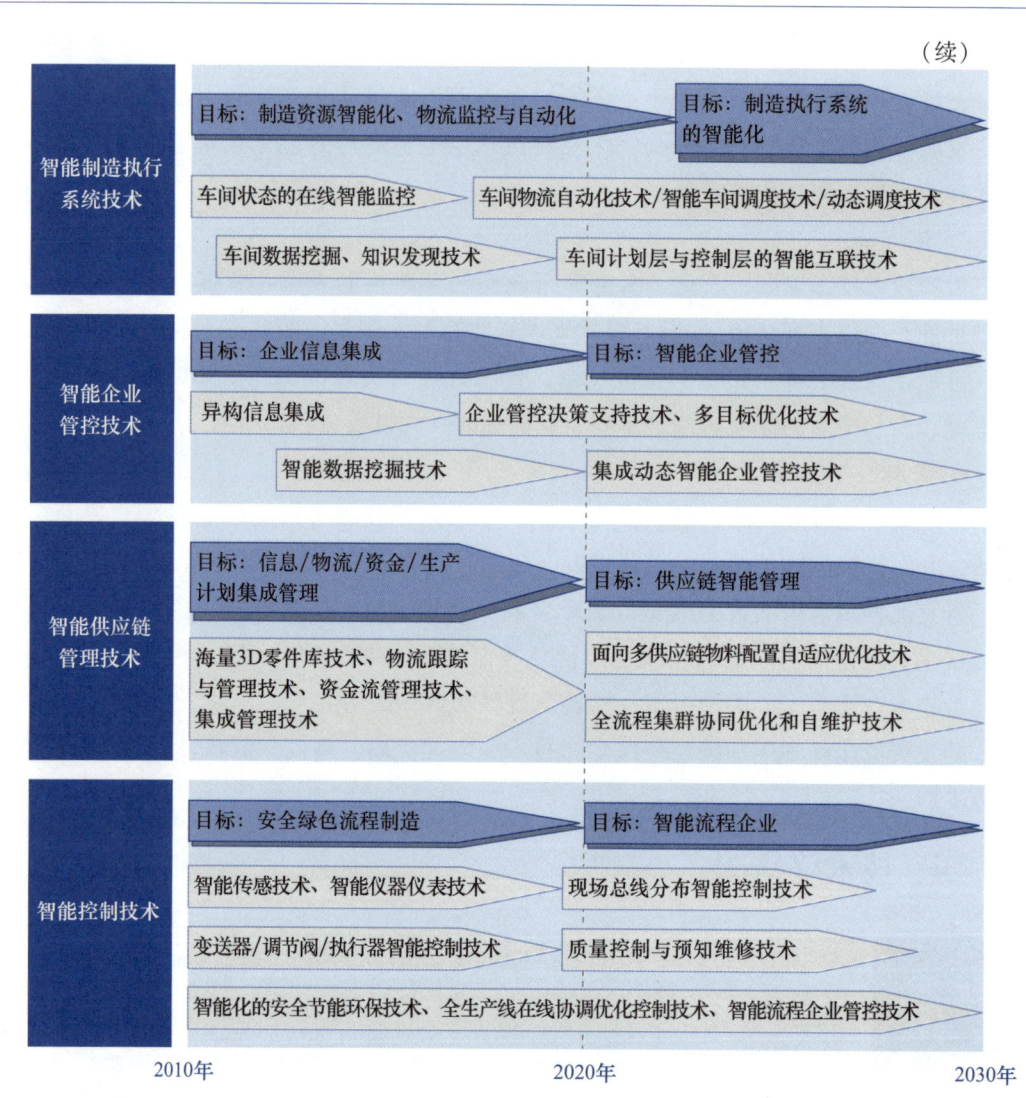

图 5-5　智能制造系统技术路线图

第四节　智能制造服务

一、概述

制造业正经历从生产型制造向服务型制造的转型。制造服务包含产品服务和生产性服务。前者指对产品售前、售中及售后的安装调试、维护、维修、回收、再制造、客户关系的服务，强调产品与服务相融合；后者指与企业生产相关的技术服务、信息服务、物流服务、管理咨询、商务服务、金融保险服务、人力资源与人才培训

第五章　智能制造

服务等，为企业非核心业务提供外包服务。智能制造服务强调知识性、系统性和集成性，强调以人为本的精神，为客户提供主动、在线、全球化服务，它采用智能技术提高服务状态/环境感知、服务规划/决策/控制水平，提升服务质量，扩展服务内容，促进现代制造服务业这一新的产业业态的不断发展和壮大。

二、未来市场需求及产品

（一）产品智能服务平台

"装备+智能服务平台"提高了装备的运行性能、利用率和服役时间，是实现绿色制造和可持续发展的重要途径，在大型装备、高附加值装备、重大成套生产线、大批量装备等领域有较大的市场需求。

预计到 2020 年，将开发具有智能配置、运行优化、性能监测、故障诊断等功能的重大装备远程可视化智能服务平台。

预计到 2030 年，将开发出面向加工成形装配自动线、化工生产线、冶金生产线等重大成套装备的智能产品服务平台。

（二）生产性服务智能运控平台

生产性服务智能运控平台用于实现生产性服务过程的智能调度、跟踪和优化控制，将在制造物流、仓储服务、第三方加工/检测/装配服务等领域有较大的市场需求。

预计到 2020 年，将开发出基于云计算的生产性服务搜索与匹配交易平台，为服务企业与用户间的制造服务交互提供支持；开发 MES/ERP 系统与数控机床、刀具库管理系统等接口服务平台；开发生产性服务智能调度与跟踪系统，并应用于典型的制造物流服务、加工/装配服务等领域。

预计到 2030 年，将开发出生产性服务智能运控平台，完善相应的智能调度与跟踪机制，建立大型成套装备生产性服务的相关标准。

（三）智能物流平台

我国工业企业 2009 年物流成本费用率为 9.8%，物流时间约占整个制造时间的 90%。依托物联网的智能物流系统可以节约物流成本、提高物流效率，具有巨大的市场需求。

预计到 2020 年，将建立制造物联网标准，开发面向产品制造的物流服务配置、分析与运控系统；融合传感与运动控制技术，开发智能物流分拣装置；开发制造物流的智能定位、跟踪与反溯系统和智能优化调度系统。

预计 2030 年，将开发智能化物流成套设备，建立面向公共外库/第三方库存的物流服务配置、分析与运控系统，以典型产品为依托进行应用推广。

（四）制造与服务的智能集成平台

随着制造和服务业的发展壮大，制造与服务的融合是必然趋势。制造状态和服务状态的感知与融合，面向服务的制造与面向制造的服务的深度融合等将进一步提高企业的制造和服务能力，因此，制造与服务的智能集成平台具有较大的市场需求。

预计到2020年，将开发出制造与服务状态传感器与感知网络、基于云计算的制造服务智能集成平台、面向制造过程的自主服务与制造知识服务平台，支持制造过程的服务集成、协作与共享，开发制造与服务的智能集成电子商务平台。

预计到2030年，将建立智能制造服务标准；开发集无线感知、测量、分析、决策于一体的机械产品从车间制造到户外服役全生命性能监控信息平台，并结合航空、汽车、工程机械、家电制造等行业典型产品研制、制造和服役过程，实现机械产品全寿命性能监控和能效管理的示范应用。

三、关键技术

（一）服务状态/环境感知与控制的互联技术

1. 现状

制造服务状态/环境的智能感知与控制系统的智能互联技术是整个智能制造服务的基础，当前在离散/流程制造、物流服务等领域已有初步应用，但在嵌入式传感网络设计、传感网络与运动控制系统的智能互联等方面仍存应用障碍。

2. 挑战

（1）感知/传感装置及数据的无线传输受到制造服务环境的约束，感知/传感装置的可靠性还有待提高。

（2）受感知/传感装置的智能互联通信协议的约束，建立感知/传感装置的互联与智能集成标准仍是一个巨大的机遇和挑战。

（3）当前制造服务状态/环境的智能感知/传感装置价格高，引入制造服务过程中，短期内增加了服务成本，显然这也是一大挑战。

3. 目标

（1）建立制造服务状态描述的标准，为制造服务状态智能感知与控制提供基础支持；提高传感网络的鲁棒性，突破数据智能过滤、状态演变、多传感器融合等计算技术。

（2）建立通信协议，在感知/传感装置、运动控制间的智能互联、集成方面取得突破。

（3）建立典型的制造服务状态/环境的智能感知、传感及其与控制系统的智能互联模型，并推广应用到数控机床工业产品服务系统、制造物流服务等领域。

（二）工业产品智能服务技术

1. 现状

21世纪初，联合国环境规划署（UNEP）报告了产品服务系统在可持续发展过程中的重要作用，工业产品服务理念的延伸对提高制造业可持续发展具有重要意义。当前工业产品服务系统已在通用电气、法国液化气、大众汽车等工业巨头集团获得了初步成功应用，但在工业产品智能服务技术研发与深化应用方面仍有许多路要走。

2. 挑战

（1）企业同时需要多种工业产品服务系统的支撑，如何实现多工业产品服务系统之间的智能集成与组合，确保工业产品服务流程与用户自有制造流程的集成融合，将成为一大挑战。

（2）工业产品服务系统的智能化除智能配置与接入外，还包括智能运控与维护，而当前产品自诊断与远程智能维护整体水平不高，阻碍了工业产品服务系统的智能化运作。

（3）工业产品服务系统模式让第三方参与了用户制造过程，因此在知识产权和保密方面存在挑战；工业产品服务系统延伸了制造商责任，制造企业接受这种转变尚需时间。

3. 目标

（1）研究工业产品服务系统相关标准，探索工业产品服务系统的智能配置与运作技术，开发相应的系统，实现产品驱动的智能化服务工程应用目标。

（2）研究机械产品全生命周期性能监控的RFID技术与传感器，对现有的MES/ERP进行改进，开发可供工业产品服务系统智能接入的接口，实现工业产品服务系统在用户车间/工厂的"即插即用"，确保服务流程与制造流程的融合运行。

（3）探索重大装备类多工业产品服务系统的智能运行、诊断与维护方法，开发相应的自主智能服务平台，提升工业产品服务系统在用户车间/工厂的智能运行、诊断与维护水平。

（三）生产性服务过程的智能运行与控制技术

1. 现状

生产性服务过程渗透于产品全生命周期的各个环节。当前，我国生产性服务大部分仍处于"代工服务"的低端，延伸产业链、发展高端生产性服务、实现生产性服务过程的增效已成为共识。据此，需要研究高端生产性服务过程的智能化运控技术，优化生产性服务链。

2. 挑战

（1）当前我国生产性服务在设计/制造领域应用的广度和深度与国外有较大差距，大多聚焦于制造阶段的"代工服务"，欠缺高端的"知识服务"、"技术服务"。

（2）生产性服务可涵盖产品全生命周期的各个方面，导致其分类方法与语义表达方式复杂，因此增加了生产性服务的智能匹配的难度。

（3）生产性服务过程的智能跟踪与优化要多方协同参与，增加了统一管控的难度，同时，生产性服务过程由多方协同执行，因此知识产权问题制约了多方的深度协同与知识共享。

3. 目标

（1）建立生产性服务的智能匹配与交付模型，使生产性服务交易象网上购物一样高效快捷，并为设计/制造服务资源的高效聚集提供软件平台的支撑。

（2）研究车间制造过程信息采集与传感技术、加工装备性能在线监测传感器与故障预诊断技术、产品制造能耗测量、评估与优化技术。

（3）探索生产性服务的跟踪与再现技术，并开发相应的平台，达到对多服务商协同参与、多种生产性服务并存情形下生产性服务的跟踪与监控的目的。

（4）探索生产性服务活动链的智能调度优化技术，并开发相应的软件系统，达到对多种生产性服务并存情形下整个生产性服务过程链的调度优化的目的。

（四）制造物联网与智能物流服务技术

1. 现状

与发达国家相比，我国物流费用高，迫切需要研究先进物流技术，实现对物流服务过程进行精确控制和高效管理，降低物流成本，促进智能物流产业的健康发展。

2. 挑战

（1）制造过程涉及的资源繁多，资源之间联系的紧密程度很难量化界定，且当前缺乏统一的资源描述标准，这增加了制造资源物联网建模与分析的难度。

（2）各企业对库存物流的需求和标准不一致，这对公共外库/第三方物流等物流服务的智能接入、定位跟踪、调度优化是一大挑战。

（3）流通物品的智能精确定位、跟踪与反溯技术仍需深入研究，如何低成本、高效率实现智能精确定位、跟踪与反溯既是挑战又是机遇。

3. 目标

（1）建立制造资源物联网标准和模型，构建基于公共外库/第三方物流的物流智能服务平台，为库存服务的定制、智能化接入与运行控制提供支持。

（2）探索低成本、高效的跨企业物流服务的智能定位、跟踪与反溯及其平台开发技术。开发云计算服务管理技术，研究不确定性因素下制造物流的智能优化与调度控制技术和调度优化系统。

（3）研发智能物流成套设备，超高频低功耗 RFID 及识别设备、制造资源物联网、公共外库/第三方库存物流平台、制造物流调度优化系统等集成，并在集群型中小企业和集团型核心企业两种典型制造模式下进行工程应用和推广。

（五）制造与服务的智能集成共享与协同技术

1. 现状

智能化集成、共享与协同技术是智能制造服务的共性关键技术，也是当前国内外研发的热点之一。其中，关键的技术瓶颈体现在相关标准的制定、制造服务信息/数据的智能分析与协同决策手段、智能集成与组合等方面。

2. 挑战

（1）制造服务可渗透到产品全生命周期的各个环节，其种类繁多，当前缺乏制造服务的统一的定义、描述和表达标准，从而增加了制造服务集成和组合的难度。

（2）云计算/普适计算为智能制造服务环境架构、配置、运行与控制提供了支持，但随之而产生的数据安全、知识产权保护等问题对智能制造服务的应用推广又形成了新的阻碍。

3. 目标

（1）制定企业智能制造服务的体系结构、关键技术与术语的相关标准，并依托云计算、普适计算等思想，开发制造服务智能配置与运控平台，实现智能制造服务的"即插即用"。

（2）探索面向物联网和电子商务系统的数据挖掘与知识管理技术，实现对制造商与客户行为的自动分析与理解，开发基于云计算的互联网主动营销与服务系统。

（3）开发面向产品全生命周期的基于 M2M（Machine‒to‒Machine/Man）的智能服务集成、组合与共享平台，实现设计服务、加工服务、装配服务、操作服务、维修服务、再循环服务的集成和共享。

四、技术路线图

需求与环境	制造业正经历从生产型制造向服务型制造的转型。制造服务包含产品服务和生产服务。随着社会的进步与发展，服务需求及对服务质量要求日益提高。智能技术将不断加强服务状态/环境感知能力，提高服务规划、决策和控制水平，改进服务质量，扩展服务内容，促进现代制造服务业这一新的产业业态的不断发展和壮大。智能制造服务是未来制造服务业的发展方向，具有巨大的市场需求。

（续）

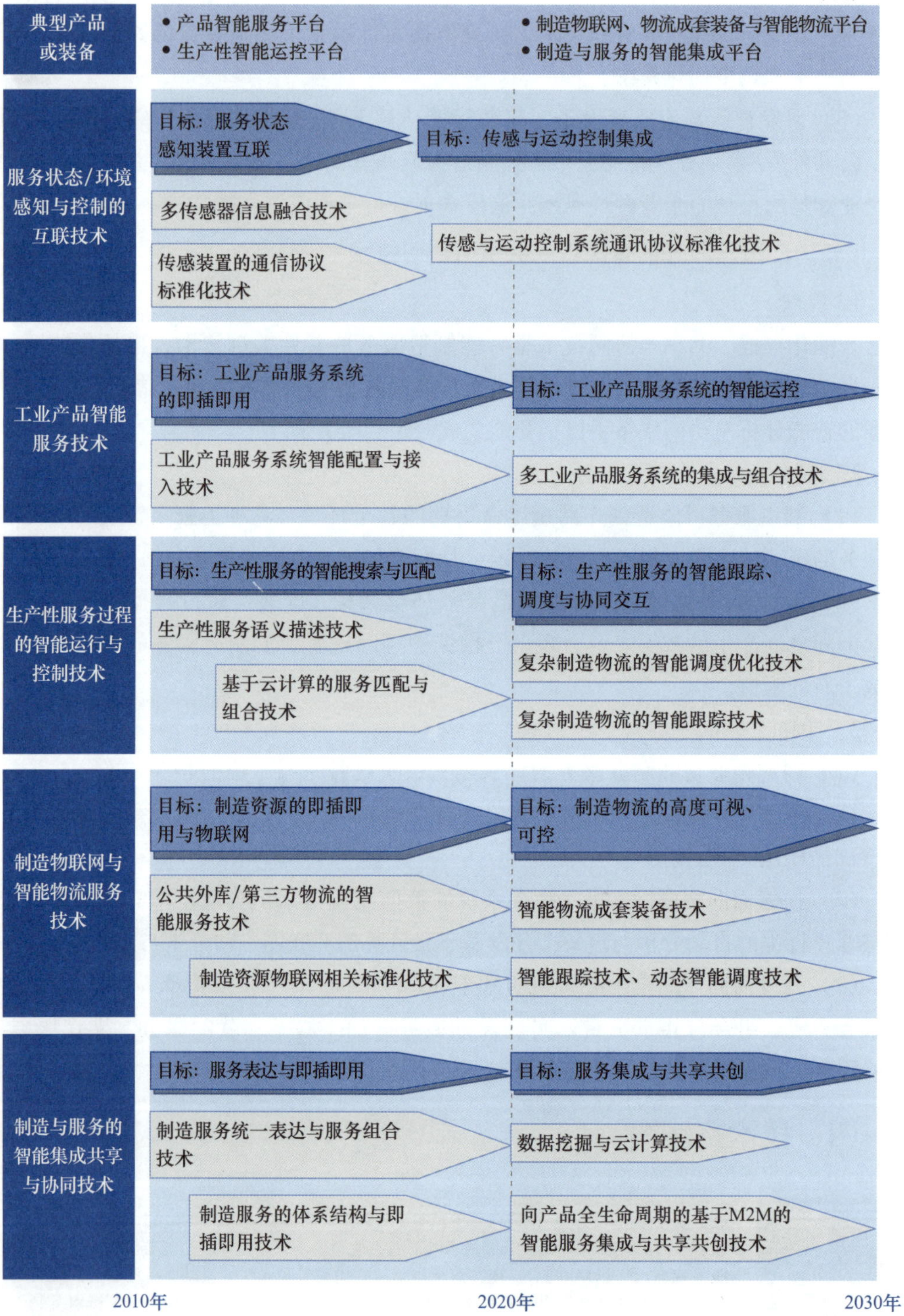

典型产品或装备	• 产品智能服务平台 • 生产性智能运控平台	• 制造物联网、物流成套装备与智能物流平台 • 制造与服务的智能集成平台

服务状态/环境感知与控制的互联技术

- 目标：服务状态感知装置互联
- 目标：传感与运动控制集成
- 多传感器信息融合技术
- 传感与运动控制系统通讯协议标准化技术
- 传感装置的通信协议标准化技术

工业产品智能服务技术

- 目标：工业产品服务系统的即插即用
- 目标：工业产品服务系统的智能运控
- 工业产品服务系统智能配置与接入技术
- 多工业产品服务系统的集成与组合技术

生产性服务过程的智能运行与控制技术

- 目标：生产性服务的智能搜索与匹配
- 目标：生产性服务的智能跟踪、调度与协同交互
- 生产性服务语义描述技术
- 复杂制造物流的智能调度优化技术
- 基于云计算的服务匹配与组合技术
- 复杂制造物流的智能跟踪技术

制造物联网与智能物流服务技术

- 目标：制造资源的即插即用与物联网
- 目标：制造物流的高度可视、可控
- 公共外库/第三方物流的智能服务技术
- 智能物流成套装备技术
- 制造资源物联网相关标准化技术
- 智能跟踪技术、动态智能调度技术

制造与服务的智能集成共享与协同技术

- 目标：服务表达与即插即用
- 目标：服务集成与共享共创
- 制造服务统一表达与服务组合技术
- 数据挖掘与云计算技术
- 制造服务的体系结构与即插即用技术
- 向产品全生命周期的基于M2M的智能服务集成与共享共创技术

2010年　　　　　2020年　　　　　2030年

图 5-6　智能制造服务技术路线图

第五章　智能制造

参 考 文 献

[1] 2050 中国能源和碳排放研究课题组. 2050 中国能源和碳排放研究报告［M］. 北京：科学出版社，2009.

[2] 柴天佑. 智能解耦控制技术及应用［J］. 设备管理与维修，2005（7）：53－53.

[3] 国家发展改革委经济运行调节局，国家统计局贸易外经司，中国物流与采购联合会. 2010 年全国重点企业物流统计调查报告［R］. 北京：国家统计局，2010.

[4] 国家自然科学基金委员会工程与材料科学部. 机械工程学科发展战略报告（2011～2020）［M］. 北京：科学出版社，2010.

[5] 路甬祥. 走向绿色和智能制造——中国制造发展之路［J］. 中国机械工程，2010（4）：379－386.

[6] 孙浩，涂序彦. 钢铁生产智能控制技术［J］. 冶金动力，2004，（4）：93－96.

[7] 吴文俊. 数学机械化研究回顾与展望［J］. 系统科学与数学，2008，28（8）：898－904.

[8] 中国金属学会，等. 2006～2020 年中国钢铁工业科学与技术发展指南［M］. 北京：冶金工业出版社，2006.

[9] 中国科学院先进制造领域战略研究组. 中国至 2050 年先进制造科技发展路线图［M］. 北京：科学出版社，2009.

[10] 中国物流信息中心. 2010 年全国物流运行情况通报［R/OL］. http：//202.106.160.122/wltjwlyx/145844.jhtml.

[11] Cannata A, Gerosa M, Taisch M, A Technology Roadmap on SOA for Smart Embedded Devices：Towards Intelligent Systems in Manufacturing［C］. Proceedings of the 2008 IEEE IEEM，762－767.

[12] Brecher C, Verl A, Lechler A, Servos M, Open control systems：state of the art［J］. Prod. Eng. Res. Devel，2010，4：247－254.

[13] Brecher C, Esser M, Witt S. Interaction of manufacturing process and machine tool［J］. CIRP Annals－Manufacturing Technology，2009，58（2）：588－607.

[14] Chi－Ho Yeung, Yusuf Altintas. Kaan Erkorkmaz. Virtual CNC system. Part I. System architecture［J］. International Journal of Machine Tools and Manufacture，2006，46（10）：1107－1123.

[15] Eiji Arai, Michiko Matsuda. State of The Arts in Manufacturing Software Standardization［C］. ICROS－SICE International Joint Conference，2009：2392－2397.

[16] European Commission. MANUFUTURE, a vision for 2020－Assessing the future of manufacturing in Europe. Report of the High－Level Group, November 2004.

[17] Farid Meziane, Sunil Vadera, Khairy Kobbacy, Nathan Proudlove. Intelligent systems in manufacturing：current developments and future prospects［J］. Integrated Manufacturing Systems，2000，11（4）：218－238.

115

[18] Choudhary K, Harding J A, Tiwari M K. Data mining in manufacturing: a review based on the kind of knowledge [J]. Intell Manuf, 2009, 20: 501-521.

[19] Kaan Erkorkmaz, Chi-Ho Yeung, Yusuf Altintas. Virtual CNC system. Part II. High speed contouring application [J]. International Journal of Machine Tools and Manufacture, 2006, 46 (10): 1124-1138.

[20] MEHRABI M G, ULSOY A G, KOREN Y, Reconfigurable manufacturing systems: Key to future manufacturing [J]. Journal of Intelligent Manufacturing, 2000, 11: 403-419.

[21] Molina A, Rodriguez C A, Ahuett H, Cortés J A, Ramírez M, Jiménez G, Martinez S. Next-generation manufacturing systems: key research issues in developing and integrating reconfigurable and intelligent machines [J]. International Journal of Computer Integrated Manufacturing, 2005, 18 (7): 525-536.

[22] Neely A. The Servitization of Manufacturing: An Analysis of Global Trends [C]. 14th European Operations Management Association Conference, Ankara, Turkey, 2007: 1-10.

[23] Mekid S, Pruschek P, Hernandez J. Beyond intelligent manufacturing: A new generation of flexible intelligent NC machines, Mechanism and Machine Theory, 2009, 44: 466-476.

[24] UNEP. The role of product service systems in a sustainable society [R/OL]. http://www.unep.fr/scp/design/pdf/pss-brochure-final.pdf.

[25] Vladimir Marik, Martyn Fletcher, Michal Pechoucek. Holons & Agents: Recent Developments and Mutual Impacts [M]//V. Marik, et al. MASA 2001. Springer-Verlag, 2002.

编 撰 组

组长 熊有伦 孙容磊

成员（按姓氏笔画排序）

万 熠　王兴东　王春明　史铁林　朱国力　祁国宁　吴 波　张国军
张泉灵　张海涛　张超勇　陈文斌　邵新宇　易朋兴　周华民　胡小锋
柳百成　饶运清　聂 华　夏任司　高 亮　黄兴汉　彭 刚　彭芳瑜

概　论　孙容磊　熊有伦
第一节　孙容磊
第二节　李 斌　刘红奇　熊有伦
第三节　顾新建　张 洁　苏宏业　孔建益
第四节　江平宇

评审专家（按姓氏笔画排序）

王 雪　朱森第　宋天虎　陈殿生　郑 力　屈贤明　雷源忠

第六章 精密与微纳制造

概论

从常规意义上讲，精密制造和微纳制造都是在追求空间几何参数的突破，但是选择的是两条迥然不同的路径：精密制造加工的尺寸范围在常规尺度，追求的是精度的突破；微纳制造加工的尺寸范围在介观和微观尺度，追求的是尺寸的突破。今后的 10 年内，精密与微纳制造的发展仍将朝各自的目标前进，精密制造体现超常尺寸的高精度加工目标，微纳制造则体现多材料、多工艺的微结构集成。20 年后，精密制造和微纳制造将趋向共同发展，实现宏观尺度零部件上的高精度微纳结构、微纳尺度与微纳精度的结合，体现宏观与微观尺度结合、多材料融合和复杂系统集成的特征。

第一节 精密与超精密制造技术

一、概述

精密、超精密加工技术是指加工精度达到某一量级的加工技术的总称。21 世纪初，精密加工技术是指尺寸精度和形位精度达到微米级，表面粗糙度值（Ra）小于 30nm 的零件的高质量、低成本、高效加工方法和技术。超精密加工技术是指尺寸精度和形位精度优于亚微米级，表面粗糙度值为纳米级的加工技术。精密、超精密技术在很多重要产业中都发挥作用。零部件和整机的加工和装配精度对产品的重要性不言而喻，精度越高，产品的质量越高，寿命越长，耗能越小，对环境越友好。不断提高产品和生产母机的精度，是我国从制造大国向制造强国转化的关键技术和重要标志之一。

"精密、超精密"既与加工尺寸、形状精度及表面质量的具体指标有关，又与在一定技术条件下实现这一指标的难易程度相关。"精密、超精密"的概念是随着科技的发展而不断更新的。"普通、精密、超精密"界线的相对描述如图 6-1 所示，当零件尺度趋大和趋小时，制造的难度将随之增大，曲线呈非线性。

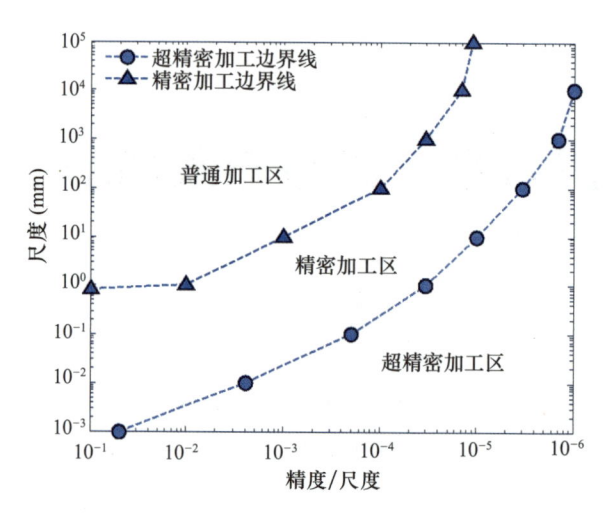

图 6-1 "普通、精密、超精密"界线的描述

提高产品精度与质量是制造科学与技术的追求目标之一。精密与超精密制造技术旨在提高机械零件制造的几何精度，以保证机器部件配合的可靠性，运动副运动的精准性，长寿命、低能耗和低运行费用等。因此，现代科学与技术所需制造装备的一个共性发展趋势是其零件的精度要求越来越高。

超精密加工技术是以高精度为目标的技术，它具有单项技术极限、常规技术突破、新技术综合三个方面永无止境的发展特点。预计到 2030 年，预期精密加工精度界限将从现在的微米级过渡到亚微米级，而超精密加工的加工精度界限将从现在的亚微米级过渡到亚纳米级。

二、未来市场需求及产品

（一）市场需求

1. 航天器、飞机、汽车、列车等交通、机床和能源装备

由于材料科学的进步，越来越多的特殊材料（如特软、特硬、脆、耐磨、难切削等材料）被广泛应用。例如，难加工合金，如钛、铌等；颗粒和纤维增强复合材料；陶瓷类硬脆材料等。基础工艺及元器件，如采用新材料、新结构的高性能、高精度传动部件中的轴承，齿轮、液压、气动、密封基础件等的制造向精密、超精密加工技术提出了新挑战。

2010~2020 年，我国高速轨道交通、汽车行业都面临快速发展的机遇，需要提升大型机车机械部件、汽车零部件、覆盖件模具等特殊形状尺寸（特大、特小、特薄、特复杂）的加工精度及其精度保持性。在航空和航天装备中的很多关键零件，

如孔类零件的陀螺框架、平台发动机、仪表壳体、导引头部件、光学支架系统等都是用超精密加工方法来实现的,因此急需发展我国的超精密加工装备来替代进口装备。

预计到 2020~2030 年,航空发动机的叶盘、叶片及大型飞机整体结构件等难加工材料零部件加工;高强度薄壁类零件及精密模具复杂型面、低损伤表面加工;飞机起落架主筒、飞行器等复杂机械系统的制造和装配技术将要达到世界先进水平。高功率密度车辆、舰船发动机、大型发电机组、高端数控机床等重大装备也将要达到世界先进水平。高档控制执行机构,如液压泵和伺服阀等高精度液压元件;高温、低温、高压、高能场环境条件下零件的精密特殊加工,都需要新一代精密、超精密加工设备、高性能刀具和其他特殊条件约束下的高精度加工新原理和新方法。

2. 光学类零件与产品

预计到 2010~2020 年,我国光学器件生产将从低端向高端转变。CCD 摄像机、数码相机、渐变多焦点眼镜(PALS)、LCD 多媒体投影机、平板显示、手机显示屏、照明、红外线 LED 和 OLED 等中各类非球面光学元件将广泛运用和生产。

预计 2020~2030 年,在高端产品制造领域,我国将赶上日本和德国,使自由非球面零件和微结构光学元件高质量地生产和应用。其产品如摄像机的取景器、变焦镜头;红外成相仪器微透镜阵列;录像、录音用显微物镜读出头;医疗诊断用的间接眼底镜、内窥镜、渐进镜片;光纤连接器中的微槽结构;液晶显示屏的微透镜阵列;激光扫描的 F-theta 镜片;激光头的分光器等。我国将在超高精度、超大尺寸精度比光学元件成为世界强国,如紫外、极紫外集成电路芯片制造光刻机物镜组,X 射线光学反射镜设备与工艺,4~8m 超大口径光学镜元件,大型空基或地基天文望远镜等。

3. 精密仪表及控制零部件类产品

2010~2020 年,我国计算机外设核心装备方面将成为世界生产大国,如磁记录装备、打印记录设备、显示装备、袖珍笔记本电脑、手机等。

2020~2030 年,我国在高档控制执行机构方面,如液压伺服阀、泵和执行液压缸、各种舵机系统;高精度微小型机构零件,如高精度导航仪表、超高精度新型陀螺、静电悬浮陀螺、超高精度激光和光纤陀螺关键零件;高精度测量仪器将达到世界先进水平。所有这些产品都离不开精密、超精密加工技术的发展。

(二) 典型产品的预测

表 6-1 为大型非球反射镜及加工设备、光刻物镜组及加工设备、激光陀螺、微电子制造装备和超精密加工机床与测量仪器等五类典型产品的预测。

中国机械工程技术路线图

表 6-1　五类典型精密超精密加工产品的预测

典型产品		2015 年	2020 年	2030 年
大型非球反射镜及加工设备		1~2 米 SiC，精度 λ/30（rms）	2~4 米 SiC，精度 λ/50（rms）	4~8 米 SiC，精度 λ/60（rms）
光刻物镜组及加工设备		193nm（90nm 线宽）纳米精度	193nm（45nm 线宽）纳米精度	13.5nm（22nm 线宽）亚纳米精度
惯性系统	激光陀螺	0.05°~0.005°/h	0.005°~0.002°/h	0.001°~0.0005°/h
	石英加速度计	1×10^{-5}	1×10^{-6}	1×10^{-7}
微电子制造装备		跟踪研究，开发技术	自主研发，取得一批具有自主知识产权的技术	国产化，产业化，进入国际先进行列
超精密加工机床与测量仪器		跟踪研究，开发技术	国产化，基本不再依赖进口	国产化，产业化，进入国际先进行列

三、关键技术

（一）精密与超精密制造装备技术

1. 现状

我国的机床制造业已步入了世界大国行业，但大量生产的还是普通精度级的机床，精度等级为 $10\mu m$。我国已能设计和生产精密级优于 $1~5\mu m$ 的机床，但精度稳定性和可靠性差，关键零部件依赖进口。亚微米级以上超精密加工机床我国尚未进入工业化生产，个别机床仅为实验室专用设备。我国每年都要花大量外汇进口精密和超精密加工机床。

2. 挑战

表 6-2 为精密与超精密制造装备技术的技术突破。我国在精密与超精密制造装备技术上发展的重点是：

（1）精密与超精密装备设计理论和方法。精密与超精密制造装备设计，包括机床结构、传动链、尺寸链、力流链和测量链等的设计方法和技术；高精度要求下的刚度、强度、阻尼设计；分布性环境参数、工艺参数偏差的影响；超常工况下精度的传递和稳定性，精度裕度设计；自律式校正、进化与修正；超精密装备廉价化技术，包括均（等）精度设计、适度精度设计以及精度建模、评估和验算、改进与进化等。超精密机床技术难度大，涉及技术范围宽，但其生产规模小。如何建立符合国情的设计、制造、服务体系也是设计要解决的关键问题。

表6-2 精密与超精密制造装备技术突破

精度量级	机床与测控技术	尺寸、形位公差及表面完整性测量仪器	加工方法、刀具材料与装备	加工机理
精密级加工（1~5μm）	高精密预压滚珠或滚柱轴承及高精度滚珠导轨、丝杠；全闭环伺服电机，光栅尺位置测量等	差动变压器；电感、电涡流、光栅尺、光电码盘等传感器、应变仪、CCD摄像；光学显微镜、硬度仪、化学或谱分析仪、轮廓仪、粗糙度仪、计量型三坐标仪	磨削加工：砂轮；研磨加工：研磨料；切削加工：人造多晶体金刚石刀具高精度电火花、线切割、电化学、激光加工；光刻加工：光刻胶等	精密机械切削：剪切或拉伸破坏、微裂纹；电加工：热与化学分解
亚微米级超精密加工（0.3~0.9μm）	高精度滚珠丝杠，多列密针滚柱导轨、精密气体静压主轴、气体或液体静压导轨、弹性微动导轨等；直线电机全闭环驱动，压电陶瓷或电致伸缩、磁致伸缩伺服系统	电容测微仪、高精度光栅尺、双频激光干涉仪、多普勒激光光纤干涉仪；光学显微镜、硬度仪、化学或谱分析仪、轮廓仪、粗糙度仪、计量型三坐标仪；波面干涉仪，白光干涉粗糙度仪	切削加工：单点金刚石刀具；磨削加工：CBN砂轮；研磨加工：高熔点金属氧化物磨料；光刻加工：光刻胶等	微细机械切削：塑性域剪切去除、展延式磨削；电加工：分子离子级加工，热与化学分解
深亚微米级超精密加工（<0.3μm）	精密气体静压主轴、气体或液体静压导轨、弹性微动导轨、主动隔震器等；直线电机全闭环驱动，压电陶瓷或电致伸缩、磁致伸缩伺服系统		切削加工：单点金刚石刀具；磨削加工：CBN砂轮；研磨加工：高熔点金属氧化物磨料（CeO、MgO、B4C）；磁力研抛、超声振动研抛、液动或磁悬浮浮动研磨；光刻加工：光刻胶、X射线加工方法等	精密微细机械切削：塑性域剪切去除；电加工：热与化学分解；原子级去除加工：分解、蒸发、溅射、扩散、熔解

（续表）

精度量级	机床与测控技术	尺寸、形位公差及表面完整性测量仪器	加工方法、刀具材料与装备	加工机理
纳米级超精密加工（1~90nm）	弹性微动导轨，主动隔震器等；压电陶瓷或电致伸缩、磁致伸缩伺服系统环境控制等	原子力扫描探针显微镜，多普勒激光光纤干涉仪；扫描探针显微镜（SEM、AFM）、扫描电子、离子显微镜（TEM、IMA）	弹性发射研抛（EEM），离子、电子、激光、X射线等加工方法；反应离子刻蚀；聚焦离子束、电子束溅射；飞秒激光、准分子激光、同步加速器等	原子级去除加工：分解、蒸发、溅射、扩散、熔解
亚纳米级超精密加工（0.1~0.9nm）	弹性微动导轨，气浮、磁浮平台，主动隔震器等	原子力扫描探针显微镜，多普勒激光光纤干涉仪；扫描探针显微镜（SEM、AFM）、扫描电子、离子显微镜（TEM、IMA）	纳米压印、纳米生长技术；特种LIGA加工，离子、电子、激光、X射线等加工方法	纳米、亚纳米加工方法，传统方法的延伸和新原理新方法的开发

（2）精密与超精密装备的基础部件技术。精密气体静压主轴、气体或液体静压导轨、弹性微动导轨、主动隔震器等；直线电机全闭环驱动，压电陶瓷或电致伸缩、磁致伸缩伺服系统，电容测微仪，高精度光栅尺，双频激光干涉仪等测量基础件产品的自主研发及产品化技术。

（3）精密与超精密母机制造工艺及学科交叉技术。精密与超精密制造装备技术依赖于物理、化学、力学和材料科学等多学科的发展，以及机械制造、电子、计算机、测控技术的进步。传统的理论和技术已很难有所作为时，精密与超精密装备对材料、设计、制造新技术发展的依赖性是不言而喻的。

（4）精密、超精密加工装备智能化。传统的精密、超精密加工装备的加工精度往往是根据工人经验和加工试验结果来修正和改造不适当的装备、工具、工件及运行、工艺参数来实现的。未来工厂的精密、超精密加工装备将在智能控制理论指导下，通过在线、在位测量，过程建模和优化，达到资源节约，性能优化的结果。

3. 目标

预计在2030年前，我国机床业发展的重点是用精密型机床取代量大面广的普通型机床，进一步淘汰精度为 10μm 以上的通用机床；大力开发精密级和超精密级加工中心和专用机床，基本替代进口；逐步建立我国纳米级超精密机床和专用设备的研究、开发和产业化基地，形成产业化能力和商品化系列。

（二）精密与超精密制造工具技术

1. 现状

目前国内外在精密与超精密制造技术中仍然沿用传统的刀具技术。超常制造、智能制造、绿色制造是未来制造业发展的重要方向，这种要求既体现在刀具应用的高可靠性上，也表现在刀具设计理念上。

2. 挑战

预测我国在精密与超精密制造工具技术发展的重点是：

（1）工具制造精度极限的突破。在超高转速下的微细铣削技术中，亚毫米直径的微铣刀的制造技术是微细铣削的难点之一。微细铣削中，由于刀具及其切削参数的缩小，微观尺度效应将导致有别于传统切削的特殊现象，如刀具易破损、去除率低、表面粗糙度差和难消除毛刺等。未来工具制造精度极限的突破，主要需重视以下问题：基于新原理的超精密刀具的设计理论；超精密加工刀具与工件的作用机理及多物理场耦合机制；精密与超精密工具的多重尺度效应耦合机制及解耦方法；工具的新材料与涂层技术开发与应用。

（2）新一代智能刀具技术。新一代智能刀具应具备切削过程的自主感知功能，可以自主实现温度、振动、切削力以及刀具的磨损和破损检测功能，将突破现有的刀具设计理念，通过全新的刀具设计和刀具制造技术实现从刀具被动加工向主动性和智能化方向发展，并带动自适应智能制造系统的发展和产业化。

（3）基于可持续制造的新型工具技术。精密、超精密制造工具将在未来 20 年里表现以下可持续制造的特征：新型工具的能耗和环境评价指标与评价体系的建立；绿色环保的精密、超精密工具技术；精密、超精密刀具的低碳制造技术。

3. 目标

预计在 2030 年前，将全部淘汰传统刀具，建立我国的高速刀具和微细刀具的设计、研发、产品系列化体系；研发新一代智能刀具，绿色环保和低碳制造技术精密刀具的能力和水平达到国际先进。

（三）精密、超精密测量技术与仪器

1. 现状

我国精密与超精密加工装备精度的测量一般采用离线方式，即非加工工况条件下检测工件尺寸精度和装备的运动精度。对精密与超精密加工过程的工艺参数的测

量尚缺乏有效的手段与仪器。因此建立全新的精密与超精密装备的在线、在位测量方法，实现装备性能和加工过程的准确、快速、直接的测试与评定，具有重要的实际工业价值和科学意义。未来测量装备应具备模块化、可重组、集成应用于制造系统中的特点。

2. 挑战

预测我国在精密、超精密测量技术与仪器方面将主要面临以下关键科学问题：在线在位测试与评定新原理和方法；加工装备精度的在线检测模型、分析和系统；超精密加工机床精度指标的测试与评定系统；高精度自由曲面及微细结构测量新原理与新方法；新型模块化、可重组、多功能测试装备技术；精密、超精密测量误差多源分离新方法的研究。超精密测量技术与仪器发展的重点是：

（1）新型传感器原理与仪器。对环境因素要求苛刻的加工过程参数的传感器和用于产品检测的传感器研究前沿是：新原理在传感器上的应用，解决了传感器共性问题，包括集成化、微型化、轻量化、低成本、高灵敏度、高可靠性及强的抗干扰能力。在传感器应用方面正在探讨的热点问题有：高速切削刀具力敏芯片与刀具的一体化结合与制造工艺；多种形式的温度压力集成芯片的设计与制造工艺；用于微纳加工件表面轮廓和表面表征的接触式集成三维力传感器等。

（2）系统运行参数检测与表征。在超精密加工过程中，机床运动的在线测量、工件的实时在位测量、对刀具和工件相互作用的测量和误差测量与建模是发展重点。例如在高精度、复杂形面在线测量与误差技术；光学凸面、离轴非球面、高徒度非球面、自由曲面等在线在位测量技术；高精度、抗干扰、快速准确检测技术及装置；多轴超精密数控机床系统运行参数检测；复杂型面零件加工轮廓误差解耦和跟踪运动测控，快速的信息处理和误差分离方法等。

（3）计量与测试新原理、新方法。测量面临的共性技术问题主要是要解决测量范围、测量精度、测量效率之间的矛盾。研究前沿包括：克服衍射极限改善空间分辨能力和层析成像能力，扩展量程范围和增强多参量获取能力；解决材料特性、结构尺寸、物质成分等多参量的测量与误差串扰问题；解决宏观结构与微观结构测量时的相互影响问题；高精度超大尺度的几何量测量方法与溯源问题等。

（4）制造参数高精度测量与误差理论。针对具体测量对象，重点研究包括对各种尺度下的高精度测量、跨尺度的测量、多方位测量、系统多参数的测量和误差分离与补偿技术等。在微细结构测量方面，重点研究结构特性对测量的干扰和结构材料对测量的影响；准确、快速获取多种测量参数的方法；微小元件（如激光核聚变靶丸）内外轮廓层析测量方法；微深内孔形状及位置（如直径小于 $120\mu m$ 的深微孔）测量方法等。在超大空间几何量测量方面，重点研究在长度和角度测量基础上的衍生几何量测量方法;复杂测量大系统布站、站点协调、标定及各类误差的分离与分配技术;恶劣的外场环境下多点冗余测量方法及新测量原理的运用等。

3. 目标

我国预计到 2030 年前,将研发运用于精密与超精密加工在线、在位测量的新型传感器与仪器,建立我国的精密与超精密机床的伺服反馈测量元件的设计、研发、产品系列化体系;研发新一代智能刀具传感器、系统运行参数检测与表征测量仪器和测量方法,使精密与超精密测量系统的能力和水平达到国际先进的水平。

(四) 精密、超精密加工工艺技术

1. 现状

超精密车、镗、铣、磨削工艺技术方面,目前国外发展趋势是:发展多轴、高动态工艺,可实现复杂形面超精密复合加工。例如,金刚石单点超精密车削的快刀伺服和慢刀伺服工艺,它可以直接车削加工光学非回转对称曲面、光学阵列面和多个曲面组合面。使用游离磨料加工的研磨、珩磨、抛光类工艺,用于加工高表面精度、极小粗糙度和高表面完整性零件,工艺技术发展很快。以光学零件加工工艺为例,第一代工艺技术为经典机械研抛技术,以加工平面和球面零件为主。第二代技术为基于数控机械研抛的技术,如数控小工具研抛技术,可以加工非球面零件。目前国际上发展的第三代可控柔体(Controllable Compliant Tools,CCT)研抛技术,其研抛模的柔度(或刚度)可通过计算机来控制。它可实现多维控制,模型稳定好,收敛比高,精度高。例如应力盘(Stressed Pad,SP)、磁流变(Magneto Rheological Finishing,MRF)、离子束(Ion Beam Figuring,IBF)、射流(Flow Jet Polishing,FJP)、气囊进动(Membrane Precession Process,MPP)等研抛工艺。

现有国内超精密加工技术一般是在国外开发的工艺方法基础上进行跟踪和改进。由于亚微米级以上超精密加工机床依赖进口,我国的超精密车、镗、铣、磨削工艺技术和复杂形面超精密复合加工尚未完全掌握。如光学零件加工,我国企业仍主要沿用第一代经典工艺技术;少数研究院(所)掌握了 CCOS 数控小工具非球面零件研抛技术,但尚未普及到企业;第三代可控柔体研抛技术的研究也刚刚起步。

2. 挑战

首先,国外工艺技术是与新原理、新方法的创新紧密结合的。原始创新不足是制约我国工艺水平提高的重要根源。因此必须加强工艺技术的基础研究和创新工艺

的研发。其次，工艺技术是与高水平新装备紧密结合的，因此必须在加强新装备研发的同时，加强工艺技术的研究，使我国超精密加工工艺技术从跟踪国外走向自主创新之路。超精密加工工艺技术发展的重点是：

（1）复杂形面超精密复合加工工艺。金刚石单点超精密车削的快刀伺服和慢刀伺服工艺技术，直接车削加工光学非回转对称曲面、光学阵列面和多个曲面组合面；微小结构和零件的超精密切削加工工艺；硬脆材料的塑性化磨削工艺，即塑性磨削或展延式磨削模式（ductile mode grinding）或微磨加工（micro-grinding）工艺，在优先考虑大载荷条件下磨粒切入深度的动态控制条件下，实现玻璃、陶瓷和碳化硅等硬脆材料的复杂形状、高精度和极低的亚表面损伤加工的工艺。

（2）各种功能材料的超精密加工工艺。功能元件多为脆硬或脆软晶体材料，相对于表面粗糙度而言，更注重表面的晶格完整性。如硅片、碲镉汞、锑化铟、磷化铟、砷化镓和KDP晶体等，只有采用以加工单位为原子级的超光滑加工技术才能获得高质量表面。

（3）大、中型非球面光学零件的可控柔体研抛工艺。针对0.4~2m口径大、中型非球面的光学零件高效、高精度、可批量化制造的需求，开发精确建模、全自动化的可控柔体研抛工艺。例如应力盘、磁流变、离子束、射流、气囊进动等研抛工艺。

3. 目标

预计在2030年前，将全部淘汰落后工艺，建立我国高精度、高确定性加工的工艺设计、研发、推广体系；在复杂形面超精密复合加工工艺、各种功能材料的超精密加工工艺和大、中型非球面光学零件的可控柔体研抛工艺研发能力和水平达到国际先进的水平。

四、技术路线图

需求与环境	精密、超精密加工技术在许多重要产业中发挥关键作用，零部件和整机的制造和装配精度对产品的重要性不言而喻。精度越高，产品的质量越高，寿命越长，耗能越小，对环境越友好。不断提高产品和生产母机的精度，是我国从制造大国向制造强国转化的关键技术和重要标志之一。
典型产品或装备	航空发动机叶盘和叶片、导航仪表、超精密仪器及设备、现代交通装备、民用非球面光学元件、计算机外设装备、磁记录器、光刻物镜

（续）

制造装备技术	亚微米级超精密加工技术 少轴简单面形精密机床技术 深亚微米级超精密加工技术（<0.3μm） 多轴复合技术 复杂曲面超精密数控加工技术 智能化技术 纳米级超精密加工技术（1～90nm），亚纳米加工技术
制造工具技术	金刚石刀具及砂轮，特种加工工具技术 原子级去除加工技术 （离子束、电子束、激光等） 纳米制造技术 智能化超精密制造技术
测量技术与仪器	复杂曲面零件加工高效原位测量技术 面向高精度制造过程的测量新仪器技术 设计加工测量一体化的高精度智能制造平台技术
加工工艺技术	微小结构和零件的超精密切削加工工艺 金刚石单点超精密车削工艺 硬脆材料的塑性化磨削工艺 可控柔体研抛工艺 晶体材料的超精密加工工艺

2010年　　　　　　　2020年　　　　　　　2030年

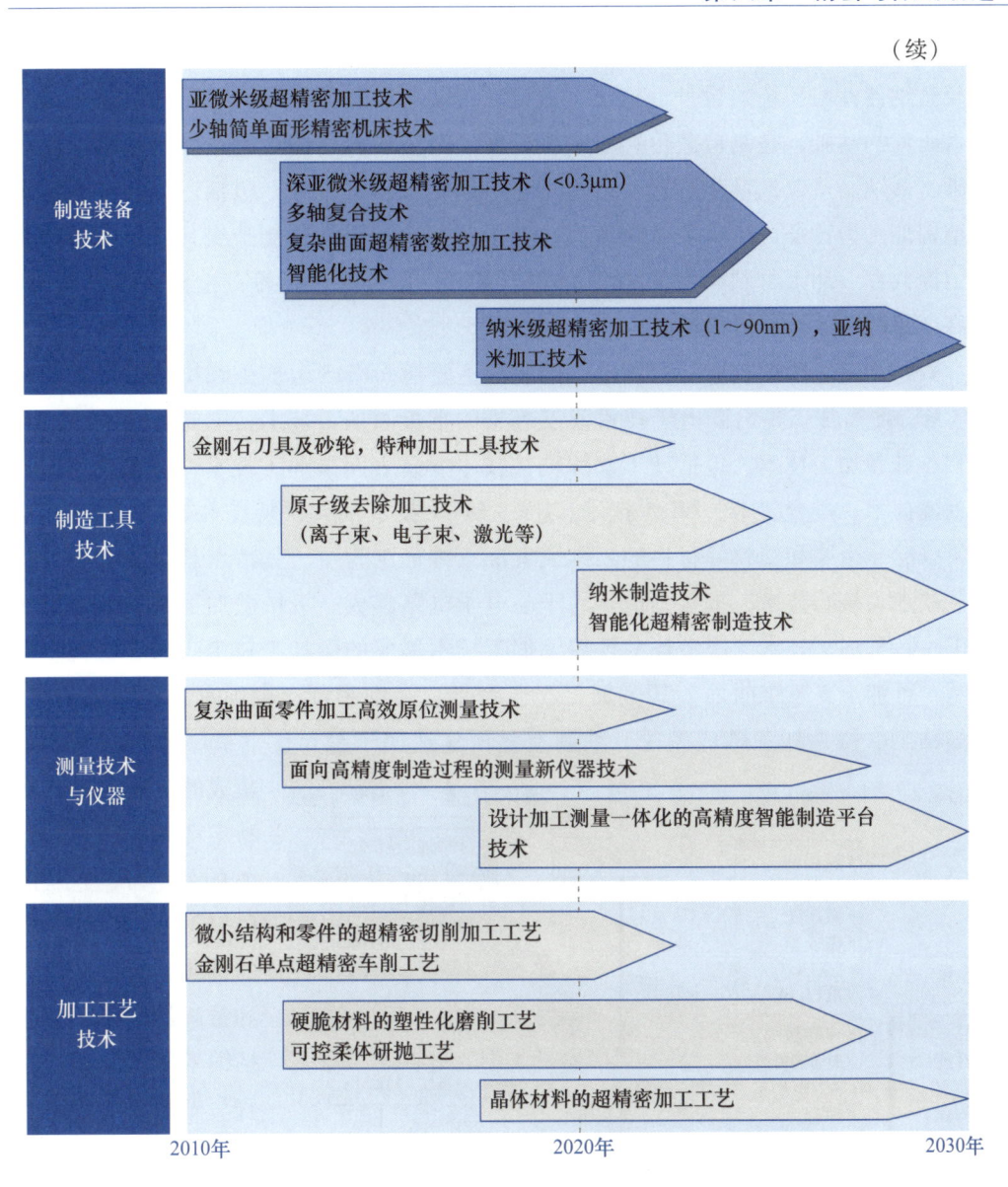

图 6-2　精密与超精密制造技术路线图

第二节　微纳制造技术

一、概述

微纳制造技术指尺度为毫米、微米和纳米量级零件，以及由这些零件构成的部件或系统的优化设计、加工、组装、系统集成与应用技术。微纳制造主要研究特征

中国机械工程技术路线图

尺寸在微米、纳米范围的功能结构、器件与系统设计制造中的科学问题，研究内容涉及微纳器件与系统的设计、加工、测试、封装与装备等，是开展高水平微米纳米技术研究的基础，是制造微传感器、执行器、微结构和功能微纳系统的基本手段和基础。微纳制造以批量化制造，结构尺寸跨越纳米至毫米级，包括三维和准三维可动结构加工为特征，解决尺寸跨度大、批量化制造和个性化制造交叉、平面结构和体结构共存、加工材料多种多样等问题，突出特点是通过批量制造降低生产成本，提高产品的一致性、可靠性。

微纳制造包括微制造和纳制造。微制造主要指 MEMS 微加工和机械微加工的制造。MEMS 微加工是由微电子技术发展起来的批量微加工技术，主要有硅微加工技术和非硅微加工技术，包括硅干法深刻蚀技术、硅表面微加工技术、硅湿法各向异性刻蚀技术、键合技术、LIGA 技术、UV-LIGA 技术及其封装技术等。MEMS 加工材料以硅、金属和塑料等材料的二维或者准三维加工为主。其特点是以微电子及其相关技术为核心技术，批量制造，易于与电子电路集成。机械微加工是指采用机械加工、特种加工技术、成型技术等传统加工技术形成的微加工技术，加工材料不受限制，可加工真三维曲面。其微加工工艺包括：微细磨削、微细车削、微细铣削、微细钻削、微冲压、微成型等。纳制造是构建适用于跨尺度（Micro/Meso/Macro）集成的、可提供具有特定功能的产品和服务的纳米尺度维度（一维、二维和三维）的结构、特征、器件和系统的制造。它包括纳米压印、离子束直写刻蚀、电子束直写刻蚀、自组装等自上而下和自下而上两种制造过程。

微纳制造涉及材料、设计、加工、封装、测试等方面的科技问题，形成了如图 6-3 所示的技术体系。

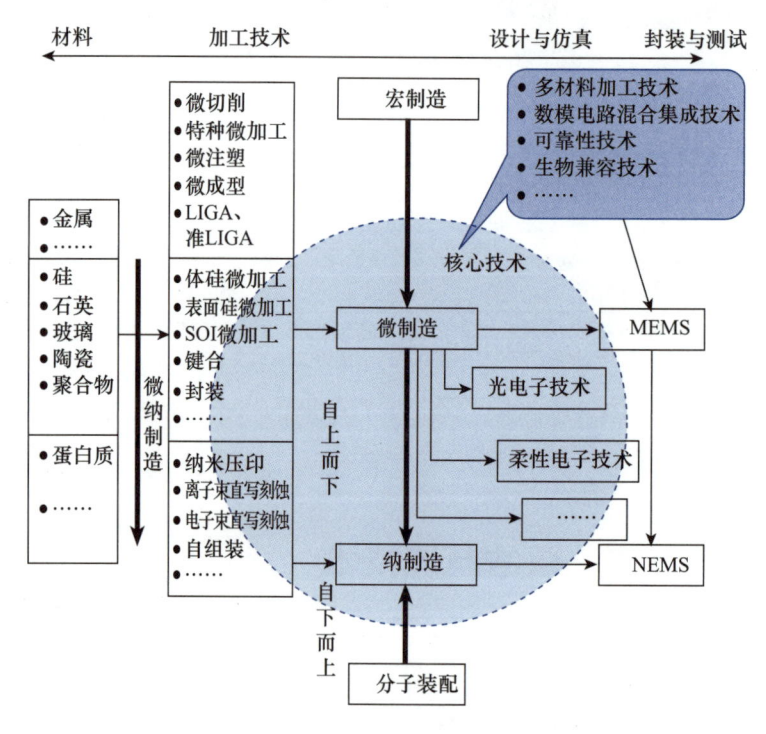

图 6-3 微纳制造技术体系结构图

二、未来市场需求及产品

微纳器件及系统因其微型化、批量化、成本低的鲜明特点，对现代生产、生活产生巨大的促进作用，为相关传统产业升级实现跨越式发展提供了机遇，并催生了一批新兴产业，成为全世界增长最快的产业之一。在汽车、石化、通信等行业得到广泛应用，目前向环境与安全、医疗与健康等领域迅速扩展，并在新能源装备，半导体照明工程，柔性电子、光电子等信息器件方面具有重要的应用前景。

（一）汽车电子与消费电子产品

目前我国已成为全球第三大汽车制造国，2010年中国汽车年产量达到1826.5万辆，2020年有望超过2000万辆。目前一辆中档汽车上应用的传感器约40个，豪华汽车则超过200个，其中MEMS陀螺仪、加速度计、压力传感器、空气流量计等MEMS传感器约占20%。中国是世界上最大的手机、玩具等消费类电子产品的生产国和消费国，微麦克风、射频滤波器、压力计和加速度计等MEMS器件已开始大量应用，具有巨大的市场。

（二）新能源产业

用碳纳米管材料制造燃料电池可使得表面化学反应面积产生质的飞跃，大幅度提高燃料电池的能量转换效率，需要解决纳米材料（如碳纳米管）的低成本、大批量制造以及跨尺度集成等制造技术。光伏市场正在以年均30%左右的速度增长。2010年我国太阳能电池组件产量上升到10GW，占世界产量的45%，连续四年太阳能电池产量占世界第一。物理学研究表明，太阳电池能量转换效率的理论极限在70%以上，太阳电池的表面减反结构是影响转换效率的重要因素，需要研究新型太阳电池材料、太阳电池功能微结构设计与制造等方面的基础理论、新原理和新方法。

（三）新型信息与光电器件

柔性电子是建立在非结晶硅、低温多晶硅、柔性基板、有机和无机半导体材料等基础上的新型电子技术。柔性电子可实现在任意形貌、柔性衬底上的大规模集成，改变传统集成电路的制造方法。据预测，柔性电子产能2015年将达到350亿美元，2025年达到3000亿美元。制造技术直接关系到柔性电子产业的发展，目前待解决的技术问题包括有机、无机电路与有机基板的连接和技术，精微制动技术，跨尺度互联技术，需要全新的制造原理和制造工艺。21世纪光电子信息技术的发展将遵从新的"摩尔定律"，即光纤通信的传输带宽平均每9~12个月增加一倍。据预测，未来10~15年内光通信网络的商用传输速率将达到40Tb/s，基于阵列波导光栅（集成光路）的集成光电子技术已成为支撑和引领下一代光通信技术发展的方向。2010年全球 LED 市场规模约为 92.7 亿美元，国内 LED 市场规模约为 279 亿元，LED 封装工艺与装备是影响 LED 产业化的关键问题之一。

（四）民生科技产业

目前全国县级以上医院使用的医疗检测仪器几乎完全进口，大部分农村基层医院、卫生站缺少基本的医疗检测仪器。基于微纳制造技术的高性能、低成本、微小型医疗仪器具有广泛的应用和明确的产业化前景。我国约有盲人 500 万、听力语言残疾人 2700 余万，基于微纳制造技术研究开发视觉假体和人工耳蜗，是使盲人和失聪人员重建光明、回到有声世界的有效途径。

随着经济建设的快速发展，工业生产和城市生活引起的环境污染十分严重，生产和生活中的安全事故隐患十分突出，环境与安全问题已成为我国社会发展的战略任务，如大气、水源、工业排放的监测，化工、煤矿、食品等行业的生产安全与质量监测等，用于环境与安全监测的微纳传感器与系统成为重要的发展方向和应用领域。

三、关键技术

随着微纳制造基础科学问题的研究不断深化，涉及的尺度从宏观向介观、微观、纳观扩展，参数由常规向超常或极端发展，以及从宏观和微观两个方向向微米和纳米尺度领域过渡及相互耦合，结构维度由 2D 向 3D 发展，制造对象与过程涉及纳/微/宏跨尺度，尺度与界面/表面效应占主导作用。微纳制造涉及光、机、电、磁、生物等多学科交叉，需要对多介质场、多场耦合进行综合研究。由于微纳器件向更小尺度、更高功效方向发展以及材料的多样性，材料可加工性、测量与表征性成为重要的关键问题。

（一）微纳设计技术

1. 现状

随着微纳技术应用领域的不断扩展，器件与结构的特征尺寸从微米尺度向纳米尺度发展，金属材料、聚合物材料和玻璃等非硅材料在微纳制造中得到了越来越多的应用，多域耦合建模与仿真的相关理论与方法、跨微纳尺度的理论和方法、非硅材料在微纳尺度下的结构或机构设计问题以及与物理、化学、生命科学、电子工程等学科的交叉问题成为微纳设计理论与方法的重要研究方向。

2. 挑战

针对微纳机械学的发展趋势，结合 MEMS/NENS、柔性电子、光电子制造的需求，重点研究包括下述方面。

（1）微纳设计平台：集成版图设计、器件结构设计和性能仿真、工艺设计和仿真、工艺和结构数据库等在内的微纳设计平台；微纳设计平台和 AUTOCAD、ANSYS 等其他技术平台的数据交换技术等。

（2）微纳器件和系统可靠性：微纳器件可靠性设计技术、微纳器件质量评价和认证技术、典型可靠性测试结构技术等。

（3）复杂结构的设计：多材料、跨尺度、复杂三维结构的设计和仿真技术；与制造系统集成的微纳制造设计工具。

3．目标

预计到 2020 年，将开发出基于多尺度多能量域的实用化 MEMS 设计方法与工具，多材料、跨尺度、与制造系统集成的微纳制造设计工具。

（二）微纳加工技术

1．现状

（1）微加工：低成本、规模化、集成化以及非硅加工是微加工的重要发展趋势。目前从规模集成向功能集成方向发展，集成加工技术正由二维向准三维过渡，三维集成加工技术将使系统的体积和重量减少 1~2 个数量级，提高互连效率及带宽，提高制造效率和可靠性。非硅微加工技术扩展了 MEMS 的材料，通过硅与非硅材料混合集成加工技术的研究和开发，将制备出含有金属、塑料、陶瓷或硅微结构，并与集成电路一体化的微传感器和执行器。

（2）纳米加工：纳米加工就是通过大规模平行过程和自组装方式，集成具有从纳米到微米尺度的功能器件和系统，实现对功能性纳米产品的可控生产。目前被认同的批量化纳米制造技术主要集中在：①纳米压印技术；②纳米生长技术；③特种 LIGA 技术；④纳米自组装技术等。

（3）微纳复合加工：随着微加工技术的不断完善和纳米加工技术与纳米材料科学与技术的发展，发挥微加工、纳米加工和纳米材料的各自特点，出现了纳米加工与微加工结合的自上而下的微纳复合加工和纳米材料与微加工结合的自下而上的微纳复合加工等方法，是微纳制造领域的重要发展方向。

2．挑战

（1）微加工技术：针对汽车、能源、信息等产业以及医疗与健康、环境与安全等领域对高性能微纳器件与系统的需求以及集成化、高性能等特点，重点研究微结构与 IC、硅与非硅混合集成加工及三维集成等集成加工，MEMS 非硅加工，生物相容加工，大规模加工及系统集成制造等微加工技术。

（2）纳米加工技术：针对纳米压印技术、纳米生长技术、特种 LIGA 技术、纳

中国机械工程技术路线图

米自组装技术等纳米加工技术，研究纳米结构成形过程中的动态尺度效应、纳米结构制造的多场诱导、纳米仿生加工等基础理论与关键技术，形成实用化纳米加工方法。

（3）微纳复合加工：重要研究"自上而下"的微纳复合加工、纳米材料与微加工结合"自下而上"的纳微复合加工和从纳米到毫米的多尺度结合等微纳复合加工技术。

3. 目标

（1）三维多功能微系统集成加工技术。预计到 2020 年三维多功能微系统集成加工技术将得到整体突破，2030 年将实现微纳集成制造装备的广泛应用。

（2）硅与非硅材料混合集成加工技术。预计到 2020 年实现在信息、汽车、生物医药、传统产业改造等领域的实际应用，2030 年实现多材料集成制造装备。

（3）纳米压印技术。在陶瓷、高分子和玻璃等材料为基板生产器件时，纳米压印技术因其成本低、工艺简单和可靠性高而成为取代传统光刻工艺的良好选择。复杂的任意图形的转移是该方向今后需突破的关键技术。预计到 2020 年纳米压印在高档印刷品、平板显示、光伏电池、柔性电子、纳机电系统等纳米制造中得到广泛应用，2030 年实现低成本大尺度纳米压印装备。

（4）特种 LIGA 加工技术。100nm 尺寸精度的 SR（同步辐射）光刻用掩模板加工、100nm 尺寸精度的高深宽比（10 以上）光刻、纳米电铸、纳米模压等是特种纳米 LIGA 加工技术的重要研究方向。预计到 2020 年特种纳米 LIGA 加工技术将开发成功，2030 年将突破成本界限，实现 LIGA 工艺的低成本制造。

（5）可控自组装技术。具有分子识别功能的新型非共价键中间分子体的设计、合成及纳米结构单元聚集体行为和自组织排列体系的构建，以生物分子马达为基础的微纳机器人、功能材料的应用，纳米结构模块化组装，生物分子纳米结构可控自组装是纳米结构的可控自组装技术的重要方向。预计到 2020 年纳米结构的可控自组装技术将开发成功，在生物传感器、仿生、疾病诊断与治疗等领域得到应用，2030 年将实现跨尺度多材料自组装技术及装备。

（6）无掩模纳米光刻技术。无掩模光刻技术在计算机的控制下可直接在光或热阻薄膜材料上获得任意形状的模式构造，可满足微纳器件的特征尺度持续缩小以及产品个性化、小批量和更新周期变短的发展趋势，重点研究基于光学近场技术、SIL（Solid Immersion Lens）技术、短波长技术、静电可缩小光学技术和 MEMS 等技术开发无掩模光学真刻制备数十纳米级复杂结构器件的技术。预计到 2020 年无掩模纳米光刻技术将得到实际应用，2030 年将实现 10nm 量级的无掩膜纳米光刻。

(三) 微纳操作、装配与封装技术

1. 现状

针对微机电系统的组装、纳米互连和生物粒子等操作，需要研究基于单场或多场和尺度效应的高精度、高通量、低成本和多维操纵技术。由于微纳结构、器件和系统的多样性，利用不同材料和加工方法制作的、不同功能、不同尺度的多芯片的集成封装最具代表性，是实现光、机、电、生物、化学等复杂微纳系统的重要技术，跨尺度集成是微纳制造中的关键问题之一。

2. 挑战

针对微机电系统的组装、纳米互连和生物粒子等操作，重点研究基于单场或多场和尺度效应的高精度、高通量、低成本和多维操纵方法与关键技术。由于在微纳尺度下进行装配，精密定位与对准、黏滞力与重力的控制、速度与效率等面临挑战，因此高速、高精度、并行装配技术成为未来的发展方向。微纳器件或系统的封装成本往往约占整个成本的70%，高性能键合技术、真空封装技术，气密封装技术，封装材料，封装的热性能、机械性能、电磁性能等引起的可靠性等技术是微纳器件与系统制造的"瓶颈技术"。

3. 目标

预计到2020年，开发出面向细胞操作的高通量实用化的微纳操作系统、微米尺度的装配系统和系列化高速、并行微纳装配系统与装备。到2030年，开发出实用化、一体化的微纳操作、装配与封装技术和系统。

(四) 微纳测试与表征技术

1. 现状

特征尺寸和表面形貌等几何参数的测量；表面力学量及结构机械性能的测量；含有可动机械部件的微纳系统动态机械性能测试；微纳制造工艺的实时在线测试方法和微纳器件质量快速检测等是微纳测试与表征领域的重要问题。微纳测试与表征技术正朝着从二维到三维、从表面到内部、从静态到动态、从单参量到多参量耦合、从封装前到封装后的方向发展。探索新的测量原理、测试方法和表征技术，发展微纳制造实时在线测试方法和微纳器件质量快速检测系统已成为了微纳测试与表征的主要发展趋势。

2. 挑战

重点研究微纳结构中几何参量、动态特性、力学参数与工艺过程特征参数等微纳测试与表征原理和方法，大范围和高精度的微纳三维空间坐标测量、圆片级加工质量的在线测试与表征、微纳机械力学特性在线测试等微纳制造过程检测技术与装

备，微纳结构、器件与系统的可靠性测量与评价技术等。

3. 目标

预计到2020年，开发出微细结构高空间分辨图谱显微层析成像、检测技术与装备。预计到2030年，开发出基于SPM和透射电子显微镜等原理的原子、分子分辨率纳米表征测试技术与装备，并将得到实际应用。

（五）微纳器件与系统技术

1. 现状

工业与生产、医疗与健康、环境与安全等工业与民生科技领域是微纳器件和系统的重要应用领域，批量化、高性能以及与纳米与生物技术结合是微纳器件与系统的重点和前沿发展方向。利用和结合多种物理、化学、生物原理的新器件和系统；超高灵敏度和多功能高密度的微纳尺度及跨尺度器件和系统将是发展的主流方向。

2. 挑战

微纳器件与系统由于具有微型化、高性能、低成本、批量化的特点，在汽车、石油、航空航天等国民经济支柱行业以及医疗、健康、环境、安全等民生科技领域具有广阔的应用前景，并将催生出许多新兴产业。

3. 目标

（1）预计到2015年，高性能MEMS压力传感器、MEMS加速度传感器、MEMS陀螺、微麦克风等微纳器件在汽车、石油和工业控制等领域实现批量化应用，MEMS产业化形成一定规模。若干集成化微纳器件与系统，面向糖尿病、心血管疾病、传染病、癌症等多种重大疾病监测微系统，植入式人工耳蜗达到实用化，实现推广应用。开发出多种面向物联网的微纳传感器、微能源等器件，实现在人体健康监护、危险品与环境监测、智能电网等方面的应用。

（2）预计到2020年，具有一定光感的人工视觉假体初步实现人体临床应用，主动式人体肠道诊疗微机器人达到实用化，介入式血管诊疗微纳米机器人进入临床阶段。基于纳米喷印的柔性电子产品和基于纳米压印的无油墨印刷、平板显示等产品实现规模化应用。基于微纳复合制造技术的高灵敏度、低成本疾病与环境检测微系统达到实用化。

（3）预计到2030年，人工视觉假体的图像识别能力和集成度得到进一步提高，实现一定规模的应用，介入式血管诊疗微纳米机器人达到实用化。

四、技术路线图

	2010年	2020年	2030年
需求与环境	汽车、石化、通讯等传统产业升级及物联网、环境与安全、医疗与健康、新能源技术等新兴产业的发展，对微纳制造技术、微纳器件与系统提出了明确而且迫切的需求。		
典型产品或装备	汽车电子与消费电子、新能源产业、民生科技、环境保护、低碳等产业发展需要微纳制造技术及零部件产品，微纳设计工具和制造装备		
微纳设计技术	目标：设计工具，可靠性评价 集成微纳设计平台技术、微纳器件可靠性设计技术	目标：多材料、跨尺度、集成设计工具 多材料、跨尺度、与制造系统集成的微纳制造设计和仿真技术	
微纳加工技术	目标：微系统加工装备 三维多功能微系统集成加工技术、可控自组装技术、无掩膜纳米光刻技术等	目标：多材料微纳集成制造装备 硅与非硅材料混合集成加工技术、大尺度纳米压印、低成本LIGA技术、跨尺度自组装技术	
微纳操作、装配与封装技术	目标：微纳操作系统、微米尺度装配装备 微米尺度精密定位技术、多维操作技术、高性能键合技术、真空封装技术	目标：一体化的微纳操作、装配与封装装备 封装可靠性技术、微纳操作、装配与封装装备系统集成技术	
微纳测试与表征技术	目标：高空间分辨图谱显微层析成像、检测技术与装备 微纳测试与表征技术、微纳三维空间坐标测量技术	目标：原子/分子分辨率纳米表征测试技术与装备 微纳制造过程检测技术、器件可靠性测量与评价技术	
微纳器件与系统技术	目标：汽车传感器、重大疾病检测微系统 集成光电子技术、NEMS技术	目标：人造MEMS器官、医用微机器人、批量化NEMS器件 基于纳米喷印的柔性电子技术、基于纳米压印的无油墨印刷技术	

图6-4　微纳制造技术路线图

参 考 文 献

[1] 国家自然科学基金委员会. 机械与制造科学 [M]. 北京：科学出版社，2006.

[2] 钟掘. 极端制造－制造创新的前沿与基础 [J]. 中国科学基金，2004，6：330－332.

[3] 王国彪，黎明，丁玉成，卢秉恒. 重大研究计划"纳米制造基础研究综述"[J]. 中国科学基金，2010，2：70－77.

[4] 丁衡高. 微纳技术进展、趋势与建议 [J]. 纳米技术与精密工程，2006（4）：249－255.

[5] M. K. Fritz, H. P. Baller, et al. Translating biomolecular recognition into nanomechanics [J]. Science，2000，288：316－318.

[6] G.. Li, N. R. Aluru. Hybrid techniques for electrostatic analysis of nanoelectromechanical systems [J]. J. Appl. Phys，2004，96（4）：2221－2231.

[7] 孙立宁，苑伟政，等. 微纳制造领域科学技术发展研究 [M] //中国科学技术协会. 2008－2009 机械工程学科发展报告（机械制造）. 北京：中国科学技术出版社，2009.

[8] 孙立宁，荣伟彬，等. 纳米操作的研究综述、科学问题与关键技术 [M] //纳米制造基础研究综述. 北京：科学出版社，2009.

[9] 胡晓东，栗大超，郭彤，等. 微结构特性的光学测试平台 [J]. 光学学报，2005，25（6）：803.

[10] 熊继军，张文栋，薛晨阳，等. 拉曼光谱应用于硅微悬臂梁的应力特性测试 [J]. 中国机械工程，2005，16（14）：1292.

[11] 鲍海飞，李昕欣，王跃林. 原子力显微镜中微悬臂梁/探针横向力的标定 [J]. 测试技术学报，2005，19（1）：4.

[12] 李圣怡，戴一帆，等. 精密与超精密机床设计理论与方法 [M]. 长沙：国防科技大学出版社，2009.

[13] 李圣怡，戴一帆，等. 精密与超精密机床精度建模技术 [M]. 长沙：国防科技大学出版社，2007.

[14] Cheung C F, Lee W B. Modelling and simulation of surface topography in ultra－precision diamond turning [J]. Eng. Manuf. 2000（214）：463－480.

[15] Alexander H. Slocum. Precision Machine Design [M]. New Jersey：Prentice Hall, Englewood Cliffs，1991.

[16] Shore P, Morantz P, uo X. Tonnellieretc, Big Optix Ultra Precision Grinding/Measuring System [C]. Proc. of 2005 SPIE，2005，5965：241－248.

[17] 李圣怡，戴一帆，超精密加工机床新进展 [J]. 机械工程学报，2003，8.

[18] 杨力. 先进光学制造技术 [M]. 北京：科学出版社，2001.

[19] 潘君骅. 光学非球面的设计、加工与检验 [M]. 苏州：苏州大学出版社，2004.

编 撰 组

组长　尤　政　孙立宁

成员

　　概　论　李圣怡　尤　政　孙立宁　王晓浩

　　第一节　李圣怡　董　申　程　凯

　　第二节　尤　政　孙立宁　苑伟政　王晓浩

评审专家（按姓氏笔画排序）

　　刘　冲　吴一辉　郝一龙　胡晓东

第七章 再制造

概 论

再制造是指以废旧产品作为生产毛坯，通过专业化修复或升级改造的方法来使其质量特性不低于原有新品水平的制造过程。再制造是制造产业链的延伸，也是先进制造和绿色制造的重要组成部分。再制造产品在产品功能、技术性能、绿色性、经济性等质量特性方面不低于原型新品，其成本仅是新品的约50%，可实现节能60%、节材70%，对环境的不良影响显著降低。再制造是对废旧机电产品进行资源化利用的高级方式，是实现节能减排的重要技术途径，对于发展循环经济、建设资源节约和环境友好型社会具有重要促进作用，再制造作为战略性新兴产业的重要支撑，已被国家列入"十二五"规划、中长期科学技术发展规划和《循环经济促进法》。再制造流程如图7-1所示，主要包括废旧产品的拆解、清洗、检测、加工、装配等步骤。

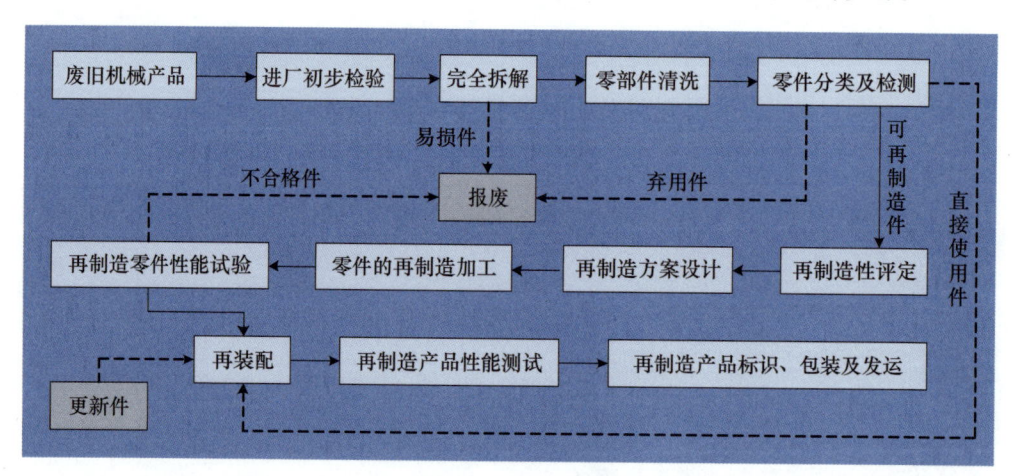

图7-1 再制造流程图

我国与欧美国家采用了不同的再制造模式。欧美等国的再制造是在原型产品制造工业基础上发展起来的，目前主要以尺寸修理法和换件修理法为主，再制造模式相对简单易行，但也存在旧件再制造率低、节能节材的效果较差、机械加工后零件的互换性差等问题；我国自主创新的再制造工程是在维修工程、表面工程基础上发展起来的，大量应用了寿命评估技术、复合表面工程、纳米表面工程和自动化表面工程等先进技术，可以使旧件尺寸精度恢复到原设计要求，并提升零件的质量和性能。我国的这种以性能提升和尺寸恢复法为主的再制造模式，在提升再制造产品质量的同时，还可大幅度提高旧件的再制造率，例如斯太尔发动机的再制造率（指再制造旧件占再制造产品的重量比）比国外提高了10%。

当前，我国已进入机械装备和家用电器报废的高峰期，现役的装备运行损失也十分惊人，这都造成了大量的资源浪费和环境污染。如果对这些废旧设备进行再制造，则可以取得重大的资源、经济、环境和社会效益。例如，与相关制造业相比，再制造业的就业人数是前者的2~3倍。2005年，美国再制造业的年产值为750亿美元，雇佣员工100万，而美国计算机制造业的产值相当，雇佣员工只有35万，说明再制造业具有显著的创造就业与再就业的能力；据美国Argonne国家重点实验室统计，新制造1辆汽车、发电机和发动机的能耗分别是再制造的6倍、7倍和11倍。对我国第一家再制造领域的循环经济示范试点企业济南复强再制造公司的数据统计，若再制造200万台斯太尔发动机，则可以节省金属153万t，节电29亿kW·h，回收附加值646亿元，实现利税58亿元，减少CO_2排放12万t。

需求与环境	资源能源短缺、节能环保要求和日益增长的报废机械装备、典型大型贵重机械类装备与零部件对再制造技术的发展提出了迫切需求。		
典型产品或装备	预计到2020年，实现能源装备、高端数控机床、动力机械等大型制造装备领域的产品及其零部件的再制造，形成规模化的再制造产业群 预计到2030年，实现飞机、船舶、高速铁路等高端交通运输装备及零部件，水力、核电发电机组用汽轮机等复杂贵重装备及零部件，医疗、家用与办公等电子设备的再制造，拥有多家世界著名再制造企业及再制造集聚产业区		
再制造技术目标	突破机械类装备核心部件的再制造技术方法	突破电子信息类零部件的再制造技术方法	
	废旧机械产品的再制造率达70%	废旧机械产品的再制造率达80%	
	再制造产业规模达到制造业的5%	再制造产业规模达到制造业的10%	
	再制造就业规模占制造业的10%	再制造就业规模占制造业的20%	
再制造拆解与清洗技术	面向高附加值的再制造深度拆解技术	再制造自动化拆解技术与装备	
	高效化学清洗材料、技术与装备	绿色清洗新材料、技术与自动化装备	
	超声波、高温、喷射清洗技术与装备	生物酶清洗技术与装备	
2010年		2020年	2030年

(续)

再制造损伤检测与寿命评估技术	毛坯损伤程度的物理参量提取技术	再制造毛坯剩余寿命评估技术设备
	建立特定件剩余寿命预测模型	典型毛坯件剩余寿命评估工艺规范
	涂层微缺陷监控技术	再制造产品服役寿命评估技术与设备
再制造成形与加工技术	纳米复合再制造成形技术	微纳米零部件及功能零部件再制造技术
	能束能场再制造成形技术	
	自动化再制造成形技术	现场快速再制造成形技术
	三维体积损伤机械零部件的再制造成形技术	
	多工艺、多工序复合加工再制造成形技术	
	金属熔积与铣削加工再制造技术	
	机器人自动化堆焊再制造与数控铣削加工技术	
再制造系统规划设计技术	产品再制造性指标论证技术	基于多因素的再制造性论证体系
	集约化再制造生产系统设计技术	柔性化再制造生产系统设计技术
	再制造逆向物流选址规划技术	科学的再制造逆向物流规划方法
	再制造升级性设计技术体系	再制造升级策略优化技术体系

2010年　　　　　　　　　　2020年　　　　　　　　　　2030年

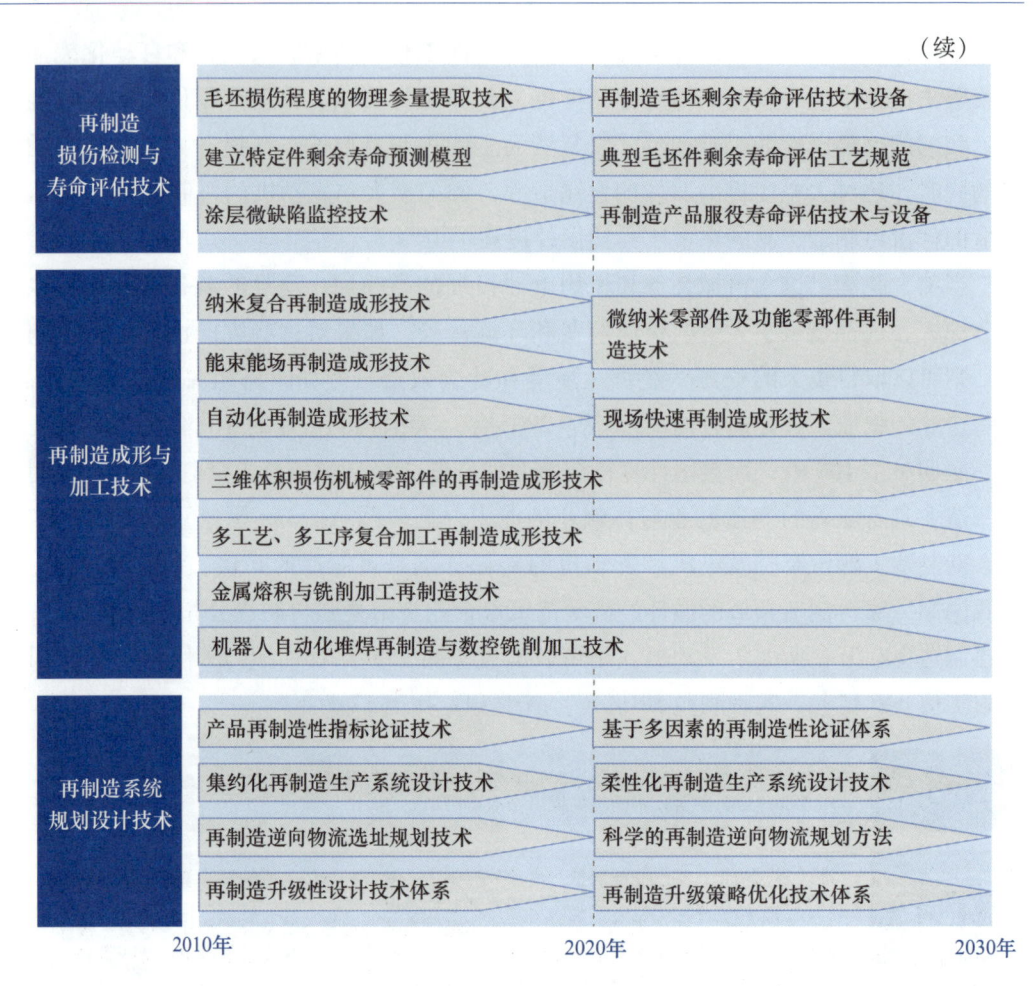

图7-2　再制造技术路线图

第一节　再制造拆解与清洗技术

一、概述

拆解和清洗是产品再制造过程中的重要工序，是对废旧机电产品及其零部件进行检测和再制造加工的前提，也是影响再制造产品质量和效益的重要因素。再制造无损拆解是通过产品可拆解性设计、无损拆解工具和软件开发，实现废旧零部件无损、高效、绿色拆解。再制造清洗是指借助清洗设备或清洗介质，采用机械、物理、化学或电化学方法，去除废旧零部件表面附着的油脂、锈蚀、泥垢、积碳和其他污染物，使零部件表面达到检测分析、再制造加工及装配所要求的清洁度的过程。零部件的无损拆解和表面清洗质量直接影响零部件的分析检测、再制造加工及装配等工艺过程，进而影响再制造产品的成本、质量和性能。国外再制造清洗技术发展趋势，目前已由化学方式向更加清洁环保的物理清洗方式转变。

二、未来市场需求及产品

随着经济的增长，汽车等废旧机电产品及关键零部件等高附加值产品的需求日益增大。随着国家出台汽车以旧换新政策，鼓励汽车提前报废，今后每年报废车辆将快速增加。对废旧汽车、工程机械等机电产品零部件进行无损拆解和绿色清洗，是对其进行再利用、再制造和循环处理的前提，对提高废旧零部件的利用率，提升再制造企业的市场竞争力具有重要意义，已成为当前再制造产业的迫切需求。从长期来看，发电、煤炭、冶金、钻井、采油、纺织、铁路等大型工业装备以及高端数控机床等均面临再制造的问题，同样对清洗和拆解提出了技术与装备需求。

根据产品零部件的不同工作状态和使用状态，以及零部件的材料特性，研究其拆解、清洁预处理工艺技术，以实现对需要再制造零部件进行高效、清洁、低成本的预处理，为零部件的进一步再制造和循环处理提供良好的基础。主要研究内容包括：通过三维结构建模、力学分析、产品结构干涉分析等方法，进行面向再制造的产品无损拆解技术与装备研究；通过绿色清洗新材料与装备的研究，提高清洗效率，降低清洗成本，实现再制造清洗过程的绿色、高效与自动化。

三、关键技术

（一）无损拆解技术

1. 现状

针对汽车、工程机械再制造需求，面向中小型零部件，开展再制造可拆解性设计，开发快速、无损拆解工具，进行手工和半自动化拆解。

2. 挑战

考虑大型机械装备、高端数控机床以及汽车、工程机械等废旧机电产品中零部件的大型化、复杂化和精密化；如何借助模拟仿真和计算机辅助设计，通过三维结构建模、力学分析；开发快速、无损、自动化深度拆解装备是制约形成产业化应用规模的关键瓶颈。

3. 目标

通过可拆解性设计、计算机仿真建模、产品结构干涉分析等方法，进行面向再制造的废旧复杂机电产品拆解工艺规划，开发针对大型、复杂和高端装备大规模再制造生产的高效、深度拆解技术与自动化装备。

（二）绿色清洗技术

1. 现状

目前广泛应用的再制造清洗技术主要包括：

（1）有机溶剂清洗技术，其采用有机溶剂浸泡和喷淋的方法，通过溶解或化学反应将表面污染物去除。需要对废液进行环保处理，以降低污染。

（2）喷射清洗技术，包括高压水射流、喷砂和干冰清洗等物理清洗方法，以水、清洗剂、干冰或无机超细粉体为介质，以压缩空气或高压水为动力对清洗介质进行加速，高速运动的清洗介质通过与待清洗表面发生物理作用而去除废旧机电产品表面油污、锈蚀和其他污染物。但水射流清洗后废液需环保处理，干冰清洗成本较高，而喷砂清洗则存在粉尘污染。

（3）高温清洗技术，针对零部件表层内部油污，利用高温（或高温蒸汽）将油污汽化蒸发，实现清洗。该技术需要进一步缩短处理时间，降低能源消耗。

（4）超声波清洗技术，利用超声波发生器在液体介质内形成空化效应所产生的瞬间高压轰击待清洗表面，使表面污染物迅速脱落。有待研究大功率、系列化、高可靠性超声波电源，优化清洗工艺。

2. 挑战

（1）开发新型清洗材料，降低有毒物质的使用，减少对环境和人员的负面影响。

（2）开发新型清洗装备并优化清洗工艺，提高清洗效率，降低清洗成本，减少对人员和待清洗表面的负面影响。

3. 目标

通过绿色清洗新材料与装备的研究，提高清洗效率，降低清洗成本，减少清洗过程中化学试剂和有毒物质的使用，避免在清洗设备工作过程中对操作人员的伤害（振动、噪声、粉尘污染等），实现再制造清洗过程的绿色、高效与自动化。

四、技术路线图

需求与环境	产品附加值高的高值化产品行业、汽车与工程机械行业；对国家节能降耗战略实施具有积极推进作用的大型机械装备业、高端数控机床制造业。
典型产品或装备	● 汽车及其关键零部件 ● 工程机械及其零部件 ● 能源装备 ● 大型工业装备 ● 高端数控机床

（续）

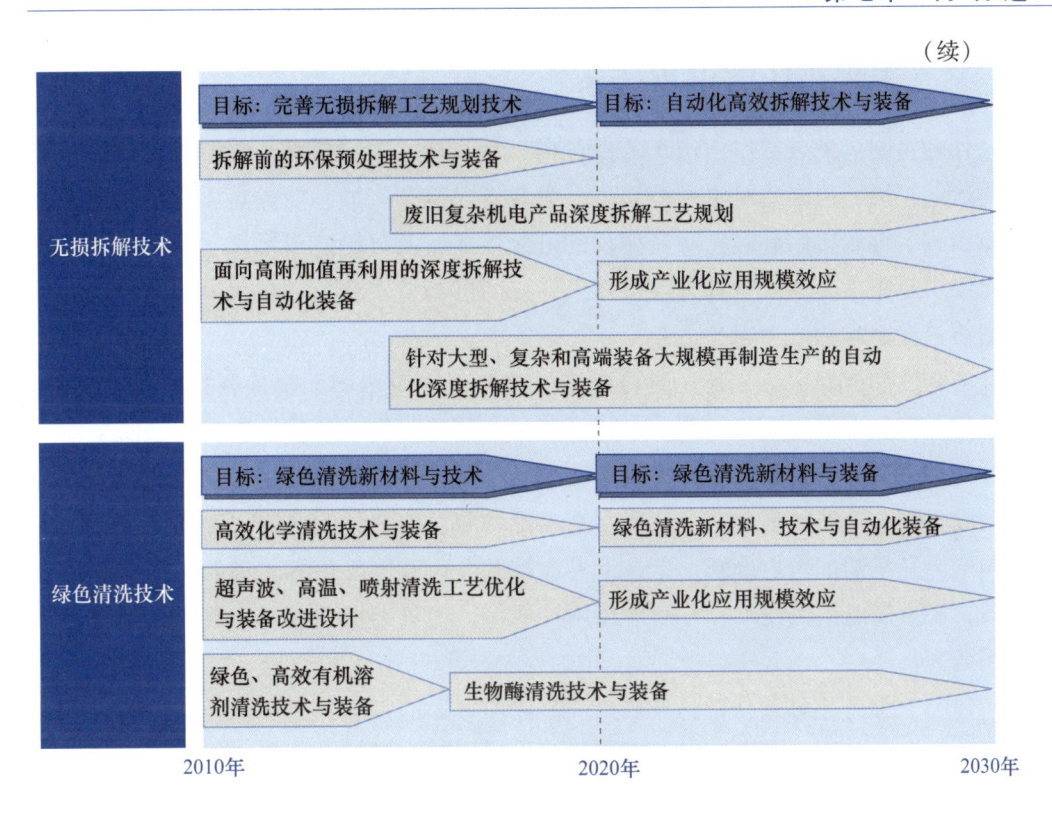

图7-3 再制造拆解与清洗技术路线图

第二节 再制造损伤检测与寿命评估技术

一、概述

再制造利用制造业产生的工业废弃物为坯料，以废旧产品作为毛坯进行生产，再制造毛坯是已经制造完成并经过一定服役周期的装备零部件，通过采用高新表面工程技术形成强化涂层来恢复尺寸、提升性能，使再制造产品的质量可以达到甚至超过原型新品性能。

由于再制造生产对象的特殊性，为保证再制造产品的质量，针对再制造生产流程中再制造毛坯筛选、再制造过程控制和再制造产品评价三个关键环节，以先进的无损检测技术为支撑，评估再制造毛坯的损伤程度并预测剩余寿命，控制再制造成形工艺获得满意的涂覆层，评价再制造产品性能及服役寿命，保证再制造产品质量性能不低于新品，在新一轮服役周期中运行安全可靠。

二、未来市场需求及产品

伴随再制造试点工作由汽车零部件向工程机械、采矿机械、铁路设备、国防装备等行业扩展，再制造对象种类繁多，失效形式复杂多样，对提高再制造毛坯剩余寿命预测、再制造产品服役寿命评估的可靠性，以及再制造成形工艺的自动化、智能化要求越来越高，研发具有自主知识产权的再制造质量控制技术及设备，解决再制造质量控制难题成为当务之急。

与制造和维修生产相比，对再制造生产流程中应用的无损检测技术要求更高。制造和维修业中采用无损检测技术的主要目的是检测宏观缺陷，而再制造需要在机械零部件失效分析的基础上，提取能够表征机械零件寿命劣化规律的特征参量，可靠预测再制造毛坯的剩余寿命及再制造零件的服役寿命，尤其对未发现宏观缺陷的再制造毛坯早期损伤的诊断，更是世界性难题。这就需要依靠先进的无损检测技术手段，如金属磁记忆技术、非线性超声技术等，在早期损伤领域开展深入的理论与应用研究。

（1）再制造毛坯损伤评估及剩余寿命评估方面的需求：由于不同领域的废旧机械产品的服役条件、报废原因、失效规律、损伤程度等复杂多样，再制造毛坯的磨损、腐蚀、疲劳、蠕变、老化等损伤形式涉及多种形式力、热、电、磁等场作用，目前无损检测技术只能发现业已形成的宏观缺陷，尚不能定量评估废旧零部件的早期损伤程度，无法预测其剩余寿命。因此急需研发自主创新的特定机械零部件失效模式的剩余寿命评估技术及设备。

（2）再制造过程质量控制方面的需求：依据再制造毛坯损伤评估及剩余寿命预测结果，优选适当的涂层材料和再制造成形工艺，在毛坯损伤表面制备高性能再制造涂层，优化再制造技术的工艺规范，保证高性能涂层质量以及涂层与再制造毛坯基体良好结合，获得预期再制造产品性能。在这一再制造环节中，需研发智能化、自动化的高速电弧喷涂、纳米电刷镀、激光熔覆等再制造设备及配套软件。

（3）再制造产品性能检测方面的需求：再制造零件涂层的质量和性能直接关系到再制造产品的服役性能。针对采用先进再制造技术生产的零部件，需研究表面涂层的孔隙率、微裂纹、残余应力状态对涂层与毛坯基体结合强度的影响；涂覆层在新一轮服役周期中损伤行为及再制造零件的服役寿命评估技术；开发再制造零件服役性能无损检测新技术和设备。

三、关键技术

(一) 再制造毛坯剩余寿命评估技术

1. 现状

通过分析机械零部件服役工况下出现的不同失效模式和失效规律，如疲劳、蠕变、磨损、腐蚀、热损伤等，依据材料学、力学、数学等寿命预测基础理论，采用模拟仿真与考核试验相结合的方法，针对新品设计功能要求及服役过程健康监测需求，建立分属于不同范畴的寿命预测技术，如疲劳寿命预测、蠕变寿命预测，腐蚀寿命预测等。

2. 挑战

（1）再制造毛坯材质、性能、结构及服役条件各异，确定薄弱零件的薄弱部位，明确其损伤发展规律和发展速率，建立特定类型废旧件的损伤信息数据库是当务之急。

（2）再制造毛坯回收渠道多，服役历史不清晰。在不损伤再制造毛坯质量的前提下，如何提取能够表征其劣化程度的关键特征量，是制约再制造毛坯剩余寿命预测的瓶颈。

3. 目标

（1）研发多参量多信息融合的先进无损检测技术及设备，建立高可靠度的再制造毛坯件剩余寿命预测模型。

（2）建立各行业典型再制造毛坯件剩余寿命评估技术规范和标准，研发剩余寿命评估设备，推动产业化应用。

(二) 再制造过程质量控制技术

1. 现状

根据再制造毛坯质量评估结果，选取适宜的再制造技术，制定再制造工艺，按照不同再制造成形技术的要求，对具有再制造价值的毛坯件进行一定预处理，在表面的薄弱部位制备满足耐磨、耐蚀或抗疲劳等不同功能需求的强化涂层，使再制造毛坯件尺寸恢复、性能提升。

2. 挑战

如何根据再制造毛坯件信息优选适宜的再制造成形工艺，自动优化设置各工艺步骤的参数；在再制造成形过程中自动化、智能化实时监控再制造成形技术工艺的实施状态，及时反馈并修正重要参数的变化，保证涂覆层均匀一致，与毛坯基体可靠结合，是实现再制造过程质量控制的关键。

3. 目标

（1）开发能够满足个性化再制造需求的再制造过程专家推理诊断系统，根据再制造毛坯质量评估结果，专家系统进行再制造工艺推理，优化再制造工艺参数，生成再制造工艺指导书。

（2）研究多传感器智能监控技术，开发高效智能化再制造成形设备，提升再制造过程质量控制的自动化效率，推动其产业化应用。

（三）再制造产品服役寿命评估技术

1. 现状

根据再制造产品服役工况的要求，检测再制造成形技术形成的涂覆层的残余应力、硬度、结合强度等力学性能指标，综合涂层孔隙率、微观裂纹等缺陷信息，通过模拟计算，并进行接触疲劳试验及台架考核，综合评估再制造产品的服役寿命。

2. 挑战

（1）再制造产品由再制造涂覆层与毛坯基体二元或多元复杂异质材料体系组成，二者的作用机制直接影响涂覆层耐磨、耐蚀及抗疲劳等优良性能的发挥。研究异质界面效应及机理是进行再制造产品寿命评估的首要环节。

（2）针对典型再制造零件，研发智能化服役寿命评估技术及设备是面临的重要挑战。

3. 目标

（1）研究再制造产品表面/界面寿命演变机制，研发监控涂层微缺陷变化的新型传感器，提取表征服役条件下再制造零部件的损伤行为的特征参量，建立特定再制造零部件服役寿命模型。

（2）研发适用再制造产品表面涂覆层残余应力状态及与基体的结合强度快速无损检测技术，研发专用再制造产品的寿命评估设备，建立再制造产品质量评估规范标准，推动产业化应用。

四、技术路线图

需求与环境	未来再制造对象的种类多样性、结构复杂性、几何尺寸极端化及服役条件的苛刻化对再制造生产模式下的再制造质量控制技术及设备提出了迫切需求。
典型产品或装备	量大面广的汽车、工程机械及其零部件的损伤检测与寿命评估技术及装备系统 大型复杂机械装备、能源装备及其关键核心零部件的损伤检测与寿命评估技术及装备系统

第七章　再制造

（续）

再制造毛坯寿命评估技术	目标：建立不同损伤类型零部件剩余寿命预测模型	目标：剩余寿命评估技术及设备产业化应用
	毛坯损伤程度的多参量多信息融合数据库	再制造毛坯剩余寿命评估设备
	毛坯损伤信息特征量提取技术	典型毛坯件剩余寿命评估规范及标准
再制造过程质量控制技术	目标：建立再制造成形质量控制专家系统	目标：智能再制造成形技术及设备产业化应用
	多传感器智能监控系统	
	个性化专家推理诊断系统	高效智能化再制造成形技术与装备
再制造产品服役寿命评估技术	目标：再制造产品服役寿命预测模型	目标：再制造产品服役寿命评估技术及设备产业化应用
	涂层微缺陷监控技术	再制造零件服役寿命评估技术与设备
	再制造涂层失效信息数据库	再制造产品质量评估应用工艺规范

2010年　　　　　　　　　2020年　　　　　　　　　2030年

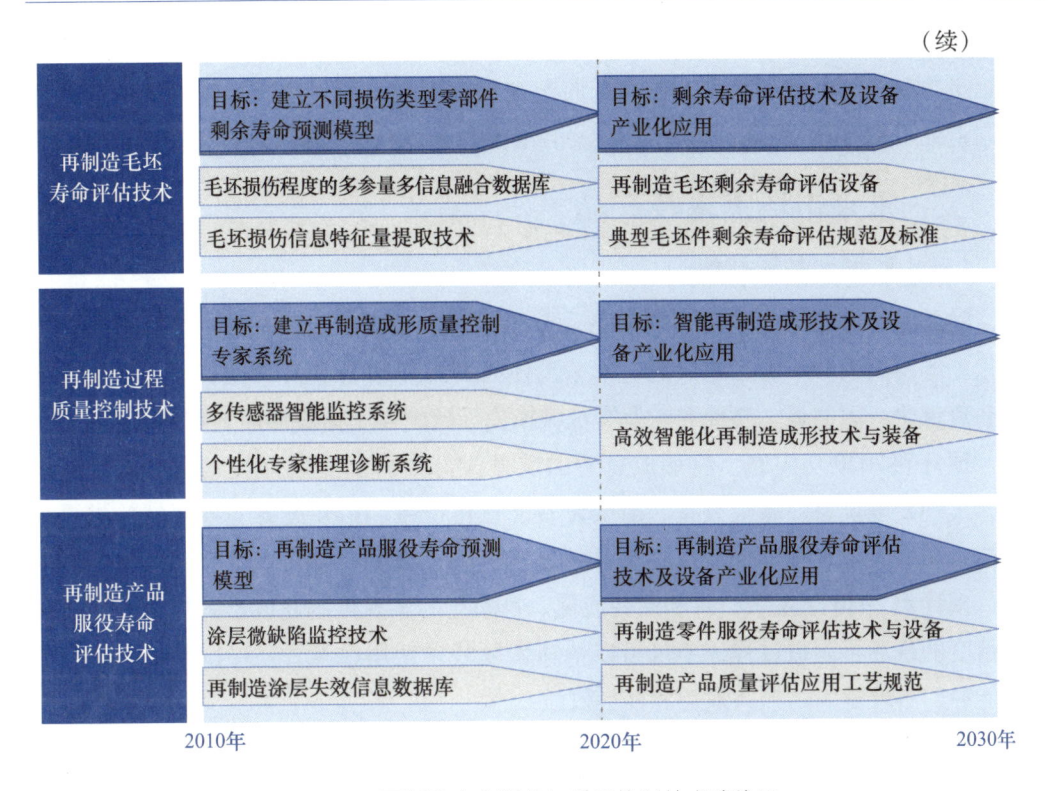

图7-4　再制造寿命评估与质量控制技术路线图

第三节　再制造成形与加工技术

一、概述

再制造成形技术以废旧零部件作为对象，相对于以原始资源为基础的制造而言，再制造成形生产过程的能源和资源需求、废物废气排放显著降低。再制造成形技术是再制造工程的核心，也是再制造产业发展的技术支撑。目前已广泛应用于冶金、石化、能源、交通、采矿、武器装备等国民经济和国防各工业领域，成功解决了装备零件的磨损、裂纹、疲劳、外物损伤等失效问题。先进的再制造成形技术是保证再制造产品质量、推动再制造生产活动的基础。

近年来我国再制造成形技术体系已初步形成，并在三维体积损伤机械零部件的再制造成形技术、自动化及智能化再制造成形技术、再制造成形材料的集约化以及现场快速再制造成形技术等方面取得突破性进展。

未来20年，随着再制造应用领域的不断拓宽，再制造产品对象也将由机械零部件逐步演变为以机械为载体的机电一体化系统及其具备电、磁、声、光等特殊功能的器件。为此再制造成形技术一方面应朝着智能化、复合化、专业化和柔性化等适合批量再制造方向发展；另一方面应向宏观和微纳观发展，由纯机械零部件领域的再制造向机械/电子复合、机械/功能复合等复合领域发展。

二、未来市场需求及产品

（一）机械装备零部件

随着我国再制造产业在武器装备、交通运输和机床、工程机械、冶金设备、石油化工等不同领域中的迅速兴起，未来上述大型工业装备及其机械零部件日趋大型化和贵重化，因磨损、腐蚀和断裂等机械损失导致的再制造成形加工需求日益明显。

预计到 2020 年左右，将形成完善的装备零部件再制造成形技术体系与产业标准，实现发电设备、煤炭设备、冶金设备、石化设备、钻井设备等零部件的批量再制造，从而大幅延长工程装备的使用寿命。

预计到 2030 年左右，将利用智能化、自动化的实现再制造成形系统装备零部件高精度的现场再制造过程，不仅可以快速恢复装备使用性能，还可以节约资源、节省能源，有着重大的经济效益和社会效益。

（二）机电一体化功能器件

近年来随着电子类产品不断的广泛应用及更新换代，其报废和淘汰数量迅速增大，利用先进的再制造成形技术实现机电产品功能器件的再利用有着广阔的应用前景。

预计到 2020 年左右，将利用先进的再制造成形技术实现机电设备、医疗器械、家电产品、电子信息类设备的再制造过程，将显著提高产品的有效使用寿命，对减小污染、保护环境有着重要的意义。

预计到 2030 年左右，将再制造成形技术与光电技术相结合，实现电、磁、声、光等特殊功能器件的再制造过程，从而为构建资源节约型和环境友好型社会、实现光电器件的绿色制造提供技术保障。

（三）微纳米功能部件

设备的小型化、集成化、智能化是当前的产品发展主题，微纳米结构是实现这一目标的重要基础。随着微机电产品和微光电器件的不断问世，微纳再制造成形技术的需求正日渐凸显。

预计到 2020 年左右，将通过微纳加工技术对宏观机械零部件功能部位进行再制造处理，提升机械零部件的服役性能。

预计到 2030 年左右，将利用微纳再制造成形技术对微纳系统或微纳结构部件进行再制造成形处理，从而提高其使用寿命，降低微纳器件的加工成本。

三、关键技术

（一）纳米复合再制造成形技术

1. 现状

借助纳米科学与技术新成果，把纳米材料、纳米制造技术等与传统表面工程技术复合，研发出先进的再制造成形技术，例如纳米颗粒复合电刷镀技术、纳米热喷涂技术已经可以根据不同的性能要求制备相应的纳米镀层与纳米涂层。

2. 挑战

（1）工程零部件表面的抗裂、耐磨、防腐蚀性能可以在再制造过程中采用纳米技术显著提升，对纳米复合再制造成形工艺进行优化，对纳米表面性能改善机理的认识还有待于加强。

（2）复杂形状、新材料零部件的纳米复合再制造成形工艺问题尚未解决，研究如何优化新材料、复杂零部件的纳米再制造成形工艺，将是一个巨大的机遇和挑战。

3. 目标

（1）研究纳米涂层提升表面性能的机理，研发新的纳米再制造成形技术、优化现有工艺参数实现纳米颗粒的可控分布，从而实现在省材节能的前提下，大幅度提升零部件性能的目的。

（2）研制智能化、自动化纳米复合再制造设备，实现高稳定性、高精度、高效率的装备零部件批量、现场可再制造过程。

（二）能束能场再制造成形技术

1. 现状

利用激光束、电子束、离子（等离子）束以及电弧等能量束和电场、磁场、超声波、火焰、电化学能等能量实现机械零部件的再制造过程。目前基于机器人堆焊与熔敷再制造成形技术，可对缺损零件的非接触式三维扫描反求测量、成形路径规划，基于MIG堆焊/铣削复合工艺的近净成形技术、面向轻质金属的再制造成形技术等进行了广泛深入的研究，成功实现了典型装备备件的制造与再制造成形。

2. 挑战

（1）实现装备零部件的快速成形与近净成形技术，对输出能量及工艺参数的稳定性提出了更高的要求，研制高稳定性的能束能场再制造成形系统是当前技术发展的当务之急。

（2）超大零部件远距离加工技术将是未来解决大型装备、重型机械再制造问题的重要途径，如何利用超高功率能束实现大型零部件的再制造成形技术将是再制造研究的一个新领域。

（3）实现不同形式能量的复合再制造成形工艺将对提高再制造工作效率，拓宽再制造应用范围有着重要意义。

（4）微机电应用技术的发展对再制造应用提出了更高的要求，研究微纳米尺度的再制造成形技术将是再制造领域一个全新的挑战。

3. 目标

（1）运用 CAD、CAM 技术与高精度的能束成形技术相结合，实现装备零部件的快速仿形制造与近净成形，实现机械装备与工程机械的现场快速保障。

（2）研制超大功率（十万瓦级、百万瓦级）能束能场加工系统，控制系统能量的稳定输出，实现超大工程零部件的现场再制造过程。

（3）将激光与电弧、激光与等离子、电弧与磁场等不同的能量形式进行复合，实现不同材料、不同形状零部件的再制造过程。

（4）利用激光、电子束可实现材料微纳米尺度的加工特性，研究新的微纳加工再制造工艺，如激光微熔敷、电子束（或激光）刻蚀、飞秒激光双光子聚合等手段，实现宏观部件局部表面结构化及微纳米器件的再制造过程。

（三）自动化再制造成形技术

1. 现状

利用微束等离子弧电源系统，基于自动化等离子弧熔覆再制造成形技术，实现了发动机缸体止推面以及发动机排气门密封锥面的再制造，研究表明，由于等离子弧能量密度高，对基体的热输入量低，其对工件的变形小，可获得高质量的熔覆层，再制造质量优异。

2. 挑战

（1）现代机械和装备对再制造成形质量要求越来越高，尤其是航空装备再制造工艺要求更为苛刻，自动化技术微束是等离子实现高精度、高性能的熔敷层的重要手段。

（2）根据不同的基体材料和性能要求，研制不同的熔敷材料体系，利用自动化设备优化再制造成形工艺参数还将有大量的工作要做。

（3）采用自动化手段实现高质量、高效率、高可靠性的再制造成形过程，对再制造技术的推广应用有着重要的意义。

3. 目标

（1）精确控制再制造工艺参数，实现厚度、稀释率、性能自由调整的熔敷层，

第七章 再 制 造

进而完成对航空装备的再制造过程。

（2）建立自动加工系统的材料与工艺专家库，实现对不同基体材料、不同性能要求零部件的快速再制造。

（3）研发自动化再制造成形加工系统，实现装备再制造加工过程（再制造成形、后续机械加工）的一体化，具备完成表面再制造与三维立体再制造的能力。

四、技术路线图

需求与环境	未来武器装备、交通运输、机械加工、工程机械、冶金设备、石油化工等领域的机械零部件日趋大型化和贵重化，急需发展智能化、复合化、专业化和柔性化的再制造成形与加工技术。
典型产品或装备	● 机械装备零部件再制造　　● 高精度、高性能表面 ● 机电一体化功能器件再制造　● 三维体积损伤机械零部件 ● 微纳米功能部件再制造　　● 大型复杂装备

纳米复合再制造成形技术
- 目标：高性能表面的再制造
- 纳米复合再制造成形技术
- 目标：微纳尺度零件的再制造
- 基于纳米材料和技术的功能化再制造成形技术
- 微纳米零部件及功能零部件再制造技术

能束能场再制造成形技术
- 目标：高精度、高性能表面的再制造
- 高能束再制造成形技术
- 不同能场再制造成形技术
- 一维、二维再制造成形技术
- 目标：三维立体部件现场再制造
- 三维立体再制造成形技术
- 多种能束能场复合再制造成形技术
- 多种技术手段复合的再制造成形技术

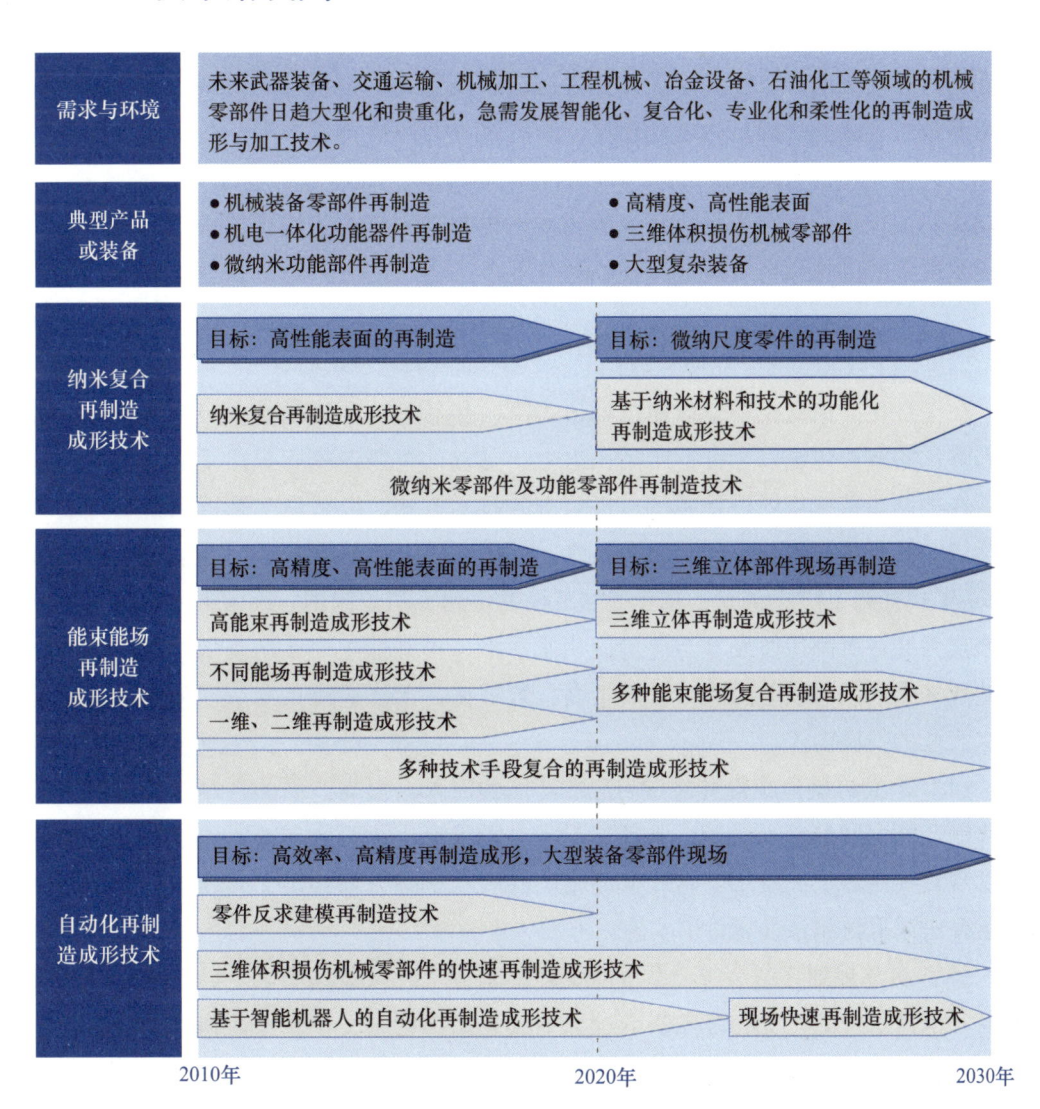

自动化再制造成形技术
- 目标：高效率、高精度再制造成形，大型装备零部件现场
- 零件反求建模再制造技术
- 三维体积损伤机械零部件的快速再制造成形技术
- 基于智能机器人的自动化再制造成形技术
- 现场快速再制造成形技术

2010年　　　2020年　　　2030年

图 7-5　再制造成形与加工技术路线图

第四节 再制造系统规划设计技术

一、概述

再制造系统规划设计技术是以提高再制造生产效益为目标，面向产品再制造的全系统进行科学设计优化与全面生产规划的技术方法，主要包括产品再制造性设计与评价、再制造生产系统规划设计、再制造物流优化管理设计、再制造升级设计与应用等技术方法，目的是通过标准化、模块化等面向再制造的产品再制造性设计与验证的方法应用，来提高产品末端时的再制造能力；并通过再制造生产系统规划、再制造物流优化管理及再制造升级等技术在再制造系统中的应用，来实现产品再制造资源配置的优化和再制造生产效益的提高。

二、未来市场需求及产品

在个性化、信息化和全球化市场压力下，多品种、小批量的生产方式已成为必然趋势，这就对传统以大批量产品作为生产基础的再制造模式提出了巨大挑战，迫使要在再制造系统规划设计领域提供更多的技术方法，以适应未来再制造生产的多变需求。在产品再制造设计、生产规划、物流和信息管理等领域，发达国家自20世纪90年代开始了广泛研究，并在实际工程中得到了初步应用。我国当前在该领域主要表现为装备再制造性设计与评价应用水平低，再制造生产系统规划研究少，这将会造成未来产品再制造困难大，成本高，效益低，无法适应再制造作为我国战略型新兴产业的发展需求。

（1）产品再制造性提升与再制造性评估的需求。提高产品的再制造性是提高产品再制造能力的最基本途径，尤其是对于小批量产品，只有提高其再制造性，才可能实现其再制造加工应用。国外在部分产品回收率等方面提出了具体指标，这可以显著促进采取再制造性设计的实施。

（2）科学规划再制造生产系统以提高再制造生产效益的需求。再制造过程面临拆解、清洗及性能恢复等许多制造过程不具备的工艺过程，以及面临着废旧产品数量、质量、性能、时间等的不确定性，这对再制造生产提出了更复杂的要求，而通过开展再制造生产系统的规划设计，可以优化未来的再制造生产系统，建立易于适应不同特点的柔性再制造生产系统。

（3）保证再制造生产所需的废旧产品物流优化领域的需求。再制造生产所需的原材料—废旧产品的采购不像制造系统那样可以实现定对象的大批量采购，其所要进行的是面向零散的客户实现其拥有不确定时间报废产品的定向回收，未来的小批量产品更为废旧产品的回收提出了巨大难题。因此，研究废旧产品再制造逆向物流的优化设计方法，可以为再制造提供可靠的原材料供应。

（4）提高产品再制造升级效益的需要。未来的再制造面临着更多因技术原因而退役的产品，对这类产品只有采用再制造升级方法，才可以实现其在用户中的再使用，而再制造升级面临着技术问题、市场问题和资源问题，如何保证能够选择最佳的再制造升级策略，将会对再制造升级效益产生直接的重要影响。

三、关键技术

（一）产品再制造性设计与评价技术

1. 现状

产品的再制造性是表征产品再制造能力的属性，目前产品设计中大多没有考虑产品的再制造性，这造成了产品末端时的再制造效益较低，再制造生产难度大。同时在传统产品设计中，再制造性设计与评价目前主要采用定性评价的方法，缺乏必要的量化评价手段。

2. 挑战

再制造性是影响装备再制造的重要属性，但因其表现出来的设计与再制造的时间跨度、设计指标的不确定性以及技术的发展性，都为再制造性设计与量化评价带来了难题，也对传统再制造方式面临着巨大挑战，通过研究装备再制造性特征，构建设计与评价手段，来促进再制造性设计与评价的工程应用，是促进再制造发展的重要机遇。

3. 目标

（1）研究产品设计中的再制造性指标论证、再制造性指标解析与分配、再制造性指标验证等技术方法，为提高产品再制造性设计与验证技术的应用水平及应用方法提供技术和手段支撑，构建产品再制造性设计的标准化程序。

（2）研究废旧产品再制造性具有不确定性，并根据再制造技术、生产设备及废旧产品本身服役性能特征来建立多因素的废旧产品再制造性评价技术方法与手段，可以为废旧产品的再制造生产决策提供直接依据，提高再制造效益。

（二）再制造生产系统规划技术

1. 现状

再制造生产在物流及生产方式上面临着与制造不同的特殊问题，对其进行系统规划和优化设计，可以满足再制造生产系统的发展需求，提升再制造实施效益。但目前再制造生产大多规模较小，而且往往为制造企业的一部分，多采用制造系统的生产规划模式，这影响了再制造生产系统效能的发挥。

2. 挑战

再制造物流及工艺过程存在的不确定性对再制造生产系统规划带来了巨大的影响，如何能够借助再制造的信息流，规划建立质量可靠、资源节约的高效再制造生产系统，已经成为完善再制造系统的重要因素。

3. 目标

（1）针对未来小批量的再制造生产方式，需要研究利用模块化、信息化等技术方法，实现再制造生产系统的柔性化，加强再制造生产资源保障的配置效益，人员、技术等保障资源利用方式，提供集约化再制造生产系统的规划技术方法，提高再制造生产综合效益。

（2）面向未来再制造系统的综合生产需求，借鉴吸收先进的制造技术领域的思想和方法，重点研究再制造成组技术、精益再制造生产技术、清洁再制造生产技术等工程应用，形成先进再制造生产系统设计技术方法，来提高再制造生产系统的综合应用效益。

（三）再制造逆向物流优化设计与信息管理技术

1. 现状

再制造逆向物流及信息管理是再制造的基础保证，但目前对再制造的逆向物流和信息管理大多还停留在理论研究分析的阶段，未形成系统的再制造逆向物流及信息管理体系，在实践中主要还是依靠再制造企业自身的物流体系和传统管理体系来完成物流和信息管理。

2. 挑战

再制造的逆向物流在废旧产品数量、质量、时间等方面都具有不确定性，这对再制造系统规划和信息管理带来了明显难度。因此，加强再制造逆向物流和信息管理的研究，可以直接为再制造生产规划和管理提供可靠的保证。

3. 目标

（1）研究采用运筹学等方法，构建基于不同条件下的再制造逆向物流选址数学模型和技术方法，为再制造逆向物流的科学布址提供方法手段；研究不同技术方法来设计构建用于再制造的废旧产品的高品质逆向物流体系，满足不确定废旧产品物流信息条件下废旧产品稳定回收的要求，并能够实时根据废旧产品物流信息进行优化控制调控。

（2）利用信息管理系统开发的基本要求，结合再制造工程中的信息特征，规划设计并开发面向再制造全过程的再制造信息管理系统，实现再制造信息的全域采集与管理控制，为再制造生产决策规划提供依据。

（四）再制造升级设计与策略优化技术

1. 现状

再制造升级是实现技术退役产品再利用的最有效途径，目前已经在部分产品中得到了应用，但由于缺乏相应的再制造升级设计及再制造升级策略选择方案的论证研究，导致再制造升级方案不科学，效益不高，影响了再制造升级的发展和应用。

2. 挑战

再制造升级是再制造的重要发展方向，其策略选择需要综合考虑产品工况、技术发展、市场需求、消费心理等，对其方案论证具有复杂性、可持续性等特点，因此，构建明确的再制造升级设计属性及策略选择技术体系，并形成科学的再制造的升级策略方案，将是一个艰巨的系统研究及工程应用过程。

3. 目标

（1）以再制造升级为目标，研究再制造升级中的环境性、技术性及经济性预测方法，基于标准化设计和模块化设计等再制造性设计方法，建立面向产品设计阶段的再制造升级性设计技术体系，提高产品末端时的再制造升级性能。

（2）研究多因素约束条件下废旧产品再制造升级的决策影响因素，建立再制造升级费用预测及方案决策模型，形成科学的再制造升级策略规划方法，为再制造升级技术方案优化提供支撑。

四、技术路线图

需求与环境	个性化、信息化的产品特点与再制造生产系统的不确定性因素对再制造系统规划设计提出了迫切需求。
典型产品	具备高再制造性属性产品的生产 具备高度柔性化、集约化的再制造生产系统 稳健高效地面向再制造加工的废旧产品逆向回收行业 科学的再制造信息管理与决策系统

（续）

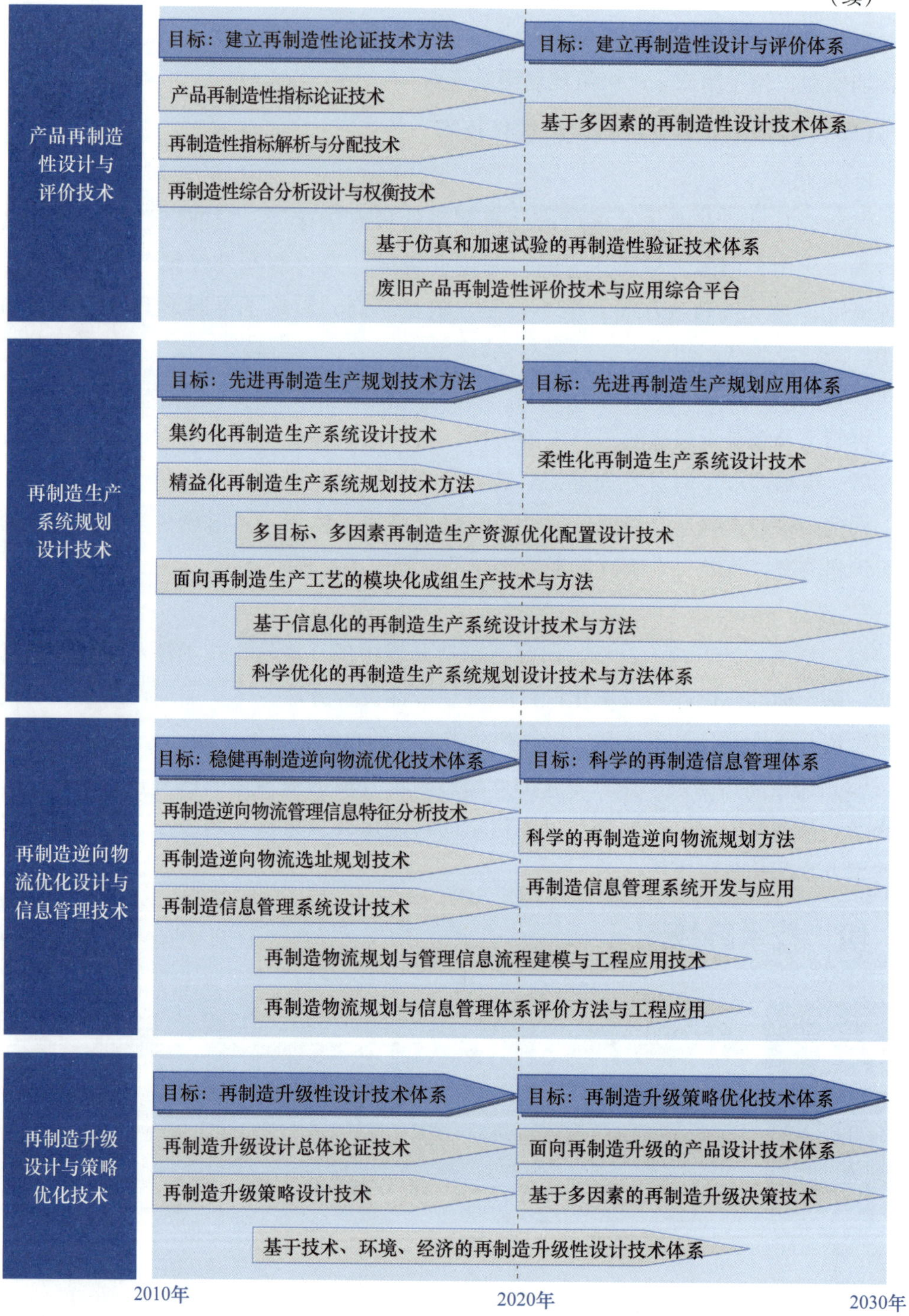

类别	2010年—2020年	2020年—2030年
产品再制造性设计与评价技术	目标：建立再制造性论证技术方法 产品再制造性指标论证技术 再制造性指标解析与分配技术 再制造性综合分析设计与权衡技术	目标：建立再制造性设计与评价体系 基于多因素的再制造性设计技术体系 基于仿真和加速试验的再制造性验证技术体系 废旧产品再制造性评价技术与应用综合平台
再制造生产系统规划设计技术	目标：先进再制造生产规划技术方法 集约化再制造生产系统设计技术 精益化再制造生产系统规划技术方法 多目标、多因素再制造生产资源优化配置设计技术 面向再制造生产工艺的模块化成组生产技术与方法 基于信息化的再制造生产系统设计技术与方法 科学优化的再制造生产系统规划设计技术与方法体系	目标：先进再制造生产规划应用体系 柔性化再制造生产系统设计技术
再制造逆向物流优化设计与信息管理技术	目标：稳健再制造逆向物流优化技术体系 再制造逆向物流管理信息特征分析技术 再制造逆向物流选址规划技术 再制造信息管理系统设计技术 再制造物流规划与管理信息流程建模与工程应用技术 再制造物流规划与信息管理体系评价方法与工程应用	目标：科学的再制造信息管理体系 科学的再制造逆向物流规划方法 再制造信息管理系统开发与应用
再制造升级设计与策略优化技术	目标：再制造升级性设计技术体系 再制造升级设计总体论证技术 再制造升级策略设计技术 基于技术、环境、经济的再制造升级性设计技术体系	目标：再制造升级策略优化技术体系 面向再制造升级的产品设计技术体系 基于多因素的再制造升级决策技术

图 7-6　再制造系统规划设计技术路线图

参 考 文 献

[1] 中国科学技术协会. 2010-2011 机械工程学科发展报告（成形制造）[M]. 北京：中国科学技术出版社，2011.

[2] 国家自然科学基金委员会工程与材料科学部. 机械工程学科发展战略报告（2011-2020）[M]. 北京：科学出版社，2010.

[3] Xu Binshi, Zhang Wei, Liu Shican. Remanufacturing Technology for the 21st Century [C]. Proceedings of the 15th European Maintenance Conference, Gothenburg, Sweden, 2000：335-340.

[4] 徐滨士. 国内外再制造的新发展及未来趋势 [J]. 机械工程导报. 2010, (4)：15-19.

[5] 徐滨士. 中国特色的绿色再制造工程及其创新发展 [J]. 中国表面工程, 2010, 23 (2)：1-6.

[6] Zhang Hong-Chao. Remanufacturing Research and Practice：Overview and Future Trends [R]. Presentation in Dalian University of Technology, Dalian, 2010.

[7] Bryan D. The remanufacturing revolution [R]. Shanghai：Proceedings of international workshop on sustainable manufacturing, 2005.

[8] 徐滨士, 刘世参, 王海斗. 大力发展再制造产业 [J]. 求是, 2005, (12)：46-47.

[9] Dong LH, Xu BS, Dong SY. Monitoring fatigue crack propagation of ferromagnetic materials with spontaneous abnormal magnetic signals [J]. International Journal of Fatigue. 2008, 30 (9)：1599-1605.

[10] Rolf Steinhilper. Remanufacturing—the ultimate form of recycling [J]. Fraunhofer IRB Verlag, 1998.

[11] 徐滨士. 再制造与循环经济 [M]. 北京：科学出版社，2007.

[12] 徐滨士, 等. 绿色再制造工程及其在我国应用的前景 [R]. 中国工程院咨询报告, 2000.

[13] David AB. Remanufacturing using lasers [J]. Industrial Laser Solutions, 2001, 16 (2)：9-12.

[14] Rodney D. Averett, Mary L. Realff. Comparative post fatigue residual property predictions of reinforced [J]. Composites：Part A, 2010, 41：331-344.

[15] Tarun Goswami. Development of generic creep - fatigue life prediction models. Materials & Design, 2004, 25：277-288.

[16] Bert Bras, Mark W. Product, process, and organizational design for remanufacture - an overview of research [J]. Robotics and Computer Integrated Manufacturing, 1999, 15：167-178.

[17] 董世运, 张晓东, 王志坚, 等. 铸铁表面电刷镀/激光熔覆复合涂层制备与性能评价 [J]. 材料工程, 2011, (7)：39-43.

[18] 陈继民, 徐向阳, 肖荣诗. 激光现代再制造技术 [M]. 北京：国防工业出版社，2007.

[19] 王志坚, 董世运, 徐滨士. 激光熔覆工艺参数对金属成形效率和形状的影响 [J]. 红外与激光工程, 2010, 39 (2)：315-319.

[20] 朱胜, 姚巨坤. 再制造设计理论及应用 [M]. 北京：机械工业出版社，2009.

编 撰 组

组长　徐滨士　朱　胜

成员

概　论　朱　胜　张　伟　史佩京

第一节　于鹤龙　刘志峰　黄海鸿　魏　敏

第二节　董丽虹　王海斗　董世运

第三节　董世运　吕耀辉　许　一　孟凡军

第四节　朱　胜　姚巨坤

评审专家（按姓氏笔画排序）

刘红旗　吴　勇　郑乃金　段广洪　奚道云

第八章 仿生制造

概 论

信息、生命、纳米科技正在和将引领21世纪世界科技发展的潮流。中国进入信息时代后，将不可避免地迎接生物科学技术时代的到来。

模仿生物的组织、结构、功能和性能，制造仿生结构、仿生表面、仿生器具、生物组织及器官、仿生装备以及利用生物加工成形的过程称为仿生制造（Bionic Manufacturing）。它包括仿生机构与系统制造、表面仿生制造、生物组织及器官制造以及生物加工成形制造。

仿生制造是制造科技与生命科技的交叉，是现代制造的新领域。随着科技的进步，仿生制造正在从简单结构和功能仿生向结构、功能和性能的耦合仿生及智能仿生方向发展。

进入21世纪，中国国力全面提升，人民生活质量不断改善，制造业及其制造技术正在快速兴起，仿生制造技术和产业将随之得到更快更好的发展。仿生制造作为一种新的制造模式，将成为先进制造技术及产业的重要组成部分，并占有越来越重要的地位。

仿生制造具有巨大的市场需求。由于人口老龄化、工伤、交通事故、自然灾害以及人们对生活质量要求的不断提高，使得组织器官失效及损伤患者对假体和组织器官的需求日趋增多。中国第二次残疾人抽样调查结果显示，全国仅肢体残疾患者高达2412万人。另据统计，我国每年约150万名患者需要器官移植。据美国食品与药品管理局预测，未来10年，生物医学工程中人体器官和功能组织的人工替产品将占50%，其潜在市场高达4000亿美元。

仿生制造技术具有惊人的效果和作用。人们模仿苍蝇复眼结构制成的蝇眼照相机，一次可拍1329张高分辨率照片。美国海军模仿海豚皮的功能和结构，制成的人工海豚皮潜艇和鱼雷表面使航行阻力减少近50%。波士顿动力公司研制的机器狗"Bigdog"，可在35°坡度的山道上负载稳定快步行走。吉林大学研制的仿生非光滑汽车模具表面的热疲劳强度提高80%，他们研制的耦合仿生石油钻头比同类钻头寿命提高近1倍。我国学者通过模仿蛋白质微观结构，合成了可调谐的人工光子晶体，制造出吸光率几乎达到95%的光学"黑硅"表面。

中国机械工程技术路线图

美国制造业挑战展望委员会编写的《2020 年制造业挑战的展望》提出，生物制造技术是 21 世纪制造业最重要的 10 个战略技术领域之一。生物技术和智能服务机器人已被列入我国《国家中长期科学技术发展规划纲要（2006—2020 年）》。

仿生石油钻头等仿生器具、仿生装备、服务机器人、智能仿生飞行器、水下仿生航行器、生物芯片等将在国防和工程中得到更广泛地应用，产生巨大的经济和社会效益。生物计算机的研制成功和应用，将是划时代的技术革命，是生物技术、信息技术、纳米技术和制造技术的完美结合。生物计算机、智能服务机器人可能将如今日的轿车、电脑一样进入人们的生产和生活，在更大范围和程度上帮助或代替人类劳作。比尔·盖茨在《科学美国人》的文章《家家有个机器人》中预言："机器人即将重复个人电脑崛起的道路迈入家家户户，彻底改变人类的生活方式"，这个预言可能成为现实。

随着仿生制造和生物组织制造技术的发展，人工关节、假肢等假体将会越来越接近人的真体结构、外观和功能。生物活性组织器官具有自组织、自愈、自增长和自进化等功能，它将在修复和替代人类受损器官中发挥作用，提高人们生活质量，为人民谋幸福。

预计 2020 年后，仿生装备制造产业将在我国制造业中占相当的比重。先进仿生制造技术及其装备将成为 21 世纪人类认识自然规律、改变社会面貌、提高生活质量的重要标志。

需求与环境	仿生制造产品具有惊人的效果和作用。未来市场对现有器具、装备功能和性能的要求越来越高；随着我国经济和社会的发展，人民对生活质量改善的需求日趋增加。仿生器具、仿生表面、仿生装备、假体、组织器官等仿生制造技术及产品具有广阔的市场前景。	
典型产品或装备	• 仿生器具、仿生航行器、智能服务机器人 • 太阳能仿生电池、生物芯片、生物计算机	• 航行器表面减阻、隐形蒙皮材料及产品 • 假体、仿生肝脏、人工眼等复杂组织器官
仿生机构及系统制造	目标：仿生航行器、仿生机器人、假肢等仿生器具及装备 结构及功能仿生制造技术	目标：仿生航行器、仿生机器人、假肢等高性能智能仿生器具及装备 结构、功能及性能耦合仿生制造技术
功能性表面仿生制造	目标：减阻、散热、光电、传感等表面仿生产品 几何结构及简单功能表面仿生制造技术	目标：复杂、多功能、多性能智能表面仿生产品 多功能、多性能、复杂、智能表面仿生制造技术 高效率光能复眼表面仿生技术
2010年	2020年	2030年

第八章　仿生制造

(续)

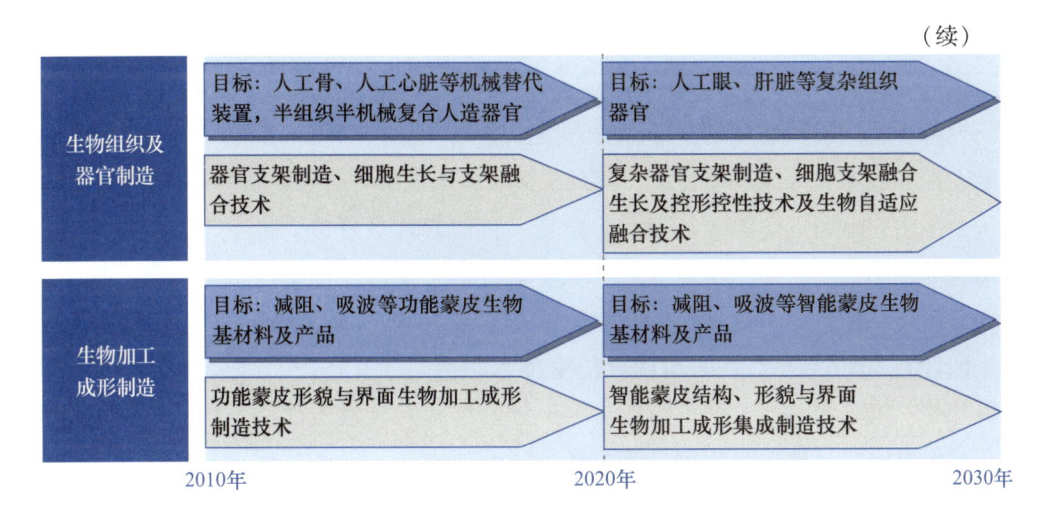

生物组织及器官制造	目标：人工骨、人工心脏等机械替代装置，半组织半机械复合人造器官	目标：人工眼、肝脏等复杂组织器官
	器官支架制造、细胞生长与支架融合技术	复杂器官支架制造、细胞支架融合生长及控形控性技术及生物自适应融合技术
生物加工成形制造	目标：减阻、吸波等功能蒙皮生物基材料及产品	目标：减阻、吸波等智能蒙皮生物基材料及产品
	功能蒙皮形貌与界面生物加工成形制造技术	智能蒙皮结构、形貌与界面生物加工成形集成制造技术
2010年	2020年	2030年

图 8-1　仿生制造技术路线图

第一节　仿生机构与系统制造

一、概述

仿生机构与系统制造是以工程仿生学为指导，在提取自然界生物优良性能特征的基础上，模仿生物的形态、结构、材料和控制原理，设计制造具有生物特征或优异功能的机构或系统的过程。

随着科技、信息和经济的快速发展，人们对智能化、人性化和集成化的产品需求迅速增加。在工业、医疗、养老和社会服务领域，仿生机械装备功能部件、仿生智能肢—体辅助系统和仿生服务机器人等发展迅速。人类在发展集成化、智能化制造的同时，也注意到了能源消耗及环境污染问题，提出了绿色仿生机构与系统制造技术。

未来 20 年仿生机构与系统制造的主要发展方向是智能耦合仿生。智能化是集成化的提高和发展，其主要产品如自适应仿生制动毂、自修复仿生智能假肢和仿生医疗服务机器人等。智能化发展的重要体现是在仿生服务机器人方面，为模仿和超越人类的行为和功能，智能仿生服务机器人要求具有高的智能，能实现全自主作业，可使人们从繁杂的家庭劳动中解脱出来。仿生机构与系统制造可为国民经济发展提供新的经济增长点和源动力。

二、未来市场需求及产品

(一) 仿生机械装备功能部件

为解决我国机械装备功能部件的磨损、疲劳、黏附、降噪问题,提高作业效率、降低能耗和成本、减少环境污染,实现机械装备功能部件仿生制造势在必行。

利用生物减阻、耐磨、抗疲劳、防粘、自洁等优良特性,将单一因素特征应用于功能部件制造中,并取得了显著效果。如吉林大学研发的仿生触土部件、仿生活塞缸套系统、仿生不粘炊具、仿生钻头和仿生模具等。

预计到 2020 年左右,采用耦合仿生技术制造的油井钻头、活塞缸套、热轧辊、风扇叶片、汽车制动毂、列车制动盘、压铸模具和农机触土部件等仿生系列关键部件,不仅可以明显地提高使用性能,还可以节约资源,低碳环保,并将逐渐实现产业化和标准化,市场前景明朗。

预计到 2030 年左右,自适应仿生技术将在触土功能部件和仿生钻具系统等部件或系统上得到广泛应用。另外,非常规仿生行走机构、极端环境下星球巡视探测系统仿生行走理论与技术、海底开采装备仿生行走技术将得到规模性应用。图 8-2 为仿蟹足全地形六足地外探测器样机。

图 8-2 高通过性仿生行走机构

（二）仿生智能肢—体辅助系统

我国对仿生智能肢—体辅助系统的迫切需要主要体现在养老、康复及健康工程。我国智能肢—体辅助技术与产品总体落后于发达国家，高端假肢产品基本为国外垄断，价格远超出国内普通消费者的承受能力。目前，国内研究者已加快智能肢—体辅助产品的研发，主要成果有钛合金下肢假肢组件、肌电假手、运动储能脚等。

预计到 2020 年左右，智能肢—体辅助关键技术和产品将得到快速发展，如出现多功能智能仿生腿、高柔性、高灵巧性仿生手、高灵活性的智能助力系统等产品，使患者和老年人能够安装价格适中、性能优良的智能化假肢及助力装置。图 8-3 为受控于肌电信号的假肢。

图 8-3 受控于肌电信号的假肢

预计 2030 年左右，仿生智能假肢产品不再只是被动的假体，应能与人体进行信息交互，仿生智能假肢不仅给予残缺的肢体以支撑，而且借助相关技术可以实现运动、感知等功能，最终实现人身体残缺部位的"自修复"。

（三）仿生服务机器人

随着我国工业发展、国防装备的需求和人们生活质量的提高，仿生服务机器人将得到更快发展。服务机器人主要产品有各类仿生航行器、仿生清洁机器人、除草机器人、医疗机器人及培训机器人等，但价格昂贵，种类和功能单一，技术及智能化水平较低。近年来人机交互、多传感器系统、灵活性及鲁棒性等技术有明显提高。

中国机械工程技术路线图

预计到 2020 年左右，仿生服务机器人将为人们所接受，标准化和产业化进程加速，成本得到有效控制，智能化水平提高，先进电机及新材料的使用减少了能耗，而救援、安防与交通监控机器人将逐渐占有较大市场份额。图 8-4 为具有一定逻辑推理和情感的服务机器人。

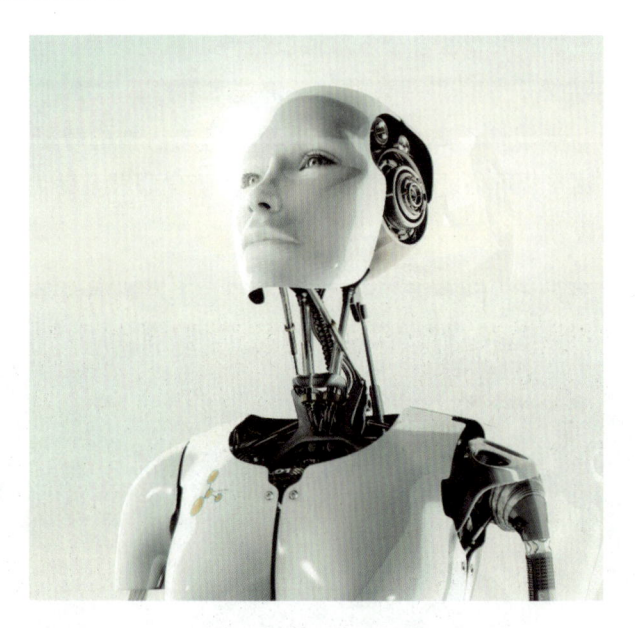

图 8-4　智能机器人

预计到 2030 年左右，仿生服务机器人的成本降低，仿人化程度得到显著提高，处于推广普及阶段，其感知、互动和综合表达能力日趋完善，产品及功能多样化，能满足不同客户的需求，群体仿生及多机器人系统协同作业得以实现，医疗服务机器人和家庭服务机器人将得到推广应用。

三、关键技术

（一）低耗节能机械装备功能仿生制造技术

1. 现状

机械装备功能仿生制造技术逐步从单元仿生向多元仿生和耦合仿生延伸，以单元仿生和多元仿生为主，耦合仿生刚刚开始。如采用单元仿生技术实现了飞行器、水下航行器和触土部件表面的减阻设计，多元仿生已开始将生物体耐磨、脱附、抗疲劳机理应用于车辆动力（活塞和缸套）、传动（齿轮）、制动（制动毂）等系统核心零部件以及石油钻具、模具等的研制。

第八章 仿生制造

2. 挑战

（1）系统减阻功能主要是通过仿生制造的方法来实现，仅对微细结构进行优化，对微观形态在减阻中所起作用的认识有限，开展系统的减阻部件制造技术还有待加强。

（2）摩擦磨损部件的工作环境复杂，开展复杂环境下生物体的摩擦磨损研究，并将其耐磨机理应用于仿生机构与系统制造领域将是一个巨大的机遇和挑战。

（3）不论是生物体还是人工的易疲劳部件，其疲劳行为的研究仍然是一个难题，采用仿生制造技术必将成为该领域发展的新途径。

（4）随着我国向松软海底和星空表面探测及开发的增多，非路面仿生行走机构呈现由粗犷向精细、由宏观向微观、由陆地向海洋、由地球向深空的发展趋势，松软路面非常规仿生行走理论和技术面临挑战。

3. 目标

（1）仿生脱附减阻技术在机械装备功能部件的设计、制造及产业化方面得到全面发展，实现机械装备功能部件的高效减阻、低耗节能的目标。

（2）仿生耐磨技术将适应不同复杂工况，在仿生耐磨活塞和缸套、仿生耐磨齿轮、仿生耐磨热轧辊、仿生水泥粉磨系统核心部件以及仿生耐磨钻头上得到广泛应用，实现技术到产品的转化。

（3）运用多元耦合仿生抗疲劳技术，设计制造仿生模具和仿生制动毂（盘），显著提高模具和制动毂（盘）的服役寿命，为车辆制造领域提供新一代高性能模具和摩擦制动产品。

（4）开展极端环境下移动装备仿生行走机构设计与制造，开发出高通过性和智能化的非常规仿生行走机构。

（二）智能、自适应、可控仿生肢一体辅助系统制造技术

1. 现状

仿生假肢的智能化研究方面处于初级阶段，还未考虑假肢的仿生控制、仿生反馈等智能问题，假肢的安装主要是接受腔和植入式骨整合技术两种。神经电生理研究方向进展快速，可以利用显微外科手术将电极和肢体神经联系起来，建立神经信号与肢体运动的映射关系，是一种较理想和易于实现的假肢仿生控制模式。

2. 挑战

（1）人体神经、肌肉、骨骼和人体肢体运动的生物耦合机理研究不够深入，而仿生智能肢一体辅助系统的完善依赖于这些研究结果。

（2）获取脑电信号，从而提取和翻译大脑神经细胞的活动信号，并在大脑和计

算机之间进行交互通信,将脑电信号及脑—机接口技术用于人体假肢控制,全球范围内均处于实验室探索阶段,其研究极具挑战性。

(3) 理想的高智能驱动装置能够满足全动力型、高效节能和微型化的要求,但实现理想的高效智能驱动装置还有赖于材料科学和生物技术研究的进展。

3. 目标

(1) 随着材料与结构耦合仿生研究水平的提高,在仿生材料与骨骼细胞的结合、人—假肢接触界面仿生耦合等关键技术上将得到突破,最终开发出属于残疾人自己的具有多功能、最大环境适应性的新型耦合仿生假肢系统。

(2) 脑—机接口技术是未来 10~20 年假肢领域迅速发展的一项前沿技术,残疾人将配装由大脑"意识"控制的仿生智能假肢并实现自由行动。

(3) 人工肌肉、形状记忆合金等与肌肉和韧带有很好相容性的智能驱动装置及高效能源供给装置,是未来全动力型、高效节能型智能仿生假肢的关键组成部分。

(三) 人性化、交互、感知仿生服务机器人制造技术

1. 现状

随着科学技术水平的发展和人类生产生活方式的转变,机器人领域研究由工业机器人向服务机器人转变。发达国家在服务机器人方面起步较早,有一些代表性的研究工作和应用,如各类空中和水下航行器、医疗服务机器人、特殊用途服务机器人等。在亚洲,日本和韩国的服务机器人发展也很迅速,如物流系统服务机器人、专业清洗服务机器人等;我国在服务机器人领域起步较晚,但发展迅速。

2. 挑战

(1) 服务机器人技术研究主要集中在系统结构、运动方式、驱动技术、控制策略、控制方法、传感技术、通信技术等方面,控制仿生是服务机器人研制的核心。

(2) 服务机器人在功能化方面还有待进一步完善,并且在保持复杂环境中机器人运行的稳定性仍然是目前的一个挑战。

(3) 人工智能在服务机器人中应用有限,服务机器人的鲁棒性受到其智能水平的影响发展缓慢,如何提高机器人的人工智能水平将是未来 20 年的一个重大挑战。

3. 目标

(1) 实现服务机器人环境智能化技术及感知与逻辑推理技术。环境智能化技术是通过智能化的环境本身实现机器人服务,以及通过智能化的环境强化其环境中的单个机器人的功能。感知与逻辑推理技术是使具有人类记忆和学习特性的经验记忆服务机器人具有人性化、特性化、自主和回忆的功能。

(2) 开展功能仿生、多感知信息融合、群体仿生、能量代谢仿生等方面的研究,

第八章 仿生制造

并将这些技术融入到机器人系统中。在远程监控、自主技术、多机器人协调控制、机械系统与控制单元的高鲁棒性等多方面获得全面突破。

（3）实现多智能体控制技术及虚拟机器人技术，主要对多智能体的群体体系结构、相互间的通信与磋商机理、感知与学习方法、建模和规划、群体行为控制等方面进行研究，实现基于多传感器、多媒体和虚拟现实、临场感技术以及机器人的虚拟遥控操作和人机交互。

四、技术路线图

需求与环境	人们对智能化、人性化和集成化产品需求迅速增加的同时，养老工程、康复工程和健康工程对仿生服务机器人和仿生智能肢-体辅助系统的需求日益迫切，机械装备功能部件仿生制造显得尤为重要，仿生机构与系统制造势在必行，将为国民经济发展提供新的经济增长点和源动力。		
典型产品或装备	仿生制动毂 钛合金假肢组件 家庭清洁机器人	耦合仿生制动毂 多功能智能仿生腿 多功能家庭服务机器人	自适应仿生制动毂 智能仿生假肢 高智能服务机器人
低耗节能机械装备功能仿生制造技术	目标：关键部件仿生 单元仿生、多元仿生理论与关键技术、非常规行走仿生	目标：机械系统仿生 主动耦合仿生、微纳米结构仿生加工、制造产业化	智能、自适应仿生技术、高通过性、智能化非常规行走仿生
智能、自适应、可控仿生智能肢—体辅助系统制造技术	目标：单一功能机械假肢 植入式骨整合、肌电信号采集和模式识别技术	目标：全功能智能假肢 骨骼结合技术、拟人感知技术、高效假肢驱动器制造技术	自组装技术、假肢—人体信息交互技术、智能仿生假肢技术
人性化、交互、感知仿生服务机器人制造技术	目标：功能服务机器人 先进电机技术、运动机理仿生、多传感系统融合技术	目标：智能仿生服务机器人 机构模块化及可重构、环境智能化技术、感知与逻辑推理	群体仿生、多感知信息融合、虚拟仿生机器人、高智能化
	2010年	2020年	2030年

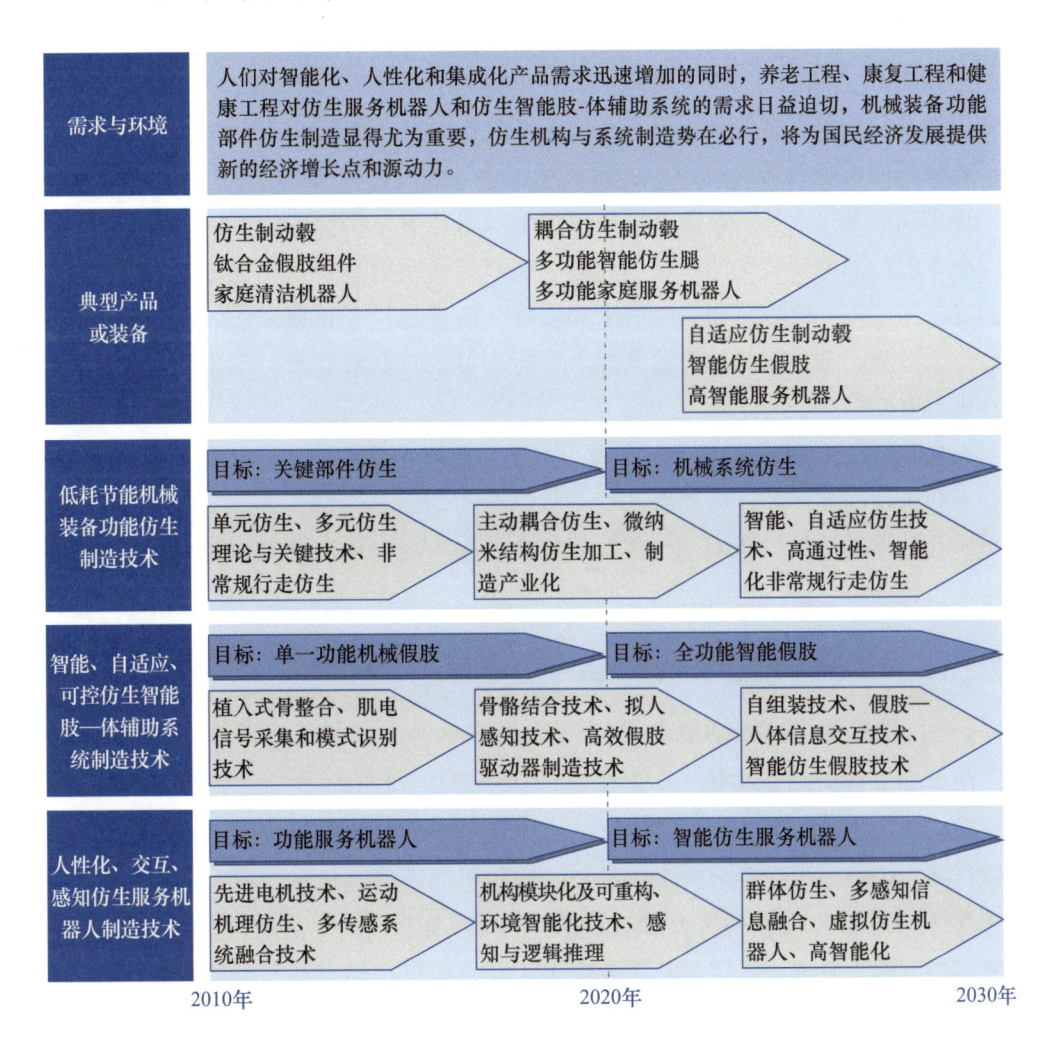

图 8-5 仿生机构与系统制造技术路线图

167

第二节 功能性表面仿生制造

一、概述

具有减阻、湿润、光电、隐形、散热和传感等功能的物体表面称为功能性表面。功能表面仿生制造技术是制造科学与生物、医学、物理、化学等多学科交叉融合产物。自然界生命体是最卓越的工程师，生命体表面从分子尺度的纳米、微米，乃至介观和宏观尺度细胞、组织和器官都具有高度有序、多尺度的层次结构，而且是复杂的、智能的、动态的、可修复的、独特的或复合的多功能表面。开展功能表面研究和产品开发，最丰富的创新源泉和最直接的方法之一就是生物表面仿生。

功能表面仿生是未来高新科学技术发展的一个重要方向。生命体表面的精致绝伦，许多功能至今人类望尘莫及，如内量子效率几乎100%的叶绿体太阳能转换器、超高集水隔热的沙漠昆虫的甲壳、超越舰船航速的海豚鲨鱼减阻表面、高度环境协调的光、声、电、磁传感和响应的生物表皮、高度选择性物质输运的细胞膜以及众多鱼类、鸟类、陆地爬行动物的摩擦力学行为等，它们对当今科学研究和技术开发具有重要意义。

未来20年，功能表面仿生的主要发展方向是表面功能仿生优化和智能集成。关键技术包括功能表面的材料和微结构仿生、表面功能和性能仿生。主要产品包括高光电转换效率仿生太阳能电池、高效能LED、仿生减阻航行体、爬壁机器人、人工复眼、生物隐身、DNA存储器件、生物计算机以及医学生物植入器件的功能表面等。

二、未来市场需求及产品

（一）仿生润湿减阻功能表面

仿生润湿减阻功能表面，主要围绕固体—固体、固体—液体、固体—气体界面的接触机制和力学行为展开功能性研究。典型研究如人工海豚皮舰艇和鱼雷仿生减阻航行体、仿壁虎脚强黏附易脱附手套、可控超润湿彩色显示器以及生物芯片功能传感器等。未来20年，仿生力学功能表面在工程集水、电子显示、无版印刷、航行体表、输油输水管道、农用工具、微电子芯片、信息存储计算等领域将具有重大市场需求。

预计到2020年，面向市场的主要产品有汽车、飞机及建筑物玻璃表面自洁涂层；舰船、飞机及输油输水管道的节能减阻涂层或蒙皮；农机具上的减阻部件（图8-6）；在印刷和电子显示行业普遍采用仿生可控润湿表面。

第八章 仿生制造

预计到 2030 年，开发出面向沙漠等缺水地区和农业工程的超级集水功能表面，电子显示领域普遍采用基于仿生结构色显示技术，实现航行体的稳定减阻和自洁涂层，在输油输气管道、微流体芯片和器件等领域广泛采用滑移减阻技术，制造功能强大的爬壁机器人和蜘蛛侠手套（图 8-7），并应用于航空航天、石油勘探和国防军事等领域。

图 8-6 农机具仿生触土部件

图 8-7 仿生壁虎机器人和仿生手套

（二）仿生器官功能表面

随着人类健康需求和科技发展，仿生器官将在未来不断出现。仿生器官功能表面主要是模仿生物体原有器官表面，针对植入器件与生命体表面的生物相容和功能再生修复，开展在材料、结构和性能方面的表面仿生研究。在未来 20 年，仿生器官功能表面将具有广阔的市场需求。

对于仿生功能器官表面，能够实现生物体细胞和干细胞在仿生器官上的可控分化和生长（图8-8）；在人工心脏瓣膜、人造血管和人造支架等植入部件表面实现血液的减阻抗黏要求，避免血栓等恶性疾病的发生；在生物组织可控生长的基础上，开发出系列类似生物绷带（图8-9）的手术用品。

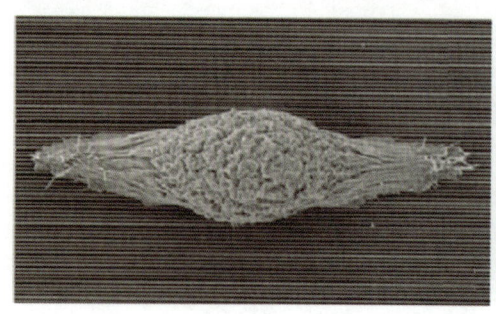

图8-8 细胞的可控生长

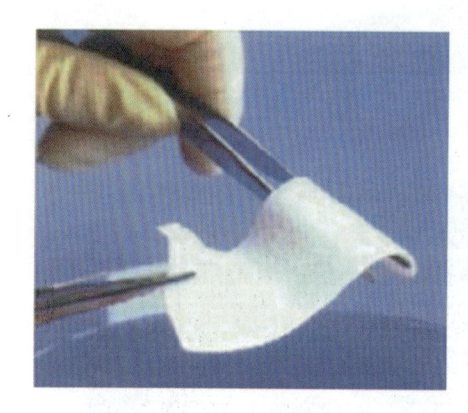

图8-9 优化的生物绷带及其结构

（三）仿生光电磁功能表面

基于生物表面光、电、磁等功能表面的仿生是当今和未来仿生研究的最活跃领域，将对人类能源、食品、安全和生活带来变革，市场极为广阔。例如，仿生太阳能电池、生物制氢、高效发光二极管（LED）、光传感和电传感器件、电磁波传导与控制、光子晶体、声子晶体以及信息存储和国防工业领域的高精尖隐身、传感和通信技术等。

预计到2020年，仿生光电磁功能表面的代表性产品有高内量子效率和高吸光率的太阳能电池（图8-10）、能大幅提高发光二极管内外量子效率的仿生发光二极管器件、电子信息领域的光子器件（图8-11）等。

第八章 仿生制造

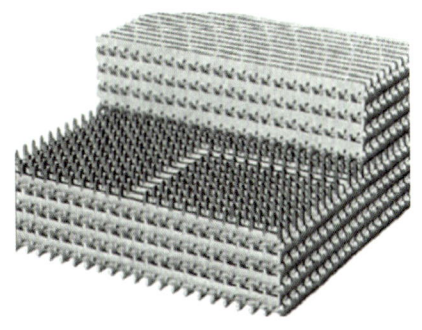

图 8-10 太阳能电池　　　　图 8-11 光子晶体

预计到 2030 年，智能化仿生产品与生物技术高度融合，超材料和功能复合能力将显著提升，将会出现超材料功能器件、DNA 信息存储与光子计算机、光电隐身与通信传感、微电极传感器（图 8-12）和智能化人工复眼（近 360°广角）（图 8-13）等先进仿生产品。

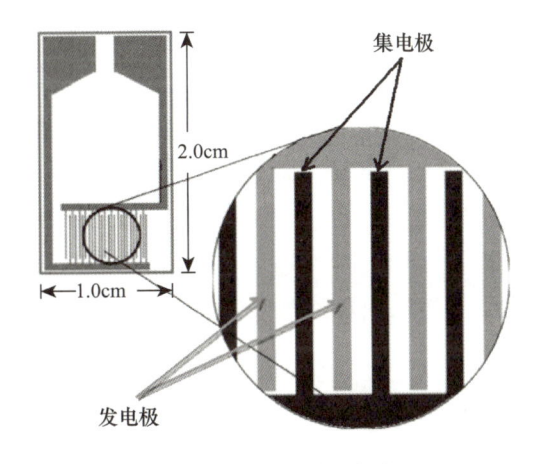

图 8-12 微电极阵列

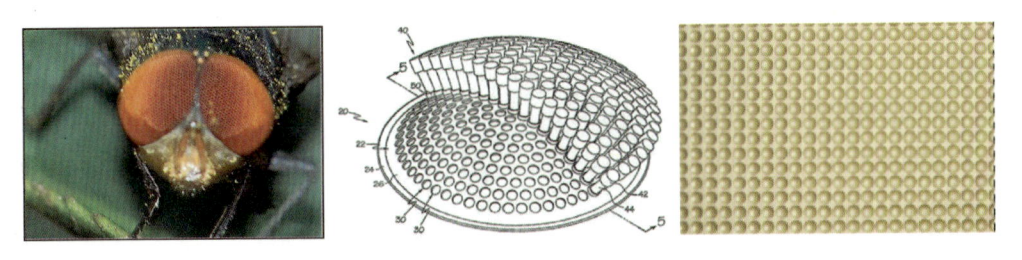

图 8-13 基于生物复眼"逆向广角"光子结构的仿生发光二极管

171

三、关键技术

（一）仿生润湿减阻功能表面制造技术

1. 现状

近年来，吉林大学研发的仿生非光滑触土部件、仿生油田勘探钻头和仿生模具等已经取得应用；中科院将可控润湿表面引入无版印刷行业；清华大学针对船舶航行的黏性阻力问题，提出了表面高效减阻的理论和技术。国外已实现基于可控润湿自聚焦的液体微镜和高分辨率彩色电子显示。目前存在的主要问题是：对生物原型功能的理解不够深入完整，限制了功能表面的进一步优化；力学仿生的功能表面的稳定性、耐久性以及制造成本过高，影响了产品的工业化应用。

2. 挑战

（1）产品制造技术与成本问题有待解决。亚微米级激光制备和腐蚀制造方法的可控性较差，激光制备方法的效率较低；腐蚀制造方法仅能实现准三维微结构加工，且需要借助于一定的模板，使得制备工艺复杂、成本高；对于涂层式处理技术，表面的功能稳定性及其力学性能还未得到完全解决。

（2）功能表面的环境适应性及功能的可控性方面有待探索，在外界刺激（如光照、电压、pH值等）下表面的功能将受到影响，甚至使原有功能消失。另外，实现功能的可控也有赖于外界刺激。因此，外界刺激对表面功能的影响规律是工业应用的一个挑战，目前这方面还处于研究阶段。

（3）多尺度的三维结构仿生制造困难。生物体表的结构都是三维规则结构，而通常所加工的微观结构都难以实现三维精确加工，这使得表面功能的进一步优化遇到严峻的挑战。

3. 目标

（1）仿生润湿表面规模化制造技术。研究表面疏/亲水性与疏/亲油性协同作用机理，在此基础上通过对设备的改进和集成以及工艺的优化，实现可用于工业化生产的超双疏基体、涂层制造技术以及超双亲纳米界面制造技术。

（2）环境调控型仿生力学功能表面制造与控制技术。研究改变表面粗糙度或化学组成时的表面浸润性响应机理，实现可控浸润性表面的优化制造；研究材料表面响应性与浸润性耦合机制，实现单响应浸润性表面、双/多响应浸润性表面的优化制造及控制。

（3）三维结构表面制造。实现准三维结构的加工，从整体结构到分层结构逐步推进，最终实现真三维结构加工，拓宽结构加工的选择性。

（二）仿生器官功能表面制造技术

1. 现状

仿生器官功能表面的研究目前主要集中在仿生表面的生物相容性和功能实现研究方面。按组织表面的功能，可分为血液兼容性材料、软组织兼容性材料以及硬组织兼容性材料等。对于血液兼容性表面如人工心脏瓣膜、人工血管、人工支架等，这些表面将长时间与血液接触，其抗凝血性尤为重要。迄今为止，对血液兼容性表面改性研究大多集中在表面涂层处理方面，微结构功能改性仿生研究甚少。另外，涂层与基体之间的结合寿命已逐渐成为人们的关注对象。采用仿生制造的方法在生物组织表面加工微细结构，改善血液相容性的同时，微结构表面的减阻作用缓解了基体与涂层结合力差的问题，将是未来提高心脏瓣膜等血液相容性的必然趋势。同样，硬组织生物材料如人工关节等的摩擦磨损也逐渐受到业界的关注。

2. 挑战

（1）对生物结构与生物功能之间的关系认识不清晰，目前还未能量化生物原型的几何形貌、组织结构等因素与性能之间的关系，还未建立优化非光滑表面的仿生模型；同时，血液与生物组织结构表面的相互作用非常复杂，必须从细胞和分子水平深入研究仿生医用材料与特定细胞、组织之间的表面/界面作用，揭示影响血液相容性的因素及本质。

（2）结构表面与生物组织的融合存在困难。如果能在仿生医用材料表面种植上皮细胞与干细胞，将会大大提高其表面的良好的血液相容性和生物相容性，与此同时，如何能使其快速成长，这也是一个至关重要的技术，但目前还很难解决结构表面与生物组织的可控融合。

（3）制造成本过高。为了满足市场需求，必须要将仿生医用材料制造成本降至最低，因此要创新先进的加工方法来实现仿生医用材料表面的高效低成本制造。

3. 目标

（1）基于生物原型非光滑表面的表面几何拓扑结构仿形技术。可以通过对生物原型（心脏瓣膜、血管、关节等）表面的微细结构进行深入研究，构建表面几何结构模型，实现多形态、多尺度周期微结构功能表面的可控设计与制作。

（2）仿生医用材料表面上皮细胞与干细胞的种植技术。通过研究细胞与材料表面相互作用机制，在仿生医用材料表面的微细结构中种植上皮细胞和干细胞，并使其快速生长。

（3）高效、低成本仿生医用材料的制造技术。一方面可以寻求先进的加工方法，直接在生物材料表面实现高效微细结构加工；另一方面，可以通过模版实现大面积重复制备，从而实现高效、低成本仿生医用材料的制造。

（三）仿生光电磁功能表面制造技术

1. 现状

目前，我国的光电材料和结构仿生设计与制造的研究尚处起步阶段，部分成果已取得了应用。如通过模仿蛋白石、蝴蝶等生物微观结构已制造出可调谐的人工光子晶体和超材料；利用光学结构仿生已制造出可见光吸光率达到 95% 以上的"黑硅"光学表面；模仿自然界冷光生物体的发光结构提高了 LED 器件的出光效率。除此之外，在仿生光电磁功能表面研究领域，基础创新研究成果日新月异，但总体上国内外都处于起步阶段。

2. 挑战

（1）对生物体表面周期性结构与特殊功能的对应关系不够深入，目前仅通过仿形方法制备出具有一定光电磁功能的表面，还未能建立起光电磁结构和功能的统一模型，功能表面难以实现优化处理。

（2）光电磁功能表面的制造效率低。目前采用的功能表面制备技术，如电子束刻蚀技术和激光加工技术，采用单点扫描方法，加工效率低，成本昂贵，难以实现大面积功能表面制备。

（3）仿生光电磁功能表面在隐身吸波、DNA 存储、光子计算机、生物计算机以及光学复眼等方面有待进一步探索，很多新颖想法都只停留在概念或理论上，距离应用还有很大差距。

3. 目标

（1）实现光学结构表面的可控设计，建立能够正确反映尺寸效应的微纳结构生长和光响应实用理论模型，能为生物结构功能机理的认识奠定基础，以及为微纳光学结构、光子器件与光电系统提供有效的分析和设计工具。

（2）可控稳定结构表面的高效制备技术及产品。综合应用目前的高能束流加工方法和工业中的模具产品加工原理（如纳米压印技术）以及表面的结构自组装技术，依据物质的内部作用规律实现稳定可控结构产品的高效低成本制造。

四、技术路线图

需求与环境	模仿生物的表面结构，将生物表面具有的独特功能移植到材料表面，开发出具有特殊价值的产品。功能表面仿生制造可完全模仿出生物的组织结构和功能响应模式，为人类提供实现多种高性能仿生装备的有效途径。
典型产品或装备	• 船艇、飞机减阻表面 • 人工植入功能部件 • 仿生太阳能电池、LED • 隐身材料器件、微电极传感	• 仿生电子显示器 • 微纳流体芯片 • 爬壁机器人 • 光信息处理器件、人工复眼

第八章 仿生制造

(续)

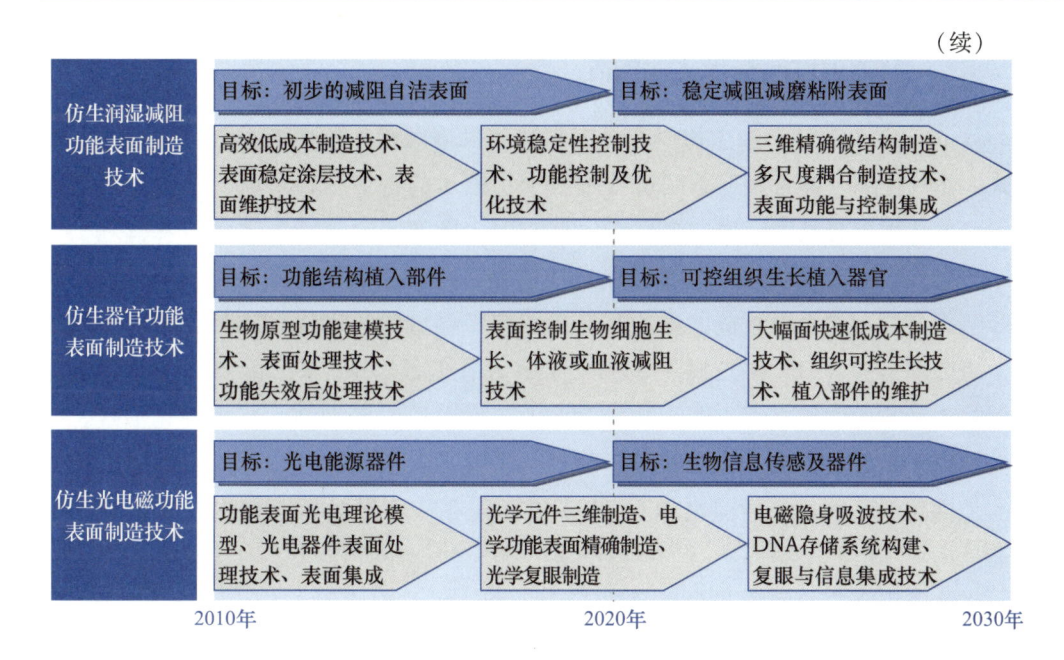

仿生润湿减阻功能表面制造技术	目标：初步的减阻自洁表面		目标：稳定减阻减磨粘附表面
	高效低成本制造技术、表面稳定涂层技术、表面维护技术	环境稳定性控制技术、功能控制及优化技术	三维精确微结构制造、多尺度耦合制造技术、表面功能与控制集成
仿生器官功能表面制造技术	目标：功能结构植入部件		目标：可控组织生长植入器官
	生物原型功能建模技术、表面处理技术、功能失效后处理技术	表面控制生物细胞生长、体液或血液减阻技术	大幅面快速低成本制造技术、组织可控生长技术、植入部件的维护
仿生光电磁功能表面制造技术	目标：光电能源器件		目标：生物信息传感及器件
	功能表面光电理论模型、光电器件表面处理技术、表面集成	光学元件三维制造、电学功能表面精确制造、光学复眼制造	电磁隐身吸波技术、DNA存储系统构建、复眼与信息集成技术

2010年　　　　　　　　2020年　　　　　　　　2030年

图 8-14　功能性表面仿生制造技术路线图

第三节　生物组织与器官制造技术

一、概述

生物组织与器官制造是用生物材料、细胞和生物因子制造具有生物学功能的人体组织或器官替代物的过程。重点研究先进制造技术与生命科学相结合，设计和制造机械式和类生命体的生物组织或器官替代产品。这一发展方向显示出制造技术由传统的工业产品制造向生命体产品制造拓展的趋势，例如制造人工关节（见图 8-15）、人工心脏、人工肝、人工肾等。这将对生物医学技术的进步产生革命性的影响。

该发展方向相关的关键科学与技术问题有人工组织的生物仿生设计、生物力学与生物摩擦学原理、组织与器官支架制造、生物组织生长和运行环境控制等。这些问题超出了传统的机械工程的研究和生产范围，给传统的机械工程发展带来了新的机遇和挑战。这是一个多学科交叉的研究领域，也是未来最具有市场潜力的新兴产业方向。

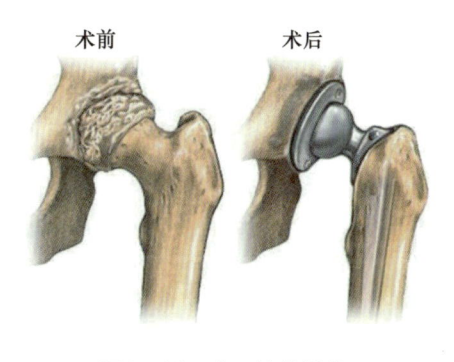

图 8-15　人工关节置换

二、未来市场需求及产品

21世纪，生命科学和生物技术将引领科技发展潮流，改变人类社会形态和生活方式。生物组织与器官制造是制造技术与生物技术的密切结合形成的一个新兴交叉方向。发达国家将其确定为一个优先发展方向。例如美国哈佛医学院与麻省理工学院学者合作成立了组织工程与器官制造实验室，研究心脏、肝脏、皮肤、骨骼、膀胱等组织与器官的生物制造方法，并形成了在该领域的技术优势。英国工程与自然科学研究理事会（EPSRC）投入5000万英镑，在伦敦国王学院、牛津大学、帝国理工学院、利兹大学建立了4个生物医学中心，针对医学图像技术、个性化治疗、关节炎治疗、人工关节技术，从数学、物理、工程和医学交叉领域，探索面向人类健康的个性化产品制造。目前全球有70多家公司在从事生物活性组织与器官产品的制造。

生物组织制造的发展趋势体现在三个方面。一是向生物与机电融合方向发展。在制造技术不断发展的支撑下，人工组织与器官替代产品功能不断增强。例如人工眼，随着微机电系统（MEMS）制造技术的发展。人工眼可通过安装在眼部的图像感光芯片将视频信号经薄膜电极把图像信息传送给人的视神经，使人感受到外部信息。二是向活性或类组织和器官方向发展。例如现有的金属或陶瓷人工关节，未来向人工活性骨/软骨关节发展，目前的体外人工肝支持系统向体内肝组织制造研究发展。这使得机械工程从过去的非生命体制造向类生命体或生命体制造发展。制造技术不但要制造出组织和器官的外形支架结构，满足外形结构和力学性能的需求，还要制造出满足细胞和组织生长所需的支架内部微结构，满足生命体生长的生物循环系统的需要，支持再生医学的发展。三是向个性化制造方向发展。阿斯利康制药公司副总裁Anders Ekblom认为，个性化医疗将是未来医药公司的发展方向，它能够帮助患者找到正确的治疗方案。例如人工关节置换，人工关节有许多品种与型号（图8-16），目前按照企业生产的人工关节型号给患者配置，但是每个人的运动特征和生理特征有差异，型号配置会导致治疗效果降低。个性化设计和快速低成本制造人工器官和手术器械是未来发展方向，也是传统机械工程创新发展的新机遇。

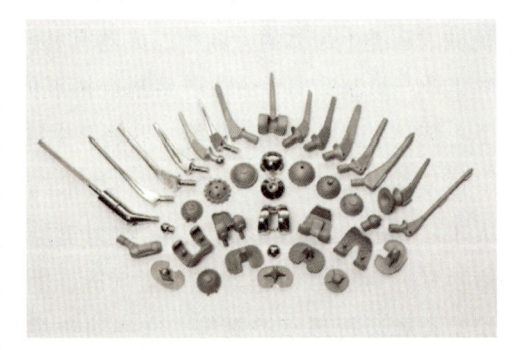

图8-16 人工关节产品和型号

随着人口的老龄化，工伤、交通事故和自然灾害的增多，各种组织与器官的需

第八章　仿生制造

求量日趋增加。据美国食品与药品管理局预测，未来10年生物医学工程产业中，人体器官和功能组织的人工替代产品将占50%。目前已有超过50个品种的人工器官产品用于临床。除了脑及部分内分泌器官外的人体大部分组织器官几乎都有了可替代的人工组织，其产值约占全球生物医学工程产业的15%，人造组织器官的潜在市场每年高达4000亿美元。

生物组织与器官主要包括植入式假体（非活性组织）、简单活性组织和复杂内脏器官支架制造。在设计、制造和临床使用上都面临新的发展机遇与技术挑战。

（一）植入式假体

植入式假体是目前临床医学应用最广泛的产品，其特点是采用非活性生物材料制造组织或器官的替代物，植入体内后可替代缺损组织或器官的部分生理功能。它主要包括机械型产品（例如牙齿种植体、人工关节、人工韧带等）和机电型产品（例如人工眼、人工耳蜗、人工心脏等）。未来20年，随着社会进步与生活水平的不断提高，组织或器官缺损患者对植入式假体的需求量将显著增加，并对其可靠性、功能性提出了更高要求。以下以人体中需求量较大人工关节和人工心脏为例说明发展的趋势。

1. 人工关节

预计到2020年，主要人工关节（髋、膝、肩、肘、脊椎关节）设计将基本满足我国患者解剖特点和生活行为需求，形成中国人工关节产品设计、制造和运动功能评价标准，在材料、人工关节设计、临床安装器械等方面建立工程规范，支撑人工关节的使用寿命达35年，同时制造技术能及时提供定制型假体，满足个体化治疗的特殊患者需求，人工关节制造成本降低30%。

预计到2030年，将发展出全新的微创化与精确化人工关节置换技术及相关器械；个体化假体制造与置换技术成为临床成熟技术；生命技术融入人工关节设计，新的人工关节设计保证术后不发生明显的骨形态的改建，支撑人工关节使用寿命可达50年。

2. 植入式人工心脏

预计到2020年：植入式人工心脏在体内使用寿命平均达到5年以上，寿命纪录突破10年。人工心脏制造向结构微型化和治疗微创化发展，目标是将血泵尺寸缩小到接近现今的心脏起搏器大小，并通过手术机器人完成微创植入手术，其用途是弥补天然心脏的泵血量的不足部分，为天然心脏的康复创造必要条件。预计到2020年，该种人工心脏将进入临床试验。

预计到2030年：植入式人工心脏体内使用寿命平均达到8年以上，基本上可以代替心脏移植，到2030年微型化植入式人工心脏在临床得到普遍应用。

（二）简单活性组织

简单活性组织如人工皮肤、骨、软骨、膀胱等目前已有少量产品应用于临床或进入临床试验阶段，其结构和功能相对简单，植入体内后能促进或诱导宿主组织的生长，并最终转化为人体组织。未来20年，随着新型生物材料和生物医学研究（如干细胞）的突破，许多人工简单活性组织产品将广泛应用于临床治疗。作为简单活性组织的代表，生物活性骨和人工血管将成为医疗临床需要的组织替代产品。

1. 生物活性骨

预计到2020年，将实现低承载的生物活性骨临床应用。例如单独使用生物活性骨用于颅骨、指骨等骨组织损伤的个性化修复，或与植入式金属假体复合用于较高承载部位。

预计到2030年左右，随着可降解和新型高强韧型复合骨生物支架材料和制造技术的突破，将实现较高承载部位的生物活性骨的临床应用；实现生物活性骨个性化设计与制造，生物活性骨植入后具有良好的力学与生物学匹配性能，能满足人体关节等人体高承载部位的特定功能要求。

2. 人工血管

预计到2020年左右，将制造出直径较大（>6mm）的人工活性血管支架，解决部分临床的需要。

预计到2030年左右，将实现小尺寸人工活性血管支架的制造，制造血管与人体组织复合支架，实现血管与组织的共生，满足组织生长的需要。

（三）复杂内脏器官

复杂内脏器官指心脏、肝脏、肾脏、肺等具有复杂结构与功能的组织，例如肝组织具有多套循环网络系统，包括肝动脉、肝静脉、门静脉、胆管系统，其支架结构设计与制造具有很大难度。同时，复杂内脏器官的制造还依赖于生物材料与生物医学基础领域（如干细胞）研究的进步。

预计到2020年左右，将实现典型内脏器官（肝脏或心脏）三维支架的设计，实现多细胞体系的微结构制造和细胞组装技术，在实验室制造出功能简单组织支架或活性类内脏器官。制备的活性类内脏器官将显著提高当前人工肝、人工肾等的临床疗效，并应用于体外药物筛选或病理器官体外模型研究。

预计到2030年左右，将完成大部分内脏器官三维支架设计，在新型生物材料研发与干细胞定向诱导分化技术突破的支撑下，通过体外培养环境调控，制造出具有复杂结构和特定生理功能的类内脏器官（如具有代谢功能的肝组织），并开始进行动物试验研究。

三、关键技术

(一) 植入式假体设计与制造技术

1. 现状

目前能够实现人工关节、人工韧带等植入式假体的生产和临床应用,但其可靠性与功能有效性有待进一步提高。人工眼、人工耳蜗、人工心脏等处于研究和临床试验阶段。例如,人工心脏于1990年被美国食品与药品管理局批准作为过渡性(短期)医疗手段使用,适应证包括辅助天然心脏恢复以及心脏移植之前的过渡,2002年美国FDA将人工心脏的适应症范围扩展到永久植入性医疗器械,2010年其全球销售额已超过4亿美元。

2. 挑战

(1) 在人工关节方面:需要微创化、精确化关节置换技术和与之配套的器械;发展与生命技术相结合的人工关节结构设计与制造技术;一个能在2~3天内完成个体化定制关节与器械设计制造的临床工程系统;能满足35~50年磨损寿命的生物摩擦材料和人工关节。

(2) 在人工心脏方面:人工心脏的可靠性和长寿命是难点问题。血液在人工心脏的非生理流动环境下受到损伤,造成溶血、血栓形成等严重并发症;作为长期植入式有源医疗器械,人工心脏的长久可靠性决定了其体内工作寿命。此外,理想的人工心脏应能根据机体对于供血量的需求,自动调节泵的流量,尽量降低患者对人工心脏的运行干预要求,保证其安全有效运行。

(3) 在生物机械电子系统(人工眼、人工耳蜗、人工心脏等)方面:人工假体控制系统与人体神经系统的接口是个难题,例如人工眼的视觉信息如何向人体神经传递,人的神经信号如何控制人工生物机械电子系统。人工生物机械电子系统的微纳系统制造是走向实用的难点,例如人工耳蜗如何实现微小化制造。

3. 目标

(1) 人工关节使用大幅度延长,寿命可达50年、实现微创与个性化治疗。

(2) 人工心脏要提高可靠性与血液相容性,实现微小化功能优化设计和制造。

(3) 实现人工生物机电系统微小化制造并与人体神经系统的有效接合。

(二) 简单活性组织支架制造技术

1. 现状

简单活性组织如活性皮肤目前已有商业化产品应用于临床,但生物活性骨(图8-17)和软骨、人工血管、膀胱等尚处于临床试验或研究阶段。例如生物活性骨尚

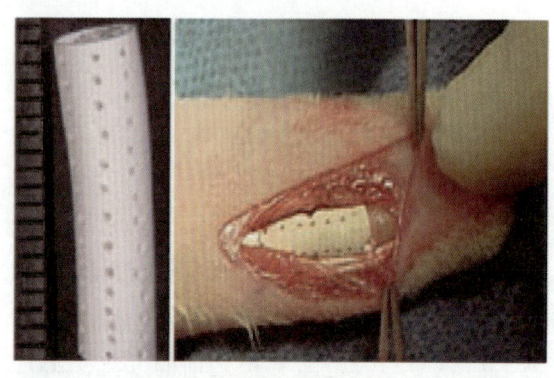

图8-17 仿生骨支架设计与动物试验

不能满足高承载部位对大段移植物力学性能和生物性能的双重要求；静电纺丝作为制备人工活性血管支架的新技术方法，依赖于生物材料的发展。

2. 挑战

（1）生物活性骨支架在植入体内后强度不足和骨转化速度低，需要解决骨生物材料支架力学和生物学性能的匹配问题，例如材料降解与新骨生长及力学强度的匹配等，发展复合材料支架是有效的途径。

（2）对生物活性骨支架的转化机理认识不足，需要开展结构设计与力学强度及骨转化机理关系研究。

（3）生物活性骨支架与人体软组织如软骨、韧带等的连接界面也是未来生物活性骨发展的趋势和难点，骨/软骨复合支架（图8-18）或骨/韧带梯度界面的制造面临技术挑战。

（4）人工活性血管支架的多层材料、结构及孔隙率控制制造技术与多细胞一体化复合组装方法。

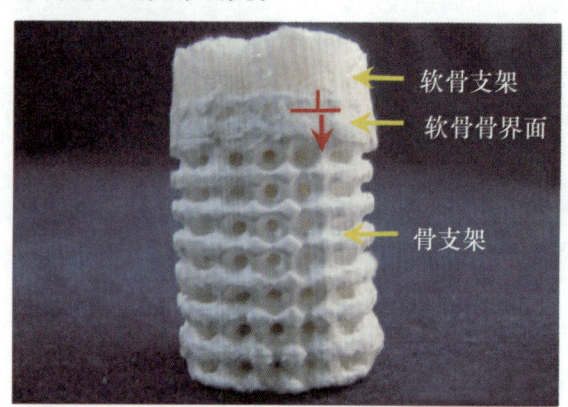

图8-18 骨/软骨复合支架

3. 目标

（1）研制的新型生物活性骨在材料与结构上可解决力学与生物学匹配难题，满足临床上不同承载部位对活性骨的特定需求。

（2）研制出具有仿生连接界面的骨/软组织复合活性替代物，如骨/软骨活性关节等。

（3）研制出具有不同临床应用需求的人工活性血管或与其他组织相结合的人工活性血管网络系统。

（三）复杂内脏器官支架的设计与制造技术

1. 现状

复杂内脏器官支架的设计与制造目前处于基础探索阶段，许多新的技术概念开

第八章　仿生制造

始在复杂器官制造上进行应用。例如采用脱细胞器官支架在体外构建的人工活性内脏器官如心脏、肝脏、肺等均在动物体内取得了短期成功；器官打印技术与微器官单元组装技术作为当前器官制造研究的技术热点，有可能成为未来复杂组织与器官制造的有效方法（图 8-21）。同时，随着新型生物材料的研制和干细胞定向诱导分化技术方面的突破，复杂内脏器官制造将不再是梦想。

2. 挑战

（1）复杂内脏器官微结构系统仿生设计技术。需要认识微结构系统结构与其生物学功能的关系，例如研究微观结构设计对营养传递、细胞增殖与血管化的影响。肝组织具有典型代表性，图 8-19 显示其复杂结构，图 8-20 表示肝组织支架仿生结构设计图。

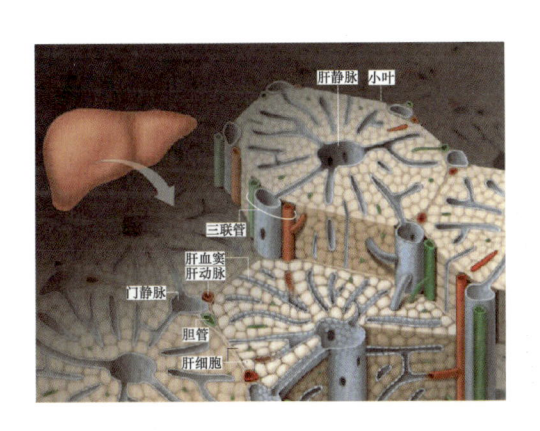

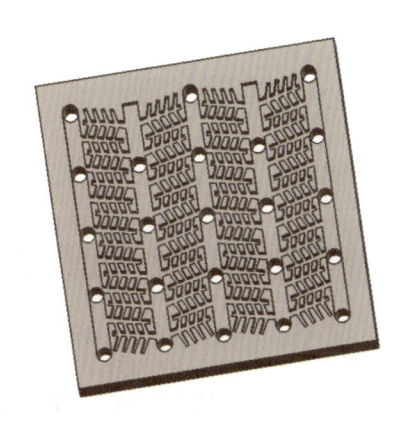

图 8-19　肝组织结构原理图　　图 8-20　肝组织支架仿生设计图

（2）面向软质生物材料的微结构系统制造与细胞组装技术是制造技术的难点，需要研究多基质和多细胞体系的受控组装制造技术与装备。

（3）复杂内脏器官循环系统的建立是实现器官再造的难点，需要模拟体内环境研究构建生物反应器系统，以调控复杂内脏器官的体外培育环境，如氧浓度、流体与应力刺激等。

3. 目标

（1）实现复杂内脏器官支架微结构系统的仿生设计、制造及多细胞的受控组装，构建出具有生物活性和仿生循环系统的类内脏器官前体。

（2）实现多细胞类内脏器官前体的生长环境调控，培育出具有特定生理功能的血管化类内脏器官，可用于体外生物模型或动物试验研究。

中国机械工程技术路线图

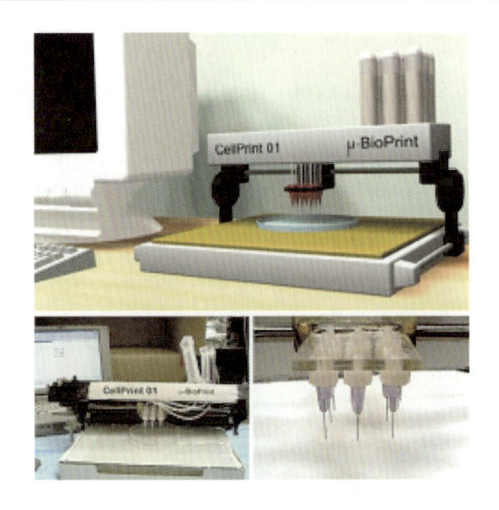

图 8-21　器官打印设备

四、技术路线图

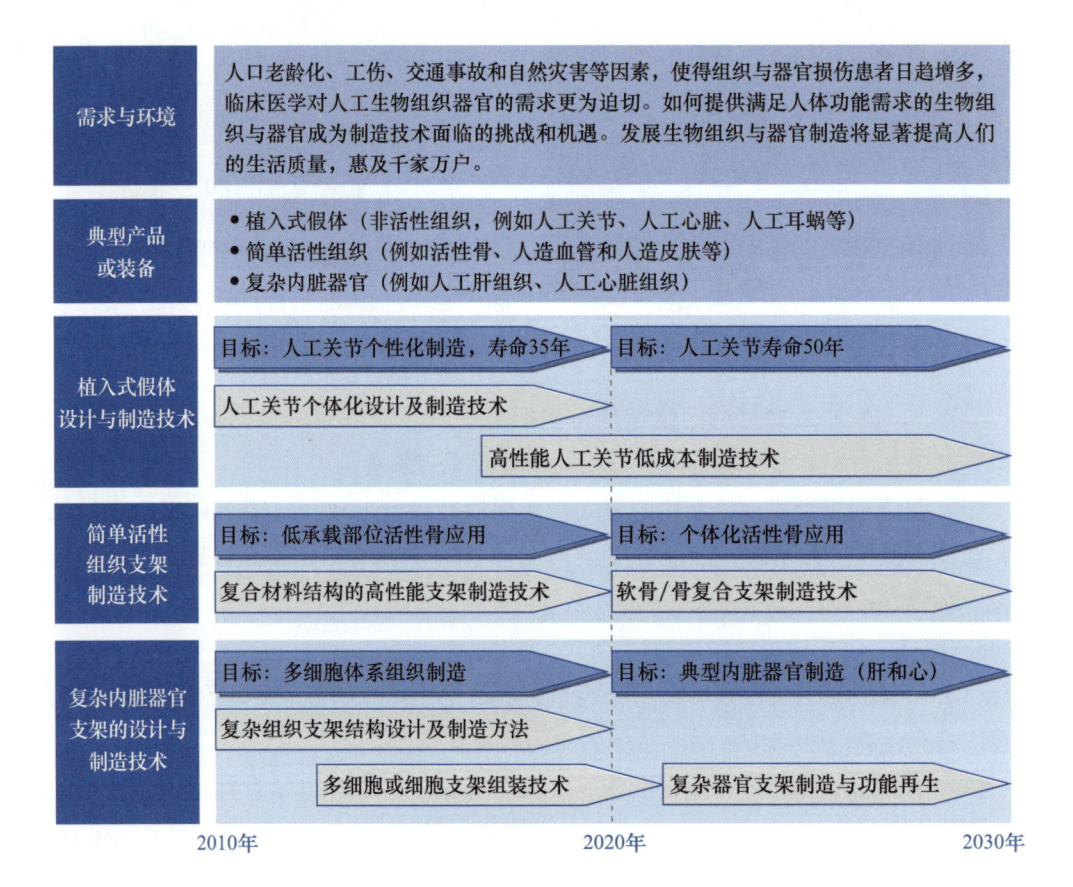

需求与环境	人口老龄化、工伤、交通事故和自然灾害等因素，使得组织与器官损伤患者日趋增多，临床医学对人工生物组织器官的需求更为迫切。如何提供满足人体功能需求的生物组织与器官成为制造技术面临的挑战和机遇。发展生物组织与器官制造将显著提高人们的生活质量，惠及千家万户。
典型产品或装备	• 植入式假体（非活性组织，例如人工关节、人工心脏、人工耳蜗等） • 简单活性组织（例如活性骨、人造血管和人造皮肤等） • 复杂内脏器官（例如人工肝组织、人工心脏组织）

植入式假体设计与制造技术
- 目标：人工关节个性化制造，寿命35年
- 目标：人工关节寿命50年
- 人工关节个体化设计及制造技术
- 高性能人工关节低成本制造技术

简单活性组织支架制造技术
- 目标：低承载部位活性骨应用
- 目标：个体化活性骨应用
- 复合材料结构的高性能支架制造技术
- 软骨/骨复合支架制造技术

复杂内脏器官支架的设计与制造技术
- 目标：多细胞体系组织制造
- 目标：典型内脏器官制造（肝和心）
- 复杂组织支架结构设计及制造方法
- 多细胞或细胞支架组装技术
- 复杂器官支架制造与功能再生

2010年　　　　2020年　　　　2030年

图 8-22　生物组织制造技术路线图

第八章　仿生制造

第四节　生物加工成形制造

一、概述

　　资源与环境问题已成为国民经济可持续发展的瓶颈，出现了机械工程利用、模仿、再造、融合生物资源的发展趋势。通过对生物加工、成形、组装工艺方法的探索研究，已初步形成了借助生物形体和生长过程进行制造的生物加工成形新技术，包括直接利用丰富的自然生物原型制造出生物形体基结构的生物成形方法，利用生物优势结构进行自组装或者外力辅助组装制造出生物跨尺度复杂微结构的生物组装方法，以及利用生物材料、生物生长过程制造出可循环利用与转化的生物过程材料与结构的生物加工方法。该技术属仿生制造新派生出的前沿领域，导致了机械制造手段由传统物理、化学方式制造拓展出生物方式制造新分支，将对机械制造技术、机械产品结构及机械材料循环形式产生革命性的影响。

　　生物成形制造的生物形体基产品具有更复杂的微结构（如多级结构、多尺度结构、多层阵列结构等）和更丰富的功能（如轻质高强、减阻功能、耐磨功能、光学功能等），在高端生物资源产品中具有广泛的应用前景。生物组装方法制造的规则生物形体阵列、生物/非生物连接耦合结构等在生物传感器、多功能耦合结构及器件、自修复智能器件等产品制造中具有重要的应用前景。生物加工制造的生物过程产品可循环利用与转化，比机械选矿、垃圾焚烧、机械碎化等处理方式更节能环保，在资源开发与资源循环产品制造中具有重要的应用前景。生物加工成形技术在资源紧张、环境恶化的大背景下面临巨大的发展机遇；在生命科学与材料科学突飞猛进的历史条件下，面临多学科交叉创新的巨大挑战和发展空间，将成为推动未来生物经济发展的重要力量。

二、未来市场需求及产品

　　生物加工成形制造的产品及其制造过程具有绿色、节能、省材、高性能、多功能等特点，其产品将覆盖机械材料、电子信息、生物医疗、国防安全、建筑交通等众多工业与民生领域，下面仅列举三类典型生物构造产品或装备，借以说明生物加工成形技术的市场需求。

（一）生物构造蒙皮

　　产品蒙皮结构与产品性能、外部环境适应性等息息相关。未来产品必须满足绿色环保、节能高效、经济耐用等需求。自然生物具有独特外形、多尺度表面形貌、复杂功能结构,可以实现减阻、自洁、电磁波吸收与感知、防附着等一系列功能。而且,生物材料来源方便,将其直接应用于机械产品中可开发出功能齐全、应用范围广泛的生物基蒙皮材料。以生物基材料来制造电磁吸波蒙皮、减阻节能蒙皮等产品,在制造过程低能耗、低污染、低成本以及产品高性能等方面已经显示出诸多优势,因此生物基功能蒙皮材料的应用前景广阔。

预计到2020年前,利用生物成形技术,通过对生物基功能微粒、功能表面可控制造,制备出一系列生物基功能蒙皮产品,如轻质高强吸波蒙皮,提高电子产品综合性能;减阻自洁蒙皮,降低航行器航行阻力,提高航行速度;吸波透气保温宇航服,提高服装舒适度等。随着市场需求不断加大,生物成形制造将逐步规模化和产业化。

预计到2030年左右,将生物成形技术与智能材料技术更有效结合,通过对生物基材料形貌、结构等智能控制,生产出自适应智能生物基蒙皮产品。如图8-23。智能生物基蒙皮作为高科技产品的重要组成部分,将进入商品市场及人们日常生活。

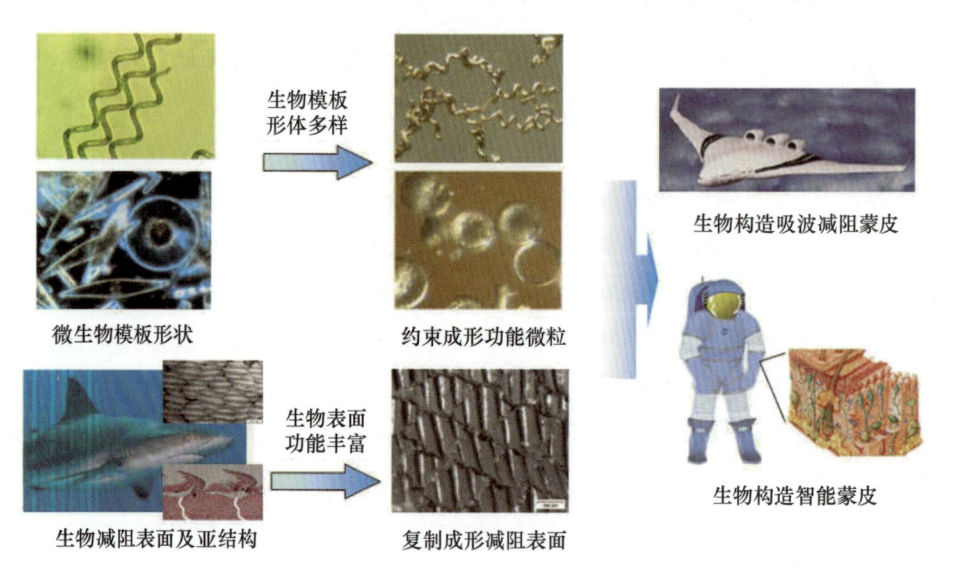

图8-23 典型生物形体构造功能/智能蒙皮

(二) 生物构造微流体器件

微流体器件已经在化学样品分析、分子生物学研究、材料合成与制药、人体健康监测等众多领域开始发挥不可替代的作用。生物体本身具有微流道结构,如植物脉络、动物血管系统、微生物表面微纳多级孔隙结构等,具有结构合理性、智能可控性和可再生性等特性。充分利用生物本身的微流道结构及其功能,将进一步丰富微流体产品的种类,形成新的前沿科技产业。

第八章　仿生制造

预计到 2020 年前，将利用生物微流体结构提升现有微流体产品的功能，开发一系列生物基微流体器件。例如利用生物基微纳孔结构进行探针吸附、目标分子富集的生物检测芯片；利用动物腺体结构存储、释放减阻液的减阻器件；利用细胞腔体和多级孔系装载、释放药物分子的缓释药物等。充分发挥生物成形技术制造微流体器件的低成本、高功能、强适应性等优势，将生物基微流体器件产品应用于更多领域。

预计到 2030 年左右，将实现生物基微流体器件的集成化和智能化，形成一批高性能微流体产品。例如：具有复杂立体微流道可实现多功能高通量检测的生物芯片、自动调节流量的缓释减阻器件、自动定位定量释放的智能缓释药物、多功能自修复的智能器件等。实现微流体器件智能控制与多功能集成一体化，使生物基微流体器件产品服务于更多的高端仿生产品。

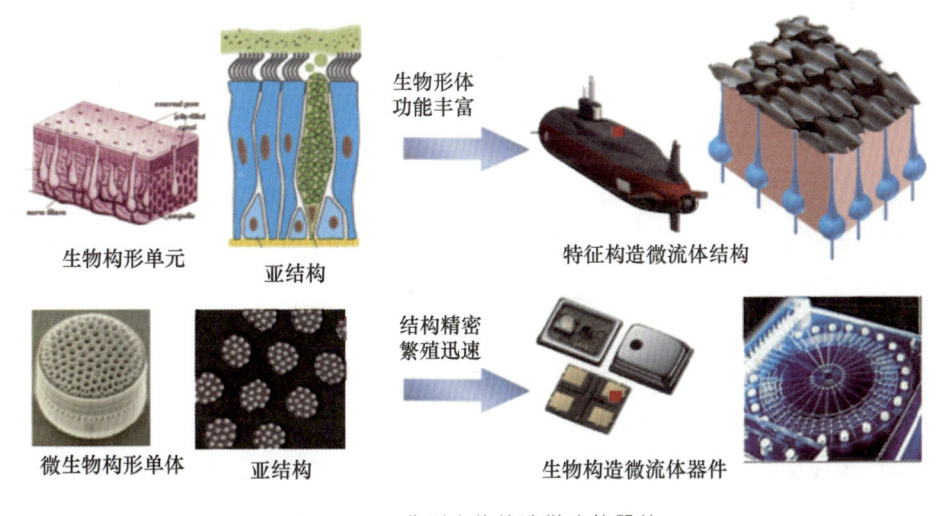

图 8-24　典型生物构造微流体器件

（三）资源循环生物加工装备

资源循环包括原材料获取、材料加工成形利用、产品回收转化加工等产品全生命周期。生物循环是自然界固有的能量及物质循环方式，具有环境友好性与资源可持续性。充分利用或模仿自然生物的物质转化形式，逐步建立生物加工工艺与装备体系，为人类可持续发展提供绿色制造装备，构建绿色制造产业。

预计到 2020 年前，将研发出初级生物加工自动化装备，研发工业生物批量培养、栽培、养殖所需的生物资源制造装备、生物浸矿、转化、降解所需的上游生物加工装备；生物成形、组装、功能化所需的生物成形装备；生物回收、净化、处理所需的下游生物加工装备，提供初级生物加工成形工艺与装备技术。

预计到 2030 年左右，将研发出系统级生物加工成形制造装备技术，研制出面向生物基产品全生命周期的智能化、流水线式生产装备以及资源循环型生物基产品的无人化系列制造装备。

三、关键技术

（一）生物成形技术

1. 现状

生物成形技术是将具有优势特性（如标准外形、多尺度亚结构、功能表面等）的生物样本直接引入成形过程，作为构形模板来制造功能微粒、结构、表面及器件。目前其基本理论框架已初步建立，一些关键技术已经获得突破并在功能材料、减阻表面等方面获得工程应用。下一步需发展复杂结构与功能可控的资源循环型生物加工成形技术，提高生机电复杂智能产品的性能和自然相容性。

2. 挑战

（1）对生物原型样本的生长机理了解还不够深入，形状、尺寸、强度的可控性较差。

（2）跨尺度复杂功能结构生物模板的制备及批量成形控制能力偏弱。

（3）生物复杂形体、结构、表面的功能改性及材料成形技术手段有限，性能有待提高。

3. 目标

（1）实现对生物模板复杂形体的可控制备、有效筛选和批量成形，直接获得满足后续加工成形需求的生物复杂功能结构。

（2）实现复杂功能结构、表面的可控三维变形技术，批量成形制造出复杂结构及表面。

（3）建立功能高度集成的复杂表面结构生物加工成形技术，制备出新型复合功能材料结构及器件。

（二）生物组装技术

1. 现状

生物组装是指利用生物优势结构和特性进行组装和装配，以实现目标产品的制造。目前已可用自组装手段实现微米及以下尺度规则形体结构单元的二维/三维排布；利用人工诱导细胞自组织生长出二维及三维结构；利用表面化学修饰方法，实现了生物细胞与物理基片及器件表面的结合。

2. 挑战

（1）动植物细胞和微生物细胞的形貌较复杂、尺寸个体间有差异，传统的自组

第八章 仿生制造

装方法难以普遍应用。

（2）生物自组织、自生长成形机理尚待完善。

（3）生物材料与常规材料的结合、连接手段需要创新。

3．目标

（1）实现生物单元的高精度阵列、单层膜、三维实体排布，利用生物材料可以组装任意微观到宏观尺度结构，用于微检测芯片、微光学器件、微燃料电池、超薄功能蒙皮等。

（2）建立生物自组织、自生长理论体系，可控制生物细胞自组织生长成形成为任意二维及三维形状，制造复杂功能产品，如微流体器件、减阻器件、缓释器件、功能结构及表面、多功能耦合生机电产品，实现自组装、可变形、可修复，减少产品的维护成本并延长其使用寿命。

（3）生物连接手段更为丰富，实现生物基材料与不同材质基片、微系统的有效连接，微器件与生命体的相容性更好，如可植入人体的高集成度 IC 卡、检测芯片等。

（三）生物加工技术

1．现状

生物加工主要是利用生物生长代谢过程实现取材、选材或者废材降解，拓展生物在资源循环领域的应用范围。研究主要集中在生物浸矿、生物降解等材料加工技术。

2．挑战

（1）成熟的优质生物及其副产物选育与改性、生物反应特性等生物学研究成果较少。

（2）生物加工技术与物理、化学提矿技术相比薄弱，批量化程度低，生产成本待降低，提取效率待提高。

（3）将生物加工拓展到产品全过程后，随着参与生物种类增多、导致系统匹配设计与低成本运营难度增加。

3．目标

（1）突破生物加工的优质生物选育技术以及相关装备。

（2）实现生物加工高效、低成本资源循环单元技术突破。

（3）在产品制造中实现生物加工成形技术的智能化和无人化，最终实现机械制造的高性能以及节能、环保目标。

四、技术路线图

需求与环境	可持续制造和高端机电产品需要借助生物材料与过程，生物加工成形可逐步实现碳生物循环、资源生物循环以及产品与制造过程的节能环保。生物再生与循环性和生物加工成形性将成为衡量仿生产品和制造先进性的重要标志。
典型产品或装备	• 生物基功能蒙皮　　　　　• 生物基智能蒙皮 • 生物基微流体器件　　　　• 生物基微流体智能器件 • 单元级生物加工成形装备　• 生物加工成形系统装备
生物基蒙皮结构及生物成形技术	目标：生物基蒙皮多功能化 → 目标：生物基蒙皮智能化 生物构形单元功能化 → 生物构形单元可控化 → 智能化细胞网络生物成形 表面形貌逼真化复制 → 形貌可控生物成形 → 形貌智能化生物成形
生物基微流体器件及生物组装技术	目标：生物基器件多功能化 → 目标：生物基器件智能化 自由缓释结构生物组装 → 可控缓释生物组装 → 智能缓释生物组装 表面探针结构生物组装 → 三维探针结构生物组装 → 智能探针结构生物组装
资源生物循环装备及生物加工技术	目标：生物加工成形装备单元 → 目标：复杂生物加工成形装备系统 资源循环生物加工单元技术 → 资源循环生物加工自动化技术 → 资源循环生物加工成形智能集成技术

2010年　　　　　　　　2020年　　　　　　　　2030年

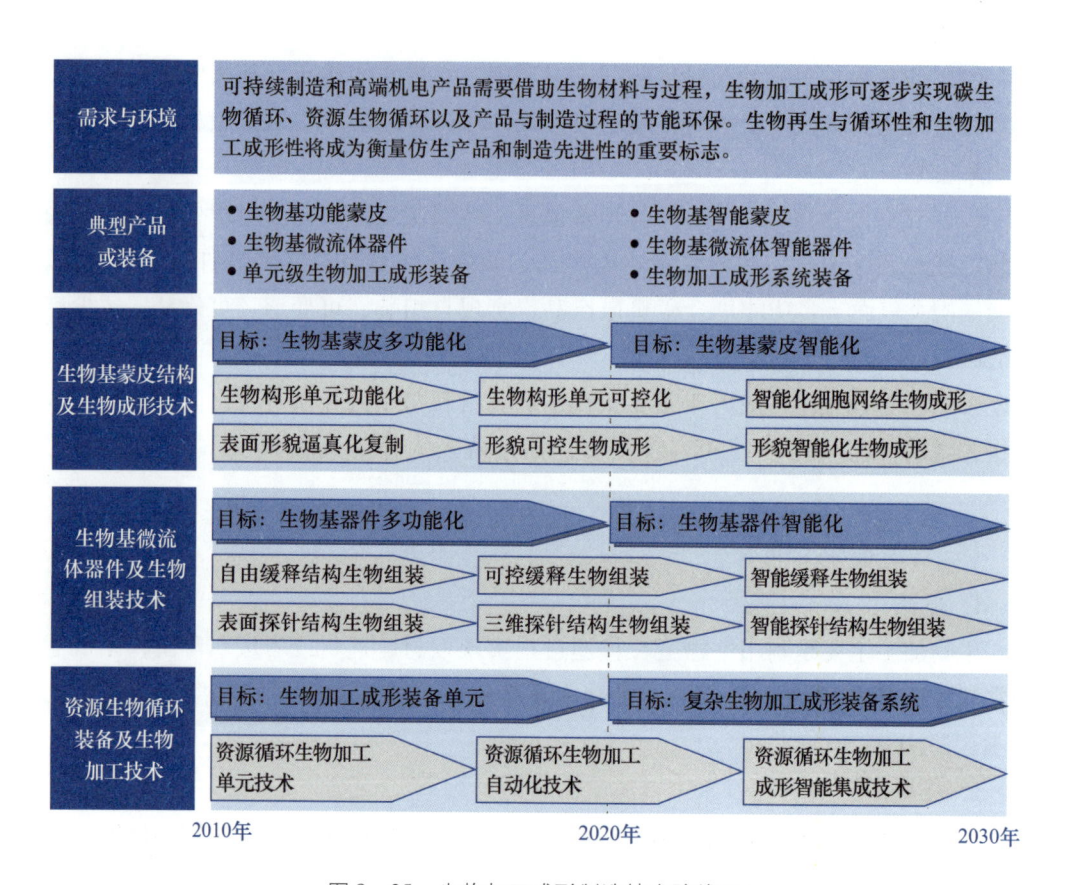

图 8-25　生物加工成形制造技术路线图

参 考 文 献

[1] 国家自然科学基金委员会工程与材料科学部. 机械工程学科发展战略报告（2011-2020）[M]. 北京：科学出版社，2010.

[2] 国家自然科学基金委员会工程与材料科学部. 学科发展战略研究报告（2006-2010）-机械与制造科学 [M]. 北京：科学出版社，2006.

[3] 任露泉，梁云虹. 生物耦合功能特性及其实现模式 [J]. 中国科学 E 辑，2000，40（1）：1-11.

[4] REN L Q. Progress in the bionic study on anti – adhesion and resistance reduction of terrain machines. Sci China [J]. Ser E – Tech Sci, 2009, 52: 273-284.

第八章 仿生制造

[5] 吉爱红, 戴振东, 周来水. 仿生机器人的研究进展 [J]. 机器人, 2005, 27 (3): 284-288.

[6] YIM M, SHEN W M, SALEMI B, et al. Modular self-reconfigurable robot systems [J]. IEEE Robotics & Automation Magazine, 2007: 43-52.

[7] HSU H C, LIU A. A flexible architecture for navigation control of a mobile robot [J]. IEEE Transactions on Systems, Men, and Cybernetics Part A, 2007, 37 (3): 310-318.

[8] 张德远, 蔡军, 李翔, 等. 仿生制造的生物成形方法 [J]. 机械工程学报, 2010, 45 (5): 88-92.

[9] KAZUO U, YUSUKE N, TAKUYA I, et al. Diatom cells grown and baked on a functionalized mica surface [J]. Journal of Biological Physics, 2008, 34 (1-2): 89-96.

[10] 马玉良, 徐文良, 孟明, 等. 基于神经网络的智能下肢假肢自适应控制 [J]. 浙江大学学报 (工学版), 2010, 44 (7): 1373-1376.

[11] Tong-Xiang Fan, et al. Biomorphic mineralization: From biology to materials [J]. Progress in Materials Science, 2009, 54: 542-659.

[12] Marc Andre Meyers, et al. Biological materials: structure and mechanical properties [J]. Progress in Materials Science, 2008, 53: 1-206.

[13] John Ohlrogge, et al. Driving on biomass [J]. Science, 2009, 324 (5930): 1019-1020.

[14] 杨胜利. 工业生物技术与生物经济 [J]. 中国基础科学, 2009, (5): 3-7.

[15] George M. et al. Self-assembly at all scales [J], Science, 2002, 295: 2418-2421.

[16] 美国制造业挑战展望委员会. 2020 年制造业挑战的展望 [M]. 华盛顿: 国家学术出版社, 1998.

[17] Yi Liu, et al. Biofabrication to build the biology-device interface [J]. Biofabrication, 2010, 2: 022002. 1-29.

[18] V Mironov, T Trusk, V Kasyanov, S Little, R Swaja, R Markwald. Biofabrication: a 21st century manufacturing paradigm [J]. Biofabrication, 2009, 1: 16.

[19] Dongeun Huh, et al. Reconstituting organ-level lung functions on a chip [J], Science, 2010, 328, 1662.

[20] Ali Khademhosseini, Joseph P. Vacanti and robert langer, progress in tissue engineering [J]. Scientific American, 2009, 64.

[21] Bradley R. Ringeisen, Barry J. Spargo, Peter K. Wu. Cell and Organ Printing [M]. New York: Springer, 2010.

[22] 卢秉恒, 吴永辉, 李涤尘, 王臻. 将在 21 世纪崛起的生物制造工程 [J]. 中国机械工程, 2000, 11 (1-2): 149-153.

编 撰 组

组长 雷源忠

成员

概　论　雷源忠

第一节　任露泉　韩志武　李建桥　赵宏伟　邹　猛　田丽梅　马云海
　　　　钱志辉　孙霁宇　张　锐　张成春　李因武　梁　平

第二节　周　明　汤　勇

第三节　李涤尘　贺健康　连　芩　刘亚雄　王成焘　陈　琛

第四节　张德远　蔡　军　陈华伟　蒋永刚

评审专家（按姓氏笔画排序）

　　　　王田苗　王西彬　王成焘　陈　恳　周仲荣　战　凯　姚志修
　　　　贾晓红　钱晋武　徐迎新　郭　林　熊　卓　戴振东

第九章 流体传动与控制

概 论

利用流体介质传递或转换能量的技术称为流体传动技术。流体传动技术包括液压、液力、气动传动与控制技术和密封技术(下称液气密技术),广泛应用于装备制造业各领域,是支撑国民经济各领域主机的关键技术。

改革开放以来,我国液气密技术取得历史性的进步,多项技术已经达到国际先进水平,并为国家重点工程的重大技术装备配套提供了技术支撑。目前,我国液压气动产品产值已居世界第二位,但与国际先进水平相比,总体上仍然存在较大差距,主要表现在高端产品早期故障率高、使用寿命低和可靠性差,且长期依赖进口,成为制约我国重大技术装备自主化的技术瓶颈。

未来 20 年是液气密技术发展的黄金机遇期和关键期。我国装备制造业由大变强的转变,新兴战略产业的发展,人类征服深空、深海、深地的进展所形成的巨大市场需求,将成为液气密技术发展的市场驱动力。液气密技术将为我国石化、水电、风电、核电、冶金、矿山、交通运输、电子、工程农机、航空航天、舰船和军工等国民经济重要行业的发展作出更大的贡献。

未来 20 年,液气密技术的发展趋势是满足主机紧凑化、轻量化、组合化、集成化、系统化、精细化、智能化、网络化、大型化、极端化的需求,为我国重大装备自主化提供高性能、高可靠性、长寿命的液气密产品,这将成为液气密技术创新的原动力。

未来 20 年,液气密技术发展也面临着严峻的挑战,主要来自:①主机需要液气密产品加快高效率、高质量、高可靠、长寿命、轻量化和多样化的发展趋势;②基于互联网技术的全球范围内的协同设计、生产制造和服务竞争更加激烈;③极端环境工况技术要求更加苛刻;④环保、排放、能耗法律法规日趋严厉;⑤电传动技术在更多领域以更大的优势与流体传动技术竞争。

面对机遇和挑战,我国液气密技术未来 20 年的发展目标是:2010～2020 年为跟踪、提高阶段,主要任务是大幅度提高液气密产品可靠性、使用寿命和技术水平,从根本上解决高端液气密产品主要依赖进口的局面。2020～2030 年为创新、跨越阶段，大幅度提高液气密产品智能化集成化技术水平，到2030年液气密技术水平总体达到国际先进水平，自主创新能力居世界前列。

第一节 液压传动与控制技术

一、概述

液压传动与控制技术凭借其功率密度大、布局柔性灵活、控制方式丰富等优点，广泛吸取了其他学科的最新技术成果，非常成功地为主机装备提供支撑，在一些重要的应用领域，拓展了新的市场。

未来20年，我国能源结构的70%是石化能源，内燃机仍是行走机械的动力源，因而液压传动在行走机械领域将继续保持其传统优势地位。对高压化（工作压力≥70MPa）、高速化（工作转速≥10000r/min）、宽温化（接近绝对零度至250℃）等极端环境工况，液压传动有提高功率密度的优势，不断拓展新的应用领域，并展现出强大的市场竞争力。

紧紧抓住安全、高效、节能、环保、高可靠性、长寿命、轻量化、集成化、数字化、智能化、网络化和极端化等液压技术未来发展趋势，通过改善材料和工艺、传动介质及其全面状况监测，提高液压产品可靠性和寿命。融合先进设计、制造技术和新材料，研发新型元件和系统；经过20年的努力，使我国液压传动与控制技术走在世界前列。

二、关键技术

（一）高效、高可靠和节能液压传动技术

1. 现状

我国高端液压产品早期故障率高、使用寿命短、可靠性差，同类产品使用寿命和可靠性指标（MTBF）只有国外的1/2~1/3，制约着装备制造业的发展。

近年发展的高效泵控直驱技术和电机液压泵一体化动力单元技术，其优良的低噪音、高效率和能量回收特性，在成形机床等领域受到重视；自供源机电液一体化动力伺服单元在航空航天领域得到应用；混合驱动技术（如电气、机械、液压、气动等传动形式的复合与组合等）逐渐成为热点。

2. 挑战

未来需要提升液压元件铸件性能和质量稳定性；研发综合性能优良的摩擦副配对材料、表面及形状等内在结构以及摩擦副的摩擦学特性，提高产品寿命；开发可

以批量生产的低成本高可靠的涂层工艺、传动介质多样化、多参数的复合传感器及更为先进的污染控制技术。

创新系统与开发新型节能元件，如全工况范围内高效率的变量元件、电子控制的液压柱塞泵和马达、新型的变转速直接驱动液压动力单元、柴油机＋变速箱高压共轨技术，以及典型应用的节能型系统等。

3．目标

到 2020 年，液压元件使用寿命和平均无故障工作时间（MTBF）达到国外同期同类产品的性能指标。到 2030 年，突破液压元件与系统的精密过滤控制技术、在线实时监控与远程智能维护等新技术，提高液压系统平均无故障工作时间和平均故障修复时间等指标；应用和研发新型节能技术，提高液压传动系统效率 30% 以上。

（二）智能化集成化一体化液压传动技术

1．现状

近年来，液压元件与微处理器一体化提高了系统的集成度，通过总线技术，分布式智能电液控制系统使机器的性能得到大幅度提高，同时在智能控制器中采用传感器信息进行状态监控，检测磨损、泄漏和摩擦状态等功能，用于系统故障诊断与维护。各种功能驱动材料开始应用于液压元件，为高速高响应或微小型液压元件提供了解决方案。

2．挑战

研发嵌入式微小型传感器、自诊断、自修复的信息化智能元件、多信息融合的机电液一体化元件与系统。轻量化要求应用轻型材料、非金属材料和功能材料，提高系统工作压力。全面采用动态模拟与结构优化设计。针对移动式机器的能源供给，研发化学能＋液压/气压活塞的一体化能源供给装置，多用户系统高响应恒压网络流量系统及自供源机电液一体化动力单元以及运动控制机器人化，推进液压技术智能化、集成化、紧凑化和一体化。

3．目标

液压传动技术与数字化网络化技术融合，提高运动控制品质及机器装备的可操作性、舒适度。应用更高层次的总线通讯和无线传输系统集成，改善流体动力系统的静动态性能，简化液压系统的使用、调试、诊断和维护保养。大幅度提高电—机转换装置品质和性能。系统压力提高到 50MPa 以上，功率密度提高 20%～30%，实现液压元件和系统轻量化。

（三）人机友好与环境友好液压传动技术

1．现状

减少泄漏的技术进展缓慢且成本昂贵。采用环境友好的传动介质替代矿物油已经取得进展。液压产品的噪音指标仍然偏高，低噪音液压元件和系统的研究越来越引起重视。西方发达国家在机器噪音、排放和零部件有毒物质使用方面加强了法律法规的制定，这将导致未来的液压元件材料和制造工艺发生较大变化。

有限元分析工具和CFD（计算流体力学）和专业仿真软件开始成为工程师的工具，但复杂系统的理论计算和分析还仅限于富有经验的工程师才能够运用。

2. 挑战

新的密封和管路连接技术以及零泄漏的密封结构和高性能的密封件；先进的污染控制技术及新型过滤器；性能更好的可降解和新型传动介质，水液压技术的应用研究水平的提高，都有助于环境友好液压技术的发展。

应用仿真手段可以减少回路设计和测试时间，降低元件和系统的成本，解决多学科仿真集成的电子信号回路、流体动力回路及机械系统的集成仿真计算。研发满足系统解决方案需要的界面友好的仿真设计软件，以及更加合适的元件模块化程序库是人机友好的液压技术的未来要求。

3. 目标

应用无泄漏元件与系统，采用绿色制造工艺与装备，液压元件噪声减少5dB以上，泄漏量减少20%以上。

近期开发易于使用的液压系统设计与性能评估的设计工具，未来开发多学科联合设计与性能评估预测分析软件和网络化协同设计平台。

三、技术路线图

需求与环境	公路与非公路车辆、农业与工程机械、航空航天装备、海洋工程与船舶、冶金矿山机械、金属切削与成形机械、能源机械、医疗康复机械、娱乐设备。	
典型产品或装备	陶瓷与复合材料涂层 污染度控制装置 总线型电液控制元件 多学科液压元件与系统软件	节能型元件与系统单元 非金属材料液压元件 无泄漏元件与系统 元件绿色制造工艺与装备
高效、高可靠和节能液压传动技术	目标：可靠性寿命提高50%以上 制造工艺、材料稳定性与高性能涂层 创新的高速重载摩擦润滑机理与材料、污染度控制新原理 直接驱动技术、混合驱动技术 高功率重量比的液压元件与系统	目标：液压传动系统效率提高30%以上 高效节能元件及系统研发及应用 全生命周期的液压传动设计方法 紧凑化、模块化的液压元件与系统
	2010年　　　　　　　　　2020年　　　　　　　　　2030年	

第九章　流体传动与控制

(续)

	2010年	2020年	2030年
智能化集成化一体化液压传动技术	目标：高层次总线元件与系统研发及应用；嵌入式微小型传感器、自诊断、自修复的信息化智能元件；多信息融合的机电一体化元件与系统；总线型数字控制元件与系统		目标：功率密度提高20%~30%；轻型材料与结构优化设计；提高系统压力；多用户系统高响应恒压网络流量系统；自供源机电液一体化动力单元；多学科耦合的高效液压传动仿真与设计工具
人机友好与环境友好液压传动技术	目标：液压传动设计与性能评估的设计工具研发与应用；多学科理论无缝集成开发设计平台；人机友好的液压系统设计方法与工具；元件模块化程序库；环境友好的液压元件与系统		目标：液压元件噪声减少5dB以上，泄漏量减少20%以上；可生物降解传动介质；高效的管路连接与密封；低噪音设计；水液压技术应用

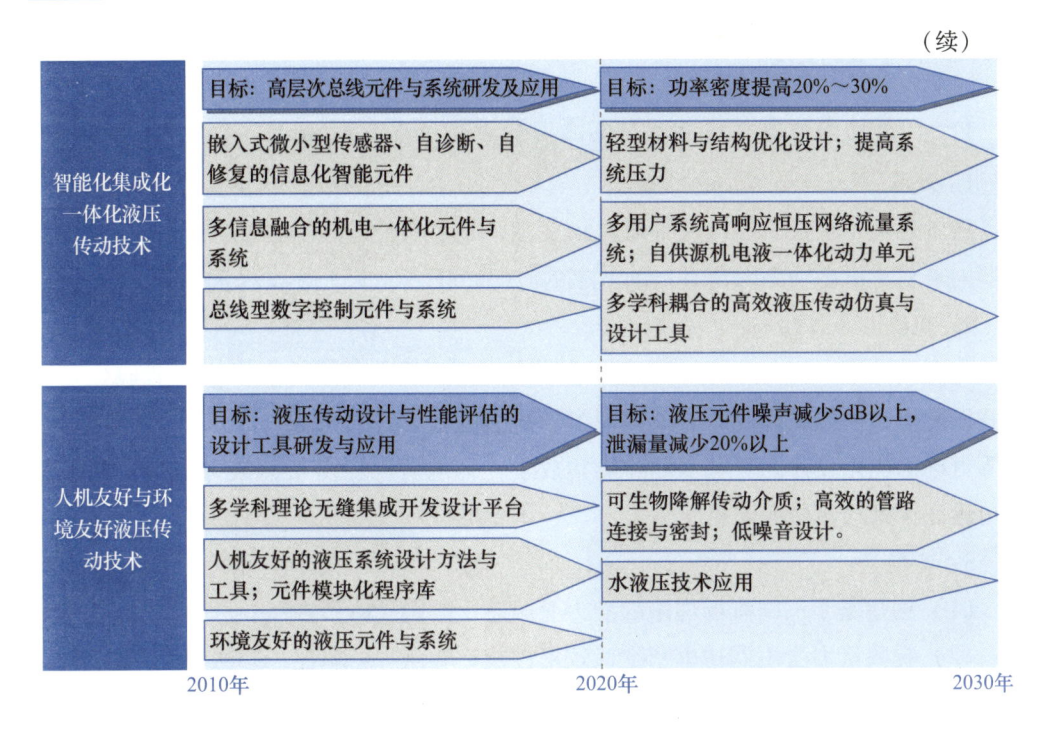

图 9-1　液压传动与控制技术路线图

第二节　液力传动与控制技术

一、概述

液力元件是通过液体动能的变化来传递和转换能量的传动元件，具有柔性传动、对负载的自适应性、减缓冲击和隔离扭振的特点。典型液力元件有液力变矩器、液力偶合器和液力减速器，液力元件在汽车、工程机械、冶金、化工、发电、矿山、石油等领域获得广泛的应用。

液力变矩器和液力偶合器已实现国产化，部分产品具备替代进口产品的能力，但高转速大功率液力元件传动装置与国外先进水平差距明显。作为辅助制动装置的液力减速器是一种特殊形式的液力偶合器，目前国内尚未掌握其核心技术和实现该产品的系列化。随着风电变速恒频发电技术的发展，国外已开发了导叶可调式液力变矩器系列产品，该技术在国内具有良好的发展前景。

未来 20 年，液力元件在提高可靠性的基础上，不断扩展应用领域，尤其是在新能源领域中发挥更大的作用，整体水平处于世界前列。

二、关键技术

（一）高功率密度和传动效率的液力变矩器技术

1. 现状

随着各类车辆及工程机械等对自动变速功能和自适应工作性能的需求，液力变矩器向着具有更高功率密度和传动效率的方向转变。

2. 挑战

将正向设计、仿真分析与测试技术结合，实现精细化设计与虚拟实验验证，提高开发效率；利用现代设计手段实现多学科多特性参数目标设计，实现面向功率密度等目标的优化设计；开发多种功能集成于一体的多叶轮多功能液力元件，使多叶轮与运载工具的多种需求相匹配。

3. 目标

（1）构建基于三维流场理论的液力变矩器正向设计体系。

（2）提高液力变矩器功率密度、效率性能、寿命、可靠性。

（3）融合多学科、多目标优化的技术突破，实现高功率密度液力变矩器产业化。

（二）高转速大功率液力偶合器及减速器技术

1. 现状

液力偶合器目前已实现国产化，但大功率液力偶合器与国外相比存在较大差距。液力减速器可以有效地提高重型车辆行驶的安全性能、平稳性和制动系统工作可靠性，目前国内产品技术仍不成熟。

2. 挑战

液力偶合器及液力减速器快速充放油技术和泵气损失抑制技术及其控制系统，将微观流场观测结果与宏观试验和流场分析有机结合，实施精细化设计制造，更多地应用新材料、新工艺，应用优化设计制造技术、信息和网络技术，使液力元件技术水平不断提高。

3. 目标

（1）研发10000kW及以上的大功率高转速液力偶合器，并实现液力偶合器的精准控制；

（2）实现200kW及以上的大功率液力减速器自主开发和实际应用，实现车辆在不同路况下按照驾驶员的意图分级控制。

（3）通过液力减速器与机械制动器匹配整车的联合制动系统，并实现制造产业化。

（三）风电设备用液力元件技术

1. 现状

为保证风电随变化的风速风向输出的发电频率与电网频率一致，在变速恒频发电系统中利用液力元件适应不断变化的风轮转速，通过液力元件内部流动状态的改变提供变化的输出特性，以满足风机变工况下的发电需求，利用分流功率实现变化的风轮转速到同步发动机的恒定输入，从而保证发电机输出电压与频率的稳定。国外目前已具有风力发电系列化液力传动装置，该技术国内处于起步阶段。

2. 挑战

开展导叶可调式液力变矩器特性调节研究，满足系统动态性能匹配，研发新型调速液力元件实现动态精准调速，使其用于风力发电设备，扩大液力传动技术的应用领域。

3. 目标

（1）超大功率风电设备用液力元件开发，适应外界风能变化，满足大型机组的发电需求。

（2）实现超大功率风电设备用液力元件动态精准控制，确保发电机输出电压和频率稳定。

（3）实现超大功率风电设备用液力元件与风电机组同寿命和可靠性。

三、技术路线图

需求与环境	以车辆、风电为代表的制造业对具有高功率密度和自适应性的优良特性的液力元件有非常大的需求，尤其对于新型液力元件和具有更大功率和更高转速特征的特种液力元件的需求尤为紧迫，开展液力元件的研发与制造将为整个国民经济的发展提供新的经济增长点和源动力。
典型产品或装备	● 高功率密度变矩器 ● 液力偶合器调速装置 ● 大功率液力减速器 ● 双腔液力减速器 ● 机械液力联合制动器 ● 风电机组液力元件 ● 多功能多叶轮液力元件、系列化液力元件
高功率密度和传动效率的液力变矩器技术	目标：高功率密度液力变矩器设计制造并产业化 2010年：参数设计技术、扁平循环圆设计技术、复杂叶栅系统制造技术 2020年：多学科融合、流场观测技术、高可靠性设计、制造产业化 2030年：集成设计与制造技术、多目标优化技术、多功能液力元件

(续)

高转速大功率液力偶合器及减速器技术	目标：大功率高转速元件设计制造	目标：精准控制、高可靠性	
	两相流动分析技术、泵气损失抑制技术、快速充放油技术	减速分级控制技术、高可靠大功率液力偶合器与减速器	制造产业化、联合制动控制技术、多学科协同设计技术
风电设备用液力元件技术	目标：超大功率传动控制	目标：精准控制、高可靠性	
	导叶可调式变矩器、动态匹配技术	新型调速液力元件、动态调速技术	制造产业化、精准调速技术
	2010年	2020年	2030年

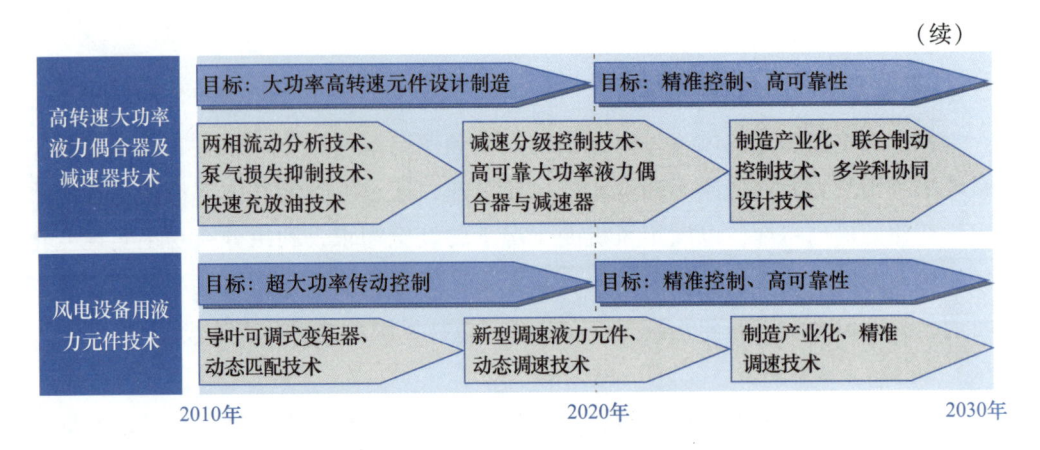

图 9-2　液力传动与控制技术路线图

第三节　气动技术

一、概述

气动技术是利用洁净空气为介质传递或转换能量的技术，是支撑装备制造业的核心技术之一。气动技术在几乎所有制造行业的各种自动化生产装备和生产线中得到广泛应用。气动系统由于结构简单、轻便、可靠性高、寿命长、防火防爆、环境污染小，工程容易实现而广泛应用于工业自动化领域。

我国气动产品技术水平与产品质量大致相当于国外 15~20 年前的水平，在可靠性、响应特性、精度、灵敏度等关键技术性能方面跟国外比存在较大差距。

工业自动化装备产业的发展需求将决定未来气动产品的发展。未来 20 年，气动技术的总体发展目标为：全面提高我国气动技术水平，达到或接近国际先进水平，基本满足高端制造、微电子、生物医药、新能源等战略性新兴产业的发展需要。

二、关键技术

（一）气动产品的可靠性技术

1. 现状

目前我国气动元器件可靠性低是行业发展的瓶颈，精密加工、精密压铸、铝合金材料、润滑密封、表面处理、降低不确定性的生产技术等与可靠性相关的一些共性技术问题长期得不到解决，而国外跨国公司的气缸、换向阀的平均寿命约为国内产品的 5~10 倍。

2. 挑战

未来我国气动企业将加强自主研发，重视产品寿命试验，形成基于失效分析的产品改善机制。应用模具精密设计与制造技术、密封设计制造技术和表面处理技术，提高产品加工精度和表面质量，解决润滑密封问题，提高制造自动化水平，实施制造现场精细化管理，掌握大规模生产品质控制技术，实现精益生产。引入故障诊断及失效预测技术，大幅提升产品可靠性，满足高端需求。

3. 目标

攻克一些长期制约可靠性提高的共性技术难题，基本改变国产产品品质低下的状态，半导体、汽车等高端装备客户开始规模采用国产产品；量大面广的基础产品的技术质量达到世界先进水平；高端产品实现精益量产，质量接近或达到世界先进水平。

（二）气动系统及产品的节能环保技术

1. 现状

目前，我国大多数制造及应用企业用气成本意识淡薄、管理粗放，生产现场用气不合理、跑冒滴漏严重，气动系统的优化、气动产品的低功耗、小型化等需求日益高涨。国外跨国公司的产品正向省空气、省电、省工时、省空间的方向发展。

2. 挑战

气动产品采用可靠耐用的密封技术，普及简便实用的现场泄漏检测等技术提高系统能源利用效率。风力、太阳能、潮汐等新能源的存储需求推动压缩空气储能、取能、高压控制技术及产业化。采用轻质合金、工程塑料、可降解的合成材料、仿生的复合材料等环境友好型新材料来减少元器件的环境负担。

3. 目标

大幅减少现场泄漏，削减末端不合理用气，制定气动系统能量评价标准；突破高效节能的气动技术及相关元器件，系统能耗降低30%左右；减轻产品制造、使用、回收环节对环境的负担。

（三）远程在线控制技术及新一代机电气一体化产品

1. 现状

国内气动控制主要靠用户自身采购元器件及可编程控制编制气动回路来实现，机电气一体化的模块化产品很少，而集成化、数字化、智能化的气动元件、组件、阀岛等仅限于国外厂家产品。传感器技术、现场总线技术等普及率还较低，远程检测、诊断及控制技术还未达到应用水平，新技术应用到产品研发的进程缓慢。

2. 挑战

模块设计、数字电气接口、通讯等技术的进步将推动机电气一体化自由组合智能接合技术的研发，工业自动化人机界面技术及产品将推动气动产品的数字化、智能化和模块化；传感器技术、物联网技术、实时网络控制技术促进气动元器件网络化；气动系统机器人化；陶瓷石墨及复合材料、压电技术、纳米涂层技术、仿生技术在气动新型元器件上应用。

3. 目标

融合数字化、智能化技术的模块化产品及融合各种新材料、新工艺及新技术的机电气一体化自由组合智能接合技术应用并产业化。

集中通讯的阀岛、元器件有线或无线联网远程实时监控、故障预测及自我诊断等智能技术逐步普及。产品选型、销售、供货的全球网络平台形成。

三、技术路线图

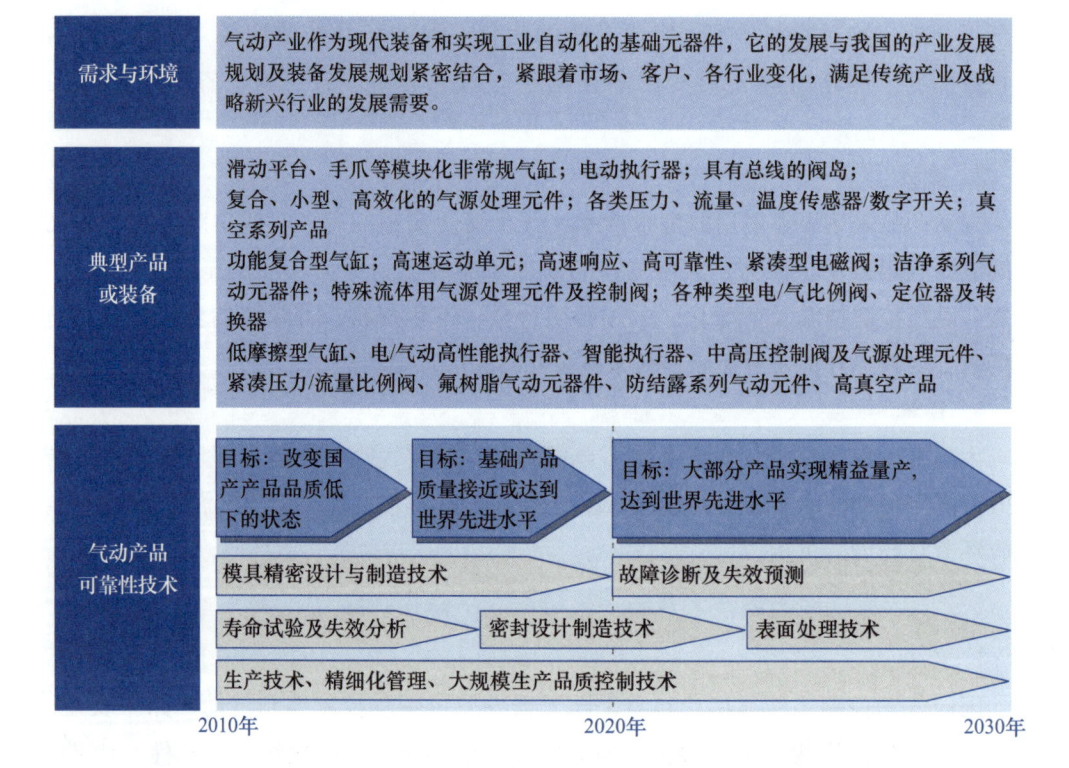

需求与环境	气动产业作为现代装备和实现工业自动化的基础元器件，它的发展与我国的产业发展规划及装备发展规划紧密结合，紧跟着市场、客户、各行业变化，满足传统产业及战略新兴行业的发展需要。
典型产品或装备	滑动平台、手爪等模块化非常规气缸；电动执行器；具有总线的阀岛；复合、小型、高效化的气源处理元件；各类压力、流量、温度传感器/数字开关；真空系列产品 功能复合型气缸；高速运动单元；高速响应、高可靠性、紧凑型电磁阀；洁净系列气动元器件；特殊流体用气源处理元件及控制阀；各种类型电/气比例阀、定位器及转换器 低摩擦型气缸、电/气动高性能执行器、智能执行器、中高压控制阀及气源处理元件、紧凑压力/流量比例阀、氟树脂气动元器件、防结露系列气动元件、高真空产品

气动产品可靠性技术

- 目标：改变国产产品品质低下的状态
- 目标：基础产品质量接近或达到世界先进水平
- 目标：大部分产品实现精益量产，达到世界先进水平

- 模具精密设计与制造技术
- 故障诊断及失效预测
- 寿命试验及失效分析
- 密封设计制造技术
- 表面处理技术
- 生产技术、精细化管理、大规模生产品质控制技术

2010年　　　　　　　　　2020年　　　　　　　　　2030年

第九章　流体传动与控制

（续）

图示：气动技术路线图

气动系统及产品的节能环保技术：
- 目标：大幅减少现场泄漏，削减末端不合理用气
- 目标：通过系统整体优化，系统能耗降低30%左右
- 目标：环境友好型新材料开发应用
- 泄漏检测及管理
- 可靠耐用的密封技术
- 气源优化配置、局部增压、喷嘴优化设计、末端设备供气管理等技术
- 适应可再生能源发展的新应用技术
- 轻质合金、工程塑料、可降解的合成材料、仿生的复合材料等环境友好型新材料的开发应用

远程在线控制技术及新一代机电气一体化产品：
- 目标：数字化、智能化技术的模块化产品
- 目标：机电气一体化自由组合智能接合技术应用并产业化
- 目标：集中通讯的阀岛、元器件智能技术
- 传感器技术
- 实时网络控制技术
- 陶瓷石墨及复合材料、压电技术、纳米涂层技术、仿生技术
- 物联网技术
- 工业自动化人机界面技术及产品
- 气动系统机器人化

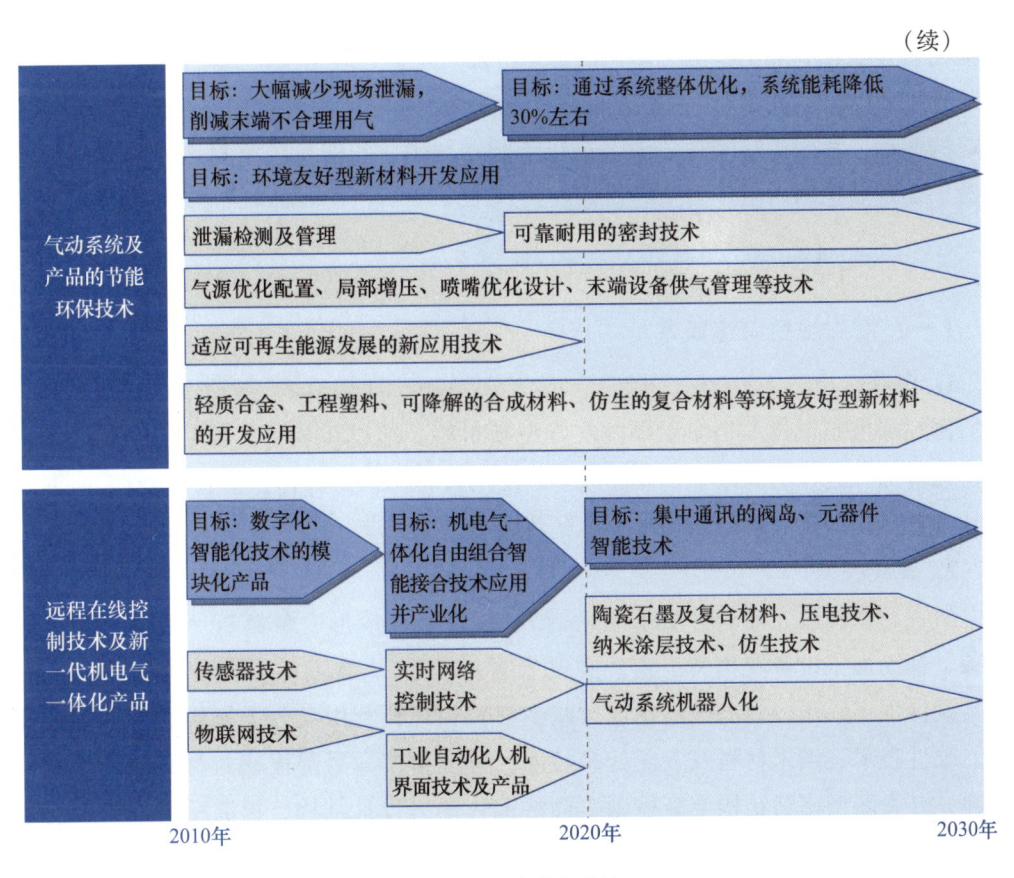

2010年　　　　2020年　　　　2030年

图 9-3　气动技术路线图

第四节　橡塑密封技术

一、概述

橡塑密封技术是支撑装备制造业的关键技术。未来 20 年，随着我国由装备制造业大国向强国的转变，绿色制造、节能环保以及极端环境和苛刻工况提出的长寿命、高可靠性和微/零泄漏要求，橡塑密封技术将取得新进展：

（1）具有低摩擦、低压缩永久变形、高耐磨、高强度、耐高低温、耐复杂介质、耐老化、耐高真空度、高清洁等性能的新型橡塑密封材料将广泛应用；密封材料的分子设计技术、改性技术及表面处理技术取得突破。

（2）满足极端尺寸、组合化、集成化、系统化、轻量化、精细化、智能化要求的新型橡塑密封结构创新；模拟仿真设计技术广泛应用。

201

（3）发展降低能耗，提高生产效率、材料利用率、产品精度以及质量稳定性的自动化、智能化和加工检测一体化的密封件加工工艺、装备及检测技术。

未来 20 年，在我国装备制造业由大变强所形成的巨大市场需求和自主创新国家战略的驱动，我国橡塑密封技术将在绿色制造技术、智能系统密封技术等方面取得突破，实现满足国内市场需求的目标。

二、关键技术

（一）密封绿色制造技术

1. 现状

密封绿色制造技术是应用环境友好型新材料，通过新装备、新工艺、新结构实现密封件加工过程的高效、节能、减排，使用过程中的低摩擦低磨损、微/零泄漏以及长寿命。国内研究与应用的水平远远落后于主机要求。

2. 挑战

研发新型橡胶（塑料）混炼（混合）、橡胶硫化成形、聚氨酯（塑料）成形等设备、辅助加工设备及相关工艺，实现节能、减排、增效；利用数字化技术，提高模具设计加工水平，提高产品精度，减少材料损耗；利用高分子材料的分子设计技术、改性技术、纳米材料及表面处理技术，开发新型减摩降损密封材料，降低能量损耗；开发新型密封结构及摩擦副表面的液体动力设计结构，提高密封效果、使用寿命及质量稳定性。

3. 目标

（1）橡胶混炼、密封件成形等关键设备达到或接近国外同期先进水平。

（2）单位产值能源消耗降低 30%；密封件材料损耗率下降 50%。

（3）密封件的可靠性和使用寿命达到或接近国外同期先进水平。

（二）智能系统密封技术

1. 现状

智能系统密封技术是指根据密封件使用状况，调整密封能力、监测密封水平、预测密封寿命的密封系统设计技术，可大幅提高密封件的可靠性及使用寿命，减少泄漏、停机维修成本和能源消耗，是当今密封技术的前沿，我国尚处空白。

2. 挑战

（1）智能密封（自）补偿系统设计。

（2）智能密封检测系统设计，温度、压力、泄漏和润滑油质量检测传感器开发。

（3）智能密封控制系统设计，数据采集、分析、响应单元开发、微动力单元开发。

（4）智能密封成形加工技术开发。

3. 目标

具有调整密封能力、监测密封温度和泄漏状态、预测密封寿命等功能的新型智能密封系统研发及产业化。

（三）动密封模拟仿真设计技术

1. 现状

目前动密封的寿命只能通过台架模拟试验和装机考核获得。台架模拟试验的结果偏差较大，实际装机考核的费用高、周期长。而通过有限元分析技术（FEA）和专业分析软件，结合密封结构参数、密封材料性能、密封介质特性和密封面的微观形貌特征，对密封面在工作条件下的流、固、热、动等力学因素进行模拟仿真分析，优化密封系统设计，预测密封有效寿命，大大缩短产品开发周期和试验成本，并提高可靠性。该技术研究国内刚起步。

2. 挑战

用有限元分析技术，进行动密封模拟仿真设计，对密封表面三维微观形貌特征、密封唇与轴的摩擦特性、密封材料力学性能及介质特性研究，密封系统的流、固、热、动力学因素的耦合模拟仿真分析，优化密封系统参数设计和预测密封有效寿命将推动密封技术的快速发展。

3. 目标

开发动密封模拟仿真设计技术，优化密封系统设计和预测密封有效寿命并实现产业化。

三、技术路线图

需求与环境	满足空天、汽车、石化、工程机械、海洋工程、隧道工程、能源工程等关键技术装备密封可靠性、长寿命要求和绿色制造要求。
典型产品或装备	AGC油缸密封、水力装备密封、风电关键密封、盾构机主轴密封、发动机油封、变速器油封、智能密封系统等

（续）

密封绿色制造技术	目标：单位产值能源消耗降低30%，密封件材料损耗率下降50%，密封件的可靠性和使用寿命达到或接近国外同期先进水平
	开发在线智能密封性能综合检测系统
	橡塑混炼设备、橡塑成形设备、辅助加工设备及相关工艺开发；提高模具设计加工精度水平
	开发新型密封结构，并通过对摩擦副表面的液体动力设计加工，提高密封效果和使用寿命
	利用高分子材料的分子设计技术、改性技术、纳米材料及表面处理技术，开发新型减摩降损密封材料
智能系统密封技术	目标：开发新型智能密封系统，具有调整密封能力、监测密封温度和泄漏状态、预测密封寿命的功能
	智能密封（自）补偿系统设计
	智能密封检测系统设计，温度、压力、泄漏和润滑油质量检测传感器开发
	智能密封控制系统设计，数据收集、分析、响应单元开发、微动力单元开发
	智能密封成形加工技术开发
动密封模拟仿真设计技术	目标：开发动密封模拟仿真设计技术、优化密封系统设计并预测密封有效寿命
	密封表面三维微观形貌特征分析
	密封唇与轴的接触、摩擦特性分析
	密封材料力学性能、介质特性分析
	密封系统的流、固、热、动力学等因素的耦合模拟仿真分析，优化密封系统设计和预测密封有效寿命

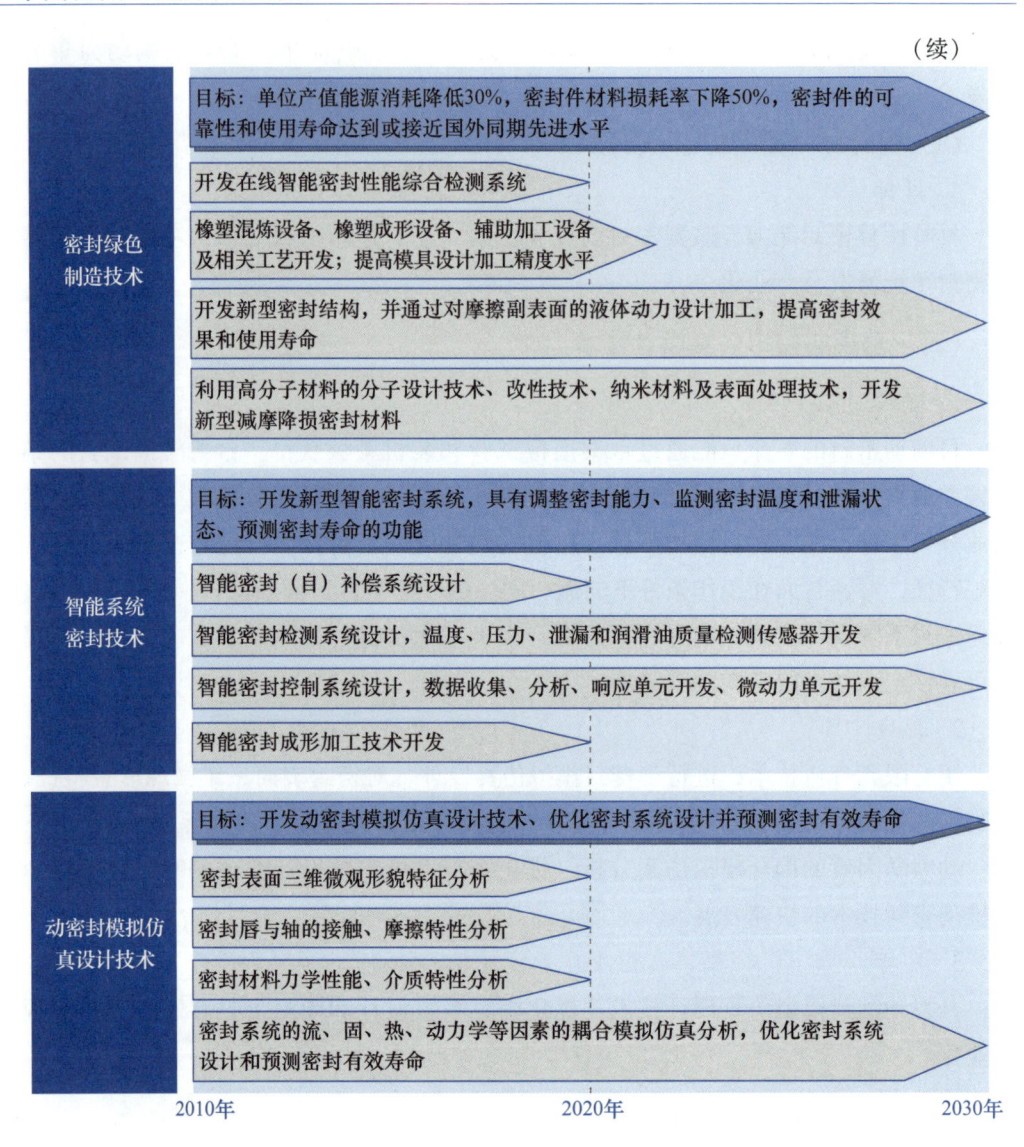

2010年　　　　　　　　　　　　2020年　　　　　　　　　　　　2030年

图9-4　橡塑密封技术路线图

第五节　机械密封和填料静密封技术

一、概述

机械密封和填料静密封技术是保证重大装备安全运行的关键技术，是安全生产的主要屏障。我国核电建设进入高速增长期，核电设备核级密封产品需求旺盛。国家进一步加强核电安全保障，提升核电建设安全准入门槛和加强设备的自动监测和预警能力,这对核级密封产品的安全性、可靠性与智能化提出了更高的技术要求。

我国石油、石化、天然气行业发展迅速。大型石化成套装备、大型 LNG 成套装备、深海深地油气资源开采装备等的大型化、规模化、集成化、极端参数化,给其中的泵、压缩机等动力设备和配套密封件的技术性能提出了更高要求。

按照泵、压缩机等设备的生产工艺参数进行专用设计、个性化设计和制造,研发适用于新工艺的高参数、高性能密封件和密封材料,使密封装置在极端条件和最佳设计工况下安全稳定、长寿命运行,是未来 20 年密封技术的重要发展方向。未来 20 年,要紧紧把握密封技术发展机遇,突破关键技术瓶颈,使我国密封技术达到国际先进水平,为重大装备安全可靠运行提供可靠保障。

二、关键技术

(一)核电设备核级密封设计与制造技术

1. 现状

我国已对核级泵密封、核级填料密封的机理、设计、加工工艺等关键技术进行了一系列基础研究,取得了一批重要创新成果,部分核级密封件已实现国产化。但是对核级密封的先进制造、安全运行、智能监控等关键技术尚未进行系统性、针对性研究,未建立针对核电安全、寿命及耐辐照等技术要求的核级密封技术标准体系。

2. 挑战

(1)开展核级密封机理分析、多学科耦合设计技术、加工工艺、检测技术等关键技术的研究,建立和完善核级密封试验检测技术和考核标准体系;针对核电设备对核级密封材料的特殊要求,开展材料的配方技术、提纯技术、成形工艺技术、批量制造技术等关键技术的研究。

(2)在生产过程中引入数字制造、微纳米加工、智能制造等先进制造技术,建立起先进的产品销售和服务保障体系。

(3)在核级密封运行过程中加入先进的传感技术、故障预防和诊断技术、智能控制技术等,开展核级密封抗震技术、长周期安全运行技术的研究。

3. 目标

(1)形成自主创新的核级密封研发和生产体系及技术标准体系,核级密封材料和核级密封产品的性能指标和使用寿命达到国际先进水平。

(2)实现核级密封产品的批量化生产和先进制造,保障产品质量的稳定性和可靠性;实现产品组件的标准化和模块化,提高产品的可装配性和可维护性。

(3)实现对关键核级密封件运行状况的在线监测、故障预防和诊断,提高核级密封的抗震性能和安全运行性能,满足核电设备安全运行和遇险安全停堆的要求。

（二）石化、油气开采集输装备高参数密封设计与制造技术

1. 现状

我国石化、油气开采集输装备高参数机械密封和干气密封技术落后于世界先进水平。缺乏对极端条件下高参数密封关键共性技术的系统性研究。目前我国石化泵用机械密封的使用寿命标准仅为 8000h，而美国的相关标准为 25000h；干气密封技术标准正在制定中。高性能密封材料主要依赖进口。

2. 挑战

开展高参数密封机理分析、多学科耦合设计技术、加工工艺、检测技术、性能密封材料的配方技术等关键技术的研究，完善高参数密封的试验检测技术和技术标准体系。引进微纳制造、数字制造等先进制造加工技术，提高密封组件的加工精度和稳定性，保障密封产品的可靠性。集装式设计技术、智能监测与控制技术、故障预防与诊断技术等用以提高产品的可维护性和长周期安全运行性能。

3. 目标

（1）掌握高速、高压、高温、低温、高腐蚀等极端条件下机械密封、干气密封的运行机理和优化设计技术，高性能高参数密封产品的性能指标和使用寿命达到国际先进水平。

（2）实现高参数密封运行状况的在线监测、故障预防和诊断；提高产品运行周期，减少事故率，满足高参数密封的环保要求和长周期安全运行要求。

（3）高性能的硬质合金、碳化硅、碳石墨等密封材料和高韧性、耐高温、耐低温的高性能橡胶等辅助密封材料，新型复合材料和镀膜、涂层材料，材料性能指标达到国际先进水平，并形成多种材料牌号和规格，满足各种高参数密封产品极端应用环境的需求。

三、技术路线图

需求与环境	核电、石油、石化、天然气等产业和装备制造业的高速发展对高性能、高技术密封产品的需求日益迫切。密封技术和产品面临着高压、高速、高温、超低温等极端条件以及低泄漏、高可靠性、长寿命等性能要求的挑战。需要突破高性能密封设计制造核心关键技术，实现自主创新。
典型产品或装备	●核主泵机械密封　　　　　　　　　●智能控制核主泵机械密封 ●核二、三级泵机械密封　　　　　●干气密封高速(≥10万r/min)高压(≥80MPa) ●核级填料密封件　　　　　　　　●机械密封高速(≥3万r/min)高压(≥30MPa) ●LNG管线压缩机干气密封 ●石化高温高压泵机械密封

第九章 流体传动与控制

（续）

核电设备核级密封设计与制造技术	目标：关键核级密封件国产化	目标：高安全性长寿命核级密封
	核级密封机理分析	流、固、热、机、电多学科耦合设计技术
	核级密封材料制造技术	数字制造、微纳制造技术
	抗震技术、长周期安全运行技术	
	运行监测、故障预防和诊断技术	智能控制技术
石化、油气开采集输装备高参数密封设计与制造技术	目标：关键高参数密封件国产化	目标：高可靠性长寿命高参数密封
	高参数机械密封、干气密封机理分析	多学科耦合设计技术
	高性能密封材料制造技术	数字制造、微纳制造技术
	运行监测、故障预防和诊断技术	智能控制技术

2010年　　　　　　　　　　2020年　　　　　　　　　　2030年

图9-5　机械密封和填料静密封技术路线图

参 考 文 献

[1] 中国液压气动密封件工业协会. 中国液压液力气动密封工业年鉴（2010）[M]. 北京：化学工业出版社，2011.

[2] 国家自然科学基金委员会工程与材料科学部. 机械工程学科发展战略报告（2011-2020）[M]. 北京：科学出版社，2010.

[3] SMC（中国）有限公司. 现代实用气动技术[M]. 北京：机械工业出版社，2008.

[4] 蔡茂林. 压缩空气系统的能耗现状及节能潜力[J]. 中国设备工程，2009，(7)：42-44.

[5] 彭旭东，王玉明，黄兴，李鲲. 密封技术的现状与发展趋势[J]. 液压气动与密封，2009，4：4-11.

[6] 王玉明，杨惠霞，姜南. 流体密封技术[J]. 液压气动与密封，2004，3：1-5.

[7] 张翼飞. "十一五"我国石化工业用泵特点及行业现状分析[J]. 化工设备与管道，2006，43（5）：13-15.

[8] 穆丽红，张增强，马俊杰. 我国核电站核泵现状及国产化前景[J]. 水泵技术，2009，3：1-3

[9] 苏先顺，王勇. 秦山核电二期工程主泵轴密封及保障其完整性而采取的措施[J]. 核动力工程，2003，24（S1）：180-184.

编 撰 组

组长 李耀文

成员（按姓氏笔画排序）

马文星　王长江　王玉明　王雄耀　孔祥东　闫清东　杜长春　李　鲲
邹铁汉　沙宝森　陈　鹰　赵　彤　郭洪凌　黄人豪　黄　兴　焦宗夏
曾广商

概　论　李耀文
第一节　徐　兵
第二节　魏　巍
第三节　蔡茂林
第四节　谭　锋
第五节　张　杰

评审专家（按姓氏笔画排序）

吴元道　张海平　罗年柱　董津宁

第十章 轴 承

概 论

轴承产品与技术严格意义上可分为两类：一是量大面广的工业与民用轴承技术，如汽车及车辆轴承、工程机械等应用的轴承，可称为基础件；二是作为重大装备应用的高性能轴承，如高速铁路轴承、精密冷轧薄板轧机轴承及航空发动机轴承等，这类轴承系统是整个装备重要关键部分和关键技术之一，是重大装备的核心基础件。两者在轴承产业产品技术与研究上将体现不同的层面，例如工业轴承着重于低能耗、高效生产技术方面的研究，而高速铁路及民用航空等轴承则更着重于绝对安全性技术的研究。

2010年中国轴承制造业轴承产量为150亿套，在市场竞争压缩到极低利润空间条件挣扎下，轴承产值仍然高达1260亿元，规模位居世界第三位。然而，国外八大跨国轴承企业占据了80%以上的全球市场，并在关键技术产品上占有绝对垄断地位。中国在高性能轴承产品及技术发展上，还远不能满足整个装备制造业快速发展的重大需求，诸多高端轴承及总成系统基本依赖进口，严重制约我国重大装备制造业强国战略的发展，甚至影响到国防安全。高端轴承产品创新技术发展水平，已经成为制约我国制造业及装备制造业强国战略发展的一个瓶颈。

飞机、新能源装备、轨道交通装备、汽车、航天航海、轧钢等重大装备要求的高性能轴承向重载、高速、高精度、高可靠性等方向发展。为达到这些高性能乃至超常的要求，高性能轴承技术与研究上的挑战构成如下研究内容：①基于科学实验及理论分析的高性能轴承设计技术；②面向制造全过程的控形控性制造技术；③面向用户多样性安全、可靠及融合系统的服役技术；④创新轴承结构技术；⑤重大产品工程。近年来轴承还在向智能化轴承方向发展。高性能轴承技术的发展以载荷、转速、精度、可靠性为代表性指标，未来20年，我国高性能轴承的发展能力预测如图10-1至图10-4所示。

未来20年，战略性高端轴承产品的自主率如第211页表所示。

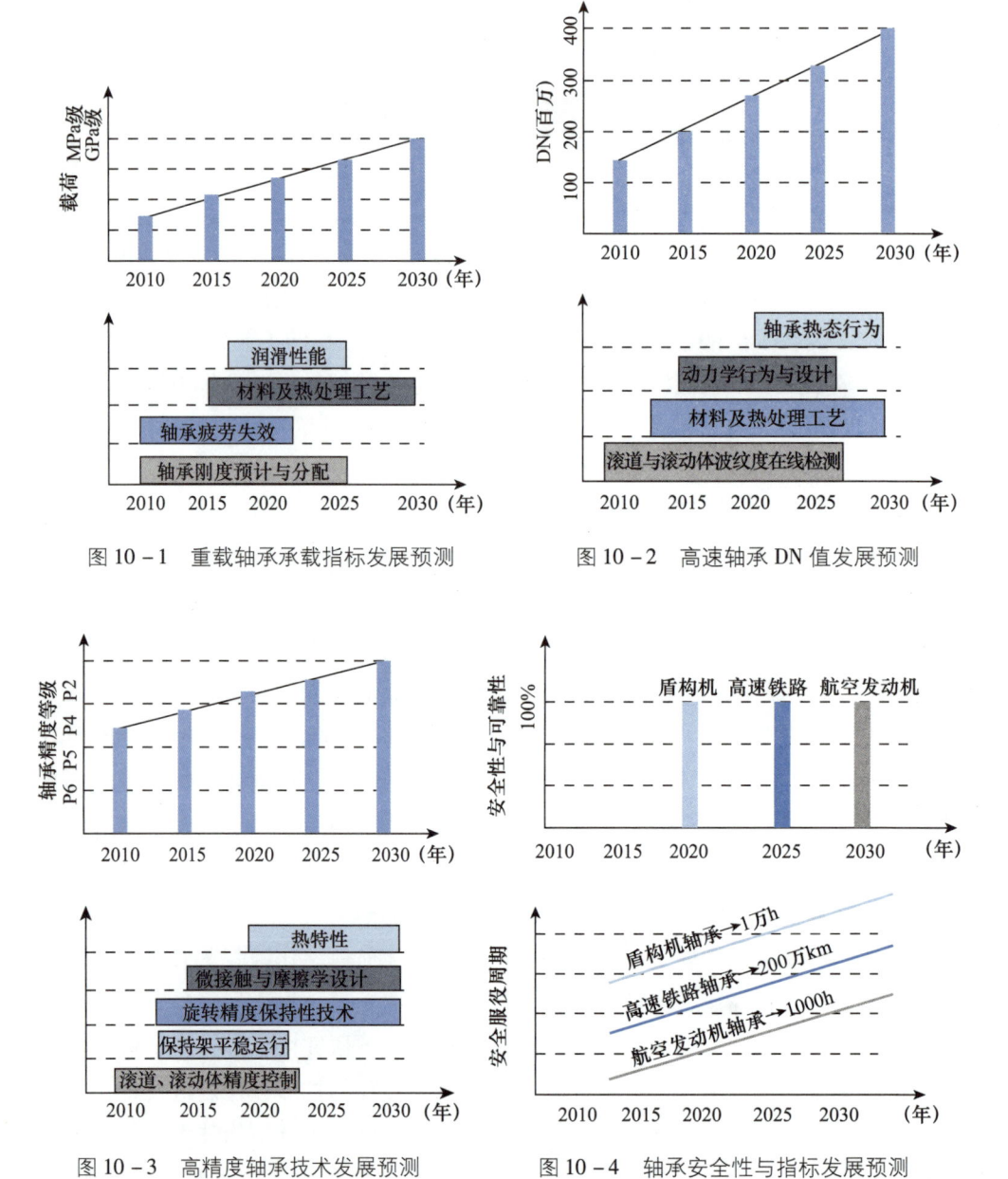

图 10-1　重载轴承承载指标发展预测

图 10-2　高速轴承 DN 值发展预测

图 10-3　高精度轴承技术发展预测

图 10-4　轴承安全性与指标发展预测

第十章　轴承

表　高端轴承的自主能力预测　　　　　　（单位:%）

轴承类型	2010 年	2015 年	2020 年	2030 年
盾构机轴承	0	20	50	80
大型冶金轧机轴承	10	20	50	80
高速机床轴承	5	20	30	50
超精密电子制造装备轴承	0	5	10	20
超精密机床轴承	0	10	20	25
航空发动机轴承	0	5	10	20
核动力装备轴承	0	10	20	30
高速铁路轴承	0	10	30	50

第一节　基于科学实验及理论分析的高性能轴承设计技术

1. 现状

目前我国高性能轴承的理论分析与仿真技术还处于起步发展阶段。轴承实验技术方面主要针对产品出厂的综合检验，如精度、噪声、寿命等测试实验，无法满足对高性能轴承产品性能研究与设计开发的技术支撑。

2. 挑战

需重点发展高性能轴承的理论分析、仿真技术与轴承实验技术。

（1）高性能轴承的理论分析与仿真技术。轴承工作在液固两相、高速、滚滑交互的复杂工况下，组件间的微间隙带来了研究与观测上的难度。针对高速、重载、精密轴承产品技术要求，在准确描述其工作机理与精确设计方面，遇到了巨大的挑战。研究内容有：轴承接触力学研究；轴承润滑理论及摩擦学系统；基于固液耦合和微观形貌的动力学研究；低摩擦轴承结构创新设计。

（2）轴承实验技术。面向机理研究和微观观测的实验设计及专用实验装备研发。发展轴承表面微观缺陷识别技术、深层无损检测技术、表面微观缺陷和深层缺陷自动识别技术，实验数据的积累与科学分析，以支持产品结构多目标与多尺度的优化设计。

3. 目标

（1）在高性能轴承的理论分析与仿真技术方面，发展轴承结构与滚道接触设计技术、大规模数值模拟及大型设计软件的系统技术。

（2）在轴承实验技术方面，面向产品性能创成，建立技术特征与综合性能的多层次实验方法与实验规范，发展基于实验数据对产品性能参数优化的设计技术。

4. 技术路线图

典型产品或装备	高速铁路、大型客机、核能与动力装置、精密电子制造装备、航空航天运载设备、精密医疗装备、精密轧机、精密机床、新能源装备、石油与化工装备、海洋工程装备等必须的轴承产品。
大规模动力学与摩擦学系统设计技术	目标：多尺度、多界面与多物理场耦合轴承动力学与摩擦学系统建模与高效数值技术 大规模结构与滚道接触设计技术 大规模数值模拟实验的技术
基于实验数据的科学设计技术	目标：建立多层次实验方法与实验规范，基于实验数据优化产品性能的设计参数 采用精确的实验数据对产品设计参数的微尺度精确修正
适应材料与工况多样性的设计技术	目标：发展适应材料组织性能、润滑剂特性及工况多样性要求的匹配设计技术 目标：满足轴承高性能与低成本要求 精确识别材料内部组织与润滑剂在工况条件下的性能
低能耗与低摩擦轴承设计技术	目标：发展集成精密轴承制造技术和新材料 目标：降低1%~5%的摩擦能耗 随制造技术的自然升级、大规模产业化生产技术发展而实现
高性能轴承设计技术	目标：解决高端装备对轴承的需求 发展大型具有自主知识产权及先进性的轴承设计软件1~2部

2010年　　　　　　2020年　　　　　　2030年

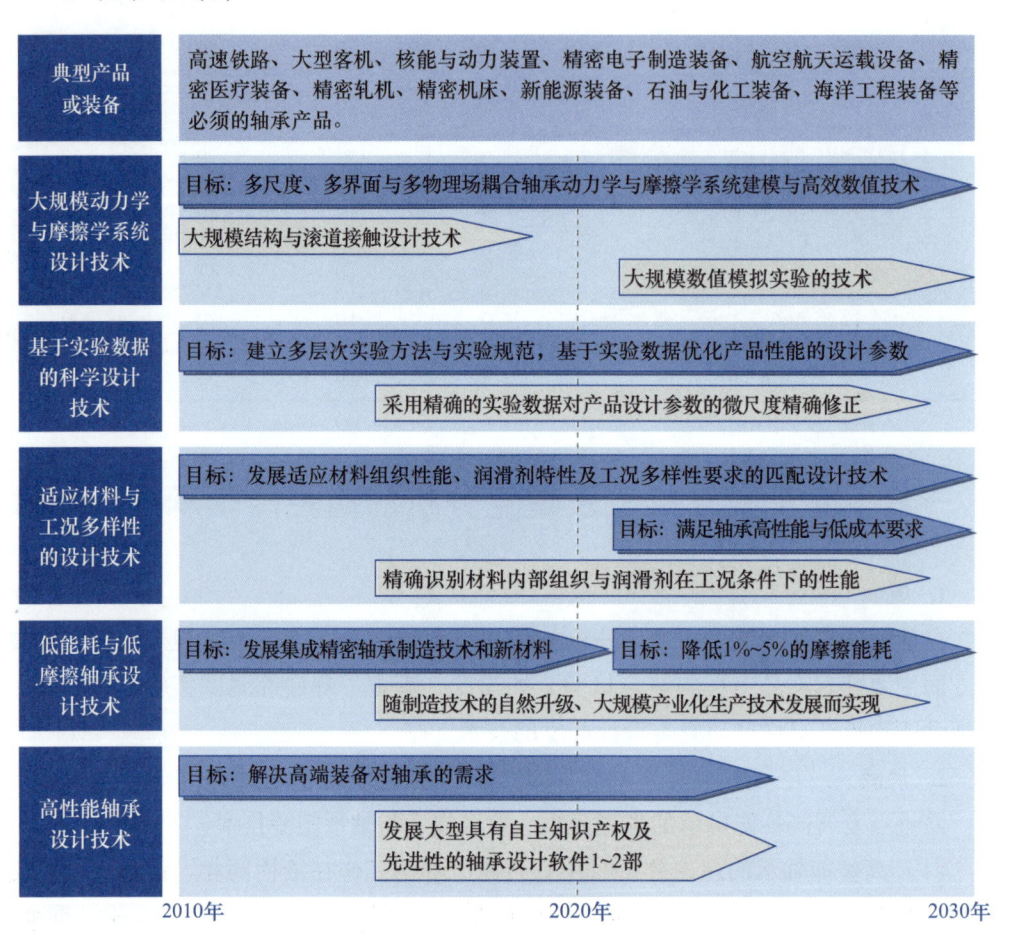

图10-5　高性能轴承设计技术路线图

第二节　面向制造全过程的控形控性制造技术

1. 现状

面向制造全过程的控形控性制造技术对轴承的质量起着重要作用。轴承微观组织及轴承产品的性能受到从材料、毛坯、热处理、切削加工、装配等全制造过程的影响。只有实现全制造过程的精准控制，才能全面提高质量。以前，各个工序大都孤立地处理，在我国企业目前现状，更是只关注终加工的几何精度，造成品质（温升、噪声、寿命等)的低下及分散,轴承产品的制造质量一致性差,严重制约了精密轴承国产化发展进程和产品质量提升。

2. 挑战

需重点发展轴承体材料及其研究、轴承的成形制造过程中材料组织与性能的演变规律技术、轴承精密制造技术、润滑机理与润滑介质开发以及轴承装配技术。

(1) 轴承体材料及其研究。高速、重载、高可靠性及高精度及其保持性对材料的硬度、强度、耐磨性、材料的一致性、热处理性能等都提出了很高的要求。新材料往往带来轴承性能的跨越。

(2) 轴承的成形制造过程中材料组织与性能的演变规律技术。发展大型轴承套圈精密冷轧成形技术、轴承套圈短流程轧制技术、表面工程制造技术、材料热处理组织调控与超细化技术、热处理组织、性能与残余应力结合的轴承设计技术。

(3) 精密轴承制造技术。按照高精密轴承的要求,切削加工的尺寸精度和形状精度正走向亚微米级,对加工装备也提出了超精密的要求(图10-6)。表面完整性要求对切削、磨削工艺作深入的研究,可以支持轴承的高寿命、低噪声需求。研究内容有:涉及解决高质量与高效率磨削工艺制造技术、产业化在线质量检测与监控技术。

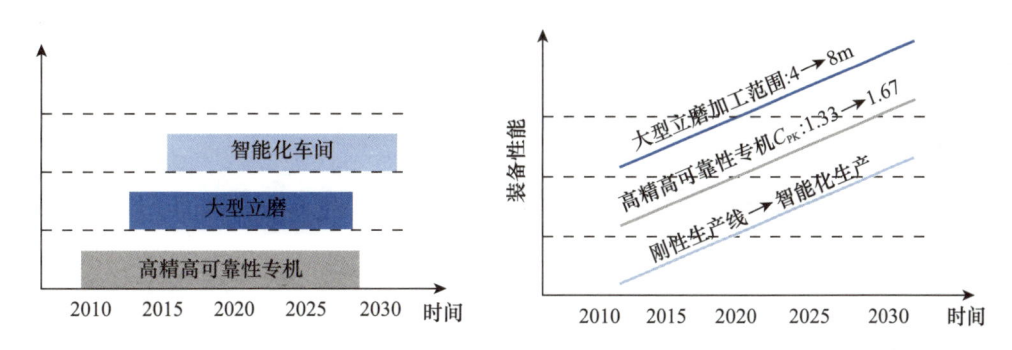

图 10-6 高精度制造装备性能预测

(4) 润滑机理与润滑介质开发。高速轴承如何保证润滑的充分性。重载轴承要求润滑介质的高刚度,要求在轴承工作范围内,润滑介质性能的稳定性。

(5) 轴承装配技术研究。高性能、高一致性的轴承产品要求深入研究装配公差与轴承载荷能力变差之间的相关关系,并要求装配的自动化与专用装备的应用。

3. 目标

(1) 发展适应轴承产品高性能要求的新材料。

(2) 提高尺寸稳定性、组织细化与材料性能调控、保持金属流线完整性、轴承毛坯轧制成形中组织细化与均匀性、表面强化、轴承热处理精确控制技术,以提高轴承可靠性。

（3）实现质量一致性高的、大规模精密轴承集成制造的能力，推动精密轴承产业制造基地的建设。

（4）采用微纳传感器测试润滑介质的流场、温度场、剪切应力场，研究滚动及滑动轴承的润滑机理，避免非充分润滑，研发各类轴承适应的润滑介质。

（5）需要发展加工中心等高精度制造装备，具有在线检测的自动化生产线、工序能力（C_{PK}）稳定保持在 1.67 的智能化集成制造工厂。高性能轴承高效率装配技术与装备：轴承装配工艺、装配专用设备、轴承装配间隙与服役性能预测、精度补偿控制的轴承服役技术。

4. 技术路线图

典型产品或装备	航空航天、大型客运飞机、高端医疗器械、盾构机、高速铁路、核动力装置、精密机床与精密轧机等所用轴承产品。
轴承材料研究	目标：实现轴承材料的高性能、一致性及稳定性 新材料研发及性能测试
材料组织与性能的演变规律技术	目标：实现轴承毛坯成形中的控形控性制造 大型轴承套圈精密冷轧成形技术 材料热处理组织调控与超细化技术 可控热处理技术
精密轴承制造技术	目标：实现精密轴承质量稳定性制造 磨削工艺控制、滚动体母线与微尺度表面控制技术 高精度滚动体制造、精密保持架制造技术 产业化在线质量检测与监控技术 融合数字与信息技术的智能专家系统精密制造技术

2010年　　　　　　　　　　2020年　　　　　　　　　　2030年

图 10－7　面向制造全过程的控形控性制造技术路线图

第三节　面向用户多样性安全、可靠及融合系统的服役技术

1. 挑战

满足大型客运飞机、核电与高速铁路等轴承的超高安全性与高可靠性的要求。其典型技术包括：超低温、超高温、高耐腐蚀、静音等要求轴承的服役技术。

2. 目标

识别用户需求，从润滑机理、润滑介质研发、服役工况及服役机理出发，在设计、制造、装配的基础上，研究提升轴承寿命和可靠性的综合性技术，轴承远程监控系统及早期预警技术，自适应轴承服役技术，面向用户的轴承总成设计等服役技术。

3. 技术路线图

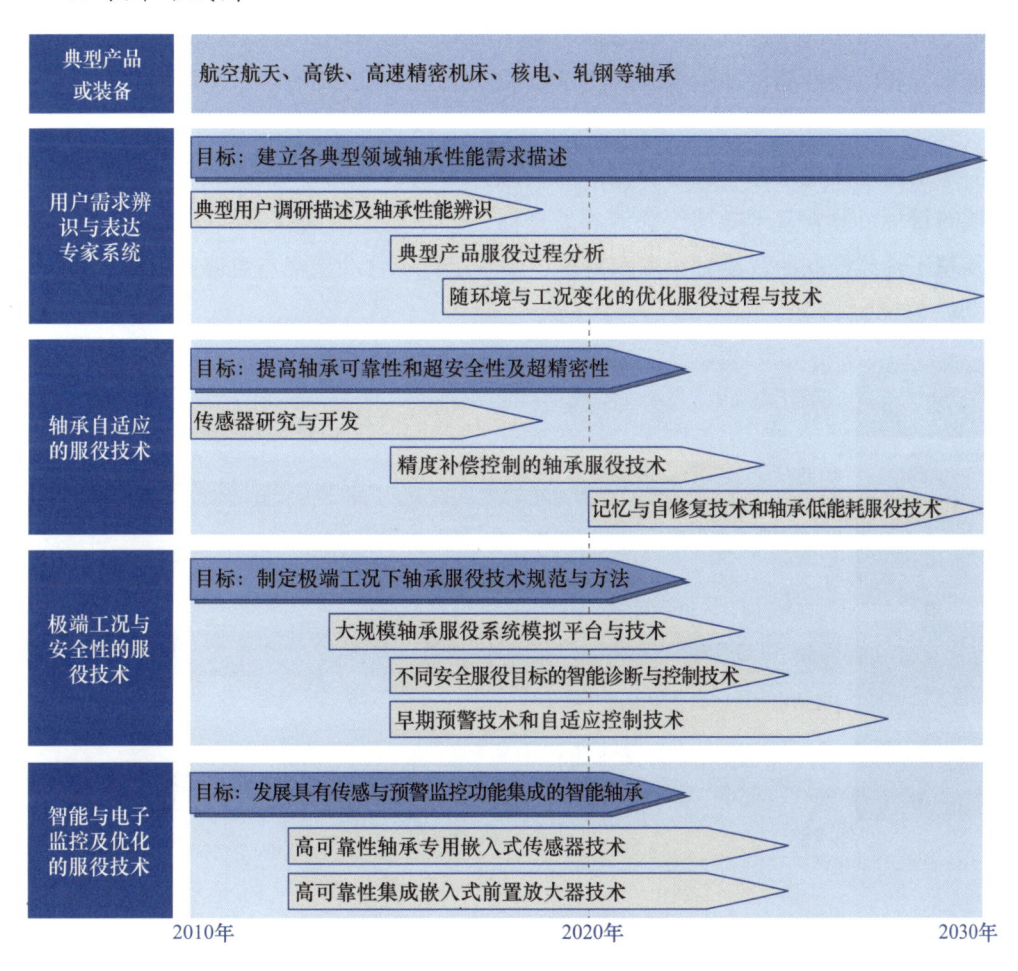

典型产品或装备	航空航天、高铁、高速精密机床、核电、轧钢等轴承
用户需求辨识与表达专家系统	目标：建立各典型领域轴承性能需求描述 典型用户调研描述及轴承性能辨识 典型产品服役过程分析 随环境与工况变化的优化服役过程与技术
轴承自适应的服役技术	目标：提高轴承可靠性和超安全性及超精密性 传感器研究与开发 精度补偿控制的轴承服役技术 记忆与自修复技术和轴承低能耗服役技术
极端工况与安全性的服役技术	目标：制定极端工况下轴承服役技术规范与方法 大规模轴承服役系统模拟平台与技术 不同安全服役目标的智能诊断与控制技术 早期预警技术和自适应控制技术
智能与电子监控及优化的服役技术	目标：发展具有传感与预警监控功能集成的智能轴承 高可靠性轴承专用嵌入式传感器技术 高可靠性集成嵌入式前置放大器技术

2010年　　　　　　2020年　　　　　　2030年

图 10-8　面向用户多样性安全、可靠及融合系统的服役技术路线图

第四节　创新轴承结构技术

1. 现状

轴承表面微纳织构与超滑表面工艺方面：高速时，流体润滑轴承的耗能可能达到 50%，旋转装备的轴承摩擦耗能每年高达千亿元，微纳织构的荷叶效应

215

中国机械工程技术路线图

及超滑表面可使摩擦系数达到数量级的降低,可能得到创新结构轴承。智能轴承:未来,借助微纳传感器及制动器,轴承根据工况变化,自动调整到最优工作状态。

2. 挑战

需重点发展轴承表面微纳织构与超滑表面工艺及智能轴承设计制造技术。结构与电子传感布局的设计技术、传感器与轴承动态性能指标的有效检测技术、数据处理技术、相应的性能特征标定及智能专家系统分析技术,均有待于全面解决。

3. 目标

未来通过优化设计、提升精度、材料选择与润滑研究,实现降低 1%~5% 摩擦能耗的目标。开发基于微纳传感器和处理器的轴承电子传感技术、智能轴承设计技术及基于性能控制的智能轴承专家系统、轴承运行中自动记忆与自修复技术。

4. 技术路线图

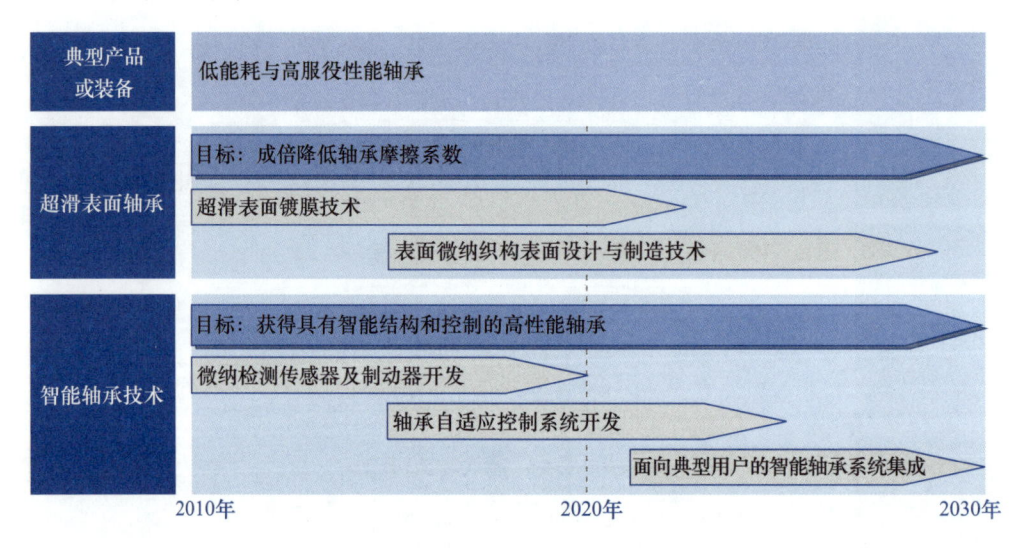

典型产品或装备	低能耗与高服役性能轴承
超滑表面轴承	目标:成倍降低轴承摩擦系数 超滑表面镀膜技术 表面微纳织构表面设计与制造技术
智能轴承技术	目标:获得具有智能结构和控制的高性能轴承 微纳检测传感器及制动器开发 轴承自适应控制系统开发 面向典型用户的智能轴承系统集成

2010年　　　　　　　　2020年　　　　　　　　2030年

图 10-9　创新轴承结构技术路线图

第五节　重大产品工程

轴承重大产品工程是将科学、知识与管理应用于那些具有标志性、战略性、安全性及涉及关键核心技术及技术集成的轴承产品精量化设计、大规模及专业化精密技术集成制造、精确试验测试及融合主机性能要求服役等产品实现过程的具有整体性要求的工程项目,例如产品尺寸精度一致性工程,大规模产品制造的高效率工程,具有战略标志性、超安全性的大型飞机轴承代表着整个制造业顶级精品技术水平,

第十章 轴承

实现量大面广的如 150 亿套/年或汽车轴承低能耗工程,解决人口老龄化及实现制造效率工程的大规模集成制造工程等。

轴承重大产品工程涉及精密制造顶级技术与技术管理、制造过程管理,它对未来 20 年中国制造业与重大装备制造业能不能成为强国起到重大基础关键技术支撑作用。

1. 挑战

重大产品工程围绕重点产品制造实现目标,涉及开展重大基础理论、共性关键技术、产业先进理念精量化设计技术、大规模精密制造技术与系统融合服役技术、微尺度实验检测技术、关键技术识别与集成技术方法等。通过开展如下主题支持战略计划目标的实现:①国防及战略技术装备轴承;②高级数控机床轴承;③交通运输轴承;④重大工业装备轴承。

2. 目标

针对上述四项重大产品工程,努力做好实现轴承技术发展的技术措施。

3. 实施路线

(1) 高端轴承产品规划:分别按照行业需求、技术成熟度、产业基础等分别对各类重大轴承产品(如汽车轴承、高铁轴承、风电轴承、机床轴承、轧机轴承、核电轴承、飞机轴承等)进行战略规划、产品研发、产业化技术开发、产业化发展与全面满足需求。由各应用领域、轴承企业、研发机构共同制定。

(2) 基础研究:聚焦影响共性技术的重要基础科学问题,由相关基础研究基金,如自然科学基金、"973" 计划等支持解决。

(3) 创新平台:建设基础理论、前沿共性技术及重点战略性产品研发基地,分别建设在高校、院所及重点创新企业,由相关平台建设研究基金支持解决。

(4) 制造装备:高端加工装备、在线检测技术与装备、智能化生产线等,由相关专项研究基金,如 "04 重大专项" 等支持解决。

(5) 产品创新工程:急需的重大产品研发,由工程中心、工程实验室、创新企业完成。

(6) 材料工程:材料科学、冶金工程、特种材料、超微尺度无损检测等,可以研发创新的轴承材料,如陶瓷复合材料,超光滑表面材料等,但更容易实现的是在现有基础上,对轴承材料加以精选、精炼,以提高性能,保证材料性能的一致性。

4. 技术路线图

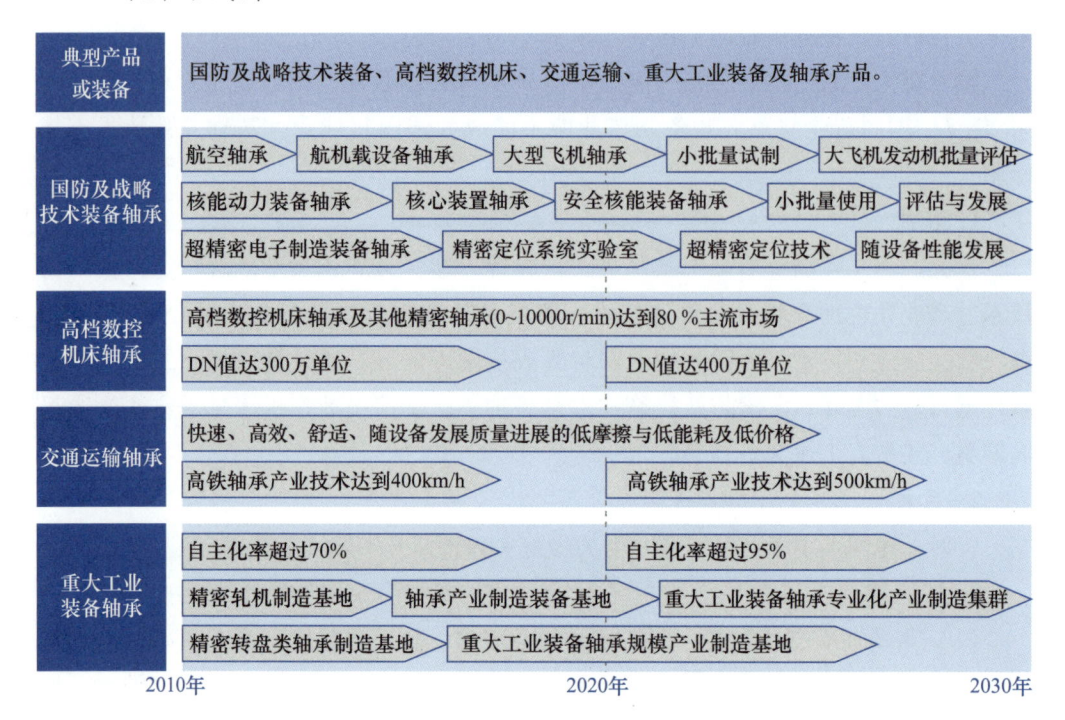

典型产品或装备	国防及战略技术装备、高档数控机床、交通运输、重大工业装备及轴承产品。
国防及战略技术装备轴承	航空轴承 → 航机载设备轴承 → 大型飞机轴承 → 小批量试制 → 大飞机发动机批量评估 核能动力装备轴承 → 核心装置轴承 → 安全核能装备轴承 → 小批量使用 → 评估与发展 超精密电子制造装备轴承 → 精密定位系统实验室 → 超精密定位技术 → 随设备性能发展
高档数控机床轴承	高档数控机床轴承及其他精密轴承(0~10000r/min)达到80%主流市场 DN值达300万单位 → DN值达400万单位
交通运输轴承	快速、高效、舒适、随设备发展质量进展的低摩擦与低能耗及低价格 高铁轴承产业技术达到400km/h → 高铁轴承产业技术达到500km/h
重大工业装备轴承	自主化率超过70% → 自主化率超过95% 精密轧机制造基地 → 轴承产业制造装备基地 → 重大工业装备轴承专业化产业制造集群 精密转盘类轴承制造基地 → 重大工业装备轴承规模产业制造基地

2010年　　　　　　　　　　2020年　　　　　　　　　　2030年

图 10-10　轴承重大产品工程路线图

参 考 文 献

[1] 中共中央国务院. 国家中长期科学和技术发展规划纲要（2006-2020）[M]. 北京：中国法制出版社，2006.

[2] 中共中央国务院. 国务院关于加快培育和发展战略性新兴产业的决定 [R]. 北京：中共中央国务院，2010.

[3] 第十一届全国人民代表大会. 国民经济和社会发展第十二个五年规划纲要 [M]. 北京：人民出版社，2011.

[4] 王凤才，卢秉恒. 高性能滚动轴承基础研究项目——轴承复杂界面系统相互作用的动态接触机理，国家重点基础研究发展计划（"973"计划）[R]. 科技部，2009.

[5] 卢秉恒. 装备制造——走向制造强国之路 [M]. 高级数控机床与制造工艺创新论文集，2009.

[6] 王凤才，王路顺. 高速铁路轴承重大产品工程方案 [R]. 瓦轴集团，2010.

[7] Wang FC, Brockett C, Williams S, Udofia IT, Fisher J & Jin Z. Lubrication and friction prediction in metal-on-metal hip Joint implants [J], IOP Physics in Medicine and Biology, 2008, 53: 1277-1293.

[8] 张相木，李东，屈贤明. 中国装备制造业发展报告 [M]. 北京：机械工业出版社，2009.

[9] 王路顺. 瓦轴集团第十二个五年技术改造与发展规划，2011.

[10] Wang FC, Zhao SX, Félix Quiñonez A, Xu H, Mei XS & Jin Z. Non–sphericity of bearing geometry and lubrication in hip joint implants, ASME Journal of Tribology, 2009, 131（3），p031201.

[11] Wang FC, Wang LS & Sun ML. Tribological modelling of spherical bearings with complex spherical–based geometry and motion [J]. WIT Transactions on Engineering Sciences, 2010, 66: 3–15.

[12] 路甬祥. 迎接新科技革命挑战 引领和支撑中国可持续发展 [R]. 全国人大常委会第十四次专题学习会上的讲话，2011.

[13] Wang FC. Elasticity Theory of Spherical Bearing, Encyclopaedia of Tribology. Springer Inc, 2011.

[14] Wang FC. Contact Mechanics of Spherical Bearing, Encyclopaedia of Tribology. Springer Inc, 2011.

[15] Wang FC. Geometry of Spherical/Aspheric Bearing, Encyclopaedia of Tribology. Springer Inc, 2011.

编 撰 组

组长　卢秉恒　王凤才

成员

　　王路顺　潘健生　徐四宁　卢　刚　吕　盾　张进华　奚　卉

评审专家

　　黎　明　郭　峰　王文中　王金虎　叶　军　华　林　兰　箭
　　朱永生　陈耀龙　洪　军　丁海善　徐　华　袁晓阳

第十一章 齿 轮

概 论

齿轮传动是利用齿轮之间的啮合传递动力和运动的一种机械传动方式，广泛应用于航空航天、船舶、兵器、汽车、工程机械、冶金、建材、能源、石油化工及仪器仪表等领域。齿轮产品包括各种齿轮及由齿轮组成的各种减速器、增速器、车辆变速器和后桥、齿轮泵等传递运动、动力或输送介质等的机械部件和装置，是机械装备的重要基础件，其性能和可靠性决定了机械装备的性能和可靠性。

"十一五"期间，我国齿轮产业在汽车、风电、高铁、工程机械等产业快速发展的拉动下得到了迅速发展，齿轮产品的产销规模已经达到1600亿元。齿轮行业已成为中国机械基础件中规模最大的行业之一，我国已经成为名副其实的世界齿轮制造大国，但离制造强国还有很大差距。目前，我国齿轮产品正经历从中低端向高端的转变，少数高端产品已达到国际先进水平。但总体而言，我国齿轮产品还不能满足重点工程装备的配套要求，高端产品仍受制于人，汽车自动变速器、高铁驱动单元、大型能源装备齿轮传动装置等高端产品大量依赖进口，进出口逆差仍在逐年加大。

同世界发达国家相比，我国齿轮产品设计制造主要存在以下问题。

（1）基础研究和基础数据匮乏。缺乏对齿轮材料的疲劳极限应力、金相组织图谱等相关的基础试验研究，缺乏新齿形研究、载荷谱测试、加工工艺研究等基础研究，使得产品设计和制造缺少数据支撑。另外，专业软件开发和应用滞后，多学科综合设计技术和手段落后。

（2）齿轮材料品质较低。齿轮材料与发达国家差距较大，主要表现在钢材的纯净度和均匀性低，含氧量、非金属夹杂物等较高；钢材淬透性波动大，淬透性带宽；高温高性能钢、低温抗冲击钢、快速渗氮钢、经济性大中模数钢以及高性能工程塑料等缺乏。

（3）齿轮热处理工艺水平不高。渗碳淬火变形大；感应淬火易出现齿根开裂；渗氮存在效率低、层深浅的问题，虽然稀土催渗取得了很好的效果，但仍具有较大局限性；缺乏有效的工艺过程控制方法。

第十一章 齿　轮

（4）高级工艺装备差距明显。硬质合金刀具与发达国家差距大，高效滚齿刀具、干切削刀具、高级 CBN 刀具及磨齿用高档砂轮几乎全部进口；高效制齿机床、高档数控成形磨齿机等仍基本依赖进口；大型和小型齿轮量仪以及在位快速测量机仍是空白；大模数锥齿轮加工设备等核心装备国外完全技术封锁，仍受制于人。

（5）齿轮产品生产效率低，质量稳定性差。尽管我国进口了不少高档齿轮制造装备，但由于刀具和装备使用、制造工艺参数选择、生产管理等方面的差距，造成产品的质量稳定性差，生产效率低，能耗高。

（6）检测和评价服务能力亟待提高。国家齿轮产品质量监督检验中心的检测服务能力不足，齿轮行业许多新产品没有经过第三方检测、验证和评价，行业不能积累设计数据，直接影响齿轮行业整体设计水平和创新能力的提高。

（7）标准化工作亟待加强。我国齿轮行业因标准化投入少等原因，造成适用标准少，贯标率低，不能满足产业发展的需要。我国大多数齿轮标准从国外标准转化而来，基础数据缺乏验证，一些关键数据与国内技术水平不相适应。

未来 20 年，我国齿轮产品将逐步满足航空航天及武器装备、车辆与工程机械、能源装备、船舶及海洋工程装备、轨道交通、仪器仪表及机器人、冶金、矿山及建材设备等领域的需求（见下表）。

表　齿轮产业未来市场需求及产品

领域名称	市场需求	产品特点	技术发展趋势
航空航天及武器装备	航空航天的快速发展，将进一步扩大对高参数微小型齿轮传动装置的需求；低空的逐渐开放，直升机旋翼传动系统将有广阔的市场前景；新型坦克、装甲车、雷达回转系统等需要更可靠的齿轮传动产品	①太空的高真空、大温差、微重力环境对齿轮传动装置提出了苛刻的要求；②传动装置小型化、高精度、高可靠性；③解决微重力和大温差条件下的润滑问题	①高可靠性；②小型化、微型化；③功率分流及余度技术；④无润滑状态的可靠性
车辆与工程机械	未来汽车自动变速器、新能源汽车变速器、驱动桥、同步器、电动轮传动装置、工程机械齿轮减速器、盾构机行星驱动装置等齿轮产品有很大的市场需求	①驱动-传动-控制一体化；②高精度、高可靠性、低噪声；③盾构机行星驱动装置大转矩、耐高温	①驱动-传动-控制集成；②高效、低成本生产；③齿轮等零件近净成形

221

(续表)

领域名称	市场需求	产品特点	技术发展趋势
能源装备	大型风电增速齿轮箱及偏航变桨减速器、光伏发电传动装置、百万千瓦级核电齿轮箱、超超临界发电机组齿轮调速装置、水电传动装置、煤气化传动装置等	①高可靠性、长寿命；②大功率、高功率密度；③服役环境恶劣、工况复杂；④机电液复合传动或行星分流传动	①单机功率越来越大；②高功率密度、高可靠性；③多行星轮均载传动；④润滑、冷却、密封、可靠
船舶及海洋工程装备	军民用舰船发展潜力大，配套齿轮箱需求旺盛；海洋石油钻井平台齿轮齿条升降装置市场需求大	①大功率、大跨度传动；②复合传动；③特大模数齿轮齿条传动	①大功率、多余度技术；②减振降噪；③功率合流、分流
轨道交通	高速机车、轻轨客车及地铁机车齿轮驱动单元将立足国内制造，改变大量依赖进口的局面	①安装空间小、环境恶劣、结构紧凑；②轻合金箱体或耐低温球铁箱体，薄壁件多；③大功率、高速、重载齿轮箱，可靠性要求高	①轻量化设计制造、②薄壁件铸造、可靠密封；③高可靠性、高功率密度
仪器仪表及机器人	仪器仪表用小模数齿轮、塑料齿轮；工业机器人用谐波齿轮传动装置、高精度 RV 减速器；微飞行器用齿轮传动装置、医疗设备中的微小传动装置等	①塑料齿轮质量小、噪声低；②小型化、微型化；③小回差、大传动比	①高精度、高可靠性、小回差；②自润滑；③应用高强度塑料
冶金、矿山及建材设备	宽厚板轧机齿轮箱、大型提升减速机、大型水泥磨机分流减速器等是典型的低速重载齿轮产品，技术含量高	①大转矩、大冲击；②多数为低速重载传动；③长寿命、高可靠性	①高功率密度；②高可靠性；③功率分流技术

未来 10~20 年，齿轮产品将向着高精度、高功率密度、高可靠性、高效率、长寿命、低噪声等方向发展，齿轮设计制造将向着数字化、模块化、绿色化、智能化的方向发展，并日趋国际化。

齿轮产业的发展目标为：

（1）建立国家级的齿轮基础技术和前沿技术研究、重要新产品研发、重大科技成果工程化、技术推广应用的创新和技术服务平台，推进我国齿轮传动技术的发展。

（2）建立先进完善的齿轮标准化体系，2020 年齿轮标准化进入世界前五强，2030 年齿轮标准化进入世界前两强。

（3）通过提高齿轮类零件近净成形比率等方式，年均提高齿轮材料利用率2%以上，到2020年总体提高25%左右，到2030年总体提高50%左右。

（4）齿轮产品功率密度年均提高4%左右，到2030年功率密度提高1倍。

（5）稳步减小齿轮传动的功率损耗，到2030年功率损耗减小50%。

（6）齿轮制造精度到2020年提高一级，到2030年再提高一级。

（7）汽车齿轮使用寿命到2020年提高2~3倍，到2030年达到寿命期内不失效。

第一节 齿轮基础技术

齿轮基础理论、基础技术研究以及基础数据测试积累、标准规范制定等是齿轮产品研发和创新的基础。我国20世纪60~80年代在齿轮基础技术研究方面取得了长足的进步，但目前基础试验等工作几乎停止。国外在新齿形、试验研究等方面的工作一直未间断。

1. 现状

（1）齿轮齿形方面。由于渐开线齿形的齿轮具有加工方便、中心距可分等优点一直处于主导地位；双圆弧齿轮近年来的理论研究和加工工艺研究基本处于停滞状态；微线段齿形、非对称齿形等新齿形及新型分流方式的研究取得了一些阶段性成果，尚需深入研究。随着设计手段的完善，数控加工技术的提高，使得空间曲面的加工变得比较容易，奠定了研究开发更优齿形的基础。

（2）基础数据方面。德国慕尼黑大学等国外研究机构在不断进行齿轮材料性能测试和载荷谱搜集、测试等基础试验研究，而我国自科研院所转制以来针对齿轮材料和性能试验的基础试验研究几乎没有，载荷谱搜集、测试等也很少。

（3）测试服务平台方面。齿轮行业缺乏为全行业提供测试服务的、拥有专门人才队伍和先进测试装备的测试服务平台。一些企业虽建有性能优良的试验台，但几乎都不为行业服务，缺乏试验标准和规范，一般只用于自己产品的出厂试验。

（4）标准化方面。我国齿轮行业标准化体系不健全，技术和产品适用标准少，贯标率低，不少产品（如超大和超小模数齿轮）已经大大超出现有标准范围。

2. 挑战

（1）随着齿轮传动向高功率密度、高效率、低噪声等方向的不断发展，迫切需要研究开发齿轮新齿形和新传动方式。

（2）齿轮材料的疲劳极限以及载荷谱等基础数据决定着齿轮产品设计的合理性和可靠性。缺乏基础研究及数据成为制约我国齿轮产品设计的重要因素之一。

（3）缺乏为全行业服务的高水平的测试服务平台，使许多齿轮新产品得不到第三方检测、设计合理性评定，直接影响产品改进。

（4）标准化方面的差距导致齿轮产品设计、制造水平低，可靠性低，寿命短。

3. 目标

（1）在新齿形和新传动研究方面取得突破，研究出一些传动效率高、承载能力强、制造和检测比较容易的新齿形和新传动。

（2）依托专业研究院所和高等院校建设公共研究平台，加大资金投入，建立研究和成果共享机制，持续进行包括齿轮材料极限应力、金相组织图谱测定及载荷谱搜集、试验等齿轮基础研究，建立并不断完善齿轮基础数据库。

（3）建设面向全行业的现代化的齿轮产品测试服务平台，加强人才队伍和试验测试能力建设，制定产品试验测试标准和规范，满足企业产品测试、评价和改进服务方面的要求。

（4）建立齿轮行业先进完善的标准化体系，使齿轮标准化进入世界强国行列。

第二节　关键设计技术

齿轮传动设计技术正逐渐与流体传动、电气传动等传动技术相复合，与计算机技术、网络技术等现代技术相融合，使齿轮产品不断向着高功率密度、高可靠性、长寿命、低损耗、低噪声等方向发展。另外，随着计算机技术、信息技术及相关科学技术的进步，数字化、智能化、集成化将是齿轮传动设计技术的发展方向。

1. 现状

美国、日本和欧洲发达国家是齿轮技术强国，仍不断进行研究，持续提升设计水平和产品的功率密度、可靠性，降低噪声和成本。近些年来，我国齿轮产品的设计水平不断提高，与发达国家的差距总体有逐渐缩小的趋势。但是，某些方面差距仍十分明显，主要表现在：①缺乏国产的能够实现多学科耦合设计、分析的专业软件；②动力学建模和动特性分析偏差大，减振降噪设计水平低；③多行星轮均载设计技术、混合动力汽车功率合成技术、大型舰船多余度合流与分流技术差距大；④齿轮传动系统的效率和热平衡计算缺乏试验研究和计算依据；⑤不掌握以汽车自动变速器、超超临界火电机组调速传动装置为典型产品的机电液复合传动集成设计技术。

2. 挑战

由于以上差距明显，造成我国齿轮产品效率、功率密度和可靠性低，振动噪声大，汽车自动变速器等高端齿轮产品依赖进口，一些军用装备的传动装置遭到国外技术封锁。

3. 目标

(1) 强力开发先进的多学科耦合设计、分析软件。

(2) 加强动力学研究,将动力学设计、减振降噪和齿轮修形结合起来,提升产品档次。

(3) 攻克机电液复合传动核心技术,使汽车自动变速器立足国内制造,开发零滑差复合传动装置。

(4) 开展热平衡试验研究,降低功率损耗,使齿轮传动装置的强度功率和热功率相匹配。

(5) 突破功率分流、合成及余度设计技术,解决舰船、飞机等重要装备功率分流、合成及备份问题。

第三节　关键加工技术

这里的加工主要指齿轮类、轴类等零件的机械加工。提升加工技术水平是提高齿轮产品精度、质量、可靠性和生产效率的重要保证。高精度、高效率、绿色环保是未来齿轮加工技术的重要特点。

1. 现状

我国齿轮制造技术水平和制造能力得到了不断提高,但同国际先进水平相比,齿轮制造总体存在着能耗高、材料利用率和生产效率低、产品质量稳定性差、切削液对环境污染等问题。磨齿烧伤控制缺少标准、规范,企业在各自探索,行业内很少交流,检测技术跟不上,造成废品率高,生产效率低;齿轮超硬加工技术、干切技术、极限(极大、极小)制造技术、轮齿喷丸强化技术和近净成形技术等缺乏系统研究,远不能满足需求。

2. 挑战

超硬加工和干切削能够提高加工效率和减小污染,齿轮冷锻、温锻等近净成形能够节材30%左右,节能65%左右。随着能源危机和环境污染等的不断加剧,要求齿轮产品加工要达到高效、节能、节材、降耗、环保;随着机械装备朝着高性能、高可靠性、长寿命等方向发展,要求齿轮产品加工要达到高精度、高质量,因此需要攻克一系列关键加工技术。

3. 目标

(1) 攻克齿轮近净成形技术和模具制造技术,逐年提高汽车齿轮类零件和轴类零件的近净成形率。

(2) 攻克齿轮干切削及超硬加工技术,年均提高齿轮干切削及超硬加工率5%

左右。

（3）开展大型齿轮等零件修复技术研究，实现大型和贵重零件再制造。

（4）研究微齿轮等微零件制造技术，满足超小体积传动装置的需求。

（5）提高生产效率，平均每 5 年缩短生产周期 10%~15%。

（6）研究齿轮制造工艺，提高圆柱齿轮和圆锥齿轮的制造精度。

第四节　齿轮材料及热处理技术

齿轮材料及热处理技术涉及齿轮材料种类及冶金质量、毛坯的制造方式和内在质量、齿轮热处理方式及热处理质量等。齿轮材料及热处理技术已成为制约我国齿轮产品质量和性能进一步提高的重要因素。齿轮材料向着多品种、高品质、经济性方向发展，齿轮热处理技术及装备向着控制精准化、生产高效低耗方向发展。

1. 现状

（1）齿轮材料品质较低，铸锻件缺陷较多，一些特殊要求的材料如直升机高温高硬度齿轮钢、高寒气候用军用车辆低温抗冲击齿轮钢、低应力感应淬火齿轮钢等缺乏。

（2）齿轮渗碳淬火变形大，磨齿时容易出现磨削裂纹、烧伤和磨削台阶，且渗碳周期较长、能耗高，易产生内氧化，影响齿根弯曲疲劳强度；渗氮渗层薄，不适合较大模数的齿轮，若增加层深，时间太长，而且相成分控制困难；感应淬火齿轮易出现齿根淬火开裂，硬化层与心部的过渡层薄弱往往引起早期疲劳剥落，严重影响齿轮承载能力和可靠性。

2. 挑战

齿轮材料品质低、缺陷多以及热处理工艺技术落后，是造成我国齿轮产品承载能力低、可靠性低、废品率高的重要原因，应该加大研究，改变这种状况。

3. 目标

（1）提高齿轮钢材和铸锻件的冶金质量，降低钢中含气量和非金属夹杂物，含气量分别达到 $[O] \leqslant 10 \times 10^{-6}$，$[H] \leqslant 2 \times 10^{-6}$，$[N] \leqslant 50 \times 10^{-6}$；控制齿轮钢的淬透性带宽，上下限波动小于 3HRC。

（2）开发高温高性能钢、低温耐冲击钢、高压气淬微变形钢、快速渗氮钢及沉淀硬化钢等各类特殊性能齿轮钢；开发齿轮用高强度塑料等非金属材料。

（3）攻克渗碳和渗氮催渗技术，提高生产效率；攻克深层渗氮技术，提高渗氮齿轮承载能力，扩大应用范围。

（4）研究齿轮感应淬火工艺应力形成机制和规律，优化淬火工艺，控制残余应力，克服淬火开裂；研究多频感应加热淬火及感应压床淬火新工艺。

（5）研究复合热处理齿面强化技术以及高能密度硬化及喷丸强化等技术，提高齿轮的承载能力和可靠性。

（6）研究齿轮精密形变热处理技术，提高齿轮强度和生产效率。

第五节 润滑、冷却与密封技术

润滑、冷却与密封技术对提高设备运行可靠性、延长使用寿命、减少事故发生等具有重要作用。润滑、冷却技术以及密封技术和密封元件不过关是我国齿轮产品质量不高的重要原因之一。

1. 现状

我国齿轮传动摩擦设计、高品质润滑介质开发、高效润滑冷却技术研究等均与国际先进水平差距明显，因润滑和轴承问题造成齿轮箱失效的比率较高。齿轮产品漏油问题既普遍，又严重；既浪费介质，又污染环境。

2. 挑战

随着齿轮传动不断向高速、重载、复杂服役环境、高可靠性等方向发展，润滑、冷却和密封方面的问题将更加突出，必须采取应对措施，从根本上解决这些问题。

3. 目标

（1）根据不同传动载荷和工况需求，开发高品质、多品种、少无污染的润滑介质。

（2）研究固体润滑、气体润滑、自润滑技术，满足特殊服役环境齿轮传动的需求。

（3）研究密封技术，开发各种优性能、长寿命密封件，解决齿轮箱漏油和频繁更换密封件的问题。

（4）开发高承载能力、高可靠性、长寿命轴承，改变高参数齿轮箱轴承几乎全部依赖进口的局面。

（5）开展摩擦学设计和油液检测与故障诊断技术研究。

第六节 关键工艺装备技术

齿轮工艺装备包括滚齿机、插齿机、铣齿机等各类切齿机床以及磨齿机、热处理设备、检测设备及各种刀具工具等。齿轮工艺装备对提高齿轮产品性能、保证产品质量的作用越来越大。我国机床软件编程技术、在线测量技术、精度保持技术、超精密分度技术以及刀具涂层技术等齿轮关键工艺装备设计制造技术同国际先进水平差距很大，造成高级工艺装备依赖进口。

1. 现状

（1）切齿机床。滚齿机、插齿机、铣齿机等圆柱齿轮制齿机床在生产效率、制造精度、复合化、大型化等方面与国外先进水平有较大差距；弧齿锥齿轮加工机床差距更大，大型弧齿锥齿轮加工机床才开发出样机。

（2）数控磨齿机。德国的数控成形磨齿机全球领先，砂轮自动对刀、自动修整、在线测量及智能纠正等先进技术得到应用，高精度、高效率、功能复合及大型化成为趋势，磨齿精度已稳定达到 3~5 级。我国数控成形磨齿机经历了从无到有、从有到精的过程，但在可靠性、加工效率、自动对刀等方面还有较大差距，数控成形磨齿机仍大部分依赖进口。

（3）热处理装备。我国高端齿轮感应淬火机床依赖进口；渗碳装备自动化程度低、能耗较高，淬火冷却装备水平较低，难以实现工艺控制和节能环保要求。

（4）刀具与工具。齿轮干切削刀具、高效滚齿刀具、高性能 CBN 刀具和磨齿砂轮几乎全部进口。

（5）测量设备。国外 CNC 齿轮测量中心得到普遍应用，测量精度稳定在 3 级；大型齿轮测量中心和三坐标测量机可测直径 6m 齿轮；齿轮在机测量系统已成为机床的组成部分；齿轮生产线上有机械手自动上下料的齿轮快速分选测量机成为车辆齿轮现场测量的主导设备。国内中模数齿轮测量中心相对成熟，测量精度稳定在 4 级；最大齿轮测量中心可测直径 2m 齿轮；在机测量系统处在研发阶段；车辆齿轮生产线上的齿轮快速分选测量机已投入生产；还没有满足齿轮测量的坐标测量机，小模数齿轮测量仪器和大直径齿轮测量仪器几乎全部进口。

2. 挑战

根据未来齿轮产品制造对关键工艺装备的需求，我国必须攻克上述一系列关键工艺装备的设计制造技术，才能重点解决下面问题：切齿、磨齿机床重点解决高效、高精、数控化、复合化、大型化、自动上下料等方面的问题；热处理设备重点解决大型、智能、高效、低耗、环保等方面的问题；刀具与工具重点解决超硬切削、长寿命、低成本等方面的问题；测量设备重点解决测量精度、测量范围、在机测量、在线测量等方面的问题。

3. 目标

（1）开发高精、高效、大型数控圆柱齿轮磨齿机和圆锥齿轮磨齿机，改变我国大型数控磨齿机依赖进口的局面。

（2）开发干式滚齿机和硬齿面滚齿机，开发大型锥齿轮铣齿机等专用铣齿机床。

（3）开发高效滚齿刀具，研发刀具涂层材料和技术，扩大硬质合金、CBN刀具的应用；开发材料切除率高、寿命长、修整频率低的磨齿砂轮。

（4）开发高级数控感应淬火机床，开发新型智能、高效、低耗、环保的齿轮渗碳、渗氮等热处理设备。

（5）开发基于激光跟踪测量技术和室内激光雷达等技术的特大型齿轮在位测量系统，开发基于光纤测头的微型齿轮测量机，开发结合机械手上下料的、耦合在齿轮生产线上的齿轮快速分选测量机等。

第七节　齿轮技术路线图

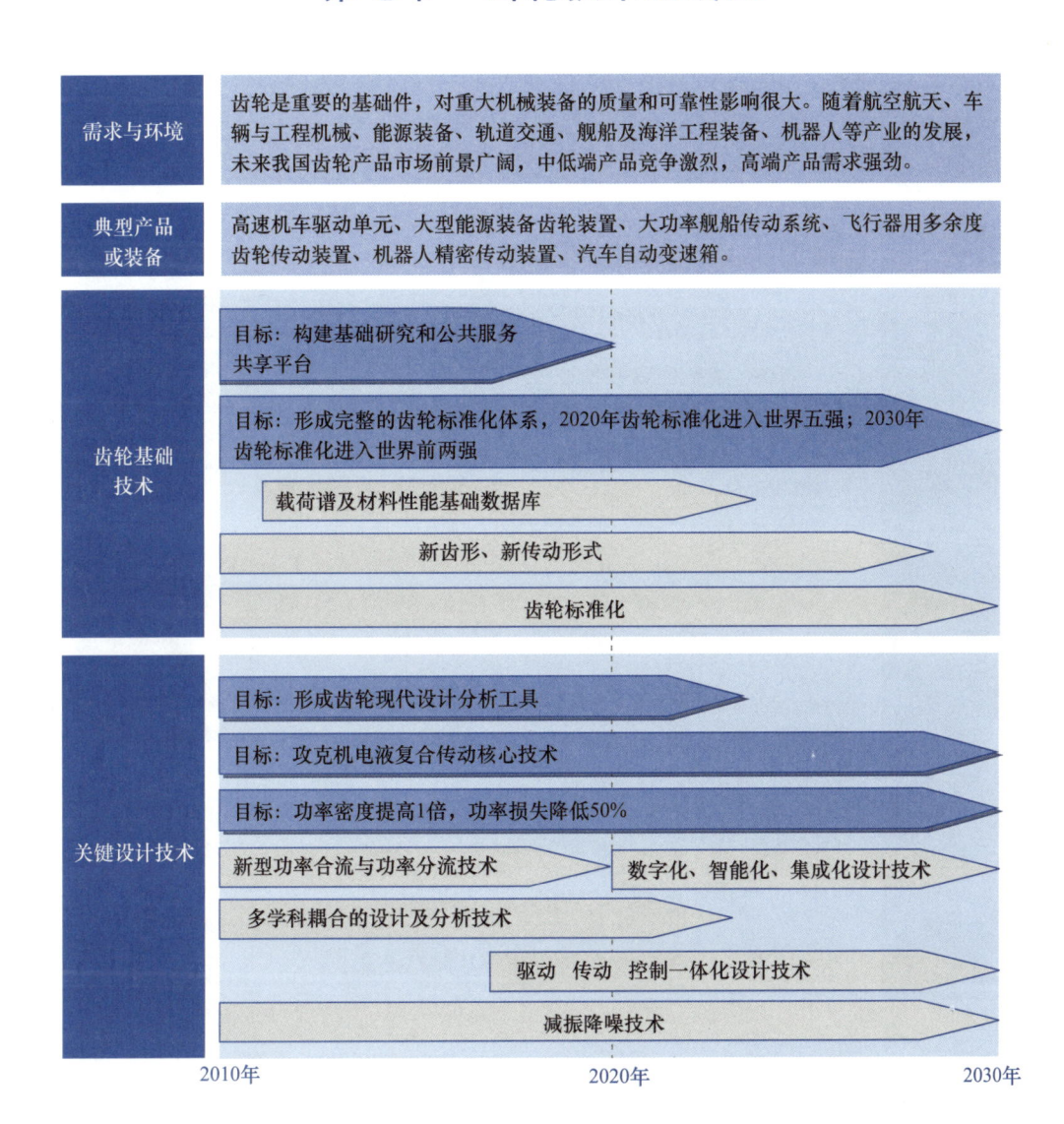

需求与环境	齿轮是重要的基础件，对重大机械装备的质量和可靠性影响很大。随着航空航天、车辆与工程机械、能源装备、轨道交通、舰船及海洋工程装备、机器人等产业的发展，未来我国齿轮产品市场前景广阔，中低端产品竞争激烈，高端产品需求强劲。
典型产品或装备	高速机车驱动单元、大型能源装备齿轮装置、大功率舰船传动系统、飞行器用多余度齿轮传动装置、机器人精密传动装置、汽车自动变速箱。
齿轮基础技术	目标：构建基础研究和公共服务共享平台 目标：形成完整的齿轮标准化体系，2020年齿轮标准化进入世界五强；2030年齿轮标准化进入世界前两强 载荷谱及材料性能基础数据库 新齿形、新传动形式 齿轮标准化
关键设计技术	目标：形成齿轮现代设计分析工具 目标：攻克机电液复合传动核心技术 目标：功率密度提高1倍，功率损失降低50% 新型功率合流与功率分流技术 数字化、智能化、集成化设计技术 多学科耦合的设计及分析技术 驱动 传动 控制一体化设计技术 减振降噪技术

2010年　　　　　2020年　　　　　2030年

(续)

关键加工技术

- 目标：汽车齿轮使用寿命提高2~3倍
- 目标：2030年齿轮制造精度提高2级
- 目标：齿轮材料利用率提高25%左右
- 目标：齿轮材料利用率提高50%左右
- 目标：提高生产效率，平均每五年缩短生产周期10%~15%
- 解决磨削烧伤及裂纹问题
- 齿轮近净成形技术
- 大型齿轮修复和再制造
- 齿轮净成形技术
- 超硬加工及干切削技术
- 齿轮制造数字化及信息化

齿轮材料及热处理技术

- 目标：提高齿轮钢材和铸锻件的品质
- 目标：开发耐高温、低温等满足未来需求的齿轮材料
- 目标：提高齿轮强度和生产效率
- 渗碳和渗氮催渗技术
- 多频感应淬火和感应压床淬火
- 齿面强化技术
- 大层深、高效氮化技术
- 高强度塑料、等温球铁及粉末冶金齿轮
- 热处理变形及残余应力控制技术

润滑、冷却与密封技术

- 目标：解决齿轮箱漏油和密封件更换频繁问题
- 目标：满足特殊服役环境齿轮传动的润滑、冷却与密封要求
- 开发各种优性能、长寿命密封件
- 开发高品质、多品种、少无污染的润滑介质
- 固体润滑、气体润滑、自润滑技术
- 摩擦学设计和油液检测与故障诊断技术

2010年　　　2020年　　　2030年

(续)

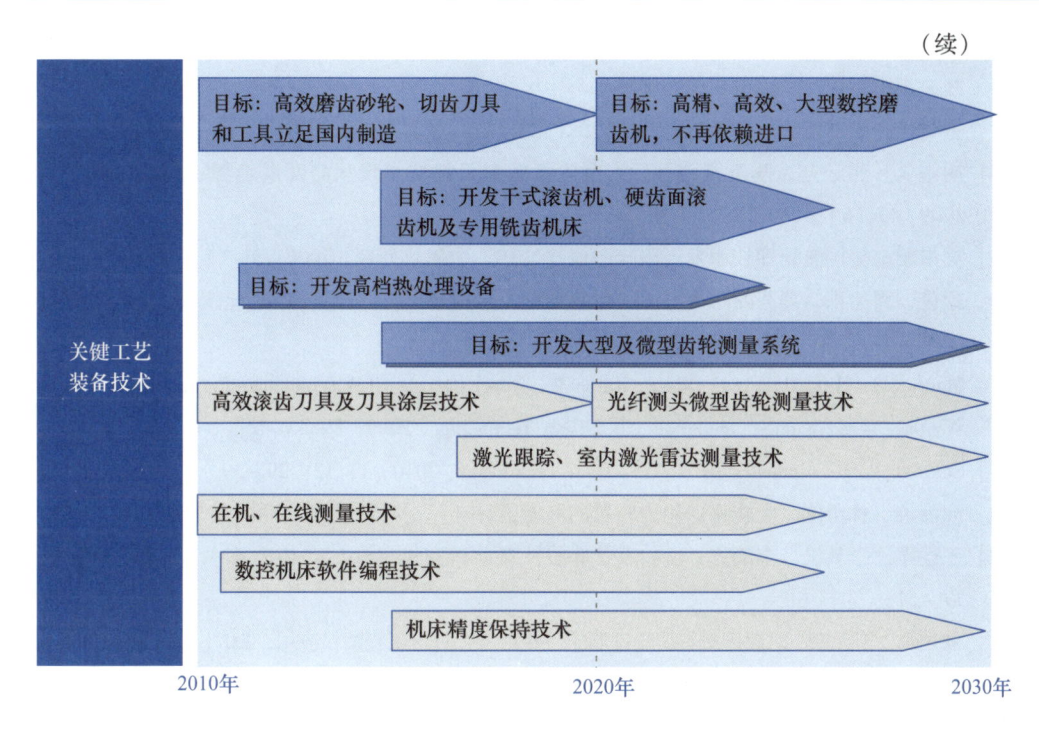

图 齿轮技术路线图

参 考 文 献

[1] 路甬祥, 白春礼, 施尔畏, 等. 中国至2050年先进制造科技发展路线图 [M]. 北京: 科学出版社, 2009.
[2] 曾路, 孙永明. 产业技术路线图原理与制定 [M]. 广州: 华南理工大学出版社, 2007.
[3] Gear Industry Vision – A vision of the gear industry in 2025 [G]. AGMA, Sep. 2004.
[4] 秦大同. 机械传动科学技术的发展历史与研究进展 [J]. 机械工程学报, 2003, 39 (12): 37 – 43.
[5] 石照耀, 费业泰, 谢华锟. 齿轮测量技术100年——回顾与展望 [J]. 中国工程科学, 2003, 5 (9): 13 – 16.
[6] 石照耀, 张万年, 林家春. 小模数齿轮测量: 现状与趋势 [J]. 北京工业大学学报, 2008, 34 (2): 113 – 119.
[7] 中国齿轮行业 "十二五" 发展规划纲要. 中国齿轮专业协会, 2010.
[8] 王长路, 张萌. 齿轮行业发展综述 [J]. 中国机械通用零部件工业年鉴, 2006: 343 – 347.
[9] 王长路, 路明. 我国微机械技术发展概述 [C] //2007年先进制造与数据共享国际研讨会论文集. 北京: 中国机械工业联合会, 2007.
[10] 刘忠明, 王长路. 风力发电齿轮箱设计制造技术的发展与展望 [J]. 机械传动, 2006, (6): 1 – 6.
[11] 吴晓铃. 齿轮传动的发展及市场前景 [J]. 现代制造, 2003, (20): 62 – 64.

[12] 李盛其, 潘温岳, 石照耀, 等. 2010 中国齿轮工业年鉴 [M]. 北京：北京理工大学出版社, 2010.

[13] 常曙光. 我国齿轮行业新材料新工艺的创新 [J]. 金属加工, 2010, (17)：9-11.

[14] 胡占其, 崔云起, 李玉昆, 等. 大型内齿轮加工的技术现状与发展趋势 [J]. 工具技术, 2009, 43 (6)：17-21.

[15] 樊东黎. 美国热处理技术发展路线图概述 [J]. 金属热处理, 2006, 31 (1)：1-3.

[16] 彭俊, 周述积, 楼芬丽. 汽车渗碳齿轮用钢及热处理工艺的现状和发展趋势 [J]. 热处理技术与装备, 2007, 28 (1)：3-5.

[17] Matthew J. Hill, Robert F. Kunz, Ralph W. Noack, et al. CFD Technology for Rotorcraft Gearbox Windage aerodynamics simulation [J]. Gear Technology, 2009, 8：48-55.

[18] State of the gear industry 2010 [J]. Gear Technology, 2010, 11/12：29-39.

[19] 顾海港, 林勇刚. 大功率船用齿轮箱的开发设计 [J]. 传动技术, 2008, 22 (3)：25-29.

[20] 王建军, 李其汉, 李润方. 齿轮系统非线性振动研究进展 [J]. 传动技术, 2005, 35 (1)：37-51.

[21] 郝瑞贤, 李元宗. 对我国塑料齿轮发展的一些思考 [J]. 工程塑料应用, 2007, 35 (3)：29-31.

编撰组

组长　王长路

成员　(按姓氏笔画排序)

付雪川　吕泮功　刘世军　杨有生　吴　凡　张和平　陈兵奎
陈　渊　孟令先　秦大同　原果田　郭学军　曹　云　戚文正
敬代云　谢信孚　魏冰阳

概　论　王长路
第一节　张元国
第二节　刘忠明
第三节　刘忠明　毛应才
第四节　张立勇　陈国民
第五节　张立勇　吴晓铃　聂晓霖
第六节　张元国　石照耀　胡万良
第七节　王长路　刘忠明

评审专家 (按姓氏笔画排序)

邓效忠　刘红旗　刘建军　李钊刚　李盛其　吴晓铃　张　萌
陈德木　虞培清　颜克君

第十二章 模具

概 论

模具是材料成形的重要工艺装备，材料在外力的作用下受模具约束并产生流动变形，从而得到所需的形状和尺寸的零件。按照成形工艺的不同，模具可以分为冲压模具、铸造模具、锻造模具、挤压模具、注塑模具、拉丝模具、玻璃成形模具、橡胶成形模具、粉末冶金模具和模具标准件等。

模具一般由上模、下模和模具标准件组成，而现代大型复杂模具往往包含有独立动力系统、加热冷却系统和控制系统，本身就是完整的制造装备。

模具技术包括模具的设计和加工技术、装配和检测技术、材料与处理技术及维修和再制造技术等，是精密成形技术的重要组成部分。模具生产具有高生产效率、制件的高一致性及较高的精度和复杂程度、节能节材等特点，因此模具工业水平已经成为衡量一个国家制造业水平的重要标志，也是一个国家的工业产品保持国际竞争力的重要保证之一。

随着成形工艺的发展和融合以及新材料的应用，导致新的成形工艺不断出现，如汽车超高强板热成形工艺等，因此，根据成形工艺进行的模具分类也要不断补充和完善。

目前我国每年有 5000 万 t 金属、3500 万 t 以上塑料、500 万 t 橡胶等材料经模具成形为制品或零件（主要是汽车、IT、OA、包装品、家电和日用品等产品的零部件）。我国材料加工行业，特别是塑料加工行业，今后 10 年中仍将会保持高速发展。

汽车、IT、OA、包装品、家电和日用品等产品的零部件，90% 以上需模具成形，是模具使用量最大、要求最高的行业。预计到 2020 年，这些模具的年均增速不低于 10%。轨道交通、航空航天、新能源、医疗器械、建材等行业发展，将为模具带来新的市场。成形技术的发展和新材料的应用，需要模具技术的支撑，也将促进模具技术水平的提高。

未来 20 年，模具技术发展趋向主要是精密、复杂、高效、多功能。复杂主要指能实现智能控制的复杂模具，模具本身具有动力系统、加热冷却系统和控制系统；高效主要指模具的结构和性能能满足一模多件和高速成形等工艺要求，如多层注塑模具及 2000r/min 以上高速冲压多工位级进模；多功能主要指能实现多料、多工序成形的多功能复合模具，如多料注塑模具、40 工步以上的多工位级进模具和同时完成冲、叠、铆等工序的马达铁芯模具等。

未来 20 年，模具设计制造技术的发展目标为：

（1）大幅度提高我国模具制造技术的自主创新能力和装备水平以及自主知识产权产品的比重，初步改变大而不强的局面，使我国模具制造技术与装备进入世界强国行列。

（2）创造一批原创性的技术与产品。包括：模具数字化设计、制造及企业信息化管理技术、模具加工新技术等；和与新工艺新材料相对应的新模具。

（3）模具产品满足我国重大技术装备、汽车、造船、航空航天、电子、工程机械等国民经济重要产业和战略性新兴产业的需求；

（4）到 2020 年，产品精度、人均劳动生产率、生产自动化等指标达到先进工业化国家 21 世纪初期水平，2030 年与先进工业化国家差距缩短到 10 年以内，达到先进工业化国家 21 世纪 20 年代水平。

第一节 模具数字化设计制造技术

一、概述

模具数字化设计制造技术的核心是 CAD/CAM/CAE，应用模具数字化设计制造技术可以显著缩短模具开发周期，改善产品质量，降低生产成本，提高服务水平，即，可以提高模具企业的 TQCS 水平。对于推动模具行业的转型升级和提升模具工业的核心竞争力具有深远的意义。

目前我国模具 CAD/CAM 已经普及，CAE、CAPP 已在部分企业应用。但是，和发达国家相比，我国数字化模具技术水平仍较低，而且发展不平衡。

我国数字化模具设计制造技术的重点将集中在两个方面：①通过高可靠性的模具设计技术彻底改变长期存在的凭经验设计模具、可靠性无法保证的状况；②采用高效、精密的模具制造技术大幅提高模具制造的效率和精度。

到 2030 年，我国模具数字化设计制造技术总体上将达到当时的国际先进水平。

二、未来市场需求及产品

随着制造业的发展，模具交货期要求越来越短，质量指标越来越高，因此模具的设计应具有更高的可靠性，模具的制造需要大幅提高效率和精度。新兴产业的发展要求模具工业提供新材料成形所需的精密模具，有的模具精度要求将达到亚微米，甚至纳米级，为此，必须发展和应用超精模具加工技术。

传统的模具设计制造是一个凭经验和试错的过程，设计可靠性差，制造成本高，开发周期长。为此，亟待从模具设计和制造方法上取得突破，使模具开发从"经验"走向"科学"。应用以 CAD/CAE/CAM 为核心的数字化模具技术，是解决上述问题的必由之路。

三、关键技术

（一）高可靠性的模具设计技术

1. 现状

改善产品零件的可制造性是保证模具设计高可靠性的重要前提，实现高可靠性模具设计的基础技术是成形工艺过程的精确仿真。当前的产品工艺性较差，造成模具开发困难，成形工艺仿真采用的模型为宏观仿真模型，即将成形材料视为连续介质或均匀体，不能完全反映材料的真实成形特性。目前，大多成形工艺和模具设计是基于经验完成的，模具加工、装配后需经多次试模和修改才能满足产品的成形要求。

2. 挑战

模具的智能化设计将建模、分析和优化集于一体，需考虑多学科的协同以及材料的宏观、介观和微观特性和成形过程中多物理场的耦合。

3. 目标

模具设计将在知识驱动的设计平台上进行，实现知识资源的共享，发展成形工艺过程的仿真技术和智能化的模具设计技术，实现高可靠性的模具设计，减少试模次数，最终达到零试模。预计到 2020 年，该技术将使一次试模成功率达到 90% 以上；2030 年，达到 95% 以上。

（1）产品的可制造性设计技术：通过并行工程、协同设计、成形仿真等开发技术，使模具设计人员在产品开发的早期介入产品设计，将会及早发现产品零件存在的成形性问题，保证其良好的可制造性，为高可靠性的模具设计提供基础。

（2）基于知识的智能化模具设计技术：模具的智能化设计将建模、分析和优化集于一体，更加注重多学科的协同，模具设计将在知识驱动的设计平台上进行，实现知识资源的共享。不仅可以充分利用历史的设计经验和成功案例，还可以在已有的设计知识基础上衍生出新的设计知识，具有更加完美的全关联模具设计功能，从而避免设计错误的产生，实现高可靠性的模具设计。

（3）基于精确建模的成形工艺仿真技术：实现高可靠性模具设计的基础是成形

工艺过程的精确仿真。未来的成形工艺仿真将建立在精确的材料模型基础上，同时考虑材料的宏观、介观和微观特性和成形过程中多物理场的耦合提高仿真结果的准确性。

（二）高效、高精的模具制造技术

1. 现状

目前高效率的模具加工技术，如高速切削和高效的电火花加工尚未得到普遍应用，其他的高效模具加工技术，例如高能束加工、快速成形技术、高效的表面抛光技术及柔性自动化模具制造技术，虽然显现出其巨大的优越性，但仍在起始阶段。

2. 挑战

在模具生产中实际使用的机床的转速将会达到 10 万 r/min 以上，机床、刀具和高速切削理论均需有所突破；超精密模具加工技术不仅要使用性能极高的加工设备，要求极高的加工环境，同时还必须考虑极微小尺寸所产生的尺寸效应和界面效应问题，以及在微纳尺度条件下的摩擦机理、热传导、精密测量与误差补偿等问题。

3. 目标

以信息技术、仿真技术和虚拟现实技术为基础，实现虚拟模具制造，在实际制造模具之前，准确预测未来模具的性能和制造系统的状态，从而作出正确的决策和优化实施方案；通过采用高效的模具加工技术、超精密加工技术、柔性自动化制造技术和基于仿真的虚拟模具制造技术，模具加工的效率比现在提高 10 倍以上，加工精度达到纳米级。

（1）高效的模具加工技术：高速切削机床和高效的电火花加工机床的加工效率大幅提高，高能束加工、快速成形技术和高效的表面抛光等技术将得到普遍应用。

（2）超精密模具加工技术：为满足制件的微米、纳米级特征尺寸或精度要求，须协调处理高性能加工设备和加工环境以及极微小尺寸所产生的尺寸效应和界面效应等问题，实现精密测量与误差补偿，达到跨尺度高精度的控形和控性。

（3）柔性自动化模具制造技术：柔性自动化模具制造技术融合了先进制造技术、传感技术、网络技术和控制技术等高新技术，具有高效率、高柔性和高可靠性，体现了模具制造数字化和网络化的发展方向。未来的柔性自动化模具制造系统具有智能感知和自治控制的能力，将给模具生产带来重大的变革。

（4）基于仿真的虚拟模具制造：虚拟模具制造在虚拟的环境下实现模具制造过程，可以预测模具的性能和制造系统的状态。虚拟制造过程不仅可以实现制造系统仿真和加工过程仿真，还可模拟生产计划和工艺路线的执行过程，获得最佳的生产实施方案。

四、技术路线图

| 需求与环境 | 我国从模具制造大国向模具制造强国转变的进程中,不断提高我国模具行业的数字化模具设计制造技术水平,是提高我国模具企业技术自主创新能力和信息化水平的根本要求。 |

| 典型产品或装备 | 汽车、电子、机械制造、精密仪器等行业使用的大型、精密、高效、多功能、长寿命模具 |

高可靠性的模具设计技术
- 目标:一次试模成功率达90%
- 目标:一次试模成功率达95%
- 产品的可制造性设计
- 基于知识的智能化模具设计技术
- 基于精确建模的成形工艺仿真技术

高效、高精的模具制造技术
- 目标:模具加工效率提高10倍以上
- 目标:实现模具零件微纳制造
- 高效的模具加工技术
- 超精密模具加工技术
- 柔性自动化模具制造技术
- 基于仿真的虚拟模具制造

2010年　　　　2020年　　　　2030年

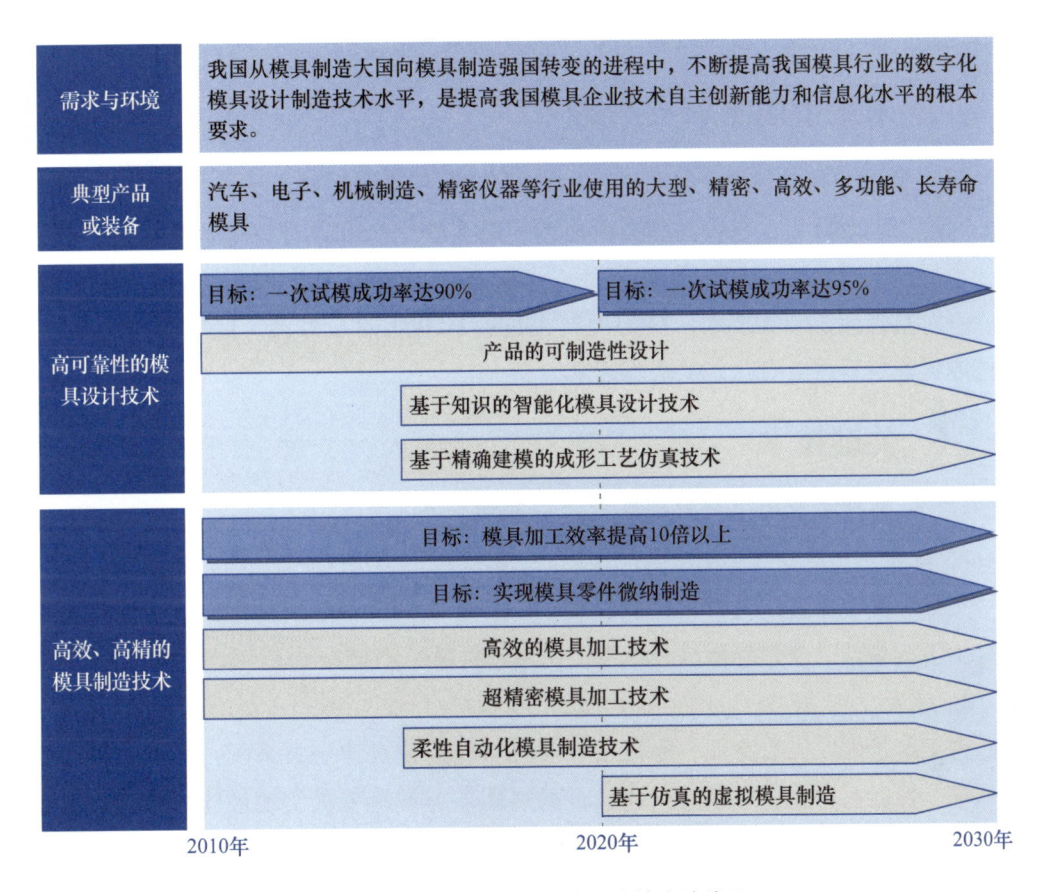

图 12-1　模具数字化设计制造技术路线图

第二节　模具材料和热处理技术

一、概述

模具材料是现代模具设计、制造的基础。由于精密成形工况条件的要求,金属材料在当前及今后相当长时间内是模具材料的主体,其中钢铁材料占主导地位,铜及铜合金、铝及铝合金等合金材料也开始用作模具材料。高品质、高性能、低成本将主导未来模具材料研发方向,欧美日等发达国家垄断高档模具材料研发和生产的局面将被打破。

热处理技术是提高复杂、精密、长寿命模具水平的关键因素。热处理及表面改性技术将围绕最大限度实现材料特性、降低模具制造成本、提高模具加工速度、获得稳定、长寿命模具，在大型无氧化热处理装备技术，微变形热处理工艺技术和高效清洁耐磨的表面改性技术将在未来 20 年内得到充分发展。

二、未来市场需求及产品

2008 年国内模具材料产量近 60 万 t，到 2015 年模具钢的市场需求将不低于 100 万 t。预计到 2020 年，在中高端模具材料市场实现完全替代进口材料目标，模具材料的市场需求将会达到 150 万 t。

将材料性能、制备技术、热处理技术进行标准化的长寿命、低成本、高品质、高性能模具材料将具有广阔的市场需求。

三、关键技术

（一）高寿命专用模具材料的开发与制备技术

1. 现状

实际工况中可选用的模具材料范围很小，基本为通用型模具材料，无法将材料特点、工况条件、使用寿命综合考虑，使模具材料无法充分发挥性能效率。

2. 挑战

将工况条件、失效特征、寿命指标与材料性能特点建立关系图，完成材料产品系列化、性能系列化、应用系列化；将材料性能与模具工况实现最佳对接，实现材料性能的最佳发挥、模具寿命的最优体现。

3. 目标

通过对模具材料的系列化开发，实现各类模具使用条件与材料性能特点的对接，专材专用，既充分发挥材料的性能特点，又有效提高模具的使用寿命，还大大降低材料的生产成本。

（二）高品质优质模具材料的开发与制备技术

1. 现状

与国外模具材料相比较，国内模具材料最大的差距是材料性能的稳定性，严重制约国内模具材料在中高端模具中的使用。

2. 挑战

对材料各向同性、原始晶粒度、成分均匀性提出要求。实现冶炼、高温扩散、多向锻造、预处理全方位研究，结合生产装备现代化水平的提高，实现高品质优质模具材料的生产。

3. 目标

在高端模具材料制备技术上全面赶超发达国家，使国内高、中端模具材料国产化。

（三）高性能特种模具材料的开发与制备技术

1. 现状

极端工况条件下的材料无合适材料选用。如温锻、镁合金压铸、高速镦锻、钢管挤压顶头等。

2. 挑战

针对极端工况条件下模具对材料性能的苛刻要求，研发性能特点突出的模具新材料及相应的制备和处理技术。

3. 目标

高性能特种模具材料全面应用于工业生产，满足各种极端工况条件下的模具寿命要求。

（四）大型、复杂模具微变形、无氧化热处理技术

1. 现状

在设备和工艺上已实现对中小模具的微变形、无氧化热处理。对于大型模具在热处理装备、工艺开展研究。

2. 挑战

大型真空高压气淬炉和高精度可控气氛保护设备为实现大型复杂模具的微变形、无氧化处理创造了条件。实现装备、工艺和后续精加工配套协调的大型复杂模具的快速、经济制造。

3. 目标

全面实现大型复杂模具热处理后表面无氧化，变形小，使后续精加工做到少切削或无切削，缩短模具加工周期30%。

（五）高效、环保、耐磨表面改性技术

1. 现状

有效用于模具表面改性提高模具寿命的主要技术有：氮化（氮碳共渗）技术、表面渗金属（TD）、气相沉积、表面涂覆、离子注入等。

2. 挑战

实现高效率、清洁、大型化模具的表面改性技术，增强表面硬化层与基体的结合力，大幅度提高模具使用寿命。

3. 目标

渗层组织、渗层厚度、结合力、耐磨性能、模具寿命的集成化控制，实现小镶块解决大模具长寿命问题。

（六）模具材料规模化精确预处理技术

1. 现状

随着模具加工设备的自动化、多功能化和加工速度的大幅度提高，使模具制造工艺有了根本的变革，许多模具的大型化、复杂化及短周期制造成为未来模具技术的发展趋势，要求模具材料产品直接预处理，满足模具工作性能要求和组织要求。该项技术目前只有在塑料模具材料上有一定应用。

2. 挑战

如何实现大规格、大批量模具材料的预硬化处理、组织超细化处理、组织均匀化处理，其热处理设备保障、处理工艺研究技术和材料性能稳定性保障都将是关键难点。

3. 目标

通过设备和工艺研究，对模具材料进行精确预处理控制并实现规模化生产。为减少或消除模具热处理后的精加工程序做好铺垫，从而大大提高模具的制造效率，降低生产成本。

四、技术路线图

需求与环境	模具材料和热处理技术应用是模具延寿和提高稳定性的两大关键因素，高品质、高性能、低成本将主导未来模具材料研发方向，而提供材料性能保障的热处理技术将向微变形、无氧化、高效、清洁方向发展
典型产品或装备	高寿命专用模具材料； 高品质优质模具材料 高性能特种模具材料； 智能化材料应用软件 材料与热处理标准； 大型模具无氧化热处理炉
模具材料开发与制备技术	目标：开发高寿命、低成本、高品质、高性能的模具新材料 材料性能与使用工况对接，实现材料性能系列化、材料产品系列化、材料应用系列化 通过制备技术研究，实现材料等向性、成分均匀性和组织超细化的品质提高 开发性能突出的新材料，适用极端工况条件

2010年　　　　　　　　2020年　　　　　　　　2030年

第十二章 模 具

(续)

大型、复杂模具微变形、无氧化热处理技术	目标：大型模具无氧化、微变形热处理，后续精加工做到少切制或无切削，缩短模具加工周期30%
	研发大型真空、可控气氛热处理装备和工艺
	开展微变形热处理工艺技术研发，对热处理变形实现有效控制
高效、环保、耐磨表面热处理技术	目标：实现高效、环保、耐磨表面改性，增强表面硬化层与基体的结合力，大幅度提高模具使用寿命
	高效率、清洁大型模具的表面改性技术
	研发特种涂镀技术，增强表面硬化层与基体的结合力
模具材料规模化精确预处理技术	目标：实现高效率、高精度、低成本模具制造
	开发大规格、大批量模具材料的预处理工艺装备
	开发规模化生产中组织、性能的精确稳定控制技术

2010年　　　　2020年　　　　2030年

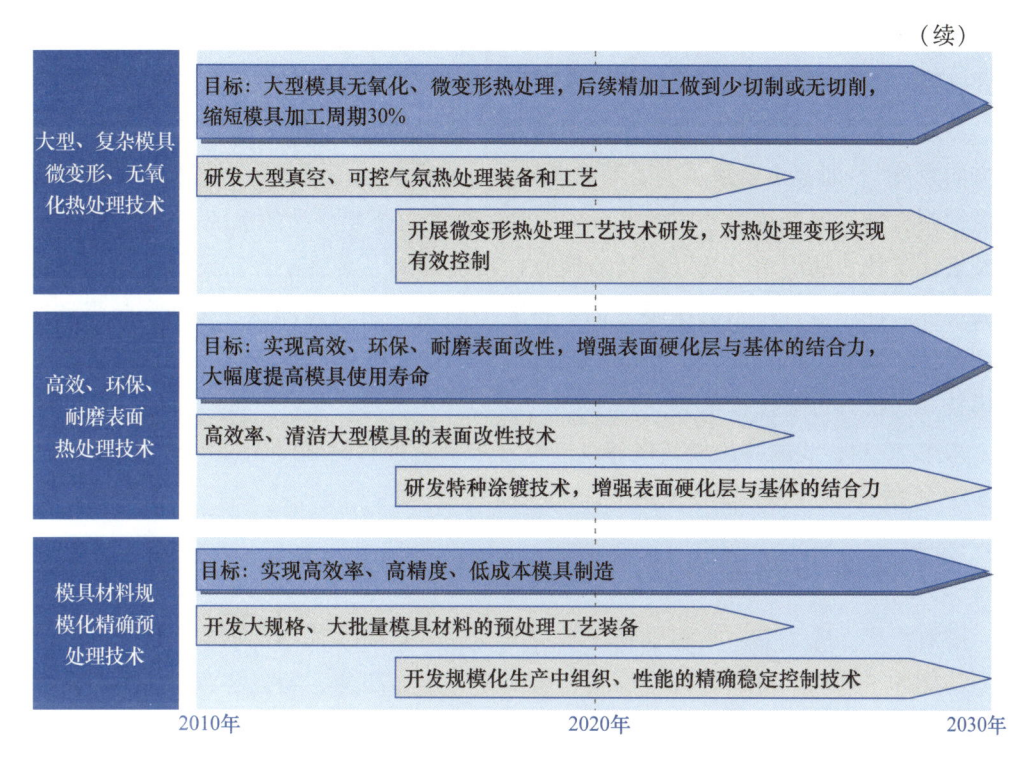

图 12-2　模具材料和热处理技术路线图

第三节　冲压模具技术

一、概述

冷冲压模具主要指先进多工位与多功能冲压模具、精密冲压模具和汽车车身冲压模具等。

先进多工位与多功能冲压模具的代表主要有精密多工位级进模、精密多工位冲压传递模、复杂精密多功能冲压模具等，是汽车、电子电器等制造业的关键工艺装备。这类模具的总体水平与国际先进水平接近，一部分模具已出口到工业发达国家和地区。但是与国外先进冲压模具水平相比，仍然有差距，如模具寿命较低，模具试模周期长，模具调整和维修时间较长，模具材料、标准件等模具基础技术水平差距较大，特别是缺乏设计和制造相关基础理论技术的支撑等。

精冲模具是采用负间隙或零间隙冲裁金属板材类零件的模具，在精密零件成形领域的应用越来越广泛。我国在精冲模具方面具备了一定的开发能力，而在复杂精冲模具，特别是精冲复合成形模具的开发方面仍缺乏经验，水平不高，进口模具仍占较大比重。

汽车冲压模具主要用于汽车的外形件、结构件以及内饰件成形制造等。国内模具企业已经可以设计制造 B 级轿车的全套模具，开始向 C 级轿车的高难度复杂模具进军。

冷冲压模具技术的总体发展是"由模具自身的品质提升向冲压件产品的控形控性方向发展"。即客户要求从主要考虑模具本身品质向使用模具生产的最终冲压产品品质控制方向发展，从对冲压模具品质的单一要求向企业产品的系统解决方案发展。多领域交叉技术的应用以及以模具为核心的系统解决方案将是今后模具技术发展的主要特征。冲压模具技术的主要方向：特大型高精、超高速冲压、超薄、超强和微细型零件成形冲压模具设计、制造关键技术；多功能复合模具技术以及该类模具的试模技术、模具可靠性技术等。

未来 20 年，我国冲压模具设计制造综合水平达到当时国际先进水平，差距缩短到 5 年左右。

二、未来市场需求及产品

随着汽车、电子电器等制造业快速发展及产品更新换代周期加快，先进多工位与多功能冲压模具，特别是大型高精、超高速冲压、超薄、超强和微细型零件成形冲压模具的市场需求将稳定增长。

随着客户要求从主要考虑模具本身品质向使用模具生产的最终冲压产品品质控制方向转移，向用户企业提供产品冲压系统解决方案的技术服务方式将得到快速发展。

三、关键技术

（一）冲压模具产品的信息化和智能化

1. 现状

目前冲压模具主要考虑的是冲压件的"控形"问题，同时考虑"控形和控性"尚缺乏冲压成形"控形和控性"技术理论研究、模具产品的信息化和智能化等基础条件。

2. 挑战

需掌握冲压件的成形形状智能控制技术、冲压件强度、刚度和厚度合理分布的控制技术与模具设计技术、冲压成形过程及零部件质量的控制技术等。

3. 目标

预计到 2030 年，突破冲压件的控形和控性理论、掌握冲压模具成形过程的信息获取、应用与冲压件的控形控性模具设计实现方法等关键技术，达到世界先进水平。

（二）新型工艺及冲压模具理论与技术

1. 现状

新材料和新工艺不断出现，如硼钢板热冲压技术、管材的内高压成形技术、镁合金板的冲压技术等,而现有的模具成形理论与技术不能完全适应新材料和新工艺对模具的要求,也缺乏综合工程研发机构。

2. 挑战

需协调新材料变形特性研究、新成形工艺开发和模具设计制造间的关系。

3. 目标

新材料成形模具的设计制造技术、新成形工艺所需模具的设计制造技术达到国际先进水平。

四、技术路线图

需求与环境	汽车、电子电器等制造业快速发展及产品更新换代周期加快,先进多工位与多功能冲压模具将有旺盛的市场需求。多领域交叉技术的应用以及以模具技术为核心的系统解决方案也是今后模具技术新的经济增长点。
典型产品或装备	汽车、电子电器、精密仪器等行业使用的大型、精密、高效、多功能、长寿命冲压模具
冲压模具产品的信息化和智能化	目标:控形的信息化和智能化　　　目标:控性的信息化和智能化 控形控性的理论与技术研究,冲压件的控形和控性模具设计技术 基于控形与控性的智能化模具设计技术
新型工艺及冲压模具理论与技术	目标:新材料成形模具和新成形工艺所需模具的设计制造技术达到国际先进水平。 新材料成形模具设计与制造技术研究 新型成形工艺模具设计与制造技术研究

2010年　　　　　　　　　　2020年　　　　　　　　　　2030年

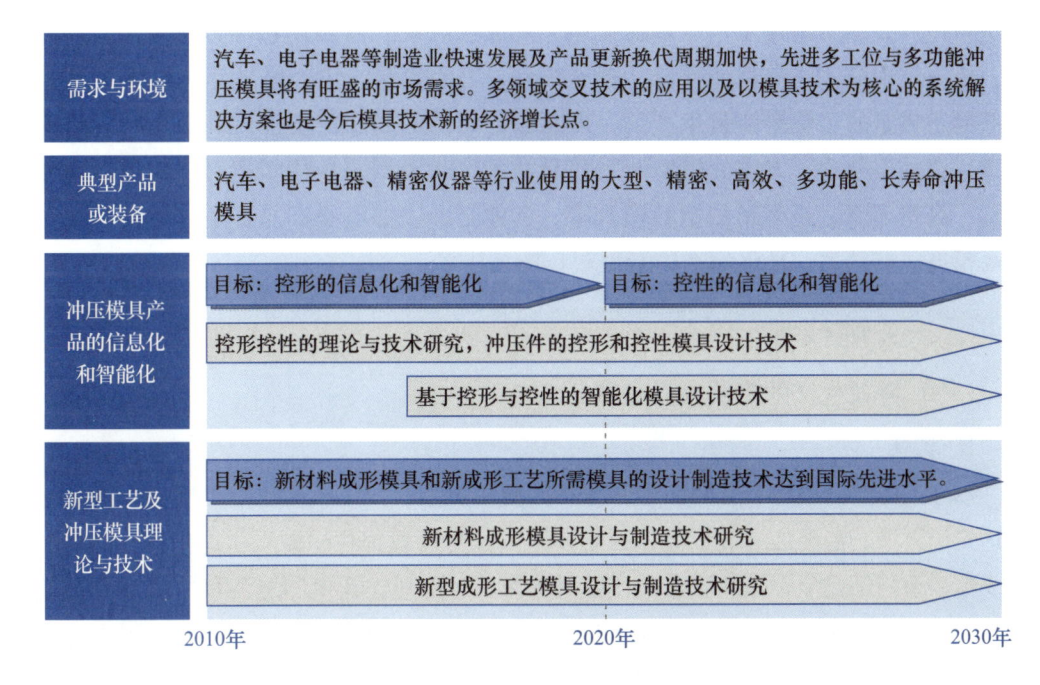

图 12-3　冲压模具技术路线图

第四节　塑料模具技术

一、概述

塑料模具是塑料零件制造的支撑工艺装备,主要包括注射成型、挤出、吹塑、吸附、发泡、压注、搪塑等模具类型。其中注射成型模具是应用最为广泛的塑料模具。塑料模具广泛应用于家电、汽车、列车、航空航天、军工等领域的塑料零件的生产。

国内中低端的塑料模具技术基本成熟,而高技术含量的大型、精密、复杂、长寿命塑料模具不能满足市场需求。未来20年，塑料模具技术将围绕通过模具技术提升塑料制品制造业水平，带动模具的上下游产业的发展为中心开展研究开发，主要体现在高效生产、环保制造、高品质外观三个方向。预计到2030年，我国塑料模具技术将达到国际先进水平，部分领先。

二、未来市场需求及产品

2010年，我国人均塑料消费量约为46kg，仅为发达国家的1/3，存在较大的差距。塑料制品的快速发展将带动塑料模具市场的快速增长。

约90%的汽车内外饰塑料零件是通过塑料模具生产的，汽车工业的快速发展促使塑料模具技术向高效生产、环保制造、高品质外观、以塑代钢等方向发展，如低压一体注塑模具、注塑后压模具、搪塑模具、发泡模具、快速模具等。约70%的家电产品零件是通过塑料模具生产的，高端家电产品的制造需要体现高效生产、环保制造、高品质外观等方向的新型塑料模具技术，如大型多色注塑模具、免喷涂高光模具、高精超薄、超厚制品塑料模具等。其他行业，如电子产品、医疗器械等也需要高精度、高效率、环保制造的新型塑料模具技术。

三、关键技术

（一）高效生产的塑料模具技术

1. 现状

汽车、电子、电器、包装品行业塑料的应用日益广泛，批量生产的零部件规模往往达到千万级，甚至亿的数量级，因此要求高的生产效率，以缩短生产周期，降低生产成本。但制件成形必须经历合模、注射、保压、冷却、开模制造流程才可达到质量要求，所以高效模具技术成为提高塑料制件生产效率的重要选择。国外发达国家已开发出多种高效模具并用于生产，如一模多腔、叠层模具、高冷速模具等。我国在高效模具研发方面掌握核心技术的企业为数不多，效率和稳定性与国外差距较大。

2. 挑战

结构设计、高性能模具材料以及模具使用稳定性是高效模具研发中需突破的关键技术。

3. 目标

（1）叠层模具技术：预计到2020年，叠层模具技术研发成熟，上下游产业配套到位，预计到2030年，达到世界先进水平，完成行业内产业化推广。

（2）高导热性模具技术：目前国内领头企业已经开始进行铝合金、铜合金、金属烧结材料等应用试验。预计到2020年，基本实现新型导热材料国产化，模具设计技术基本成熟。预计到 2030 年，达到世界先进水平。

（3）快速模具技术：预计到 2020 年，国内将研发出降低快速模具成本的新型技术，对于汽车原型件、医疗器械等量少而高附加值的产品，可以应用该技术进行小批量生产。预计到 2030 年，达到世界先进水平，实现该技术在塑料产品研发制造领域的广泛应用。

（二）环保制造模具技术

1. 现状

低污染、节能节材是塑料加工技术发展方向，其中模具技术是实现这一目标的关键因素。我国在塑料制品环保制造模具技术研发和稳定性方面与国外差距较大，许多这类模具仍需进口。

2. 挑战

新型高光模具技术方面，国内普通高光模具技术已基本成熟，但还存在寿命低、制品表面硬度低等问题。在 IMD/IML 技术方面，复杂、深腔的制品的技术还不掌握，膜片的印刷国内无法自给，模具生产自动化水平低。在低压一体注塑模具技术方面，需解决模具自动化生产水平低，模具上下游产业配套不完善，产品设计水平低等问题。

3. 目标

预计到 2020 年，我国电磁加热、红外加热等新型加热方式的高光模具技术基本成熟。预计到 2030 年，新型加热方式的高光模具达到当时的世界先进水平。预计到 2020 年，掌握复杂形状 IMD/IML 技术，预计到 2030 年，IMD/IML 技术达到当时的世界先进水平，模具实现自动化生产。

预计到 2020 年，低压一体注塑模具技术将在汽车内饰件产品中广泛应用，模具上下游产业配套到位。预计到 2030 年，低压注塑产品设计技术基本成熟，模具达到当时的世界先进水平。

（三）高品质外观的塑料模具技术

1. 现状

汽车内饰、车灯和大小家电、自动化办公设备、日用品等产品外覆盖件既要求有美的视觉外观，又必须满足与人体接触中良好的手感和安全性，这就要求开发新的模具技术，实现制件的无飞边、少接缝、手感好、安全性高、视觉美观。我国在高品质外观的塑料模具技术研发方面与国外差距较大，许多这类模具仍需进口。

2. 挑战

目前大型、复杂形状制品的多色注塑模具技术在国内尚未成熟，突出问题表现在大型多色设备国内无法自制，产品设计水平低。国内刚开始进行注塑后压模具技术的研发，还不具备应用条件。国内尚未掌握搪塑发泡模具技术，关键问题是大型电铸造镍壳技术被欧美强国垄断。

3. 目标

预计到2020年，我国将掌握大型、复杂多色注塑模具、注塑后压模具和汽车搪塑发泡模具的核心技术。预计到2030年，达到当时的世界先进水平，能够满足高品质外观塑料制品的研发生产需求。

四、技术路线图

需求与环境	国内中低端的塑料模具技术基本成熟，而高技术含量的大型、精密、复杂、长寿命塑料模具不能满足市场需求。未来20年，塑料加工业对塑料模具和技术将有巨大需求，主要体现在高效生产、环保制造、高品质外观三个方向。
典型产品或装备	汽车、家电、电子、医疗器械等行业使用的高效、环保制造、高品质外观、精密、长寿命的塑料模具

高效生产的塑料模具技术
- 目标：高效生产的塑料模具制造技术成熟 → 目标：达到当时国际先进水平
- 自主研发叠层模具技术
- 采用新型导热材料的高导热性模具技术
- 研发降低成本的新型快速模具技术
- 新材料研发和应用，快速制造技术开发

环保制造模具技术
- 目标：新型环保制造模具技术成熟 → 目标：达到当时国际先进水平
- 新型加热方式和控制系统的高光模具研制
- 开发复杂、深腔的制品IMD/IML技术，提高模具生产自动化水平
- 低压一体注塑模具技术研发

高品质外观的塑料模具技术
- 目标：高品质外观模具设计制造技术成熟 → 目标：达到当时国际先进水平
- 开发大型复杂制品多色注塑模具设计制造技术
- 注塑后压模具技术自主研发
- 搪塑发泡模具设计制造技术开发

2010年　　　2020年　　　2030年

图12-4　塑料模具技术路线图

第五节　锻造模具技术

一、概述

锻造模具是在锻造工艺过程中使用的模具，原材料在外力的作用下在锻模中产生塑性变形，从而得到所需的形状和尺寸的零件。锻造模具可根据锻造温度的不同分为热锻模、温锻模和冷锻模。热锻模因设备的不同还可分为锤锻模、螺旋压力机锻模、机械压力机锻模、平锻模和液压机锻模等。在压力机模锻时需要设计加工模架，在锻造工艺过程中还需要制坯（如辊锻、楔横轧）模、切边模、冲孔模、校正模、冷精压模等，这些模具和装置也属于锻造模具类别。

锻造模具的主要技术发展方向是提高模具设计水平，采用新型模具材料，使用高效高精度加工手段，以期在模具高寿命的状态下实现锻件高精度。

随着我国制造业整体水平的提高，在未来 10～20 年，我国锻造模具技术将达到国际先进水平，部分有创新性与独特性的技术将达到国际领先水平。

二、未来市场需求及产品

锻造技术在汽车工业中应用最为广泛，在铁路、航空、航天、船舶等工业领域的应用也在逐渐增加。预计未来国内汽车工业和其他行业仍将保持持续快速发展的态势，锻造工业也将随之持续发展，与此相伴，锻造模具的需求将会逐渐增加。

由于设计、制造、使用、修复、翻新密切关联，锻造模具大部分由锻造企业自己制造使用，随着工业生产分工的细化，专业化的锻模制造企业将逐渐增多。

三、关键技术

（一）锻造模具 CAD/CAM/CAE 一体化技术及信息化技术

1. 现状

CAD/CAM 技术已广泛应用，CAD/CAM/CAE 一体化技术应用还较少，锻造模具信息化技术鲜有使用。

2. 挑战

CAD/CAM/CAE 软件大部分来自国外，价格昂贵，使用不便。成形过程数值模拟技术尚需突破。

3. 目标

普遍采用 CAD/CAM/CAE 一体化技术，精确化数值模拟替代传统工艺调试，开发出具有自主知识产权的锻造模具 CAD/CAM/CAE 软件，促进集成 PDM、ERP、MIS 系统与 Internet 平台的锻造模具信息化网络技术广泛使用。

（二）锻造模具延寿、快修及再制造技术

1. 现状

模具寿命较低，平均寿命热锻模 6000 件，温锻模 4000 件，冷锻模 10000 件，锻造模具快速修复及再制造技术刚刚起步。

2. 挑战

国内模具材料技术水平还不高，热处理和表面处理技术重视程度不够，缺乏针对不同工艺条件下的模具润滑技术细致研究。

3. 目标

锻造模具普遍采用真空热处理技术，按需要采用氮化、CVC、PVC 等表面处理技术。热锻模采用高强高韧性耐热合金，依据变形材料、工艺、变形条件不同使用专门润滑剂，模具寿命 2 万件；温锻模使用专用温锻模具材料，专用温锻润滑剂，寿命 1 万件。冷锻模采用硬质合金甚至高韧性工业陶瓷制造，使用无公害绿色润滑剂，寿命 10 万件。推广锻模快修及再制造技术，使模具材料消耗大幅度减少。

（三）高速、高效、高精度锻模加工技术

1. 现状

数控电火花加工和少量转速在 12000r/min 以上的高速加工中心。

2. 挑战

锻件精度的提高要求锻造模具尺寸精度高，表面质量好，硬度高。

3. 目标

开发出主轴转速 100000r/min 专用模具高速加工中心，锻模工作部分尺寸精度 IT4 级，表面粗糙度 $Ra0.1$，可加工硬度 60HRC 以上。

（四）精密多功能数控有动力锻造模架技术

1. 现状

导柱导套式模架为主，导锁式模架开始使用，没有采用自动卡紧装置。

2. 挑战

传统模架功能单一，导向精度差，模架无动力，无液压系统，无控制系统。

3. 目标

带自动润滑的导轨式模架，导向精确。普遍采用液压自动夹紧装置，自带伺服电机驱动系统，有独立控制系统，可以实现按时序顶料、飞边托举等功能。

（五）精密化与复合化的辅助工序锻造模具技术

1. 现状

辊锻模、楔横轧模使用不多，辊锻工艺多为制坯辊锻，辊锻模寿命2万件左右。冲孔、切边模和热校正模分工序、分设备进行，工件经历变形-校正过程。冷精压模主要为平面精压，以矫正工件变形为主。

2. 挑战

传统自由锻制坯形式效率低，能耗大，制坯精度低。冲孔、切边模热校正模分工序分设备进行使生产流程长，操作人员多，锻件质量低。平面冷精压不能提高锻件精度。

3. 目标

辊锻模、楔横轧模在轴类件制坯工序中广泛使用，辊锻工艺向预成形辊锻发展，辊锻模寿命10万件。冲孔、切边、热校正等工序在一台设备上以复合模的方式完成，工件无变形。冷精压模采用体积精压，提高锻件精度1~2级。

四、技术路线图

需求与环境	国内汽车保持世界生产量第一，高速铁路、航空航天技术等的发展对锻造技术的需求持续增加，与此对应，锻造生产规模持续世界第一；国内汽车技术和零部件技术整体达到国际先进水平，高速铁路、航空航天技术等将达到国际领先水平，该类技术的发展对锻造技术提出更高的要求。		
典型产品或装备	主要工序用：热锻模（锤锻模、螺旋压力机锻模、机械压力机锻模、平锻模和液压机锻模等）、温锻模、冷锻模、锻造模架 辅助工序用：辊锻、楔横轧模、切边模、冲孔模、校正模、冷精压模		
锻造模具CAD/CAM/CAE一体化技术及信息化技术	目标：普遍应用CAD/CAM/CAE一体化技术和集成PDM、ERP、MIS系统与Internet平台的锻造模具信息化网络技术		
	自主开发锻造模具CAD/CAM/CAE软件		
		精确化数值模拟替代传统工艺调试	
		锻造模具信息化网络技术广泛使用	
	2010年	2020年	2030年

(续)

锻造模具延寿、快修及再制造技术	目标：锻造模具寿命大大延长、快速修复及再制造技术普及		
	热锻模使用高强热模具钢，超细石墨润滑，模具寿命1万件		热锻模使用高强高韧耐热合金，专用润滑剂，寿命2万件
	温锻模借用热锻模具材料，石墨涂层润滑，寿命5000件		温锻专用模具材料，专用润滑剂，寿命1万件
	冷锻模采用硬质合金材料，磷化皂化处理，寿命5万件		硬质合金或陶瓷模具材料，冷锻环保润滑剂，寿命10万件
高速、高效、高精度锻模加工技术	目标：推进高速、高效、高精度锻模加工技术普遍采用		
	采用50000r/min高速加工中心，精度IT5级，粗糙度Ra 0.2		100000r/min锻模高速加工中心，精度IT4级，粗糙度Ra 0.1
精密多功能数控有动力锻造模架技术	目标：采用液压自动夹紧装置，自带伺服电机驱动系统，有独立控制系统，导向精确、带自动润滑的导轨式模架		
	传统导柱导套式模架	导锁式模架式模架，液压自动卡紧装置	导轨式模架式模架，自带电机驱动系统
精密化与复合化的辅助工序锻造模具技术	目标：辅助工序锻造模具精密化与复合化		
	辊锻模、楔横轧模在轴类件制坯工序中广泛使用		
	切边冲孔复合模	切边冲孔校正复合模	
	普通冷精压模	通过冷精压提高锻件精度1~2级	
2010年		2020年	2030年

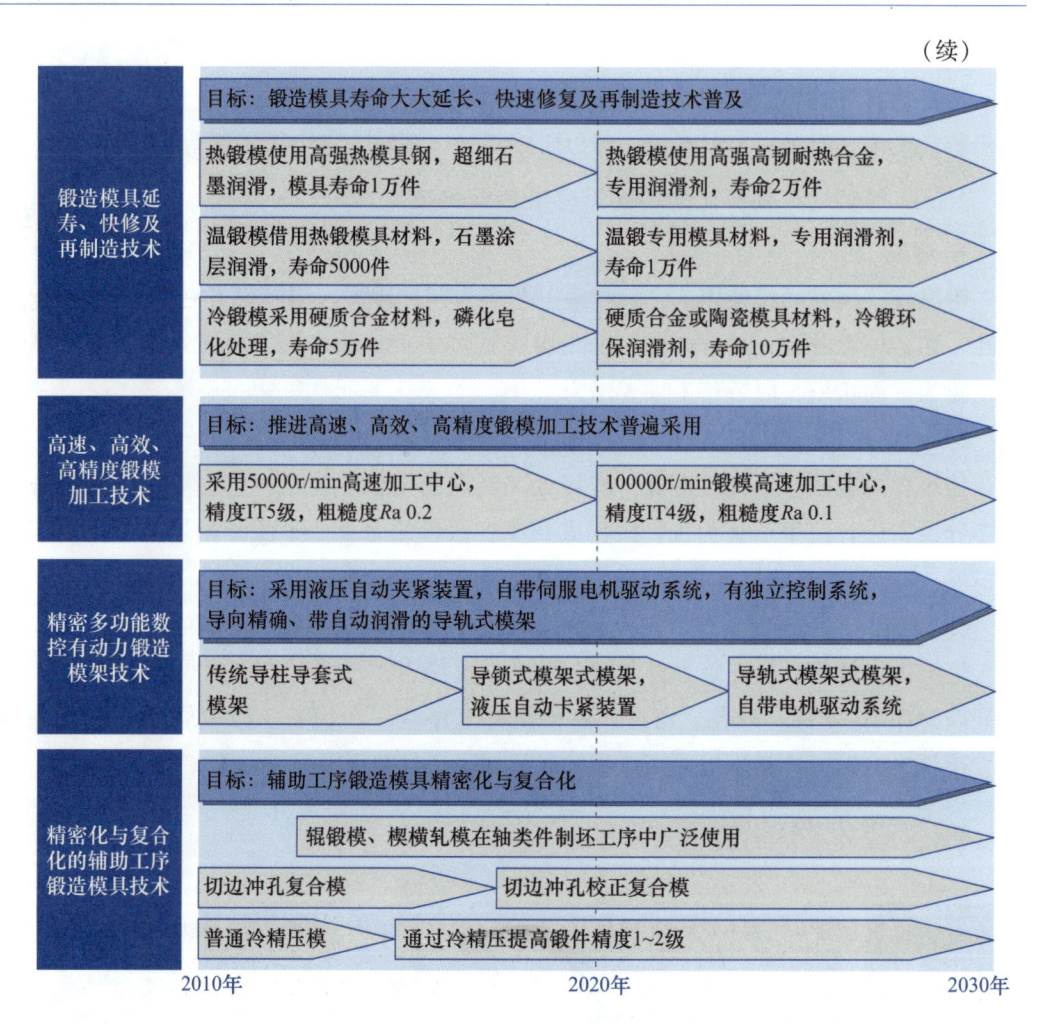

图 12 – 5 锻造模具技术路线图

第六节 铸造模具技术

一、概述

在铸造模具是指铸造成形工艺中，用以成形铸件所使用的模具。铸造模具为铸造工艺配套，主要有重力铸造模具、高压铸造模具（压铸模）、低压铸造模具、挤压铸造模具等。铸造模具是铸造生产中最重要的工艺装备之一，对铸件的质量影响很大。铸造模具技术的提高，将对提高铸件质量，发展新型铸件，提高近净加工水平有重要意义。铸造模具技术的进步，将为汽车、电力、船舶、轨道交通、航空航天等国家支柱性产业提供更多精密、复杂、高质量的铸件，促进我国制造业整体水平的提升。

二、未来市场需求及产品

随着汽车、摩托车、航空航天等工业的高速发展，铸造模具每年以超过25%以上的速度快速增长，铸造模具技术有了很大的进步，但是以轿车铝合金发动机缸体为代表的大型、复杂压铸模具主要依靠进口。当前，正值我国汽车、摩托车工业进入高速增长期，产量连续多年大幅度增长，可以预测未来10~20年，我国铸造模具的生产仍将获得主要来自汽车工业的强劲推力而高速增长。在节能减排的背景下，黑色金属重力铸造模具增量将放缓，而铝镁合金压铸模具、低压铸造模具和挤压铸造模具将大幅度增长。

三、关键技术

在未来10~20年时间内，铸造模具技术发展需要解决关键技术主要有：

（一）CAD/CAM/CAE/CAPP 一体化技术

1. 现状

计算机辅助设计（CAD）和辅助制造（CAM）已经开始普遍应用于铸造模具行业，但是铸造过程的辅助分析（CAE）和辅助工艺过程设计（CAPP）才刚刚起步。

2. 挑战

建立合理有效的铸造过程分析模型、边界条件及参数，是铸造模具热平衡、铸造过程充型和凝固模拟技术的关键；同时，把铸造模具从订单开始，有效地通过网络化来组织生产和销售，是模具企业信息化面临的一个挑战。

3. 目标

通过 CAD/CAM/CAE/CAPP 一体化技术在铸造模具中的应用，大大提高铸造模具的质量、缩短制造周期。

（二）高速精密数值化加工和检测技术

1. 现状

数控铣和三坐标检测技术已经广泛应用于模具加工，但高速加工刚刚起步。

2. 挑战

亟须解决高速加工设备的成本、稳定性问题以及与之配套的编程和刀具问题。

3. 目标

铸造模具加工精度和光洁度大大提高，加工效率提高3倍以上。

（三）快速制模、快速成形以及逆向工程技术

1. 现状

快速制模、快速成形以及逆向工程技术还未在铸造模具行业广泛应用

2. 挑战

开发出低成本、高效、稳定的快速成型设备及其成型工艺是其推广关键。

3. 目标

大大提高铸件和铸造模具的开发速度和开发质量。

（四）高寿命模具技术

1. 现状

与国外模具相比，国产铸造模具寿命普遍较低。

2. 挑战

开发出高性能的模具新材料和有效的模具热处理、模具表面处理技术，是提高模具寿命的关键；同时，在模具制造和使用过程中考虑到铸造模具的热平衡，也有利于提高铸造模具寿命。

3. 目标

使我国铸造模具的寿命与发达国家相当。

四、技术路线图

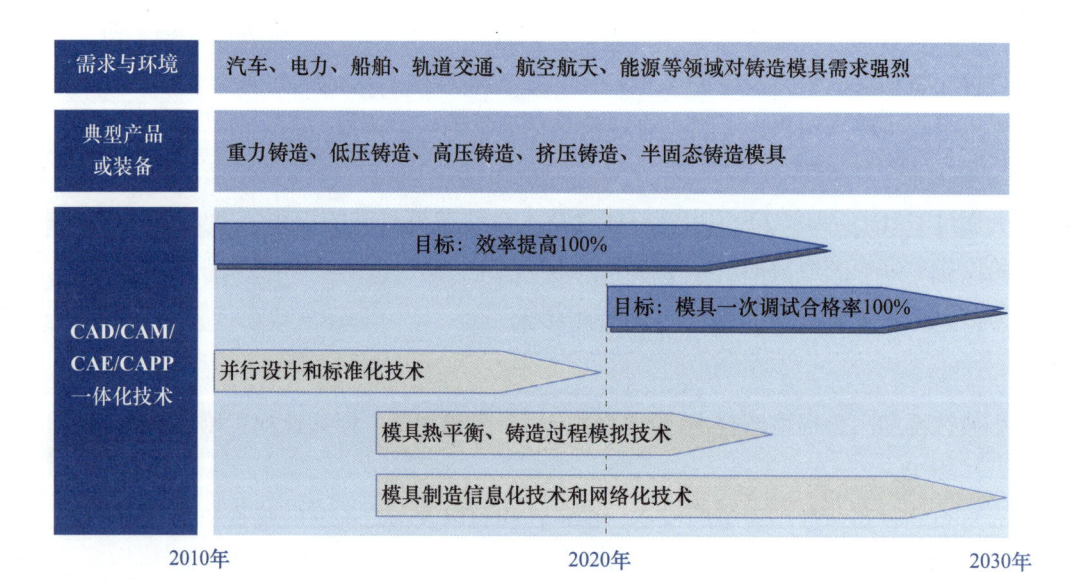

需求与环境	汽车、电力、船舶、轨道交通、航空航天、能源等领域对铸造模具需求强烈
典型产品或装备	重力铸造、低压铸造、高压铸造、挤压铸造、半固态铸造模具

CAD/CAM/CAE/CAPP一体化技术：

- 目标：效率提高100%
- 目标：模具一次调试合格率100%
- 并行设计和标准化技术
- 模具热平衡、铸造过程模拟技术
- 模具制造信息化技术和网络化技术

2010年　　　2020年　　　2030年

(续)

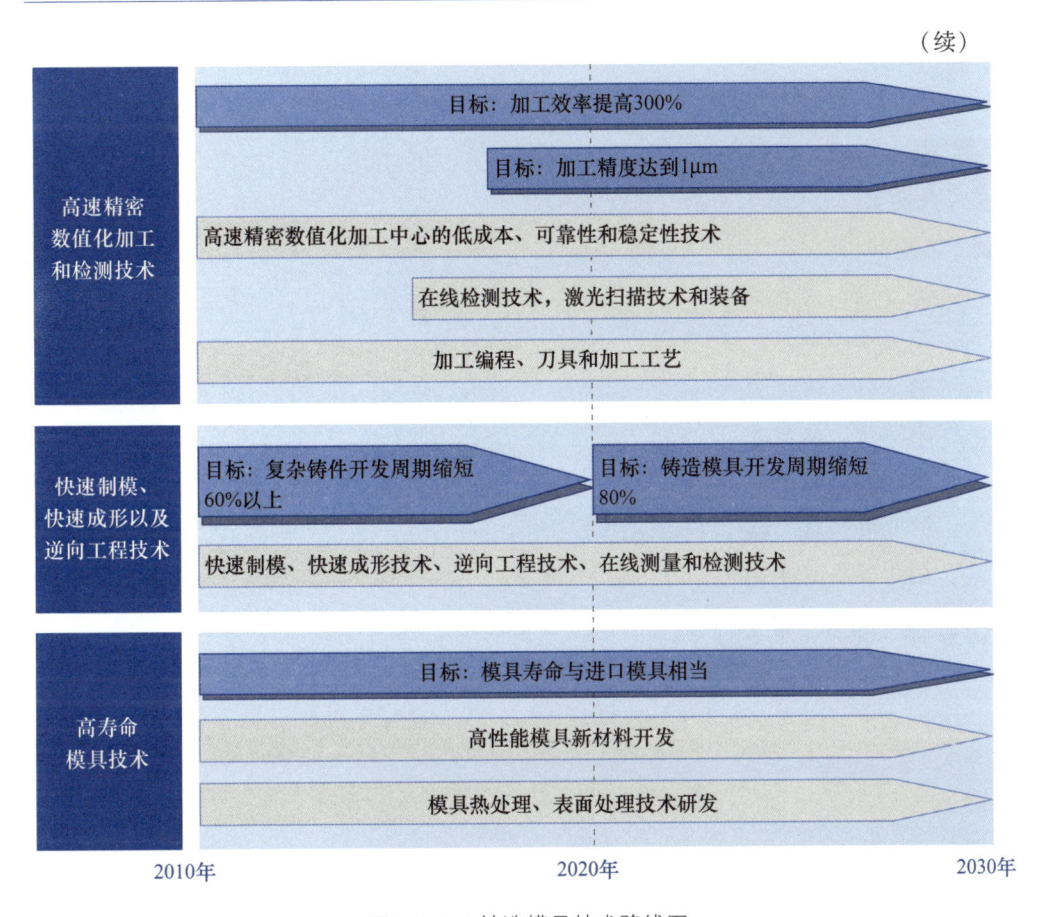

技术类别	内容
高速精密数值化加工和检测技术	目标：加工效率提高300% 目标：加工精度达到1μm 高速精密数值化加工中心的低成本、可靠性和稳定性技术 在线检测技术，激光扫描技术和装备 加工编程、刀具和加工工艺
快速制模、快速成形以及逆向工程技术	目标：复杂铸件开发周期缩短60%以上 目标：铸造模具开发周期缩短80% 快速制模、快速成形技术、逆向工程技术、在线测量和检测技术
高寿命模具技术	目标：模具寿命与进口模具相当 高性能模具新材料开发 模具热处理、表面处理技术研发

2010年　　　　　　2020年　　　　　　2030年

图 12-6　铸造模具技术路线图

参 考 文 献

[1] 工业和信息化部装备工业司. 模具行业"十二五"发展规划 [R]. 北京：工业和信息化部，2011.

[2] 李志刚. 模具制造业信息化的现状与发展 [M] //中国模具工业协会. 中国模具工业年鉴2008. 北京：机械工业出版社，2008.

[3] 李志刚. 国内外汽车模具行业发展状况及趋势 [J]. 中国模具信息，2011，2：11-14.

[4] 谭建荣，谢友柏，等. 机电产品现代设计：理论、方法与技术 [M]. 北京：高等教育出版社，2009.

[5] 路甬祥. 走向绿色和智能制造. 中国机械工程学会年鉴，2010.

[6] 蒋鹏. 我国锻造技术装备60年的进步与发展（上）[J]. 金属加工（热加工），2010，(11)：1-4.

[7] 刘全坤，王成勇，刘传经. 模具技术的现状与未来的发展重点 [J]. 模具工业，2011，37（5）：1-4.

编 撰 组

组长 武兵书

成员

  概 论 武兵书

  第一节 李志刚

  第二节 褚作明

  第三节 林建平

  第四节 赵西金

  第五节 蒋 鹏

  第六节 方建儒

评审专家（按姓氏笔画排序）

  李敏贤 周永泰

第十三章 刀 具

概 论

刀具是机械制造中完成切削加工的工具，直接接触工件并从工件上切去一部分材料，使工件得到符合技术要求的形状、尺寸精度和表面质量。

刀具在切削过程中承受繁重的负荷，包括高的机械应力、热应力、冲击和振动等，如此恶劣的工作条件对刀具性能提出了高要求。在现代切削加工中，对高效率的追求以及大量难加工材料的出现，对刀具性能提出了进一步的挑战。因此，通过刀具材料、刀具设计与成形、刀具涂层，发展高性能刀具技术成为提高切削加工水平的关键环节。另一方面，目前以及可预见的未来20年中，切削加工仍然在各机械加工各方法中占据最大比重，由此带来的巨大刀具消耗量必然面临愈来愈大的来自环境保护和资源紧缺的压力。尤其是在我国从制造业大国向制造业强国转型的产业升级过程中，刀具技术从国家战略的高度走可持续发展的道路成为必须面对的课题。因此，在追求刀具性能不断提高的同时，发展具有绿色、低耗特征的刀具技术，如干切削、准干式切削（MQL）刀具技术的应用，可持续发展刀具材料的创新，废旧刀具的回收利用等，成为未来刀具技术发展的一个重要趋势。

刀具技术的内涵包括刀具材料技术、刀具结构设计和成形技术、刀具表面涂层技术等专业领域，也包含了上述单项技术综合交叉形成的高速刀具技术、刀具可靠性技术、绿色刀具技术、智能刀具技术等。刀具作为机械制造工艺装备中重要的一类基础部件，其技术发展又形成智能制造、精密与微纳制造、仿生制造等基础机械制造技术以及液密气密、齿轮、轴承、模具等基础部件技术的支撑技术。

一、刀具技术现状

（一）刀具材料

目前，刀具材料的现状是以硬质合金材料为主的各种刀具材料性能正在全面提高，超硬刀具材料的应用领域逐渐扩大。在目前硬质合金材料技术的应用热点主要集中在针对不同加工需求开发专用牌号的材料以及针对涂层硬质合金刀具开发具有良好抗塑性变形能力和韧性表层的梯度硬质合金。

含钴类粉末冶金高速钢材料主要用于制备各种成形拉刀（整体式、组合式）、高速滚刀、剃（插）齿刀、轮槽刀等，大量应用在汽车、航空发动机、发电设备等制造行业，加工高强度、高硬度铸铁（钢）合金，并在其表面进行涂层以满足高速、高效、硬质精密机加工技术要求。

陶瓷和金属陶瓷刀具材料品种增多，强度和韧性提高，并开始在钢材、铸铁的精加工、半精加工中应用，代替硬质合金，提高了加工效率和产品质量。

PCD、PCBN、单晶金刚石等超硬材料已迅速应用于高硬度、高强度、难加工有色金（合金）及有色金属–非金属复合材料零部件的高速、高效、干（湿）式机械切削加工行业中。而单晶天然、人造金刚石作为超精密加工刀具不可替代的材料，应用于各种精密仪器透镜、反射镜、计算机磁盘等工件的精细（超精、纳米级）车削加工。

（二）刀具结构设计与成形

目前刀具设计仍以面向刀具切削性能的主导设计思路为主，从几何设计和物理设计两个大的方面追求刀具切削效率、刀具使用寿命以及最终工件加工质量的最优化组合。

目前刀具几何设计仍主要针对刀刃强度，刀具的容屑、断屑，刀具可靠性、安全性等基本刀具几何性能。整体立铣刀在铣削精加工中仍然占据较大比例，在结构上出现了针对难加工材料的变螺旋角设计或者变齿距设计等技术改进来降低切削振动。刃口钝化处理技术随着微纳制造研究领域的突破逐步形成产业化技术。刀具物理设计方面目前以刀具材料性能的改善为主，并逐步开始朝着针对特定加工条件、工件材料进行定制化设计刀具物理性能的方向发展。

在刀具成形技术方面，多轴数控机床技术和参数化 CAD 技术的成功应用大大提高了数控刃磨复杂几何特征刀具的效率和水平。

（三）刀具表面涂层

刀具的涂层技术目前已经成为提高刀具性能的关键技术。在涂层工艺方面，CVD 仍然是可转位刀片的主要涂层工艺，开发了中温 CVD、厚膜 Al_2O_3 等新工艺，在基体材料改善的基础上，使 CVD 涂层刀具的耐磨性和韧性都得到提高。CVD 金刚石涂层也进入了实用的阶段。

PVD 同样取得了重大进展，开发了适应高速切削、干切削、硬切削的耐热性更好的涂层，如纳米、多层结构等，从最早的 TiN 涂层到 TiCN、TiAlN、Al_2O_3、CrN、ZrN、CrAlN、TiSiN、TiAlSiN、AlCrSiN 等硬涂层及超硬涂层材料。

二、刀具技术发展趋势和目标

未来 20 年，刀具技术的发展趋势是向着绿色、智能、柔性、高效、高精度、高可靠性的方向发展。

（一）刀具材料

高速、高效切削技术的不断发展，对刀具性能的要求也愈来愈高。刀具材料作为对刀具性能影响最为重要的基础技术必须能适应这种需求。同时，绿色切削要求提出切削过程要有利于环保，刀具材料也要能适应干切削、MQL 等绿色切削方式的切削条件要求。

硬质合金仍将是未来 20 年主要的刀具材料。目前国内硬质合金刀具的生产比例不足 25%，而硬质合金刀具需求已经达到 50% 以上。我国刀具企业仍然以生产低端的高速钢刀具为主。在未来 10 年小于 0.5μm 的超细晶粒硬质合金的应用范围将大大提高，并最终向着纳米晶粒水平的硬质合金发展。

陶瓷、金属陶瓷、超硬材料将在部分场合替代硬质合金，节约钨、钴等稀有战略资源。陶瓷、金属陶瓷材料的增韧技术，CBN、PCD 的粒度控制技术都将成为此类刀具产业化应用的核心技术。

粉末冶金高速钢将向高致密、高均匀化、纯净化和大尺寸方向发展。

（二）刀具结构设计与成形

现代刀具技术的发展，应同时满足刀具性能和绿色、低耗的要求，刀具几何设计和物理设计都趋于精细化、专用化、绿色化。在保证刀具性能的前提下，有利于实现刀具回收再利用的设计与成形技术将受到重视。

可转位刀具结构形式以绿色、低耗的优势，越来越被广泛采用。刀具物理性能设计将是未来刀具的切削性能定制的主要方法，通过如无钴硬质合金烧结技术、梯度钴硬质合金烧结技术、纯净化刃口技术（刃口无杂质）等技术的应用，一方面节约稀有金属，另一方面优化刀具切削性能。此外，针对航空航天、发电设备、模具等高端制造行业需求，开发自主创新的多功能面铣刀、各种球头铣刀、模块式立铣刀系统、插铣刀、大进给铣刀等结构技术也具战略意义。

刀具成形技术中低应力磨削技术和近净成形技术等具有绿色、低耗特征的技术将拥有更广阔的前景。

（三）刀具表面涂层

CVD 和 PVD 涂层工艺技术和装备水平将得到进一步提升和产业化。复合、梯度、多层、纳米多层、纳米复合结构涂层及薄膜多元化、个性化等性能可订制的涂层如高速干切削复合涂层技术将逐步产业化。另一方面，针对废旧刀具回收利用的退涂技术、重涂技术也将由于绿色环保逐步受到重视。此外，刀具软涂层方向的自润滑刀具作为能够实现干切削、准干式切削（MQL）的技术途径之一已经受到重视。

未来 20 年刀具技术的发展目标：

（1）通过提高刀具材料、刀具表面涂层等核心刀具技术的水平，增加刀具产品附加值，并逐渐占据中高端刀具市场。初步改变刀具生产数量多，但质量差、消耗大的局面，使我国从刀具制造大国进入刀具制造强国的行列。

（2）抓住国家大力发展装备制造业的机遇，创造一批拥有自主知识产权的核心刀具技术。在初期发展有一定基础的陶瓷、金属陶瓷刀具以及超硬材料刀具等前沿技术领域中输出一批产业化成果。

（3）在航空航天、发电设备，汽车等具有战略意义的制造领域，能基本满足国内需求，摆脱受制于人的局面。

（4）节约储量有限的钨、钴、钼等稀有资源，降低刀具的资源消耗水平。到 2030 年，在相关资源消耗、刀具材料利用率、刀具质量和可靠性等指标上基本达到先进工业国家的水平。

三、领域面向 2030 年重大科技问题

（一）面向绿色切削的刀具技术

绿色切削是现代切削加工中以环保低耗、节约资源为目标的一项综合刀具技术，以干切削和 MQL 切削的相关刀具技术为代表。绿色切削贯穿在刀具材料制备、刀具结构设计与成形、刀具表面涂层、刀具应用、废旧刀具回收利用的整个刀具全寿命周期。

（二）面向智能切削的刀具技术

智能切削是切削加工从切削加工效率、切削加工质量的角度所追求的最高目标，为了更好地掌握切削加工过程的每个技术细节，切削过程的信息化以及最终的智能化是一个发展方向，这主要涉及智能监测、智能诊断、切削数据库技术以及相关刀具技术等。随着制造业向着数字化、网络化、智能化的方向发展，面向智能切削的刀具应用技术也将成为一个新的挑战。

（三）面向高可靠性的刀具技术

高可靠性刀具技术是涉及刀具材料、刀具表面涂层、刀具结构、刀具监测、刀柄、刀具安全技术等各项基础技术的一项综合技术。在追求高速、高效的制造业大背景下，刀具技术不断有新突破，但如何能在高速、高效中实现高可靠性成为行业挑战。

（四）面向新的工程材料的刀具技术

以复合材料为代表的新的工程材料的不断涌现，对切削加工提出了新的挑战。复合材料由于高的比强度、比刚度特征以及材料可设计性等优良性能，已成为当今大型飞机的主要结构材料之一。未来 20 年，复合材料的孔加工、铣削加工都是必须解决的关键制造技术难题。一方面是复合材料刀具的巨大市场需求，另一方面是国产大飞机的特殊战略意义。此外，γ 钛合金、铝锂合金以及它们与复合材料形成的各种叠层材料，也对刀具技术提出了新的个性化要求。

第一节 刀具材料技术

一、概述

刀具的性能取决于刀具材料、刀具结构、刀具表面涂层。刀具材料性能对刀具寿命、加工效率和加工质量等有着重要影响。细颗粒、超细颗粒硬质合金材料已经广泛被应用，陶瓷和金属陶瓷材料强度和韧性得以提高，并开始代替硬质合金；PCD、PCBN、单晶金刚石等已应用于复合材料、超硬材料等高强度、高硬度材料的加工。切削技术的发展对刀具材料的高温力学性能、热物理性能、抗黏结性能、化学稳定性（氧化性、扩散性、溶解度等）和抗热震性能以及抗涂层破裂性能等提出了更高的综合要求，超细晶粒硬质合金，高强度的陶瓷、金属陶瓷以及高品质的超硬材料代表了未来的发展目标。

二、未来市场需求及产品

（一）纳米与超细硬质合金

通过硬质相晶粒的超细化和纳米化，获得优异的综合性能。预计未来 10~20 年，超细硬质合金将成为主要的刀具材料。

（二）Ti（C, N）基金属陶瓷

Ti（C, N）基金属陶瓷是刀具材料的重要发展方向之一。受 W、Co 等战略资源

稀缺的影响和对 Ti 资源深度开发的重视，通过超细化、纳米化等手段来提高金属陶瓷的强韧性和可靠性，促进 Ti（C，N）基金属陶瓷的快速发展。

（三）陶瓷材料

未来陶瓷刀具研发的重点是解决强度和韧性问题。以 Al_2O_3 为主体的陶瓷刀具，通过添加氮化物和硼化物等以及进行相变增韧、晶须增韧、第二相颗粒弥散增韧、纳米化等来提高韧性；以 Si_3N_4 为主体的陶瓷刀具通过与金属、金属碳化物、Al_2O_3 等氧化物复合将显示出更高的使用性能。

（四）超硬材料

包括聚晶金刚石（PCD）和聚晶立方氮化硼（PCBN）在内的超硬材料将在汽车、航空航天所涉及的复合材料等切削中发挥更大的作用。未来高性能的金刚石薄膜和厚膜材料向高致密化、大尺寸、单晶粗化、多晶细化方向发展；聚晶立方氮化硼通过控制 CBN 的浓度和粒度向着更广泛的应用领域发展。

（五）粉末冶金高速钢

目前国内外高性能的粉末冶金高速钢的使用量在不断增加，其在耐磨性、红硬性、可靠性等方面具有综合优势。未来粉末冶金高速钢将向高致密、高均匀化、纯净化和大尺寸方向发展，Al 代 Co 高速钢等资源友好的高速钢品种将得到更多认可。

三、刀具材料制备关键技术

（一）超细、纳米硬质合金制备技术

1. 现状

一方面，我国的超细硬质合金已经开始发展，但目前市场上多为 $0.6\sim0.8\mu m$ 的细晶粒硬质合金，超细晶粒硬质合金材料（$<0.5\mu m$）很少。另一方面，超细晶粒硬质合金主要是 K 类，而应用更广泛的 P、M 类硬质合金的晶粒超细化研究应用在国内外也得到重视。

2. 挑战

超细、纳米级 WC 等优质原料的规模生产与控制技术；超细、纳米硬质合金的制备过程中涉及的粉末分散、致密化、晶粒抑制等是需要解决的技术问题。

3. 目标

生产具有超细、纳米晶粒的硬质合金，解决硬质合金的强度韧性与硬度耐磨性之间的固有矛盾。

(二) 金属陶瓷制备技术

1. 现状

目前,日本的金属陶瓷发展最好,其切削刀具中金属陶瓷刀具已经占到30%以上;美国占到5%以上;而我国金属陶瓷刀具使用低于0.5%。

2. 挑战

通过超细化、纳米化和金属碳化物添加等提高Ti(C,N)基金属陶瓷的韧性,解决优质稳定的原料粉末和制备过程中涉及的分散、N分解控制等问题。

3. 目标

制备高性能的Ti(C,N)基金属陶瓷刀具,提高其使用稳定性和可靠性,扩大国内金属陶瓷的规模和应用领域。

(三) 陶瓷材料制备技术

1. 现状

在美国,在切削刀具中陶瓷刀具占到3%~4%,日本为8%~10%,德国约为12%。目前我国陶瓷刀具的应用还处于起步阶段,比例不超过1%。

2. 挑战

利用各种形式的增韧技术以及通过与金属、金属碳化物、硼化物复合解决陶瓷刀具材料韧性不高的问题。

3. 目标

提高陶瓷刀具材料的韧性、稳定性和可靠性,提高生产规模和技术水平,解决难加工材料的切削难题。

(四) 超硬材料制备技术

1. 现状

日本PCD、PCBN刀具年产值占其国内各类刀具总产值的4%左右,美国占4.14%,俄罗斯占6%~7%,而目前我国仅占0.5%左右。

2. 挑战

高致密化、大尺寸的金刚石薄膜和厚膜材料,高CBN含量、整体化的聚晶立方氮化硼刀具制造是未来超硬材料发展所面临的关键技术问题。

3. 目标

进一步推广超硬刀具材料在我国的应用范围,提高超硬刀具在切削刀具中所占的比例。提高国产超硬刀具材料的质量,并加大基础原材料的开发研究力度。

（五）粉末冶金高速钢制备技术

1. 现状

粉末冶金高速钢中可加入多种合金元素，获得具有高硬度、高耐磨性、可吸收切削冲击、适合高切除率、断续切削加工的刀具。目前粉末冶金高速钢在齿轮刀具中占70%，拉刀占50%，立铣刀占20%，钻头占1%。

2. 挑战

粉末冶金工艺中面临着实现致密化和均匀化的问题，同时由于W、Co、Mo等资源的稀缺而寻找新的合金元素添加剂变得十分迫切。

3. 目标

提高国产粉末冶金高速钢的质量，降低生产成本，开发新的粉末冶金高速钢品种。

四、技术路线图

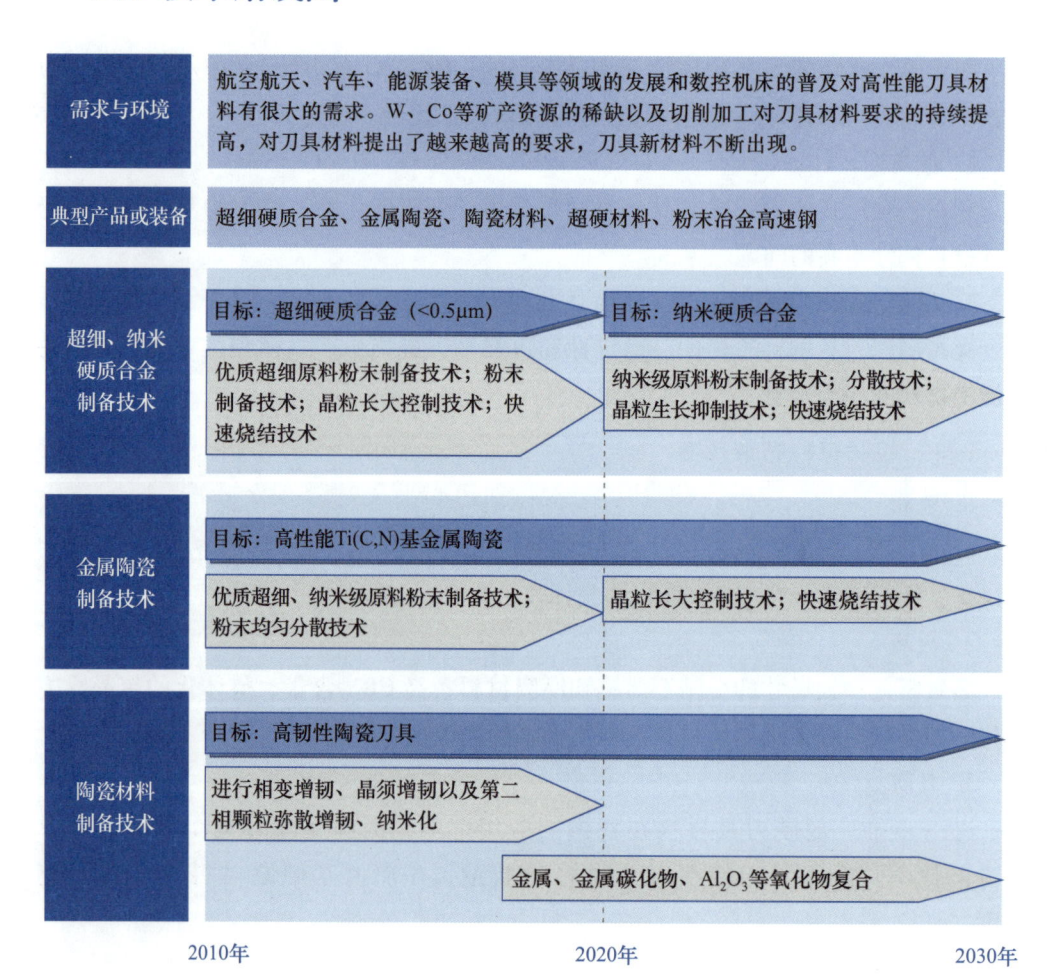

需求与环境	航空航天、汽车、能源装备、模具等领域的发展和数控机床的普及对高性能刀具材料有很大的需求。W、Co等矿产资源的稀缺以及切削加工对刀具材料要求的持续提高，对刀具材料提出了越来越高的要求，刀具新材料不断出现。
典型产品或装备	超细硬质合金、金属陶瓷、陶瓷材料、超硬材料、粉末冶金高速钢

超细、纳米硬质合金制备技术
- 目标：超细硬质合金（<0.5μm）
  - 优质超细原料粉末制备技术；粉末制备技术；晶粒长大控制技术；快速烧结技术
- 目标：纳米硬质合金
  - 纳米级原料粉末制备技术；分散技术；晶粒生长抑制技术；快速烧结技术

金属陶瓷制备技术
- 目标：高性能Ti(C,N)基金属陶瓷
  - 优质超细、纳米级原料粉末制备技术；粉末均匀分散技术
  - 晶粒长大控制技术；快速烧结技术

陶瓷材料制备技术
- 目标：高韧性陶瓷刀具
  - 进行相变增韧、晶须增韧以及第二相颗粒弥散增韧、纳米化
  - 金属、金属碳化物、Al_2O_3等氧化物复合

2010年　　　　2020年　　　　2030年

第十三章 刀　具

（续）

超硬材料制备技术	目标：高性能的金刚石、立方氮化硼
	外延生长法、籽晶法；超细粉末分散技术
	高性能超硬刀具焊接技术和刃磨技术
粉末冶金高速钢制备技术	目标：高性能粉末冶金高速钢
	高致密、高均匀化、纯净化和大尺寸粉末冶金高速钢制备技术
	Al代Co高速钢等资源友好的高速钢制备技术

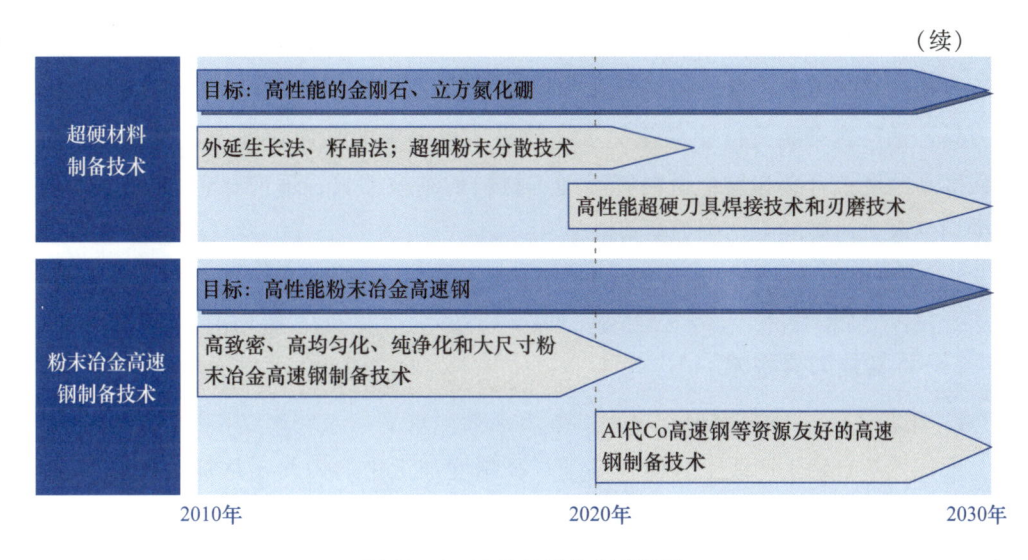

2010年　　　　2020年　　　　2030年

图 13-1　刀具材料技术路线图

第二节　刀具结构设计技术

一、概述

刀具结构包括刀具自身及各功能部件外部形状、装夹方式、切削刃区几何角度和截形。刀具结构设计技术就是对这些相关参数的设计和处理技术，其对刀具的切削性能、刀具的可靠性、切削寿命和切削精度有着重大影响。创新的刀具结构不仅有利于加工质量的提高，有利于刀具寿命的延长，也可对切削加工效率的提升带来数十倍的影响。我国的刀具行业已形成完全的产品链，数量已居世界首位。以硬质合金高效刀具为代表的高性能刀具已占整个刀具份额的40%，其中部分产品的性能已达到或接近国际先进水平。但在高性能数控刀具领域，国外某些公司5年内的新产品比例已占其销售额的50%~60%，这其中刀具结构的新产品又占到50%~60%。而我国在刀具结构方面自主创新能力较弱。未来刀具结构的变化，应同时满足刀具性能和绿色、低耗的要求，刀具结构设计趋于精细化、专用化、绿色化；智能化、柔性化、高性能刀具等是刀具结构设计技术的发展方向。

二、未来市场需求及产品

适应汽车行业高质量自动化生产的信息化、网络化相匹配的刀具结构智能化，以使刀具在线自动鉴别、自动测量、自动报障、自动平衡、自动补偿、自动适应的智能刀具；适应与复合加工机床高效低成本加工相匹配的复合任务刀具、切削全程无隙连接的全序刀具；适应模具行业等市场个性化生产、多样化加工相匹配的柔性化刀具；适应航空航天行业高速加工高效高质量要求的高速切削刀具及高温合金、高强度高硬度钛合金和复合材料等难加工材料的高效刀具；适应绿色加工，无切削或少切削液无污染的干切削刀具等。

三、关键技术

（一）智能刀具技术

1. 现状

现代汽车自动生产线上和航空高速、高精度加工中的刀具正从加工条件的被动适应向主动适应转变，刀机一体的自动测量、自动报障、自动平衡、自动补偿等智能化功能在关键刀具上的应用逐步从单点到多点到线扩展，功能逐步向自适应能力提升。我国在智能刀具领域还处探讨阶段。

2. 挑战

搭建出我国自己的智能刀具研发平台，确定分析和设计的方法，并开发出产品。

3. 目标

大幅度提高我国智能刀具设计技术的自主创新能力及研发水平，自主知识产权产品的比重大幅度提高，典型产品进入世界强国行列。

（二）高性能刀具技术

1. 现状

体现高精度、高效率、高可靠性的高性能刀具针对各行业产品切削加工特性为目标，以组合刀具、复合刀具、全序刀具、专用化刀具、高速刀具、高效刀具等多样的方式追求切削加工的高效率低成本。难加工材料如蠕墨铸铁、超级合金、合金铝、高硅铝合金、镍基钴基铁基高温合金、高强度高硬度钛合金、复合材料等新的工程材料不断涌现，迫切需要高效高性能的刀具。我国生产的高性能刀具仅占该市场不到20%，高端市场的90%由发达国家高性能刀具技术垄断。

2. 挑战

研究难加工材料、复合材料切削机理；利用有限元FEM等CAE技术综合平衡和优化刀具材料、几何参数、刃区形式和结构参数进行刀具高性能创新设计和高可靠性设计。

3. 目标

创造系列化的原创性技术与产品。在一些有优势有基础的领域，实现原创性技

(三)柔性刀具技术

1. 现状

目标市场产品开发周期不断缩短、刀具更能适应加工多样化的需求,具有一定柔性的模块化刀具已覆盖到车、槽、切、铣、钻、镗和铰等各类刀具品种及刀机接柄整个工具系统。

2. 挑战

高精度、高刚性和高可靠性及高快换的刀机一体化接口结构;刀片-刀头-刀体-接杆-刀柄等各功能模块与机床和切削功能的匹配性和覆盖性。

3. 目标

开发具有自主知识产权模块接口;系列化、完整化和标准化各功能模块。

(四)干切削刀具

1. 现状

具有高速、高效、绿色环境清洁生产理念的干切削、准干切削刀具的应用,不仅影响切削加工成本,也影响着刀具材料和刀具结构的发展。该类刀具的应用我国尚处于起步阶段。

2. 挑战

刀具结构高强度高容热技术。

3. 目标

到2020年,形成干切削微润滑切削刀具的技术体系;到2030年,我国汽车、造船、航空航天等国民经济重要产业干切削技术应用比例达到世界先进工业化国家同步水平。

四、技术路线图

需求与环境	我国飞速发展的各先进制造业需要高水平的刀具:汽车行业需要高效、复合、高精度、高可靠性、智能化刀具;轨道交通需要重切、高效、高精度可转位复合刀具;航空航天需要高温材料、高强度高硬度钛合金材料、复合材料的加工以及铝合金整体结构件的高速高效加工刀具、高速加工自平衡刀具;能源设备需要高性能和高精度的刀具;船舶工业需要复合刀具、全序刀具等高效刀具。
典型产品或装备	智能刀具、高性能刀具、柔性刀具、干切削刀具

(续)

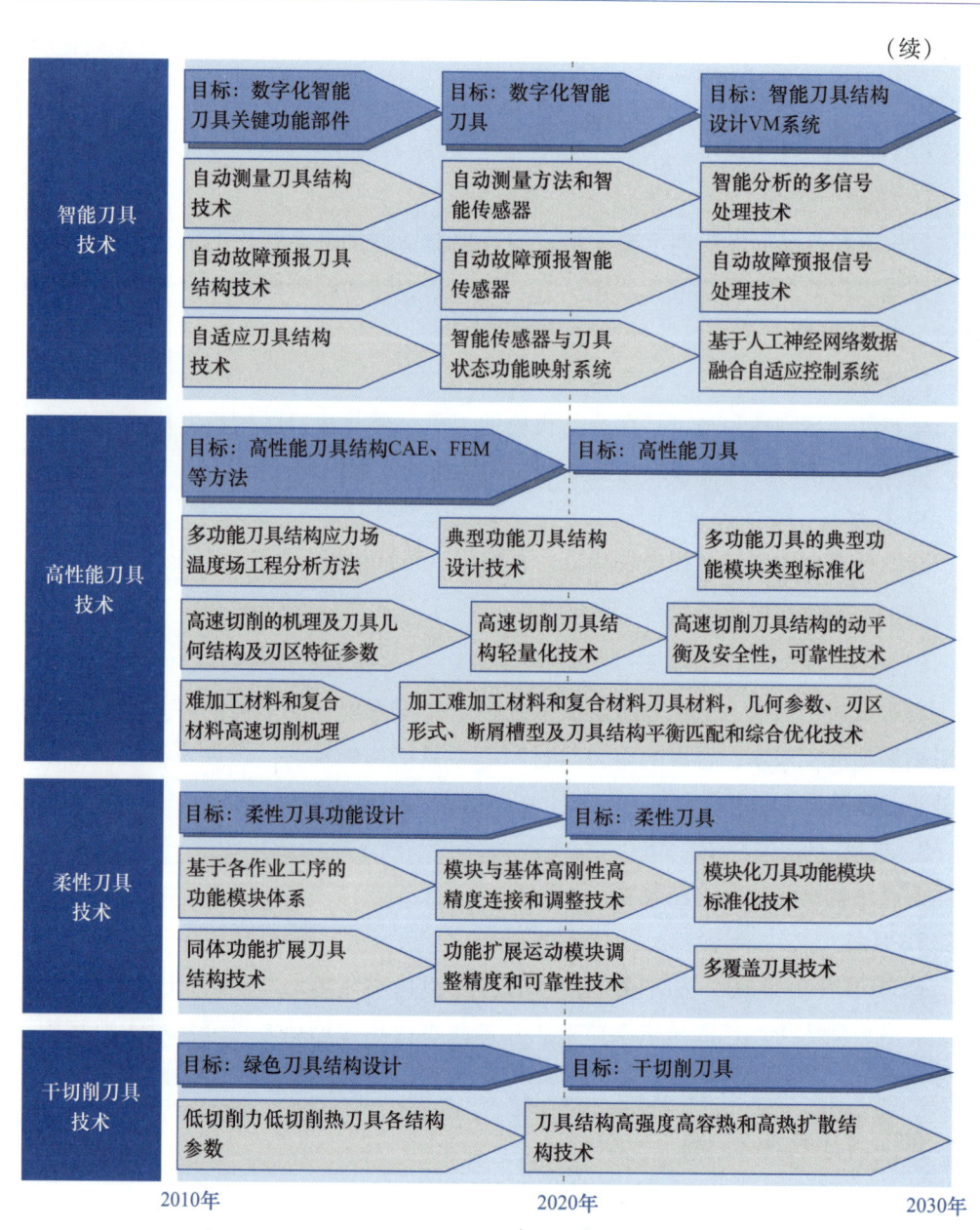

类别	2010年	2020年	2030年
智能刀具技术	目标：数字化智能刀具关键功能部件；自动测量刀具结构技术；自动故障预报刀具结构技术；自适应刀具结构技术	目标：数字化智能刀具；自动测量方法和智能传感器；自动故障预报智能传感器；智能传感器与刀具状态功能映射系统	目标：智能刀具结构设计VM系统；智能分析的多信号处理技术；自动故障预报信号处理技术；基于人工神经网络数据融合自适应控制系统
高性能刀具技术	目标：高性能刀具结构CAE、FEM等方法；多功能刀具结构应力场温度场工程分析方法；高速切削的机理及刀具几何结构及刃区特征参数；难加工材料和复合材料高速切削机理	目标：高性能刀具；典型功能刀具结构设计技术；高速切削刀具结构轻量化技术；加工难加工材料和复合材料刀具材料，几何参数、刃区形式、断屑槽型及刀具结构平衡匹配和综合优化技术	多功能刀具的典型功能模块类型标准化；高速切削刀具结构的动平衡及安全性、可靠性技术
柔性刀具技术	目标：柔性刀具功能设计；基于各作业工序的功能模块体系；同体功能扩展刀具结构技术	目标：柔性刀具；模块与基体高刚性高精度连接和调整技术；功能扩展运动模块调整精度和可靠性技术	模块化刀具功能模块标准化技术；多覆盖刀具技术
干切削刀具技术	目标：绿色刀具结构设计；低切削力低切削热刀具各结构参数	目标：干切削刀具；刀具结构高强度高容热和高热扩散结构技术	

图 13-2 刀具结构设计技术路线图

第三节 刀具表面涂层技术

一、概述

刀具表面涂层以增效和延寿为目的，这类无机涂层是将陶瓷或玻璃态物质以及部分金属涂覆在金属或陶瓷表面，它是应市场需求而发展起来的现代切削关键技术之一，可改善刀具的抗化学亲和性、扩散、溶解、热冲击性能、高温力学性能等，已成为数控机床是否能真正发挥高效加工特性的关键技术。我国是刀具涂层技术与装备的应用大国，但本身的技术水平低，与发达国家的差距大，自主创新能力弱。目前我国涂层加工处于低水平制造阶段，高端市场的90%由国外技术所垄断。大幅度提高我国刀具涂层技术的自主创新能力，提高我国刀具涂层装备水平，使我国刀具涂层技术与装备进入世界强国行列是未来发展的目标。

二、未来市场需求及产品

数控刀具表面改性处理、模具表面改性处理、关键零部件表面改性处理（包括汽车零部件，发电设备零部件，轨道交通零部件，航空航天、军工零部件）、刀具涂层装备。

三、关键技术

（一）CVD 刀具涂层技术

1. 现状

我国 CVD 涂层技术的研究起源于 20 世纪 70 年代初，80 年代中期国内 CVD 刀具涂层技术达到实用化，其技术水平与国际相当；在随后十几年里与国际上类似，发展较为缓慢。

2. 挑战

高性能 CVD 刀具涂层工艺技术及装备制造技术，包括制备厚膜 $\alpha-Al_2O_3$ 的关键工艺技术，微粒光滑的 Al_2O_3 膜的制备技术；防腐真空获得系统及气体输入系统的研究开发；洁净反应源的研究及废弃（气）物后处理技术。

3. 目标

大幅度提高我国刀具 CVD 涂层装备的制造水平及能力，厚膜 $\alpha-Al_2O_3$ 厚度达到 $5\sim10\mu m$，薄膜总厚度达到 $20\sim50\mu m$。使我国 CVD 涂层技术与装备进入世界强国行列。

（二）PVD 刀具涂层技术

1. 现状

我国 PVD 技术以高速钢 TiN 涂层工艺为主。20 世纪 90 年代初开发出多种 PVD 设备；但由于大多数设备性能指标差，刀具涂层工艺无保证，因此导致近 20 年内国内刀具 PVD 技术处于徘徊不前的局面。目前国外刀具 PVD 技术已发展到了第六代，而国内尚处于第二代的水平。

2. 挑战

刀具涂层朝着更环保的方向发展；刀具涂层技术向物理涂层附加大功率等离子体方向发展；功能薄膜向着多元、多层膜的方向发展；低内应力和高附着力薄膜技术；集硬度、化学稳定性、抗氧化性于一体的薄膜制备技术。

3. 目标

在一些有优势、有基础的领域，实现原创性的技术和装备的突破；在关键功能部件、电器元器件、相关材料的制造技术，提供系列化的世界一流的创新成果；刀具涂层工艺、涂层装备双双达到世界先进水平。

（三）PCVD 刀具涂层技术

1. 现状

我国 PCVD 技术的研究开始于 20 世纪 90 年代初，该项工艺技术主要应用于模具涂层，在刀具领域内的应用，目前还不十分广泛，类金刚石涂层、CBN 涂层、大面积等离子涂层技术尚处于研究阶段。

2. 挑战

高性能 DLC、CBN 涂层技术；大面积、各向均匀的涂层技术；低温涂层技术；高性能 PCVD 刀具涂层工艺技术与装备制造。

3. 目标

大幅度提高我国 PCVD 涂层技术的自主创新能力，实现在刀具表面、模具表面、关键零部件表面的涂覆。

四、技术路线图

需求与环境	数控机床的普及带动了切削加工技术的发展，也带动了刀具涂层技术的发展。我国涂层刀具的比例尚不足20%，而工业发达国家的比例达到60%以上，依此类推，国内每年的刀具涂层费用应达到10亿元以上。涂层技术能使工模具和零部件的寿命成倍的增加，对合理利用战略物资资源、保护环境、节约能源、降低成本、提高效益等都会产生重大的影响。
典型产品或装备	CVD刀具涂层技术与装备、PVD刀具涂层技术与装备、PCVD刀具涂层技术与装备

（续）

	2010年	2020年	2030年
CVD刀具涂层技术	目标：高性能CVD刀具涂层技术与装备 制备厚膜Al_2O_3的关键工艺技术 微粒光滑的Al_2O_3膜的制备技术 化学处理表面光滑技术与机械光滑技术	目标：关键功能部件的开发 防腐真空获得系统及气体输入系统的研制 目标：洁净反应方法的开发 洁净反应源的研究、废弃（气）物后处理技术的研究	
PVD刀具涂层技术	目标：高性能PVD刀具涂层技术与装备 工艺技术、整体装备技术 大功率等离子体技术 多元、多层膜技术 低内应力和高附着力薄膜技术	目标：集硬度、化学稳定性、抗氧化性于一体的薄膜制备技术 超硬膜与氧化物膜的集成技术 目标：低温涂层技术 脉冲离子刻蚀、高脉冲磁控溅射技术 目标：PVD厚膜涂层技术 脉冲离子刻蚀、高脉冲磁控溅射技术	
PCVD刀具涂层技术	目标：高性能PCVD刀具涂层技术与装备 工艺技术、整体装备技术 目标：高性能DLC、CBN涂层技术 脉冲调制电压、高压溅射、阴极电弧技术 过渡层制备工艺技术	目标：大面积、各向均匀的涂层技术 大功率等离子体技术	

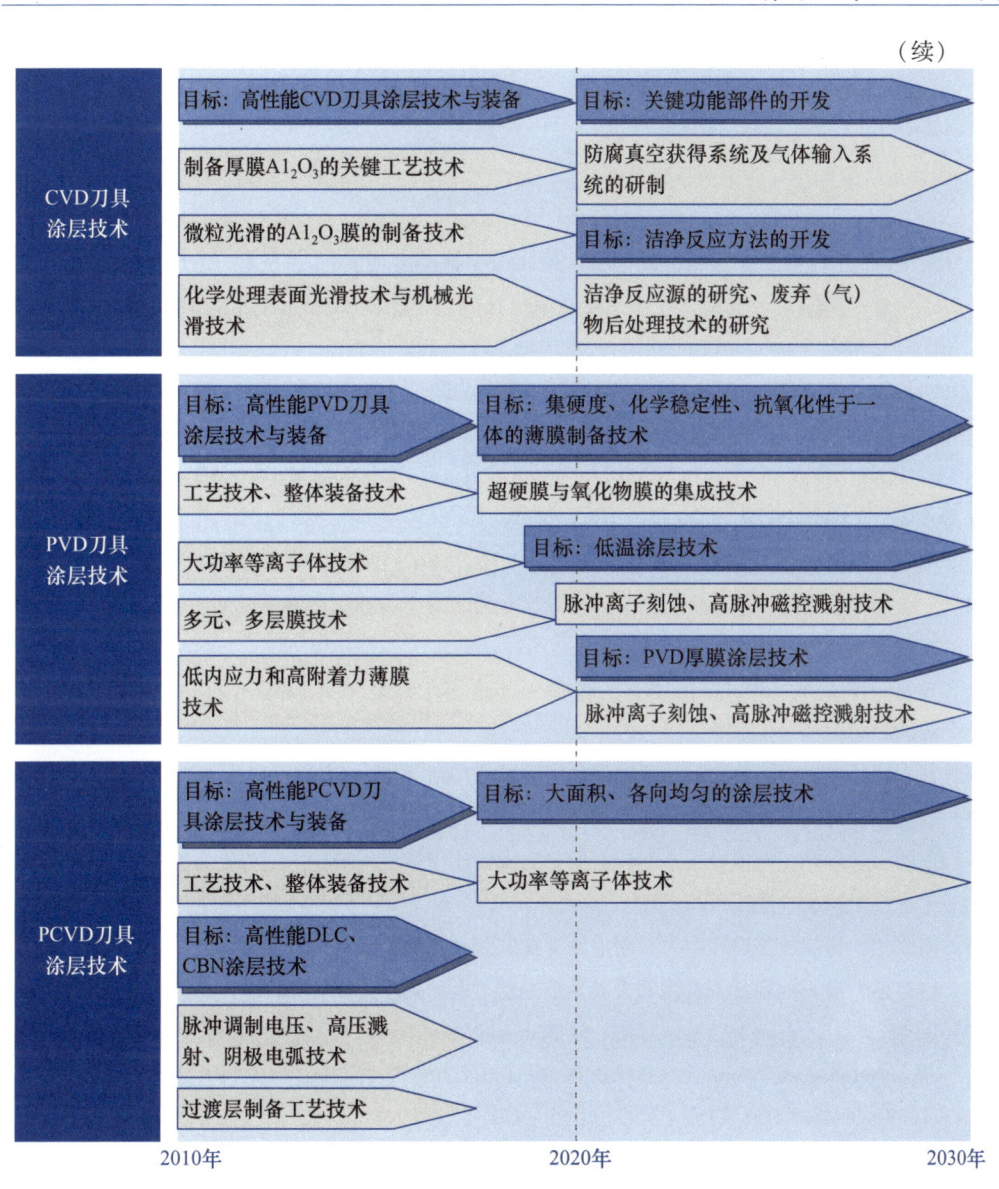

图 13-3 刀具表面涂层技术路线图

参 考 文 献

[1] E. O. Ezugwu. Key improvements in the machining of difficult-to-cut aerospace superalloys [J]. International Journal of Machine Tools and Manufacture, 2005, 45 (12-13): 1353-1367.

[2] K. Weinert, I. Inasaki, J. W. Sutherland, T. Wakabayashi. Dry Machining and Minimum Quantity Lubrication [J]. Annals of the CIRP, 2004, 53 (2): 511-537.

[3] 艾兴. 高速切削加工技术 [M]. 北京：国防工业出版社, 2003.

[4] 陈明, 袁人炜, 严隽琪, 等. 推动我国高速切削工艺若干问题的探讨 [J]. 中国机械工程, 1999, 10 (11): 1296-1298.

[5] 郭庚辰. 液相烧结粉末冶金材料 [M]. 北京：化学工业出版社, 2003: 15-18.

[6] Xiong J., Guo Z. X., Yang M., Shen B. L. Preparation of ultra-fine $TiC_{0.7}N_{0.3}$-based cermet [J]. International Journal of Refractory Metals & Hard Materials, 2008, 26 (3): 212-219.

[7] Ou X. Q., Song M., Shen T. T., Xiao D. H., He Y. H. Fabrication and mechanical properties of ultrafine grained WC-10Co-0.45Cr_3C_2-0.25VC alloys [J]. International Journal of Refractory Metals and Hard Materials, 2011, 29 (2): 260-267.

[8] Bonache V., Salvador M. D., Rocha V. G., Borrell A. Microstructural control of ultrafine and nanocrystalline WC-12Co-VC/Cr_3C_2 mixture by spark plasma sintering [J]. Ceramics International, 2011, 37 (3): 1139-1142.

[9] 于启勋. 超硬刀具材料的发展与应用 [J]. 工具技术, 2004, 38 (11): 9-12.

[10] 王丽仙, 葛昌纯, 郭双全, 张宇, 燕青芝. 粉末冶金高速钢的发展 [J]. 材料导报, 2010, 24 (15): 459-462.

[11] Eerbert Schulz, Eberhard Abele, 何宁. 高速加工理论与应用 [M]. 北京：科学出版社, 2010.

[12] 刘志峰, 张崇高, 任家隆. 干切削加工技术及应用 [M]. 北京：机械工业出版社, 2005.

[13] 刘战强, 黄传真, 郭培全. 先进切削加工技术及应用 [M]. 北京：机械工业出版社, 2005.

[14] 范峥, 郭海钊, 赵建敏. 基于数据融合和随机模糊神经网络技术的刀具磨损软测量系统 [J]. 工具技术, 2007, 41 (9).

[15] 高宏力. 切削加工过程中刀具磨损的智能监测技术研究 [D]. 成都：西南交通大学, 2005.

[16] 赵海波. 刀具涂层技术的现状及其发展趋势 [J]. 工具技术, 2002.

[17] Ronghua Wei, John J. Vajo, Jesse N. Matossian, Michael N. Gardosa, bcd. Aspects of plasma-enhanced magnetron-sputtered deposition of hard coatings on cutting tools [J]. Surface and Coatings Technology, 158-159 (2002): 465-472.

[18] Ronghua Wei, Thomas Booker, Christopher Rincon, Jim Arps. High-intensity plasma ion nitriding of orthopedic materials. Part I. Tribological study [J]. Surface & Coatings Technology, 2004, 186: 305-313.

[19] J Roberts on. Diamond-like amorphous carbon [J]. Materials Scisence and Engineering, 2002, R37: 129.

[20] A. Biksa a, K. Yamamoto b, G. Dosbaeva a, S. C. Veldhuis a, G. S. Fox-Rabinovich a, A. Elfizy c, T. Wagg a, L. S. Shuster. Wear behavior of adaptive nano-multilayered AlTiN/MexN PVD coatings. during machining of aerospace alloys [J]. Tribology International, 2010, 43: 1491-1499.

第十三章 刀 具

编 撰 组
组长 商宏谟
成员
  赵柄桢　辛节之
  概　论　陈　明
  第一节　熊　计　郭智兴
  第二节　吴　江
  第三节　赵海波

第十四章
影响我国制造业发展的八大机械工程技术问题

未来20年是我国制造业实现由大变强、确立在世界领先地位的关键历史时期，本项研究工作的目的不仅是提出11个领域的技术路线图，而且要在其基础上凝练出若干能影响到机械工业以至于制造业发展进程的重大、前沿性、标志性技术问题，供政府部门和企业进行前瞻性部署时借鉴。

第一节 复杂系统的创意、建模、优化设计技术

建模、仿真、优化及协同管理是机械设计技术不变的核心和关键。复杂机电系统拥有复杂的层次结构，组成复杂系统的各分系统、子系统与元素之间既相对独立，又相关联，上级系统拥有下级系统不具备的属性和功能。复杂机电系统往往是机、电、液、控等多领域物理与信息技术的高度融合，具有多层次、多目标、多时空、高维度、非线性、不确定性、开放性等特征。随着计算、通信、感知、控制等技术的相互融合，复杂机电系统将进一步呈现出智能化、网络化、复合化、分布式和嵌入式等技术特征。

进入21世纪以来，复杂机电产品所要满足的需求层次越来越丰富和多样，如何有效地将用户的文化与情感需求融入到复杂机电产品的创意设计之中，是需要人们继续探求的课题。欧洲及美、日、韩等国制定了符合地域文化与情感的设计发展规划和产业集群模式，美国建立了以技术和互联网文化为代表的硅谷、欧洲研发了现代技术与传统品牌文化相融合的产品。融入文化与情感的创意设计技术属于多学科交叉结合的新技术，其关键技术主要有：创意认知与协同设计技术，情感表达与评价技术，文化品牌、文化构成及多元文化融合设计技术等。

航空航天设备、大型交通运输工具、精密制造和加工设备、成套物料处理过程设备、工程机械、微纳机械、光电通讯设备都是复杂机电系统，掌握复杂机电系统创意、建模、仿真和优化设计技术，必将大幅提升我国重大装备的自主设计能力和我国机械工业的技术创新能力。

20世纪90年代，计算机辅助设计、计算机辅助工程、计算机辅助制造、产品数据管理（C3P：CAD/CAE/CAM/PDM）技术在国际工业界普及，相关软件成了产品

第十四章　影响我国制造业发展的八大机械工程技术问题

建模、仿真、优化不可缺少的工具。近 10 年来，为适应复杂机电产品的设计需求，C3P 发展成为 M3P，即多体系统（Multibody System）动态设计、多学科协同（Multi-discplines Colaborative）设计、基于本构融合的多领域物理建模（Multi-domain Physical Modeling）及全生命周期管理（PLM）技术组成了当今计算机辅助产品建模、仿真、优化及管理的新一代技术特征。

以信息物理融合为标志的复杂技术系统，实际上是计算进程与物理进程的统一体，是集计算、通信与控制于一体的新一代智能系统。欧洲学者研发的多领域统一建模语言 Modelica 具有领域无关的通用模型描述能力，能够实现复杂系统的不同领域子系统模型间的无缝集成。以美国为首的领域学者提出了信息－物理系统融合（Cyber-Physical System，CPS），旨在在统一框架下实现计算、通讯、测量以及物理等多领域装置的统一建模、仿真分析与优化。国际多领域物理统一建模协会在 Modelica 3.0 基础上，最近推出多领域物理表达规范 Modelica 3.3，力图在此基础上支持网络化、分布式、嵌入式系统建模与仿真。我国启动了题为《支持工业嵌入式应用建模与仿真的三维功能样机设计平台》的跟踪性研究计划。

复杂系统的建模、仿真、优化设计关键技术：

——建模。三维同步结构建模和多领域物理统一建模，几何空间与状态空间融合的行为建模和信息物理融合系统的统一建模。

——仿真。嵌入式控制仿真技术，开发支持 CPS 建模与仿真的三维功能样机设计平台。

——优化。结构优化与功能（性能）优化的协同优化，数值优化与非数值优化的协同优化，整体与局部的协同优化，静动态协同优化，多学科多目标协同优化，广义优化设计支持平台的建设。

基于 CPS 的复杂技术系统建模、仿真和优化技术的发展和普及将大大加速汽车、航空航天、国防、工业自动化、精密仪器、重大基础设施等领域装备的转型升级，不断提高其市场竞争力。将催生出众多具有计算、通信、控制、协同和自治性能的功能创新产品，甚至产生新的行业。

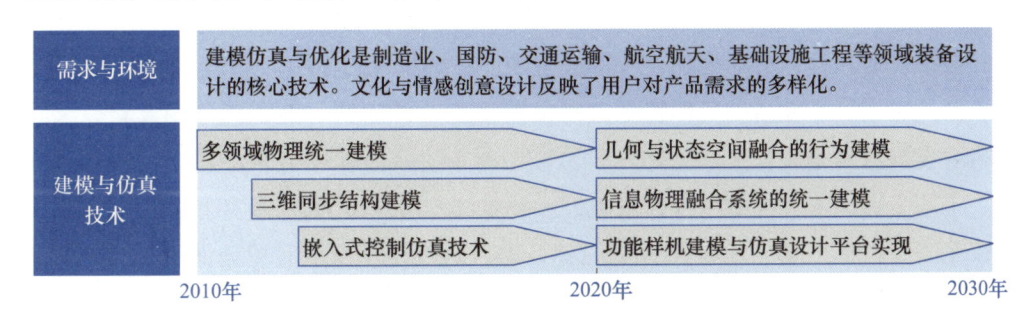

需求与环境	建模仿真与优化是制造业、国防、交通运输、航空航天、基础设施工程等领域装备设计的核心技术。文化与情感创意设计反映了用户对产品需求的多样化。	
建模与仿真技术	多领域物理统一建模	几何与状态空间融合的行为建模
	三维同步结构建模	信息物理融合系统的统一建模
	嵌入式控制仿真技术	功能样机建模与仿真设计平台实现
	2010年　　　　　　2020年　　　　　　2030年	

（续）

优化技术	静动态协同优化技术	数值与非数值协同优化技术
	整体与局部协同优化技术	多学科、多目标协同优化技术
	结构与功能协同优化技术	分步式广义协同优化设计平台实现
文化与情感创意设计技术	创意认知技术	协同创意设计技术
	情感信息表达与评价技术	文化品牌、构成及多元文化融合技术
	文化与情感创意设计支持平台	

2010年　　　　　　　　2020年　　　　　　　　2030年

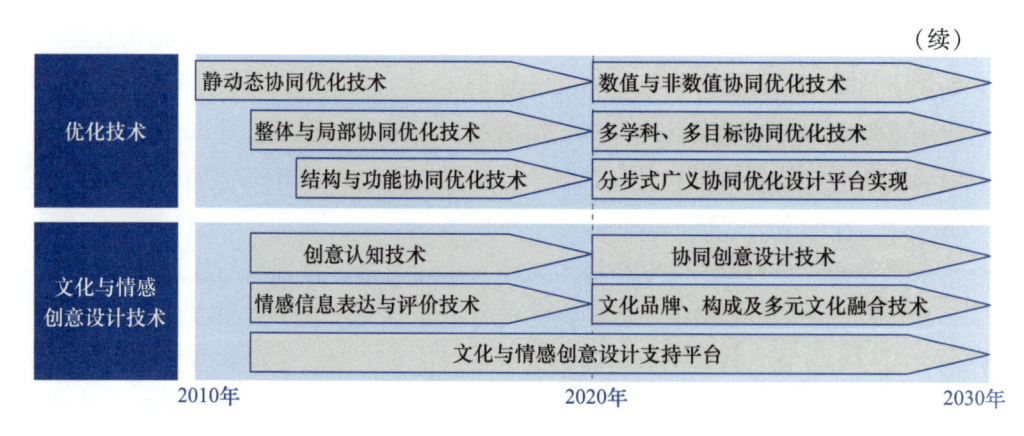

图 14-1　复杂系统的创意、建模、优化设计技术路线图

第二节　零件精确成形技术

零件精确成形技术是指应用先进的成形工艺、严格的几何尺寸（控形）和内在质量控制（控性）技术，生产高几何尺寸精度、高内在质量的零件或零件毛坯的先进制造技术。零件精确成形技术的先进性体现在：

（1）节约材料与能源。材料利用率一般较传统的成形工艺提高 20%～40%，冷精锻精确成形可使材料利用率提高到 98% 以上，精确铸造成形技术也可达到 90% 以上。精确塑性成形技术大多数是在室温下实施的，免除了加热工序，节约了加热能量，大大减少了零件生产过程的能量消耗。

（2）免除或减少成形后续加工。净成形零件的几何形状与尺寸，已全部达到零件的使用要求，成形后即可使用，完全免除后续加工；近净成形产品，关键部位已达到使用要求，不需后续加工，一般可节约加工工时 50% 以上；精密成形产品，一部分尺寸已满足使用要求，其余部分留有较小的加工余量，一般可减少加工工时 30% 以上。

（3）提高零件的内在质量。成形过程中还同时考虑通过控制温度、压力、流体场、电磁场等外部载荷的施加，使得最终零件达到相应的性能。

因此，发展零件精确成形技术，对机械工业节约资源、能源和环境友好，实现可持续发展意义重大。

工业发达国家非常重视零件精确成形技术的发展。20 世纪 90 年代初，美国针对汽车车身生产提出了"2mm 工程"目标，即一辆汽车车身所有覆盖件组装后的累积误差不超过 2mm，显而易见，分配到每一个工件的误差就更小。这一工程的实施，

第十四章　影响我国制造业发展的八大机械工程技术问题

使汽车车身制造水平上了一个新台阶。现在美国又提出新的目标：到 2020 年，塑性成形零件加工废屑减少 90%，能耗减少 25%，成本降低 60%。日本、德国等工业发达国家也提出了相应的目标。日本、德国是零件精确成形技术发达的国家，冷温精确成形件精度普遍达到 8 级精度，小型轴承环、小型伞齿轮已达到 7 级精度，冷温精确成形件已占模锻件的 25%。我国冷温精确成形件比德、日两国低一级，普遍只达到 9 级精度，少量达到 8 级精度，精确成形件只占模锻件的 5%。德、日两国精确成形大多数是在全自动生产线上实现，而我国全自动生产线凤毛麟角，差距较大。20 世纪 80 年代在国外发展起来的增量制造技术（也称为快速成形技术）采用 CAD 数据直接驱动材料进行累加，精确制造原型或零件，使得复杂零件的制造效率大幅度提高。国外的许多企业将增量制造技术应用在复杂结构的制造上。美国通用电气公司在采用金属选区激光烧结技术制造航空发动机的复杂零部件，与传统加工方式相比，增量制造技术可以加工复杂零部件，且更省材料、时间和能源，因此，在航空航天、大型舰船复杂结构零部件制造和维护方面具有优势。

零件精确成形关键技术

（1）先进精确成形工艺。精确分析材料流动，设计控制材料流动的模具结构，以尽可能小的成形力实施材料的预定流动，实现不同材料不同零件的精确成形。对于精确铸造成形，根据材料的性质与精确成形零件的形状，选择合理的凝固成形方法，控制冷却凝固过程的尺寸变化与应力变化。对于近净焊接成形技术，解决高脉冲电弧和送丝的精确控制，图像信息捕捉、分析处理与实时监控，低热输入、复杂空间曲面构件高效柔性化自动焊接问题。

（2）先进成形装备。研制大吨位长行程冷温锻压力机、精密多向压力机、精密铸造设备、大容量真空热处理设备。

（3）增量制造技术。通过增量制造技术直接制造金属功能零件，制造精确铸造的铸型、钣金成形所需要的精密模具。

精确成形技术在汽车、航天航空、大型舰船等制造业具有广阔的应用前景，发展先进精确成形技术，对于大批量产品以及多品种、小批量、复杂性零部件的生产具有十分重要的作用，它可大大提高零件的制造水平，并且节约资源和能源。

需求与环境	发展本项技术有利于减少零件切削加工量，提高材料利用率，提高零件整体质量，减少能源消耗与有害物排放，是机械工业可持续发展的迫切要求。
典型产品或装备	行走机械，包括飞机、汽车、火车、船舶，工程机械中的精密零部件，如航空发动机叶片，汽车转向器；绿色精确成形装备，如大吨位长行程冷锻压力机，精密多向压力机，精密铸造机械，大容量真空热处理设备

（续）

技术方向	2010年	2020年	2030年
先进精确成形工艺		目标：满足行走机械重要精密零件制造的需要，提高精确成形零件比重，自给率达到90%以上 多冷辗环、冷摆辗、冷温热复合成形工艺等塑性成形工艺，精确铸造成形工艺，精确焊接工艺及精确材料改性工艺	目标：满足行走机械重要精密零件制造的需要，提高精确成形零件比重，自给率达到95%以上 多向锻、等温锻、铸-锻复合成形工艺，精确铸造成形工艺，精确焊接工艺及精确材料改性工艺
先进成形装备开发制造		目标：满足零件成形精度不断提高的要求，实现关键精确成形装备的国产化，减少大吨位精确成形压力机的进口比例 大吨位长行程冷锻、温锻精确成形压力机、精密铸造设备、热处理设备	目标：实现关键精确成形装备的国产化，减少大吨位精确成形压力机的进口比例 多向锻造精密成形液压机、等温锻造压力机、精密铸造设备、热处理设备
成形制造过程数字化、信息化、智能化技术		目标：实现精确成形过程数字化、信息化、智能化，提高整体技术水平 铸造过程数字化、信息化、智能化技术，锻造过程信息化技术，焊接信息化技术，热处理信息化技术，粉末冶金制造信息化技术	
精确成形制造绿色化		目标：使我国精确成形制造能耗和废弃物排放水平达到或接近发达国家的先进水平，发展新型绿色精确成形制造技术 铸造、热处理、塑性成形、焊接、粉末冶金精确成形节能减排技术，高效节能新型精确成形技术与设备	
增量制造技术		目标：实现微纳米级的制造精度，有效提高大构件的制造效率，发展多材料和多工艺复合的控形控性制造技术 精确控制的铺层自动化系统。精确控制增量单元尺寸 大尺寸金属零件的高效制造、增量制造与切削制造结合的复合制造技术 多种金属的复合，金属与陶瓷的复合，细胞与生物材料的复合制造技术	

图14-2　零件精确成形技术路线图

第十四章 影响我国制造业发展的八大机械工程技术问题

第三节 大型结构件成形技术

大型铸、锻、焊结构件是大型装备中的关键核心构件,其受力繁重,工况特殊,安全可靠性与技术要求极高。大型结构件成形制造涉及冶金、铸造、锻造、焊接、热处理等多种制造工艺,制造过程复杂,技术含量高,涉及众多学科领域的集成。

2005年我国大型结构件的使用量已占世界总量的60%,成为世界大型铸锻件使用的第一大国。我国在大型结构件铸造能力上已经有了重大突破。2009年采用重560t的特大型钢锭在160MN水压机上成功锻造我国首个1100MW核电发电机半速转子,锻造的转子直径2050mm,总长16400mm,坯料重310t。但从总体看,我国大型结构件的成形技术的整体水平远落后于发达国家。例如我国急需的重大装备——超临界汽轮发电机机组的高中压转子全部依赖进口。发达国家的大型件生产制造技术对中国严格保密,甚至严格限制产品出口。

随着我国经济在今后20年里继续快速增长,能源、冶金、石化、船舶、航空航天等产业的发展对大型结构件成形技术的发展带来了更为广阔的前景,提出了更高的要求。如发展不锈钢铸件铸造成形技术,高温合金单晶叶片定向凝固技术,复杂结构件精密体积成形技术,大型焊接结构的自动化、智能化焊接技术。

大型结构件成形关键技术:

(1) 特大型铸件冶炼、浇铸及凝固控制技术。特大型结构件的材料冶炼与控制技术,特大型钢锭及铸件凝固过程的多尺度数理建模及仿真;300t以上特大锭型电渣熔铸设备及电渣锭解剖分析。

(2) 大型发动机单晶叶片铸件制造技术。具有复杂气冷通道的定向凝固柱晶涡轮叶片和单晶涡轮叶片制造技术,陶瓷型芯制作和脱出技术,定向凝固叶片制作技术。

(3) 大型锻件精密锻造技术。大型金属板材数控渐进成形技术与设备,大型碾、锻环机技术与设备,巨型锻造设备制造力学行为分析和精度控制技术。

(4) 大型结构件焊接技术。特大型结构件的高效、低成本、低变形焊接技术,大直径法兰精密焊接成形现场焊接及精加工技术,高强材料的焊接工艺优化技术,焊接接头的缺陷检测技术,大型结构件的焊接质量控制和自动化技术,大型结构件的数控火焰精密切割技术与设备。

(5) 大型零件热处理设备与工艺控制技术。基于多物理场耦合和扩展求解域的热处理设备虚拟设计技术,数值模拟与物理模拟相结合的热处理工艺设计与优化技术,基于数学模型在线运算热处理工艺智能控制技术。

（6）大型结构件数值模拟技术。金属冶炼化学成分及性能分析模拟；铸造工艺数值模拟：充型过程模拟、凝固过程模拟、热处理过程模拟、铸造过程应力场模拟；锻造工艺数值模拟：材料物性参数试验、锻造工艺模拟；热处理工艺数值模拟。

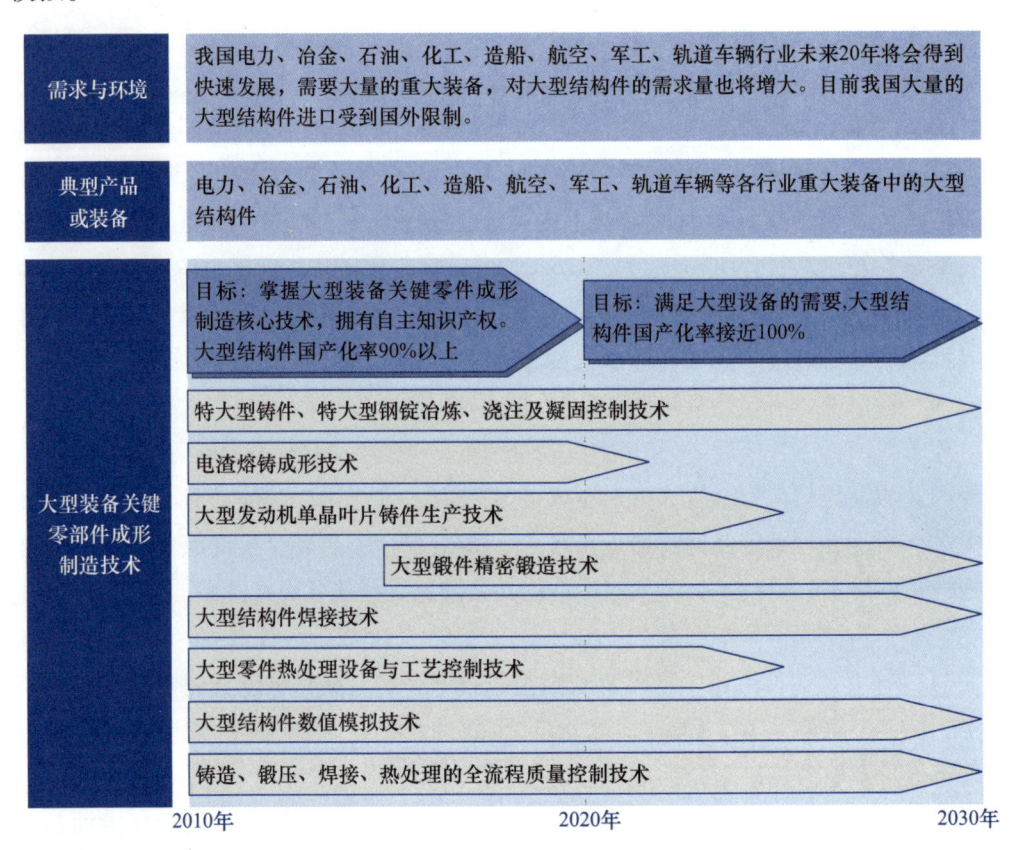

需求与环境	我国电力、冶金、石油、化工、造船、航空、军工、轨道车辆行业未来20年将会得到快速发展，需要大量的重大装备，对大型结构件的需求量也将增大。目前我国大量的大型结构件进口受到国外限制。
典型产品或装备	电力、冶金、石油、化工、造船、航空、军工、轨道车辆等各行业重大装备中的大型结构件
大型装备关键零部件成形制造技术	目标：掌握大型装备关键零件成形制造核心技术，拥有自主知识产权。大型结构件国产化率90%以上 / 目标：满足大型设备的需要，大型结构件国产化率接近100% 特大型铸件、特大型钢锭冶炼、浇注及凝固控制技术 电渣熔铸成形技术 大型发动机单晶叶片铸件生产技术 大型锻件精密锻造技术 大型结构件焊接技术 大型零件热处理设备与工艺控制技术 大型结构件数值模拟技术 铸造、锻压、焊接、热处理的全流程质量控制技术
	2010年　　　　　　　　2020年　　　　　　　　2030年

图 14-3　大型结构件成形技术路线图

第四节　高速精密加工技术

机械工业，特别是汽车工业的发展对生产效率提出了更高的要求，提高效率的一条重要途径是提高加工的速度，实现高速化。同时，航空航天等领域某些特殊难加工材料也必须采用高速加工才能达到设计要求。国际上，金属切削机床的主轴转速已达到 20000r/min、进给速度最高可达 100m/min、加速度 1g。

高速精密加工具有生产效率高、加工精度高、表面质量高和生产成本低的优点。高速切削刀具的发展改变了加工工艺，"以切代磨"使加工后的表面质量提高，可直

第十四章 影响我国制造业发展的八大机械工程技术问题

接加工硬度达 50~60HRC 的淬硬材料。另一方面，强力成型磨削工艺可实现"以磨代切"，一次磨削 25~32mm，比普通磨床要快数百倍。高速精密加工正成为机械工业应用最广泛的加工方法之一，在航空航天、汽车及零部件、模具等行业发展迅速，高速高精密数控机床在这些行业中将逐渐占主导地位。与此同时，新型刀具如超硬刀具、新型涂层刀具层出不穷，使得高速高效切削条件下刀具寿命显著增长，这将进一步拓展高速精密切削技术的应用范围。

高速精密加工技术主要应用在宏观尺度零件加工和部分微细零件加工，提高加工速度、几何精度和降低表面粗糙度，以保证实现所构成机器部件配合的可靠性，运动副运动的精准性，长寿命、低能耗和低运行费用。传统的精密加工将会在现代科学技术的推动下，创造新一代高速、高精度加工新技术。

预计到 2020 年，1~10μm 精密加工级高速加工，表面粗糙度可达 0.02~0.4μm，用于钢铁的铣削速度达到 400~500m/min。

预计到 2030 年，0.5~1μm 超精密加工级高速加工，表面粗糙度可达 0.01~0.2μm，用于钢铁的铣削速度达到 1500~2500m/min，并为深亚微米精度级高速加工技术（精度优于 0.3μm）提供技术支持。

高速精密切削加工技术主要应用领域：航空航天的金属间化合物、复合材料和陶瓷材料的发动机叶片和叶轮及飞机整体框、肋加工；汽车制造的铝合金、镁合金、工程塑料及碳素纤维等轻质材料的加工；发电设备的新型不锈钢、钛合金、高温合金等难加工材料的加工；模具的大吨位模具，几百腔、上千腔的多腔模具，多种沟槽、多种材质的多功能复合模具的加工；光学制造高精度零件加工。

高速精密切削加工关键技术

（1）高可靠性大功率高速主轴单元技术。永磁同步型电主轴及其驱动系统，高速精密大功率电主轴，"轴承-主轴-电机-基础"一体化的电主轴动态热态分析软件，陶瓷球混合轴承设计技术，零部件加工和装配技术，更高回转精度的大刚度高速轴系技术（磁悬浮轴系、气/液动压轴系）。

（2）高速进给单元与精确控制技术。直线电动机的控制理论和控制技术，高速加工计算机数字控制系统，自补偿的大刚度液体静压导轨系统。

（3）刀具及高速工具系统。新型高强韧超硬刀具材料，新型刀具和工具系统结构设计技术，新型绿色冷却润滑技术。

（4）在线检测和误差补偿系统。高速切削条件下刀具系统和机床运行参数在位检测与表征测量仪器和测量方法，高频响的实时误差补偿系统。

中国机械工程技术路线图

需求与环境	随着高速精密机床在航空航天、汽车、模具、电子、电力、船舶、工程机械行业中的广泛使用,高速切削加工技术的需求将更加迫切。
高可靠性大功率高速主轴单元技术	目标:DmN达到100万~200万 / 目标:DmN达到300万~400万 高速的长寿命液体动静压轴承 / 精密加工和精密装配技术 动态热态分析技术
高速进给单元与控制技术	目标:加速度1.0~8g / 目标:加速度8~10g 直线电动机的控制技术 / 先进的轮廓控制技术
刀具及高速工具系统的设计制造技术	目标:高端数控加工刀具国内市场占有率达到20%以上 / 目标:高端数控加工刀具国内市场占有率达到40%以上 新型刀具材料和结构设计理论 / 新型冷却润滑技术
高速加工条件下的精度控制技术	目标:实现1~10μm级精密加工级高速加工 / 目标:实现0.5~1μm级超精密加工级高速加工 新型磁悬浮轴系、气/液动压轴系、静压导轨与刀具 / 在线检测和误差补偿系统

2010年　　　　　　　2020年　　　　　　　2030年

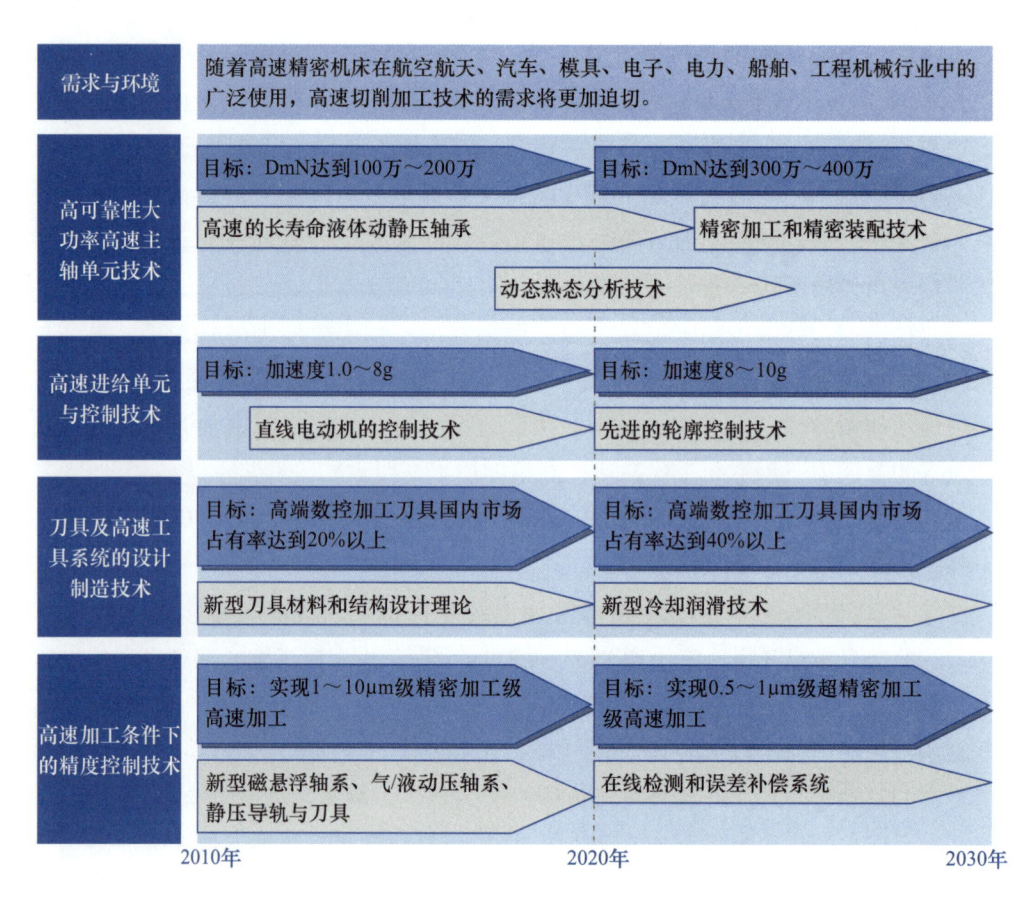

图14-4　高速精密加工技术路线图

第五节　微纳器件与系统(MEMS)

微纳器件与系统是利用微纳和精密加工技术,集约电子、机械、材料、控制等新技术发展,针对物联网、生物、医疗、汽车、机械制造等产业的需求,研制能够解决传感、测量、驱动、能源等问题的器件、部件和系统。目标是以批量制造技术生产低成本、高精度、高可靠性的微纳器件,拓展终端产品功能,提高终端产品性能,降低终端产品功耗和成本。

微纳器件与系统的主要特征是:①微型化,器件特征结构尺寸范围0.1μm~1mm;②集成化,集微型机构、微型传感器、微型执行器以及信号处理和控制电路、直至接口、通讯和电源等于一体;③高性能,体积小、重量轻、耗能低、惯性小、谐振频率高、响应时间短、性能稳定;④批量化,有利于大批量生产,降低生产成本。

第十四章　影响我国制造业发展的八大机械工程技术问题

从 20 世纪 80 年代以来，美国、日本以及西欧发达国家特别注重发展 MEMS 技术。图 14-5 给出了国际上一些主要商品化 MEMS 器件出现的时间表。目前这些器件已经在电子产品生产线、喷墨打印机、汽车、生化分析系统、通讯等领域发挥了重要作用。

商品化MEMS器件(出现时间)

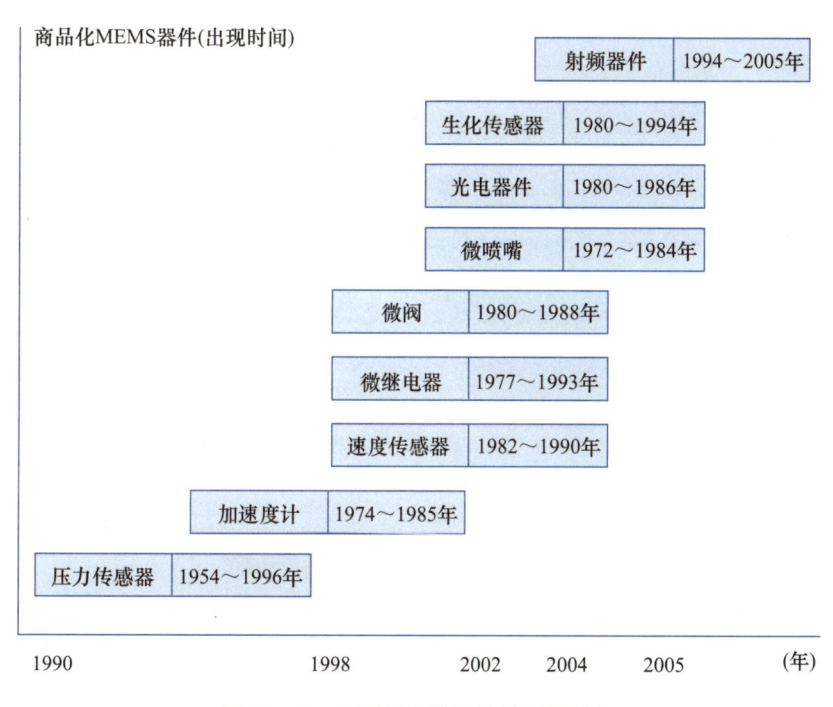

器件	时间
射频器件	1994~2005年
生化传感器	1980~1994年
光电器件	1980~1986年
微喷嘴	1972~1984年
微阀	1980~1988年
微继电器	1977~1993年
速度传感器	1982~1990年
加速度计	1974~1985年
压力传感器	1954~1996年

图 14-5　主要 MEMS 器件的发展历程

我国微纳器件和系统的发展起源于 20 世纪 90 年代，从"九五"起，经过 3 个"五年计划"的支持，已经在制造平台建设和工艺研究、以惯性器件为主的器件研究、便携式仪器研究、微流体器件和系统、以微纳卫星为代表的集成微系统等方面取得了一系列突破。目前在整体技术水平上与国外尚有明显差距，但在个别领域，已经达到国际先进水平或国际领先水平。

微纳器件和系统的关键技术有：①多能域耦合的设计理论和工具；②微纳和精密结合的加工技术；③微纳系统集成技术；④微纳器件和系统应用技术。

未来 20 年，微纳器件和系统将取得突破性的进展，朝着微纳结合、集成化、仪器化、智能化的方向迅速发展。NEMS 器件占微纳传感器件的份额将提高到 50% 以上；黑硅材料成为光伏器件的主流，转换效率达到 50% 以上；将有望用 MEMS 技术解决复明、复聪等问题。

需求与环境	物联网、生物、医疗、汽车、机械制造等产业需要能够解决传感、测量、驱动、能源等问题的器件、部件和系统。以批量制造技术生产低成本、高精度、高可靠性的微纳器件，拓展终端产品功能，提高终端产品性能，降低终端产品功耗和成本。
典型产品或装备	智能仪器、人造器官、汽车电子、光伏器件、生物芯片

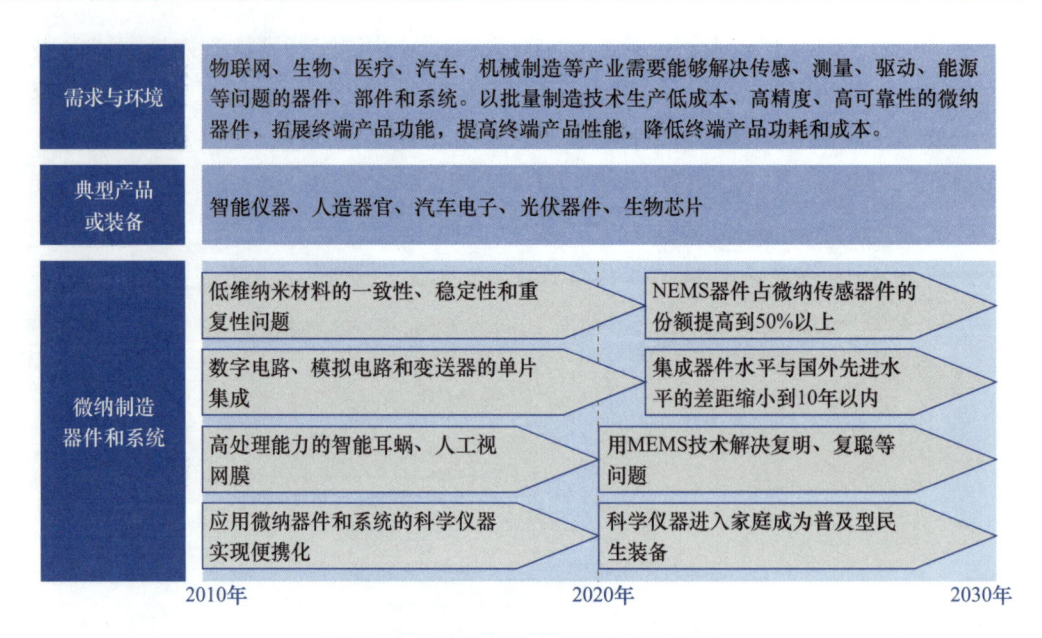

微纳制造器件和系统：

2010年	2020年	2030年
低维纳米材料的一致性、稳定性和重复性问题	NEMS器件占微纳传感器件的份额提高到50%以上	
数字电路、模拟电路和变送器的单片集成	集成器件水平与国外先进水平的差距缩小到10年以内	
高处理能力的智能耳蜗、人工视网膜	用MEMS技术解决复明、复聪等问题	
应用微纳器件和系统的科学仪器实现便携化	科学仪器进入家庭成为普及型民生装备	

图 14-6　微纳器件与系统技术路线图

第六节　智能制造装备

智能制造装备是注入了数字化技术和智能化技术的制造设备，其主要特征是：对制造过程状况（工况或环境）实时感知、处理和分析能力；实时辨识和预测制造过程状况变化的能力；根据制造过程状况变化的自适应规划、控制和动态补偿能力；对自身故障自诊断、自修复能力；对自身性能劣化的主动分析和维护能力；具有参与网络集成和网络协同的能力。智能制造装备是制造技术、计算机技术、控制技术、传感技术、信息技术、网络技术以及智能化技术的有机结合体，是实现高效、高品质、安全可靠的成形加工和生产的新一代制造装备。

未来智能制造的产品主要是：

（1）智能机床/智能加工中心。当今的数控机床已越来越难满足市场的要求，具有更高加工质量、更高加工效率、更强自适应控制和补偿功能、更高可靠性、更宜人的人机交互模式、更强网络集成能力等智能化特征的数控机床，将会成为未来20年高端数控机床发展的趋势。

（2）智能机器人。由于机器人与环境的交互更加紧密，需要增强机器人对自身状态和环境信息的实时感知能力，提高机器人决策的自律性、对环境和任务的适应性。同时，智能机器人技术还在康复医疗、家庭服务、排爆搜救等社会领域得到

第十四章　影响我国制造业发展的八大机械工程技术问题

应用。

（3）智能成形设备。具有自学习和自适应能力的大型模锻设备、大型铝镁合金压铸设备、精密塑性成形设备；具有完善的工艺感知和决策功能，能实时主动设置铺放工艺参数、实现智能控形控性铺放大型复合材料铺带/铺丝设备；分布式网络智能成形制造单元，将在不久的将来实现工业应用。

（4）特种智能制造装备。超精密加工、难加工材料加工、巨型零件加工、多工序复合加工、高能束加工、化学抛光加工等需要具有精密测量、环境感知、工艺规划、智能控制、决策规划等功能的特种智能制造装备。

发展智能制造装备需要解决的关键技术是：面向制造过程状况监控和装备性能预测的感知与分析技术，基于几何与物理约束的智能化工艺规划和数控编程技术，智能数控系统与伺服控制技术，智能控制技术。预计到2020年，我国智能制造装备产业可成为具有国际竞争力的先导产业，国内市场占有率超过60%。

需求与环境	高效、高质量和安全仍然是当今制造装备追求的目标，装备的智能化是实现此目标的主要手段，也是体现制造装备水平的重要标志，是当今制造装备竞争的核心。	
典型产品或装备	• 数控机床智能感知系统 • 高性能激光制造设备 • 高性能离子束制造设备 • 电子束熔覆设备 • 大型模锻设备 • 大型铝镁合金压铸设备 • 智能精密塑性成形设备	• 智能数控系统 • 智能工业机器人 • 强流脉冲电子束制造设备 • 电子束钻孔与切割设备 • 分布式网络智能成形制造单元
装备运行状态和环境的感知与识别技术	目标：工况实时感知 高灵敏度、高精度、高速、高可靠性、高环境适应性传感技术 实时智能信号处理与辨识技术	目标：视觉感知 运动图像的去抖/去模糊技术 视觉环境建模与图像理解技术
	成形过程中材料的应力应变传感技术	
性能预测和智能维护技术	目标：性能预测 装备性能演化机制及分析技术 系统整体功能的安全评估技术、重大装备的寿命测试和寿命预测技术	目标：智能维护 装备损伤智能识别与故障自诊断技术 装备自愈合与智能维护技术
2010年	2020年	2030年

中国机械工程技术路线图

（续）

智能工艺规划和智能编程技术	目标：智能工艺规划		目标：智能编程
	工艺系统和作业环境集成建模与仿真技术		
	工艺参数和作业任务的多目标优化技术	规划与编程的智能推理和决策技术	几何与物理多约束的轨迹规划和数控编程技术
	材料/成形过程与工件性能的关联建模技术		

智能数控系统与智能伺服驱动技术	目标：智能伺服驱动		目标：智能数控
	精密、重载、高速、高加速运动控制技术	视觉伺服技术	视觉感知技术
	力反馈控制和力/位混合控制技术	语音控制和基于虚拟现实环境的操作	
	振动控制、负荷控制、质量调控、伺服参数和插补参数自调整技术		
	面向成形的伺服驱动与数控技术		

2010年　　　　　　　　　　　　2020年　　　　　　　　　　　　2030年

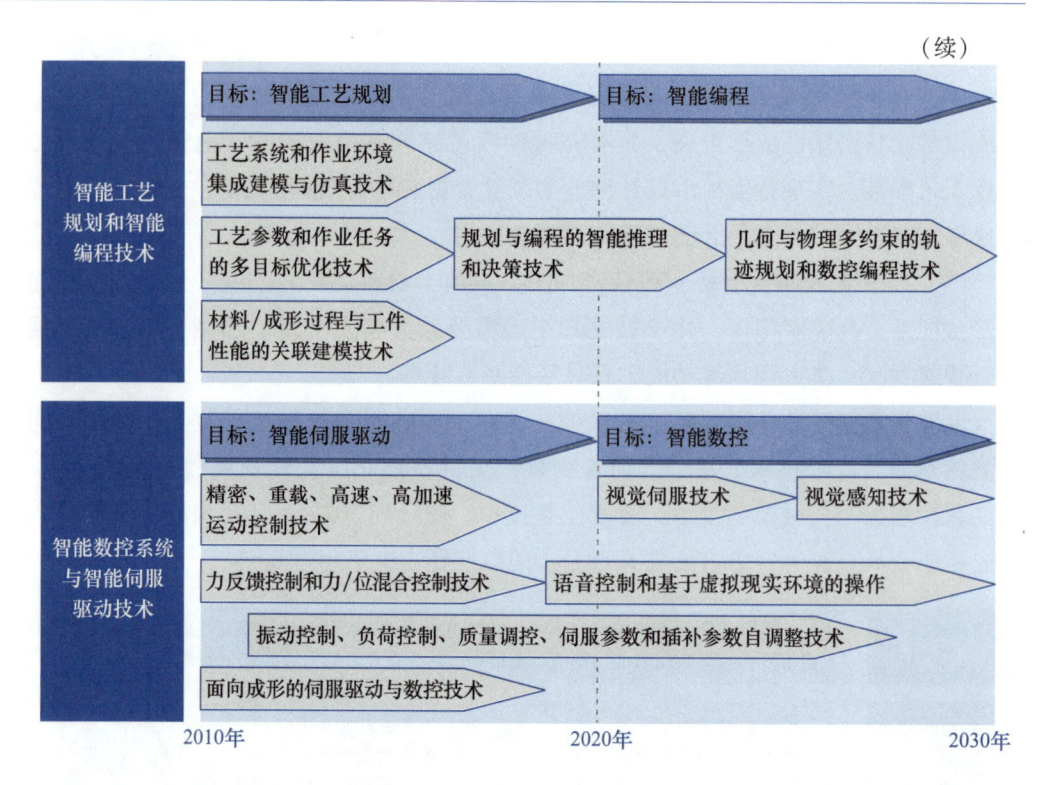

图 14-7　智能制造装备技术路线图

第七节　智能化集成化传动技术

智能化集成化传动技术是指将传统的动力传动技术与数字技术、信息技术、总线技术、网络技术相融合，实现液压/气动/密封、齿轮、轴承等传动件在线实时控制、在线监测、自我诊断、自我修复及多种元件与功能的集成。智能化集成化传动将提高产品性能、简化系统、提高系统柔性，提升传动效率、产品安全性、可靠性，是机械传动技术和传动件发展的重要方向。

关键基础件是现代装备发展的基础，特别是高效、节能、长寿命、高安全性、高可靠性、高精度、高功率密度、适应复杂环境苛刻要求的传动件是未来需要大力发展的产品。现代重大装备装机功率越来越大，工作环境越来越严酷，结构越来越复杂，对传动系统的平稳性、准确性、位置、速度、柔性等技术要求越来越高，智能化、集成化的传动技术和传动元件能适应这些发展的要求，是装备制造业的关键核心技术，对提升我国关键基础件自主创新能力，突破重大装备自主化发展瓶颈起着重要作用。

第十四章　影响我国制造业发展的八大机械工程技术问题

　　智能化集成化传动的特点：①具有在线监测、自诊断、自维护功能；②可实现远程在线实时控制；③是多种元器件（包括传感器、传动件、控制元件、执行元件、软件或数据库）的集成和多种功能的集成；④即插即用。是指快速简易安装传动组件即可投入使用，而不需安装驱动程序或重新配置系统。

　　近几年，智能化集成化新型传动件或组件相继问世，是传动技术发展的前沿。具有模块设计、数字电气接口、高层次通讯功能、自由组合、智能接合、方便集成功能的元件和系统是未来工业智能化的基础，新型模块化智能化电—液、电—气复合机电系统将广泛应用。

　　智能化集成化一体化液压传动。液压元件与内嵌式传感器和微处理器一体化提高了系统的集成度和紧凑性；采用更高层次总线通讯技术和无线传输技术，提高了分布式智能电液控制系统的性能；在智能控制器中采用传感器进行状态监控、检测摩擦磨损和泄漏状态，用于系统故障诊断、预测、排除与维护，提高了系统的品质和可靠性。

　　智能化集成化模块化气动元件和组件。具有有线或无线联网远程实时监控、故障预测及自我诊断等功能的智能化模块化气动元件、组件、阀岛已实现工业应用。工业自动化人机界面技术及产品推动气动元件与传感器、智能视觉系统的结合，以满足智能工业远程检测、诊断及控制的要求。

　　智能化密封。根据密封件使用状况，调整密封能力、监测密封水平、预测密封寿命，可大幅度提高密封的可靠性与寿命及安全性与可维修性，减少泄漏、停机维修成本和能源消耗。

　　智能化齿轮传动。汽车用电子控制自动变速器是齿轮传动向智能化发展一个典型例子，它通过各种传感器，对发动机转速、节气门开度、车速、轮毂轴承运动、发动机水温、自动变速器液压油温等参数进行测量，并输入电子控制器中，控制换挡执行机构的动作，从而实现自动换挡。大型火电机组用齿轮调速装置则是齿轮传动与液力传动及其控制系统集成的典型产品，具有无级调速、节能、安全保护等功能。

　　智能化集成化轴承组件。具有智能监控与早期预警技术，融合主机或功能一体化、设备性能的多样性要求的轴承技术已成为轴承产品的发展趋势。如集成防抱死制动系统的三代轿车轮毂轴承单元、具有状态实时监测与早期预警功能的高速铁路轴承单元。

　　智能化集成化传动关键技术：
　　（1）智能化集成化液压传动与控制技术。嵌入式微小型传感器；自诊断、自修复的智能元件；多信息融合的机电液一体化元件和系统与总线通讯和无线传输系统集成；自供源机电液一体化动力单元。

（2）智能化集成化密封技术。具有密封状态监测、密封自补偿和密封智能控制功能的密封技术，适合密封件尺寸的具有集成功能的传感器，通过微处理器和执行单元实现主动或被动调整的密封系统。

（3）智能化集成化齿轮技术。汽车变速器电子控制技术（液力变矩器、行星齿轮传动机构、电子控制系统、液压控制系统）；驱动—传动—控制一体化设计技术；故障预警及延长服役技术。

（4）智能化集成化轴承技术。轴承信号（速度、加速度、温度、磨损、噪声）传感与识别技术、监控与早期预警技术，单元化轴承设计技术，基于特征分析的轴承智能专家系统，预紧力和润滑等服役状态自动调整技术。

需求与环境	公路与非公路车辆、工程与农业机械、航空航天设备、海洋工程与船舶、冶金矿山机械、数控切削与成形设备、能源设备、康复医疗机械、娱乐设备都需要智能化集成化传动技术与组件。
典型产品或装备	• 总线型电液控制元件　　　　　• 节能型元件与系统单元 • 多学科液压元件与系统软件　　• 大功率电液元件 • 智能控制核主泵机械密封　　　• 非金属材料液压元件 • 三代轿车轮毂轴承单元　　　　• 智能密封系统 • 高速铁路轴承单元及智能安全系统　• 流体动力回油密封结构 • 电子控制自动变速器　　　　　• 多样性服役的智能轴承 　　　　　　　　　　　　　　　• 核动力装置智能服役轴承单元 　　　　　　　　　　　　　　　• 大型客机轴承单元及智能安全系统
智能化集成化液压传动技术	目标：开发智能型总线元件与系统，研发应用新型材料的元件 元件结构设计技术，制造工艺、材料稳定性 ｜ 应用轻型材料与结构优化设计技术；非金属材料应用 多学科耦合的液压元件与系统软件，多信息融合的机电一体化元件与系统 嵌入式微小型传感器；自诊断、自修复的智能元件，自供源机电液一体化动力单元
智能化集成化密封技术	目标：开发新型智能密封系统，具有调整密封能力、监测密封温度和泄漏状态、预测密封寿命的功能 （自）补偿系统设计技术 检测系统设计技术，温度、压力、泄漏和润滑油质量检测传感器 控制系统设计技术，数据收集、分析、响应单元，微动力单元 成形加工技术

2010年　　　　　　　　2020年　　　　　　　　2030年

第十四章 影响我国制造业发展的八大机械工程技术问题

（续）

智能化集成化齿轮技术	目标：攻克机电液复合传动核心技术，汽车齿轮使用寿命提高2~3倍
	动力特性相关设计技术 / 多学科耦合的设计及分析技术
	在线检测技术、远程故障诊断与预测技术
	新型传动方式、功率合流与分流技术
	驱动—传动—控制一体化设计技术

智能化集成化轴承技术	目标：带传感器、具有远程运行状态自动监测、故障自动诊断和报警的轴承单元
	目标：带嵌入式预紧力和润滑服役状态自动调控装置的智能轴承单元
	单元化轴承设计和制造技术 / 集成模块化智能轴承及检测系统
	轴承速度、加速度、温度、磨损、噪声传感技术 / 基于特征分析的轴承智能专家系统
	远程轴承运行状态自动监测、故障自动诊断和报警系统
	轴承预紧力和润滑服役状态自动调控装置

2010年　　　　　2020年　　　　　2030年

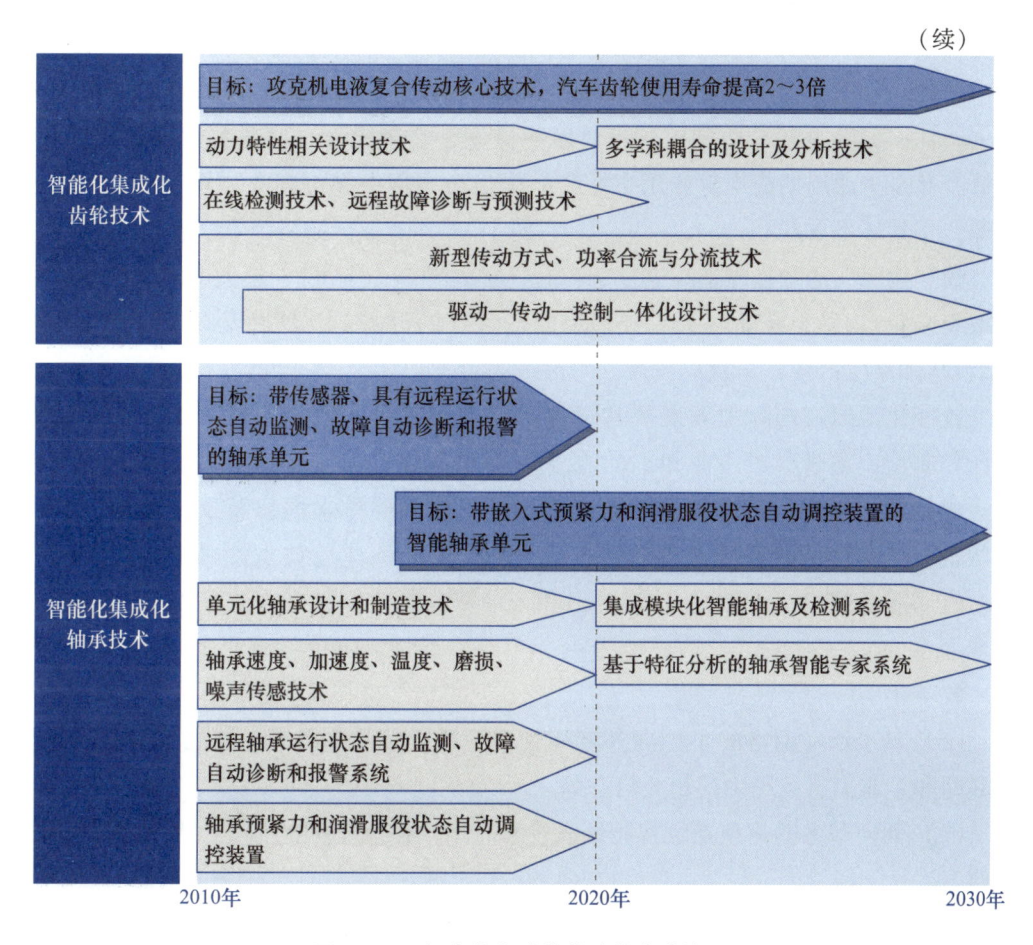

图 14-8　智能化集成化传动技术路线图

第八节　数字化工厂

数字化工厂是利用数字化技术，特别是泛在网络（包括互联网、物联网和无线网）技术，实时获取工厂内外相关数据和信息，集成相关人员知识，智慧地进行产品设计、生产、管理、销售、服务的现代化工厂模式。目标是使供应链、工厂和加工单元的效率最高、对环境的不良影响最小、员工和用户的满意度最高。

数字化工厂的主要特征是：①透明性，工厂对内外环境、员工工作状况及创新能力具有很强的感知能力；②集成化，工厂的各种数据、信息、过程和信息系统高度集成，企业间密切协同；③智慧型，集成全体员工的智慧，通过人机优势互补，实现系统整体最优。

数字化工厂将提供透明的工厂环境，使工厂管理高效和精准；提供大范围高效实时的信息集成系统，使企业资源得到最优配置组合，实现浪费最小，效率最高；提供公平、公正、客观、完整的员工评价机制和系统，充分调动全体员工的积极性和创造性；提供内嵌专业知识的整体解决方案，实现设计、制造和管理的最优化，降低产品全生命周期成本，使用户在产品全生命周期中都很满意，最大限度地节约资源，实现环境友好。

数字化工厂适合在制造高度复杂产品（如大型商业飞机）、超大型尺寸产品（如大型舰船）、超微小产品（如大规模集成电路）的行业，以及对人有害的作业环境（如汽车油漆生产线）下优先发展。

数字化工厂在国际上发展非常迅速。发达国家采用数字化技术支持全球协同设计和制造；各种集成专业知识的企业数字化系统快速发展；面向服务的信息系统集成技术帮助企业集成各种信息系统；基于物联网技术的智慧地球概念拓展到智慧企业，实现低碳制造；基于 Web 2.0 的大众协同建设技术带来全新的发展模式；应用服务提供（ASP）、计算网格和云计算为数字化工厂提供了高效、便捷的实现平台。

数字化工厂的关键技术是：

（1）基于泛在网络的工厂内外环境智能感知技术。包括物流和能量流的信息、互联网和企业信息系统中的相关信息等。

（2）面向服务的信息系统智能集成技术。用户使用不同的信息系统及组合非常方便。

（3）智能的人机一体化技术。基于多目标的人机任务分工优化，既要完成任务，又要低碳减排，还要使员工满意，人机密切协同。

（4）面向生命周期的统一产品模型技术。产品模型适用于造型、产品生命周期各个阶段的仿真、动态性能分析、工艺设计、数控加工等，不再需要为特定的应用重建模型。

（5）基于海量数据和信息的知识发现技术。对数字化工厂所感知的数据和信息进行有序化，在此基础上进行数据挖掘和知识发现。

（6）知识网络建立和评价技术。基于泛在网络和 Web 2.0 的知识共享、知识生命周期跟踪、知识价值和关联关系、员工知识水平和知识共享度等的评价技术。

（7）基于知识的设计、制造和管理信息系统技术。将先进、实用的专业知识融入软件系统，进而方便重用这些知识。

（8）基于动态数据和群体知识的决策智能支撑技术。为人的决策提供最佳平台。

第十四章 影响我国制造业发展的八大机械工程技术问题

（9）自下而上的产品协同设计和制造技术。以零件库为核心，通过信息和过程透明、群体评价、优胜劣汰、长期发展而形成的分布化、自组织的协同模式。

（10）基于云计算的数字化工厂整体优化技术。通过云计算平台，为数字化工厂集成所需要的各种资源，支持数字化工厂的高效运行。

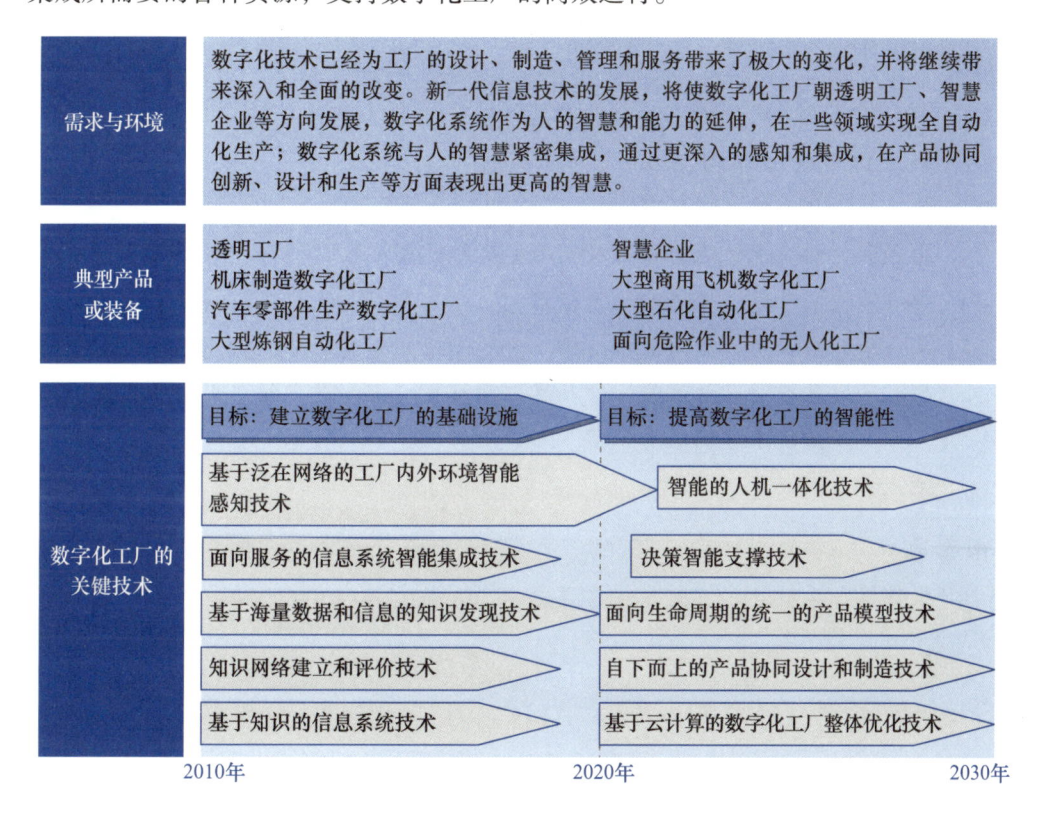

需求与环境	数字化技术已经为工厂的设计、制造、管理和服务带来了极大的变化，并将继续带来深入和全面的改变。新一代信息技术的发展，将使数字化工厂朝透明工厂、智慧企业等方向发展，数字化系统作为人的智慧和能力的延伸，在一些领域实现全自动化生产；数字化系统与人的智慧紧密集成，通过更深入的感知和集成，在产品协同创新、设计和生产等方面表现出更高的智慧。	
典型产品或装备	透明工厂 机床制造数字化工厂 汽车零部件生产数字化工厂 大型炼钢自动化工厂	智慧企业 大型商用飞机数字化工厂 大型石化自动化工厂 面向危险作业中的无人化工厂
数字化工厂的关键技术	目标：建立数字化工厂的基础设施 基于泛在网络的工厂内外环境智能感知技术 面向服务的信息系统智能集成技术 基于海量数据和信息的知识发现技术 知识网络建立和评价技术 基于知识的信息系统技术	目标：提高数字化工厂的智能性 智能的人机一体化技术 决策智能支撑技术 面向生命周期的统一的产品模型技术 自下而上的产品协同设计和制造技术 基于云计算的数字化工厂整体优化技术
	2010年　　　　　　　　　　2020年　　　　　　　　　　2030年	

图 14-9　数字化工厂技术路线图

参 考 文 献

[1] 中国科学院. 科技革命与中国的现代化 [M]. 北京：科学出版社，2009.

[2] 中国科学院. 中国至 2050 年先进制造科技发展路线图 [M]. 北京：科学出版社，2009.

[3] 中国科学技术协会. 2010—2011 机械工程学科发展报告（成形制造）[M]. 北京：中国科学技术出版社，2011.

[4] 王国彪，黎明，丁玉成，卢秉恒. 重大研究计划"纳米制造基础研究综述" [J]. 中国科学基金，2010，2：70-77.

[5] 顾新建，祁国宁，唐任仲. 智慧制造企业——未来工厂的模式 [J]. 航空制造技术，2010，12.

编撰组
组长 屈贤明
成员
  第一节　陈立平　徐　江　冯培恩
  第二节　任广升　李涤尘
  第三节　黄天佑
  第四节　刘战强　李圣怡
  第五节　尤　政　孙立宁　王晓浩
  第六节　屈贤明　杜洪敏
  第七节　屈贤明　杜洪敏　徐　兵　李耀文　何加群　刘忠明　邹　俊
     王庆丰　杨华勇　傅　新
  第八节　顾新建

评审专家
  朱森第　李敏贤　宋天虎　雷源忠

第十五章 机械工程技术路线图的实施
——走向美好的 2030 年

技术路线图是方向，未来 20 年机械工程技术发展的美景已展现在我们面前。技术路线图是航标，沿着已经确定的标志，未来 10 年、20 年机械工程技术无疑将在创新中挺进。

第一节 路线图成功实施的关键要素

机械工程技术是机械制造业得以永续发展的基础和技术支撑。清晰、正确的机械工程技术发展路线，是我国机械工业及制造业未来 20 年健康、快速发展的保障。路线图的实施，要靠机械工程技术领域的广大职工上下一心、坚持不懈的努力。**创新、人才、体系、机制、开放**是路线图成功实施的关键要素。我们可以坚定地说，沿着机械工程技术路线图所描绘的路径，在未来 20 年内，我国机械工业由大变强、由制造到创造将成为现实。

一、创新——机械工程技术发展的不竭动力

我国正在努力建设创新型国家，创新是一个民族进步的灵魂，创新将成为我国经济的重要驱动力。机械工程技术和机械制造业将通过技术创新实现提升。机械工程技术与材料技术、信息技术、生物技术以及各种高新技术的交叉、融合的趋势日益明显，集成创新是当今机械工程技术创新的重要路径，而系统集成也逐渐成为机械工程技术的组成部分。路线图的实施，必须注重集成创新，高度重视多个单项技术的集成、国内外技术的集成、相关学科的集成，提高机械工程的系统集成能力，突破和掌握关键技术和核心技术。路线图的实施，还必须重视原始创新。原创虽然是目前机械工程技术的弱项，但面向未来 20 年，机械工程技术如不能在若干领域取得原始创新的突破，2030 年的一些目标可能落空。原始创新是机械工程技术路线图实施中的一个必不可少的重要战略选择，也是每位科技工作者终生不忘、永不停息追求的最高目标。我们期待着，再经过 20 年坚持不懈的攀登，原始创新一定会结出累累硕果。

二、人才——路线图成功实施的关键所在

机械工程技术既是一门传统的工程技术，又是随着技术变革的加速、不断融入各种高新技术的充满活力的新技术领域。创新是机械工程技术的基本活动，而所有创新活动离不开人才，离不开由各方面人才组成的团队。机械工程技术路线图的实施，需要一批学科带头人、一批领军人物，这是当今机械工程技术发展中最为稀缺的资源。学科交叉、技术融合已是机械工程技术不断创新发展中的突出特点，复合人才的培养和成长，对于创新活动的蓬勃开展和取得成效至关重要。机械工程技术还是一门实践性很强的技术，没有大批技能人才，创新活动难以物化成产品、装备、系统、生产线和大型工程。技能人才的缺乏，已成为机械工程技术进一步发展的瓶颈。

人才的教育、培养、成长，取决于社会、文化、经济等多种因素，但其中教育体制的改革，已成为当前紧迫的任务。教育体系和制度应从幼儿教育开始就有利于人们创新思维的活跃，有利于创新人才的脱颖而出，有利于创新氛围的形成。高等教育中，要加强工程教育，特别是机械工程教育，改变轻视实践、轻视动手能力培养的倾向，扭转机械工程技术后继乏人的局面。还应该形成继续教育、终身学习的制度和良好氛围，使机械工程技术人员不断跟上时代的步伐。

三、体系——路线图成功实施的组织基础

创新能力的建设、创新活动的开展，没有一个健全、完善、充满生气的创新体系，是不可想象的。机械工程技术的创新体系，无疑应以企业为创新主体。但高等院校、科研机构在这一体系中并非仅仅是配角，而应发挥他们在体系中的独特作用。从构建完整的、有效的技术供应链出发，高等院校和研究机构在这一供应链中属于源头，应大大加强，避免各类机构都挤到技术供应链的下游去工作。无源之水，何以持久；无源之水，怎能活起来。对机械工程技术和机械工业持续发展十分重要的产业共性技术研究，在目前的创新体系中形成了缺位的格局，必须从体系结构上补上这一空缺。产业技术联盟应在竞争前技术的攻关中发挥作用，促进一些关键技术领域形成合力、避免重复、有效利用资源、尽快取得成效。切忌联盟泛化、社团化而流于形式。防止联盟沦为争取国家项目、国家经费支持的工具。创新体系中还应有大批技术服务机构和为机械制造行业发展服务的功能设计。

四、机制——路线图成功实施的重要保证

强化创新机制、构建创新氛围，为机械工程技术发展营造良好环境。贫瘠的土

第十五章 机械工程技术路线图的实施——走向美好的 2030 年

壤长不出好庄稼，僵化的机制不可能造就创新。机械工程技术创新活动的旺盛、创新成果的涌现，有赖于创新机制的形成和强化，有赖于创新氛围的营造。对创新人员和创新成果要有较强的激励机制，充分肯定他们的劳动，表彰他们的业绩，在全社会真正形成崇尚创新、尊重知识、尊重科技人员的氛围和环境。同时，大力提倡和鼓励潜心研究、默默无闻、坚持不懈的研究作风和精神，虽然一时没有显赫成就，也应充分肯定他们的工作。在学术上，鼓励畅想，鼓励独立思考，鼓励追求真理，宽容失败。对于创新型企业，特别是创业阶段，给予政策支持，着力于环境建设，以有利于创新型企业的快速成长。

五、开放——路线图成功实施的基本方针

当今世界是一个开放的世界，全球化的进程不可逆转。整合全球资源的能力，已成为未来赢得世界性竞争的决定性因素。机械工程技术的创新发展，不可能回到 20 世纪 50~60 年代的做法。只有充分利用国际创新资源，借鉴国外、立足自己，机械工程技术的创新活力方能得以激活并得到快速发展。国外专家的智慧、国外的优秀团队、国外的研究资源、国外的先进理念和技术，都是我们可以引入和利用的。我国是一个发展中的大国，我国更是一个正在走自己的路、建设中国特色社会主义的国家，这就决定了我国在创新中必须坚持自主可控，不能受制于人。在开放的环境中坚持自主创新，这是发展机械工程技术的基本方针，多少年都不能动摇。

第二节 实施路线图的政策保障

建设中国特色的社会主义、建设创新型国家，政府起着特殊的作用。实行市场经济的工业发达国家认识到政府要在克服市场失灵中发挥作用。美国奥巴马政府面对美国制造业地位衰落的状况，意识到"一个强大的先进制造部门对国家安全必不可缺"，因此于 2011 年 6 月提出了"振兴美国先进制造业领导地位"的战略，其中关键的措施就是实施先进制造计划（AMI）。

我国的制造业在未来 20 年内，仍将是我国经济发展的重要动力，提供就业岗位的主要产业，但转型升级的任务十分艰巨。机械工业是制造业的龙头，机械工程技术是机械工业及制造业的重要驱动力，不仅对于国家经济和社会建设至关重要，对于国家安全也十分重要。在加快机械工程技术的发展中，政府可以在多方面起到独特的作用。

建议由工业和信息化部与科技部牵头，国家发改委、教育部、中国工程院、中

国科学院、国家自然科学基金会等有关部门参加，并吸收中国机械工程学会、中国电工技术学会、中国仪器仪表学会、中国自动化学会等学术团体，组织有关专家，在以往已制订和目前正在制订的政策和规划的基础上，借鉴美国先进制造计划的做法，面向 2030 年制订中国未来 20 年先进制造发展规划。

将机械工程技术路线图提出的影响制造业发展的 8 大科技问题及 11 个领域中拟订的关键技术和目标，纳入国家现行的各类科技计划中，如"863"计划、"973"计划、科技支撑计划、国家自然科学基金项目、科技重大专项。

对国家重点发展的一些机械制造行业，从原产业部门已改制为科技型企业的研究院所中，选择一批有实力、在行业有影响的研究院所，将其中从事产业共性技术研究的部分分离出来，成立相应机构，由国家给予持续的经费支持，按公益性研究机构的机制运行，不以经济效益为其考核依据，而以技术转移为其考核的主要指标。这些机构的经费一半由财政出资，逐渐过渡到经费的 1/3 由财政出资、2/3 来自技术转移得到的收入。

继续完善和落实机械制造企业研发投入的经费以 150% 抵扣企业所得税的政策。不利于这一政策落实的一些地方税收的"土"政策应予废止。只有这样，才能不断加大企业的研发投入，加快技术创新能力建设的步伐。

国家设立机械基础零部件、基础制造工艺、基础材料（简称"三基"）发展专项。围绕国家重点工程和战略性新兴产业发展的需要，开发关键的机械零部件及工模具，研究智能化集成化传动技术和传动组件，并加快产业化的步伐，夯实机械工业产业基础，突破发展瓶颈，彻底扭转"三基"发展严重滞后的被动局面。

大力推进各具特色、具有国际竞争力的集群建设，以此形成特色化集聚、专业化生产、社会化服务和产业化经营的机械工业区域布局。在每个集聚区构建包括研发、技术服务、人才培训、质量检测、会展/营销、金融服务等六大公共服务平台。

大批创新型中小机械制造企业的孕育和发展壮大，将给机械工程技术和机械工业的发展带来勃勃生机。鉴于我国的风险投资体制和机制尚不完善，各级政府需制订有利于这类企业创业和成长的政策，如拓宽中小企业融资渠道、健全中小企业信用担保体系、建立中小企业借款风险补偿基金、实行所得税优惠。

在机械制造企业中开辟员工职业生涯双通道制度，即技术和行政两个通道，为潜心钻研技术的优秀人才创造更广阔的成长空间，提供更合适的待遇，不必千军万马"奔仕途"。对技能人才应扩大从技术工人通向高级技工和工程技术人员的通道，重能力、重实际，不以文凭和外语而扼杀创新人才的成长。

第十五章　机械工程技术路线图的实施——走向美好的 2030 年

> 一个强大的先进制造业、一个大而强的机械工业，对我国经济的持续发展、国家安全和人民福祉不可或缺。先进的、充满创新活力的机械工程技术将给我国的先进制造业注入强大的动力。期待我国机械工程技术路线图成功实施，期待路线图的实施发挥不可估量的作用，期待我国机械工程技术突破原始创新、跻身于世界先进行列。

参 考 文 献

[1] Report to the President on Ensuring American Leadership in Advanced Manufacturing, Executive Office of the President, President's Council of Advisors on Science and Technology, June, 2011.

[2] 中国科学院. 科技革命与中国的现代化 [M]. 北京：科学出版社，2009.

[3] 中国工程院. 中国制造业可持续发展战略研究 [M]. 北京：机械工业出版社，2010.

[4] 工业和信息化部. 机械基础零部件产业振兴实施方案 [R]. 工业和信息化部网站，2010.

编 撰 组

组长　朱森第

成员

　　杜洪敏　屈贤明

评审专家

　　宋天虎　张彦敏　路甬祥

后　　记

在路甬祥理事长的积极倡导下，2010年6月19日，中国机械工程学会九届四次常务理事（扩大）会议决定编写《中国机械工程技术路线图》（以下简称《路线图》）。

《路线图》是面向2030年我国机械工程技术如何实现自主创新、重点跨越、支撑发展、引领未来的战略路线图。《路线图》选择产品设计、成形制造、智能制造、精密与微纳制造、仿生制造、再制造、流体传动与控制、齿轮、轴承、刀具、模具11个领域，着眼于未来10~20年对我国机械工业发展产生重大影响并可能实现突破的关键技术进行研究，提出了面向2030年机械工程技术五大发展趋势和影响制造业发展的八大机械工程技术问题。期望本书能够为各级政府决策提供科学建议，为机械行业、企业制定发展战略提供参考，为科研机构、科技人员开展研究工作提供帮助。从这种意义上讲，研究和编写路线图就是中国机械科技工作者迈向制造强国的动员令和进军号。

研究和编写路线图是中国机械工程学会本届理事会的一项重要任务，为此成立了由路甬祥理事长、宋天虎常务副理事长和张彦敏秘书长分别担任主任的指导委员会、专家委员会和编写委员会。经过前期的认真准备，2010年9月16日，首次召开了由上述三个委员会成员参加的《路线图》编写工作会议，讨论通过了《路线图》编写原则、大纲、要求、进度和人员分工。近一年来，召开编写工作会、研讨会、审稿会、统稿会数十次，共有包括19名两院院士在内的100多名专家参与了这项工作。

路甬祥理事长十分重视路线图的编写工作，亲自参加并主持重要的讨论会和审稿会，多次提出重要指导意见。众多专家热心支持，辛勤劳作，无私奉献。朱森第、雷源忠、李敏贤对全书进行统稿，付出了大量心血。

后　记

在此，衷心地感谢参与编写、研讨和审稿的全体专家！没有他们的倾心奉献，这本书就不会出现在读者面前。所有参与这项工作的人都是志愿者。他们的劳动没有报酬，也不被计入工作考核，他们完全是自觉自愿地把自己的聪明才智和研究成果奉献给社会，奉献给国家。他们都担负着繁重的教学、科研或生产任务，很多人都是利用节假日加班加点，或者下班之后秉烛夜书。他们笔下流淌着的不是一行行文字，而是企盼我国制造业由大到强的赤子之心；他们夜以继日地在计算机键盘上敲打的不是一个个符号，而是面向2030年的强国之梦！

《路线图》的编写还得到了中国液压气动密封件工业协会、中国机械通用零部件工业协会齿轮专业协会、中国轴承工业协会、中国机械工业金属切削刀具技术协会、中国模具工业协会以及专家所在单位的大力支持。机械工业信息研究院情报所对书中的部分统计数据进行了校核。在此，也向他们表示衷心的感谢！

路甬祥理事长在指导编写路线图时指出：对于中国机械工程学会而言，组织编写完成《路线图》，只是迈出了第一步。让路线图的研究成果得到政府大力支持、企业积极参与，使之得到广泛、深入的推广应用，才是编写路线图的根本目的。摆在我们面前的更重要的工作是路线图的宣传、推介与普及。

今天呈现在读者面前的《路线图》，从编写原则到大纲，从内容到体例，尽管经过多次研讨和推敲，可能仍难以把所有专家学者的真知灼见都汲取进来。限于篇幅、人力和时间的原因，在大纲编制和内容取舍上也做出了一些牺牲。路线图的编写是一项持续的研究工作，也是一个不断创新的过程。我们将继续开展路线图的研究，并及时进行修订和完善。希望《路线图》修订再版时继续得到各位专家的支持，也希望再版时，不足的地方得以弥补。

因我们水平和能力所限，编写过程中可能出现遗漏或错误，欢迎广大读者批评指正！

中国机械工程学会
2011 年 8 月